U0023897

管理 叢書

Human Resource Management: Theory and Practic e

實用人資學

丁志達◎著

國家圖書館出版品預行編目（CIP）資料

實用人資學 = Human resource management : theory and practice / 丁志達著. -- 初版. -- 新北市 : 揚智文化事業股份有限公司, 2022.05
面： 公分. - -（管理叢書）
ISBN 978-986-298-393-5（平裝）
1.CST: 人力資源管理
494.3 111004157

管理叢書

實用人資學

作　　者／丁志達
出 版 者／揚智文化事業股份有限公司
發 行 人／葉忠賢
總 編 輯／閻富萍
特約執編／鄭美珠
地　　址／新北市深坑區北深路三段 258 號 8 樓
電　　話／(02)8662-6826
傳　　真／(02)2664-7633
網　　址／http://www.ycrc.com.tw
E-mail／service@ycrc.com.tw
ISBN／978-986-298-393-5
初版一刷／2022 年 5 月
定　　價／新台幣 550 元

序

一個實踐，比一百個理論要好。

——日本軍事操典《戰略五十講》之一

民國49年（1960）台灣人口成長已經到了3.6%，但真正把人力看作一種重要的資源，並且有計畫的提高人力水準，是在民國53年（1964）召開的全國人力會議，討論未來人力供求與教育的相關問題後，才開始推行家庭計畫（兩個孩子不嫌少，一個孩子恰恰好）。到了民國59年（1970），人口成長率就由3.6%降到2%，在加上民國73年（1984）《優生保健法》通過後，不但大幅降低人口成長率，也提升了人力素質。

這本《實用人資學》，乃根據著者多年從事人力資源管理的實務經驗，再結合理論架構，試圖解答人力資源管理是什麼？又如何學以致用？西方兵聖卡爾·克勞塞維茨（Carl Von Clausewitz）說：「兵學是經驗的科學，歷史中的實例，在經驗學科中，最可作為有力證據。所以，兵學以戰史最為重要。」闡明了「實用」二個字的重要性。

《僕人》（*The Servant*）作者詹姆士·杭特（James C. Hunter）說：「好的理論如果沒有應用的方法，那麼再好的理論也是無用的。」本書的特色是淡化理論和公式，注重務實性和操作性的技巧，啟發學以致用，崇尚踏實。本書從〈人力資源管理導論〉、〈組織診斷與組織運作〉、〈人力規劃與人力盤點〉、〈工作分析與職位評價〉、〈人才招募與任用〉、〈培訓管理〉、〈人力資源發展〉、〈績效管理〉、〈薪酬管理〉、〈激勵獎酬〉與〈員工福利〉、〈勞資關係與勞動權益〉、〈離職與留才管理〉、〈人資創新·企業起飛〉共十三章，讓讀者瞭解人力資源管理實務上的運用。

蘋果公司（Apple Inc.）共同創辦人史蒂夫·賈伯斯（Steve Jobs）

說：「最有影響力的人，就是最會說故事的人。」本書打破傳統理念的桎梏，內容新穎、涉及面廣、文字淺顯、通俗易懂、實踐性強，書中運用了大量的實例（故事）、圖表，期望能夠為讀者打開一扇人力資源管理領域的新視窗，讓人資新知識豐富讀者的心靈。本書不僅可作為大專院校的人資課程的教科書外，還期望企業界先進閱讀後都能受惠，學以致用。

一、各章節皆採用與主題相關的精采名家箴言作開場白，富有啟發性，以引導讀者進入該章節的情境。

二、各章節之間的結構完整、縝密，將人資管理的理論與實務應用融合為一體。每一章節中更穿插著許多生動的案例，悉心引領讀者進入人資管理的堂奧。

三、主題鮮明，運用清晰的邏輯思考方式，簡單易懂的文字表達，提供人力資源管理的實踐案例、實用圖表，對操作方法進行了深入淺出的解析，幫助讀者更好地理解與思考人資問題，採取行動（執行力）。

四、本書薈萃了成功企業家實務經驗的精華，藉箸代籌，讓讀者有種「踏破鐵鞋無覓處，得來全不費工夫」的臨場指導感。

五、每個單頁書眉附上名家箴言錄，字字珠璣，使讀者閱後見賢思齊，心領神會，務實的採用在人力資管理工作上。

聞名於世的波蘭著名鋼琴家阿圖爾．魯賓斯坦（Artur Rubinstein）有一次對友人說：「打掃的人經常在舞台上掃到我彈錯的音符，我這一生在舞台上彈錯的音符，拿來開一場演奏會還綽綽有餘。」限於個人學識與經驗的侷限，疏漏失當之處，在所難免，懇請各方賢達不吝賜教，以匡不逮，感恩。

本書付梓之際，謹向揚智文化事業公司葉總經理忠賢先生、閻總編輯富萍小姐暨全體工作同仁敬致衷心的謝忱。

丁志達　謹識

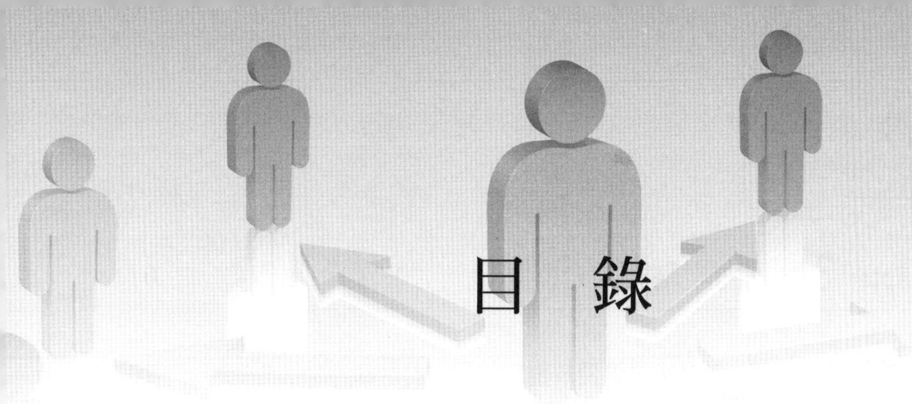

目　錄

圖目錄

表目錄

個案目錄

Chapter 1

人力資源管理導論

第一節　人力資源策略

第二節　人力資源部門

第三節　塑造組織文化

第四節　組織規章制度

第五節　雲端人資系統（e-HR）

結　語

服務的是人，做料理的是人，廠商也是人，當然客人也是人。

——乾杯集團董事長平出莊司

人資管理錦囊

第十六任美國總統亞伯拉罕．林肯（Abraham Lincoln）在年輕的時候野心勃勃，追求名聲和權力。後來全心投身於維護美國聯邦的存續，「小我」就變得不重要了。

他曾經帶著國務卿去拜訪喬治．麥克萊倫將軍（George B. McClellan）商討作戰策略。等了一個小時後將軍回到家，直接經過客廳。半小時後管家告訴林肯總統，將軍已經就寢，請改天再來。林肯安撫和他同行的官員，說現在不是計較個人尊嚴的時候，能找到為聯邦而戰的將軍才是重點。

林肯對聯邦和國家的愛，遠高於對自己陣營的愛。在他第二任總統就職演說（1865）中，所有的關鍵詞都是「我們」、「所有人」和「雙方」，而不是以北方勝利者自居。他沒有把奴隸制度說成南方的制度，而是美國的制度。「不對任何人懷恨，要對所有人寬容。」國家的存續和團結，成為帶給他每天奮鬥動力的使命。

【小啟示】《三國演義》第一〇〇回：「夫為將者，能去能就，能柔能剛；能進能退，能弱能強。」

資料來源：盛治仁。〈爬人生的第二座山〉。《聯合報》（2020/03/11），A13民意論壇。

古希臘哲學家亞里斯多德（Aristotle）將生物分成植物、動物和人類。「植物」只有攝取養分與生殖的功能，「動物」加上感覺和運動的功能，「人類」則又更進步的加上「理性」的功能。俗話說：「見樹又見林」，在仔細研究單一的一棵樹之前，應該先小心地觀看整座森林的樣貌。

管理是一門科學，也是一門藝術，幾乎所有的管理理論都不是絕對的，永遠都有太多的例外。「人」是組織最大的「資產」，也可能是「負債」，「人」的問題能夠掌握好，企業的經營已經成功了一半。

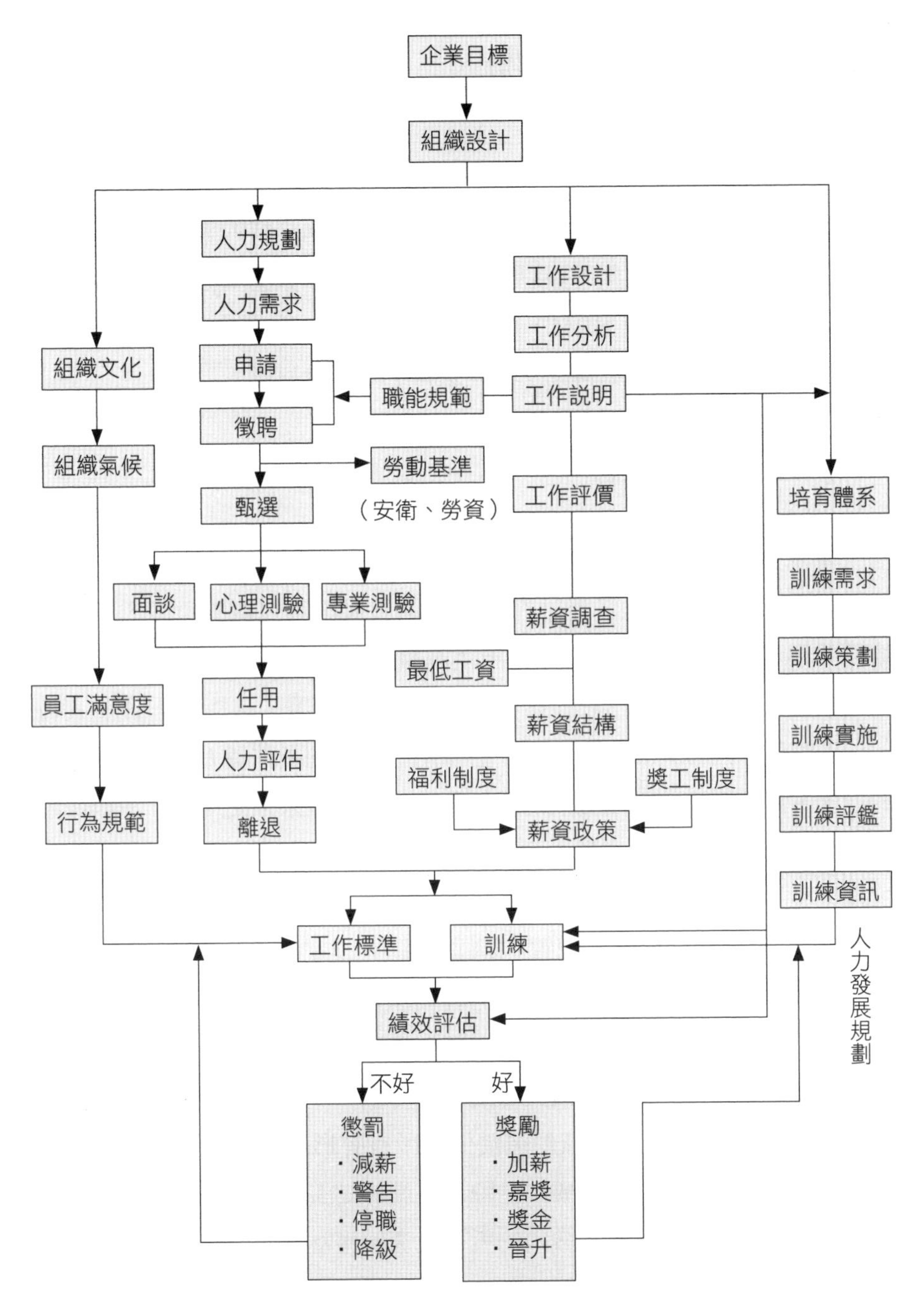

圖1-1　人力資源管理體系圖

資料來源：《精策人力資源季刊》，第44期（2000/12），頁5。

第一節　人力資源策略

21世紀是一個詭譎多變，神龍見首不見尾，難以捉摸的競爭年代，也是個追求創新的時代。跨國界的全球競爭、資訊科技的進步，以及產業結構的改變，促使企業無不亟思創新與改變之道。人力資源管理（Human Resources Management, HRM，以下簡稱「人資管理」）本身來自三個領域的結合：管理學、行為科學（心理學科）及社會科學。

一、人力資源基本概念

傳統人事管理（personnel management）偏重行政方面的工作，而現代人資管理則比較強調能站在企業長期發展策略規劃的角度，以更前瞻性的眼光與做法，未雨綢繆找出企業組織內人資的優勢與劣勢，加以整合，以迎接企業所面臨的內外在經營環境的挑戰。這對人力資源人員（以下簡稱「人資人員」）而言，必須用智慧來判斷整個大環境未來變遷的方向，舊思維也許是過去成功的法典，但不保證未來使用同一法典做事會成功的。唯有求新、求變，活化人力資本（human capital），並且開創組織發展的契機，才能挑起企業最昂貴的資產——「人」的重責大任。

選擇適才適所的人，配置在適當的職位上的活動，包括僱用、晉升、遷調、培訓、薪酬、福利以及勞資關係等，就是人資管理。它是一項長期性、策略性的工作。人資的基本觀念是強調「人」的重要，勞力的多寡取決於人口數量，智力的消長取決於人力素質。對企業經營來說，資源（resource）意指可能為組織創造價值的所有有形與無形的事物，舉凡資金、土地、設備、技術、商譽、品牌及人員的知識技術等，均可被企業體視為資源。人資管理是將組織內的所有人資做適當獲取、維護、激勵以及活用與發展的全部管理過程的活動。

表1-1　組織各種資源的內涵與測量難易度

測量難易度（容易 ↑ ↓ 困難）

	內涵
財務資源	股權、有價證券與投資、應收帳款
實體資源	廠房、土地、設備、原物料
市場資源	商譽、品牌、顧客忠誠、產品線、配銷通路、專利、商標與版權
營運資源	經營策略、管理實務、組織結構、技術
人力資源	教育、知識、技能、態度、行為、人際關係、組織文化

資料來源：傑佛瑞．梅洛（Jeffrey A. Mello）著。《策略性人力資源管理》（*Strategic Human Resource Management*）；引自溫金豐（2009）。〈人力資源管理功能與角色〉。《經理人月刊》，第50期，頁161。

二、策略性人資管理

企業的未來發展勢必是一個「掌握人才就掌握優勢」的時代，人資管理的觀念已由上世紀五〇年代單純負責事務的人事管理，發展到九〇年代後期的策略性人力資源管理（Strategic Human Resource Management, SHRM），諸如：人力規劃、招募與遴選、教育訓練、員工發展、績效管理、薪資與福利、變革管理、文化管理、才能管理、知識管理、溝通與資訊管理（e-HR）、危機管理、外包管理等，都是策略性人資管理的重要內容，其中需要運用管理科學、心理分析、諮詢技巧等學科，以有效協助人資管理的落實。

哈佛大學教授麥可．波特（Michael E. Porter）指出，策略是做選擇，要取捨，要與眾不同；營運效率不需要選擇，它對任何企業都有好處，大家都該那麼做。能夠在企業中制定策略，並且提升營運效率，就是企業需要的「人資力」。人資管理必須要一切回歸人性的基本面，才能真正提高組織績效的目標。

表1-2　人力資源管理體系分工

管理體系分工		說明
確保管理（acquisition management）	人力規劃	評估企業現有人力是否適當，並預測未來勞動市場人力的供需狀況。
	工作研究	包括工作分析與職位評價。將工作的性質予以分析及評估，以作為用人、訓練以及核薪的依據。
	任用管理	為使優秀人才投入組織，準備具妥當性與信賴性的選拔計畫，並做好人盡其才的職務分配。
開發管理（development management）	教育訓練	分析員工教育訓練的必要性，並擬定訓練計畫，實施訓練，予以有效評估，以提高訓練效果。
	績效管理	對員工平日工作表現、態度的反應及為人的關係，予以公平而合理的評估。
	職涯發展	規劃員工階段性的前程發展計畫，以提高士氣。
	異動管理	根據員工的績效評估，設定升遷、遣調之基準，予以合理的處理。
報償管理（compensation management）	薪資管理	設定組織最合適的薪資標準，建立健全的薪資制度。
	福利措施	提供員工經濟性、娛樂性及設施性的福利措施，以調劑員工身心，並安定其生活。
	勞動條件	遵守《勞動基準法》的規範，以確保員工身心健康。
維持管理（maintenance management）	人際關係	組織需運用心理學、人類學及經濟學等綜合的知識基礎，來提供組織內全體員工間相互協作的和諧關係的方法。
	勞資關係	為維持勞雇關係的和諧，提供最適宜的人性化管理制度。
	紀律管理	對員工的出勤作息、秩序的維持，予以有效的管理。
	離職管理	分析離職原因，予以有效的管理。

參考資料：黃英忠主講（1998）。《87年度企業人力資源管理系列演講專輯：企業用人策略》，頁191-193。行政院勞委會職業訓練局編印。

第二節　人力資源部門

人力資源部門（human resources department，以下簡稱「人資部門」）在企業中所扮演的角色與責任，會隨著企業規模、勞動力特徵、產業和公司管理階層價值觀而有所不同。《僕人——修練與實踐》（*The*

表1-3　未來需要的六大人資力

類別	說明
策略定位者	專業人資想要有優秀表現，就必須瞭解全球商業情勢，並能把潛在趨勢轉換為實質的商業意義。除了瞭解自身所處產業的架構和邏輯外，還必須瞭解市場潛在的競爭動態，為公司擬訂精明的未來願景，並把經營策略轉變成年度業務計畫與目標。
可靠行動者	專業人資必須說到做到，成為可靠的改革行動者。如果你的誠信是以實際作為佐證，就能享有專業信譽並帶來正面的化學作用。接著，你就能在企業議題占有一席之地，人們會相信你的選擇，是依據牢靠的資料和縝密的分析。
能力建立者	有效率的專業人資能夠長期協助組織建立自己的能力，幫助經理人創造意義，並能確保組織職能能夠配合與反映員工更深層的價值。
改革擁護者	高績效專業人資會培養組織改革的能力。他們依據市場現實找出應該改變的地方，並且提出程序推動相關改變，透過關鍵利害關係人共同參與的方式，克服改革的阻力。他們也會確保組織擁有適當的程序、資源，以及能夠從成敗中吸取教訓的能力。
創新與整合者	聰明的專業人資會利用創新但具生產力的方式，把人資的作業和資源調整配合公司預期的業務成效。如同他們打造及維持組織想要的能力，他們也確實以身作則。藉此，讓管理階層不得不體認到人資對於整體業務成效的影響。
科技擁護者	運用新科技來增進人資業務效率一直是人資的傳統，然而眼前有兩項特別留意的科技運用，包括應用社群網路增加聯繫，以及廣納各界資訊，把它們整理成可用知識協助制定重要決策。這兩項做法能夠增進營運效率並帶來重大價值。

資料來源：許恬寧譯（2012）。〈未來需要的6大人資力：企業轉型從人資開始〉。《大師輕鬆讀》，第459期，頁3-7。

World's Most Powerful Leadership Principle）作者詹姆士．杭特（James C. Hunter）在將近三十歲時，他離開了一間私人公司，職位是人事處長（personnel director），當時企業最主要的員工問題包含了：工會組織問題、罷工、員工暴力行為、內部破壞、員工士氣低落、對工作不投入、高曠職率以及高離職率等（李紹廷譯，2006：17）。

組織成員在知識、技術與能力的素質上，其實都是獨立的個體，或許這正是人資管理最具挑戰性之處。人資部門的功能和職責，其一是幫助企業實施經營策略，從人員的吸引、激勵和留用的角度來幫助企業獲得更好的績效，是人資部門的核心功能；其二是傳統意義上的人員、薪資、福利、檔案等方面的管理，屬於運作層面上的人資管理服務。目前人資所面臨的一個最大的挑戰，就是必須用最小的投入來獲取最大的價值，去做更多有意義的事。

人資部門因「人」而存在，許多原本需要由「人」來做的事，已由機器和電腦所取代，「人」少了，人資部門的功能也必須做調整。《郭台銘語錄》提到：「人資工作的重點有：找到了多少有用的人才、培育了多

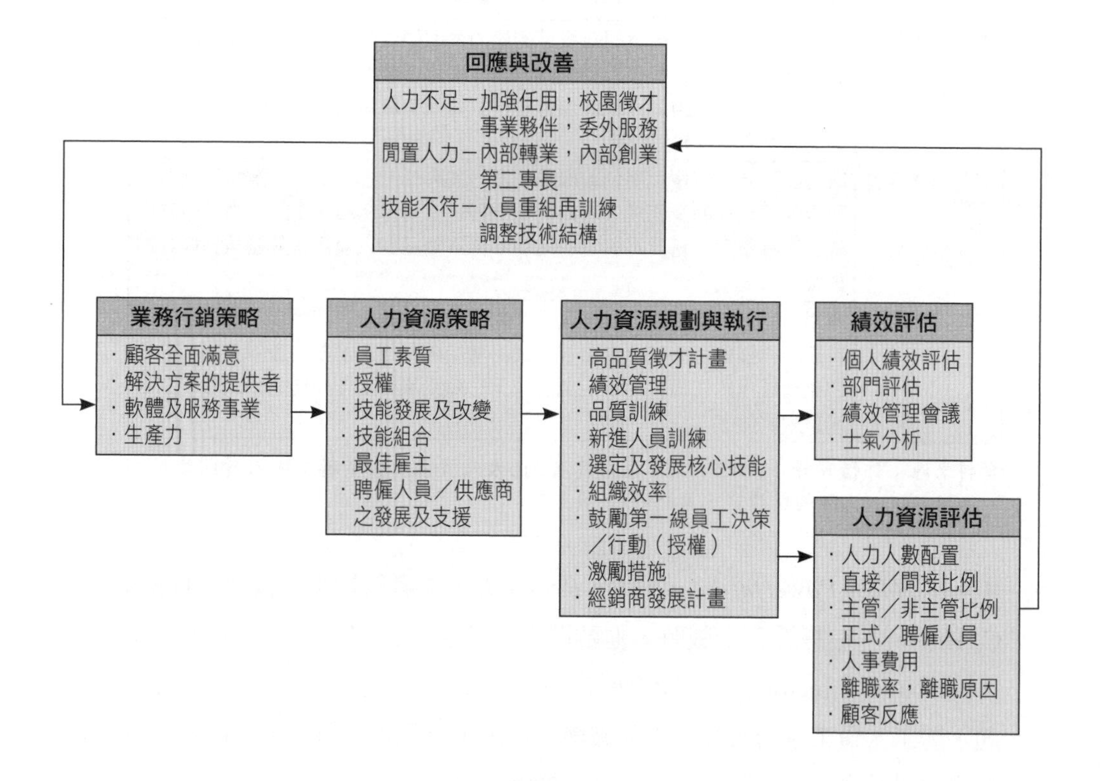

圖1-2　經營策略與人力資源關聯性

資料來源：魯為榦（2000）。《89年度企業人力資源作業實務研討會實錄（進階）》，頁117。行政院勞委會職業訓練局編印。

少有用的人才、建設了多少有用的系統、舉辦了多少有意義的活動。」這就是人資部門的使命。

一、人資部門形象的塑造

人資管理是一項長期性、策略性的工作，在短期內很難看出成效，是人資管理在企業推動業務困難的所在。一般從業人員對人資部門的印象是：不以數字為導向；無法證明自身的價值增值；只有提供意見，但是卻不直接對結果負責的負面評語。為了實現將來的成功，人資部門需要完成的最重要的轉變，就是從目前主要作為流程管理者的角色轉變為一個策略參與者。

唯有人資部門成員的自尊、自重是會改變旁人對人資部門的看法，但還是要有來自企業高層的重視與託付，才能讓這個部門脫胎換骨，發揮真正的實力，唯有公司高層體認人資部門工作的重要，各部門之間才會

個案1-1　給人事部的一份麻辣宣言書

人事部對公司人事升遷與調動的安排，以打敗所有人的預期為優先考慮目標，立志出奇制勝，不按牌理出牌，只要預定安排有傳聞消息在外，立刻見光死另做打算，管你什麼人盡其才，或是遭人搗蛋。《聖經》上說上帝以七天的時間創造這個世界，人事部副總自認他只要六天就可以完成使命，剩下的一天用來拯救我們。人事部同仁升遷較一般員工快甚多，是因為只有最優秀的人才才能進入人事部，畢竟好人好事也一定會有好人事。下雨天人事部同仁一定會在高爾夫球場上缺席，以避免遭雷擊。

如果你是具備以下才能，歡迎自動報名參加人事部成員甄選：似笑非笑，面部會抽動的肌肉，大義滅親的決心，委以虛蛇的政客手段，以及拯救無知靈魂的道德勇氣。能讓業務部副總親自起身相送至辦公室門口的年輕女子，一定來自人事部。買房子千萬別讓人事部知道，因為「居安」就會「思危」，調動日期又近矣。

資料來源：丁志達主講（2012）。「提升人資人員之服務品質」講義。台糖公司編印。

出現真正的權力平衡。人資部門可指導各部門主管改善人資管理處理技巧，讓他們變得更圓融。

二、人資部門管理功能

人力資源管理的功能主要有人力資源規劃、任用、人力資源發展、績效評估、薪酬、勞資關係等六項，而這些功能基本上是相互關聯、有連貫性的，並非獨立和分散的。隨著企業的擴展與全球化的趨勢，人資管理日漸彰顯其重要性。近年來，人資管理的功能已從例行性的行政工作逐漸成為企業的策略性夥伴。

人資部門的職責有：政策的擬定、擔任諮商（顧問）、提供服務、人工成本控制、勞資關係和諧等。人資人員的工作是在幫助組織成功，而且要給予各部門適當的幫助，不光只會做招募甄選、訓練發展，而是要幫助部門主管如何選擇、留住人才的諮詢與建議。

表1-4　人資部門功能策略

1.人資是我們生存與發展成功所賴；其他任何資源均無法取代。
2.我們決定的任何政策，均將影響員工的權益與感受，宜設身處地設想，以確保員工接受度。
3.員工與公司的關係不可僅建立在工作與報酬上，相互的認同與接納，彼此的體恤與關懷才是應有的堅持。
4.人資管理制度的建立，應以激勵員工為最終目的，否則，寧可沒有此等制度。
5.企業是就業者最佳而非最後選擇；工作條件與工作環境兩者兼具，方可讓就業者做此項決定，是否接受應聘。
6.創造利潤與分享利潤應並行存在；酬勞與績效應是孿生兄弟。
7.公司與員工共同成長是雙方共同的願望，任何一方的未來都在對方手中。
8.公司除去產品與行銷外，對員工沒有機密；心手相連，兄弟之情是靠相互信任與依賴。
9.在工作上有職責之不同，在溝通與人際上，任何人的工作觀都是敞開的。

資料來源：丁志達主講（2012）。「提升人資人員之服務品質」講義。台糖公司編印。

表1-5　人資管理業務層次與內容

層次	內容
人事行政（personnel administration）	從事勞健保、退休金提繳（提撥）、出勤記錄、加班計算等最基本例行的行政工作，屬反應式（reflective）的人資工作。
人事管理（personnel management）	從事人員的選育用留需具備專業的人事知識，並能運用知識做好各個人力資源管理的功能，例如：瞭解何種人才適合公司、薪酬如何計算，屬於較被動式（reactive）的人資工作。
人資策略性管理（human resource strategy management）	如何營造組織「贏」的環境，例如提高員工士氣、認同感，讓員工感到在公司工作是一種驕傲，且能主動帶頭思考組織的走勢以進行變革管理，其從事的是較為主動性（proactive）的人資工作。

資料來源：丁志達主講（2013）。「活化人力資源競爭力：從「心」開始」講義。財團法人保險事業發展中心編印。

三、人資人員的角色轉變

學會與喜歡或不喜歡的員工建立關係，是人資人員必備的基本能力。傳統型的人事人員的職責是一位「制度」的捍衛者，監督、處理組織內員工薪資、教育訓練、考勤、移工（外勞）管理等瑣碎的行政性工作。在新世紀的人資人員，就要跳脫、提升這種做事的模式與觀念，工作不是僅僅為公司招兵買馬，尋求良駒，更重要的是充分運用並進一步發展員工的才能（潛力），充分掌握不同世代工作者的需求，並進一步做出適當的回應，以跨越不同文化的員工相互瞭解、包容，隨著環境的變化尋求適應之道。

密西根大學商學院教授戴夫·尤瑞奇（Dave Ulrich）根據人與工作流程，日常運作與未來戰略歸納了人資管理的四種類型，分別是策略性人資管理（策略夥伴角色）、組織基礎架構管理（職能專家角色）、員工貢獻管理（員工的支持者角色）、企業轉型和組織變革管理（變革的倡導者角色）。

表1-6　人資人員扮演的角色

1. 傳統型的人資管理者的職責是一位「制度」的捍衛者，監督、處理組織內員工薪資、教育訓練、考勤、移工管理等瑣碎的行政性工作；但是在新世紀的人資管理者就要跳脫、提升這種做事的模式與觀念。
2. 自許是企業經營者的策略夥伴，而不僅是一位行政的專家，更是教育推動者、變革的催生者，是高階主管的諮詢顧問師。
3. 透過職位的輪調來開拓自己的視野，例如杜邦（DuPont）的人資主管於任職二至三年後，會調至生產或行銷部門歷練，然後再晉升為人資主管。這種鋸齒式的職涯發展，有助於人資主管擴張其專業領域，更能配合企業長期營運發展與需要。
4. 未來工作的重心要擺放在組織發展、高階主管的招募、人力培訓、人力資源資訊系統的建立、公平又具激勵性的獎酬管理。
5. 在專業的領域上，必須磨練自己詮釋公司策略的溝通技巧，同時要取得處理國際事務的歷練、精通外語。
6. 學習企業改造的變革管理的能力與執行的技巧。
7. 經常思考在人資這塊領域上對企業有所貢獻的「創意」點子。
8. 瞭解公司的營運狀況，不斷地吸取新的公司新產品的知識，以便向求職者推銷。
9. 改造企業人資部門的結構，透過人資角色的定位，塑造一個更具人性的組織環境，使得員工得以貢獻智慧，實現夢想，共享未來。
10. 推廣人資管理的觀念，並教導各級主管在人資管理方法的技巧，這是人資人員的責任。
11. 有計畫的培育有潛力的未來中高階層接班人。
12. 開誠布公，廣納建言，處理人的事情不能一板一眼，有時候要多一點人情味。
13. 「鬥魂」（日文）係指格鬥的魄力，任何輕微的工作，只要在競爭場所參與的人資人員，都必須具備如何格鬥競爭之選手所持有的致勝之強而有力的氣魂。
14. 自己好，亦能使對方高興之體諒與誠實，才是工作的真諦。人非堅強，不能生存，但是不慈祥，就沒有資格活下去。

資料來源：丁志達主講（2012）。「提升人資人員之服務品質」講義。台糖公司編印。

以往人資人員著重在展現人資管理的各項功能性的統合，但現在則要成為企業經營的夥伴，人資部門必須更貼近公司的經營，促成公司目標的達成。要培養策略規劃的能力、要有敏感度，要能掌握組織內業務及績效發展的趨勢，和有能做成本效益分析的能力。

人資人員已經由一個行政人員、被動的回應者（reactor），轉變為事業合作夥伴（partner）。更重要的是人資人員未來在轉換成為策略規劃者

表1-7　如何發揮人資管理的職能

1.依組織目標與策略，檢討及建議組織結構。
2.依組織目標與策略，訂定其功能性策略。
3.依組織結構，檢討及建議部門執掌。
4.建立制度，但不要堅持制度，用例外及彈性管理，但要行之有理。
5.使人資規劃與生涯規劃相結合。
6.徵才、用才、育才、留才要環環相扣，達到連鎖與互補的功用。
7.重視人力的質和量，更重視人力成本。
8.自我訂定部門目標，全力追求績效一人力年度規劃。
9.行動前的「溝通」與行動後的「結帳」（檢討）。
10.專業能獲致他人尊敬。
11.人資人員面對變局「可能」思考因應之道（未雨綢繆）。
12.多吸收資訊，以便能知天下事。
13.爭取參加公司決策，適時採取因應措施。
14.以公司的經營者立場，行使功能性部門應行職責。
15.不再是制度的捍衛者，而是改革與求新、求變者。
16.不僅僅瞭解公司的產品，而是行銷公司的產品。
17.不僅僅知道公司的競爭優勢，而是創造競爭優勢。
18.人資人員最重要的任務是在激勵員工。
19.所有管理者都是人資管理者。

資料來源：丁志達主講（2012）。「提升人資人員之服務品質」講義。台糖公司編印。

（anticipator）後，將能協助領導人（上司）規劃、盤算如何因應接下來可能發生的事情。人資人員要和組織重要部門合作，瞭解組織下一階段的重要策略重點，預測未來人才缺口，透過分析現有人才與素質，主動給予領導人建言，以提早布局人力資本策略。未來，資訊更加的普及，知識是決勝的關鍵，學習也變得愈來越愈重要，人資人員的學習更是不能落後。

人資人員在工作崗位上要持續保持「3P」精神，分別是專業（be professional）、熱誠（be passionate）、耐性（be patient），必須天天都在學習、吸收新知識，正向思考，遇到問題時當作一種挑戰。如果不重視自我的成長和知識的學習，如何能幫助企業作組織發展與規劃。

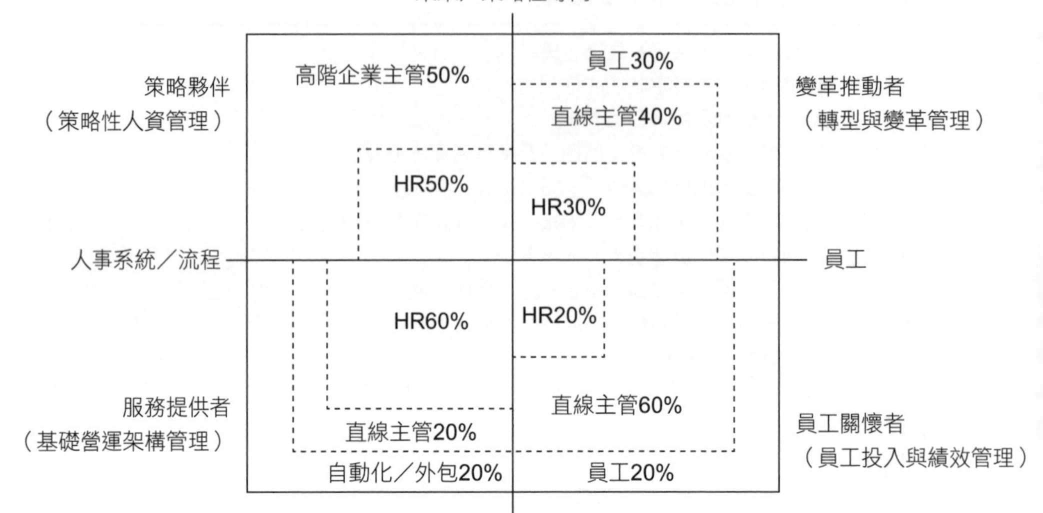

圖1-3　前瞻性人資人員新角色

資料來源：許書揚主編（2017）。《人才管理聖經——向財星五百大學習最佳實務》，頁157。天下雜誌出版。

第三節　塑造組織文化

文化（culture）是組織的隱性社會秩序，以廣泛、持久的方式，塑造態度和行為，簡單來說就是社群（community），它是人們彼此的關係所形成的結果。中國北方與南方的文化就有明顯不同。比如從方位感上可以明顯的看到，北方人是以在宇宙中的座標定位的，而南方人則是以人自身所處的位置定位的。外地人問路，南方人給的是左與右、前與後的概念，而北方人則是東西南北的概念。這種不同的地域文化，同樣會影響企業文化的建構（劉茂財，2001）。

一、組織文化的內涵

組織文化是組織中全體員工價值觀的集合，與員工的態度、行為和績效息息相關。從組織行為學的角度來說，組織文化是組織內共享的假設、價值及信仰的基本模式，當組織面對問題或機會時，它們被視為正確的思考及行動方式。企業能否永續長存或歇業，都取決於它的社會互動關係。

企業文化領域的開創者艾德佳．沙因（Edgar H. Schein）提出組織文化模型中企業文化的三個層次。最底層的共同信念與假設、中層的公司價值理念，以及上層可觀察到的行為和外觀。看不到的信念和文化，會決定看得到的行為。

二、願景

羅馬共和國獨裁官凱撒大帝（Gaius Julius Caesar）說：「I see（我見），I come（我到），I conquer（我征服）。」「夢」乃源於起心動念，夢在法文是Roman（浪漫），用於管理上就是願景（vision）。願景（前瞻）是企業想要創造的未來的圖像，這是種希望，對未來的概念和方向，包括企業的未來目標、使命及核心價值，是企業哲學（corporate philosophy）中最核心的內容，它就像燈塔一樣，也像星空裡的北極星，始終為企業指明前進的方向，指導著企業的經營策略、產品技術、薪酬體系、甚至商品的擺放等所有細節，是企業的靈魂，是企業最終希望實現的目標。聯邦快遞（FedEx）創辦人菲德瑞克．史密斯（Frederick W. Smith）說：「如果員工愉快、顧客滿意，這就表示領導階層正確地傳達了公司的願景，並給予適當的獎勵。」

彼得．聖吉（Peter Senge）在學習型組織管理經典《第五項修練》書中，將建立共同願景（building shared visions）列為組織的第三項修練，使得團隊有著同舟共濟的使命感，彼此通力合作達成目標。沃爾瑪百貨（Walmart）的願景：「永遠保持低價——永遠。」很清楚地，維持低價的關鍵就是降低成本。廣告預算每少一分，回饋到顧客身上的福利就多一分。

三、願景宣言

願景宣言（vision statement）描述組織達成目的且完成使命時的未來景象，具量化又有時限、精確、符合使命、可檢驗、可實行、鼓舞士氣的特性。美國第35任總統約翰．甘迺迪（John F. Kennedy）在1961年就職典禮上，向美國人民提出1970年前將人類送上月球的「願景」，激發了美國航太工業，也開啟了人類探討太空的旅程，終於在1969年阿波羅太空船（Apollo 11）登上了月球，為美蘇兩國冷戰（Cold War）拉開距離。

完成願景描繪後，接下來就是形成總體目標，制定策略，訂定管理目標，展開為工作計畫，然後形成自我紀律，忠實地執行。例如，微軟（Microsoft）當初的願景，是「讓每一張辦公桌上都有個人電腦」。台積（TSMC）創辦人張忠謀說：「願景要隨時間改變，更要靠領導人不斷推銷。」推銷的方法，就是制定的人事規章制度要貼著企業的「願景」去落實。

四、使命

使命（mission）是在說明成立組織的理由，使每一從業人員對價值、目標和期望都能夠清楚地瞭解。領導最基本的一項責任，就是確定每個人都清楚知道什麼是組織的使命，充分瞭解使命，努力體現使命。例如，IBM創辦人湯瑪斯．華森（Thomas J. Watson）將國際商業機器公司（International Business Machines Corporation, IBM）員工的使命，簡化到

個案1-2　願景主要型態

型態	說明	範例
規模型	說明公司未來的營收、盈餘、規模、版圖擴張等，展現一定的企圖心。	透過整合集團資源，提供跨業暨跨境之完整金融服務，滿足客戶投資理財、籌資／融資規劃及金流整合等全方位金融需求，實現「在地生活，全球理財」。（元大金控的願景）
價值型	往往和組織的使命緊密結合，勾勒想要創造的顧客價值。	讓電腦進入家庭，放在每一張桌子上，並使用微軟的軟體。（微軟的願景）
標竿型	有參考或對照實體，願景圖像非常鮮明。	成為美國西部的哈佛大學。（史丹佛大學的願景）
社會型	用更宏觀的角度闡明組織希望帶給社會的貢獻，包括環境願景、濟助弱勢族群、社區協助等。	減少癌症對人類生命的威脅。（和信治癌中心醫院的願景）
競爭型	許多共同願景是由外在環境刺激而造成的，挑戰領先者就是一種常見的願景型態。	擊垮愛迪達（adidas）。（1960年耐吉的願景）
幸福型	真正將員工視為企業最重要資產和核心經營要素的企業，經常將員工福祉載入願景當中。	給千百萬人帶來快樂（華特．迪士尼的願景）

資料來源：方翊倫著（2015）。《初心——找回工作熱情與動能》，頁130-133。遠流出版。

只剩一個詞：「思考」（THINK）。這個詞充分反映出這家科技導向的公司的智慧基礎，然後勾勒組織願景（vision）與價值觀。

使命所提供的指引不只是「該做」什麼事，也包括「不該做」什麼事。使命是回答：「我們是誰？」「我們為什麼而存在？」例如，迪士尼樂園（Disneyland Park）的使命是「教人開心」；可口可樂公司（Coca-Cola Company）的使命是「讓世界耳目一新」。使命超越今日，但引導啟發著今日，它提供組織設定目的與調度資源的架構，以便完成正確之事。

個案1-3　信心的小雨傘

義大利中部一個小鎮很久沒有下雨了，當地農作物損失慘重。於是牧師把大家集合起來，準備在教堂裡開一個祈求降雨的禱告會。

人群中有一個小女孩，因她個子太小，幾乎沒有人看得到她，但她也來參加祈雨禱告會。就在這時候，牧師注意到小女孩所帶來的東西，激動地在台上指著她：「那位小妹妹很讓我感動！」於是大家順著他手指的方向看了過去。

牧師接著說：「我們今天來禱告祈求上帝降雨，可是整個會堂中，只有她一個人今天帶著雨傘！」大家仔細一看，果然，她的座位旁邊掛了一把紅色的小雨傘；這時大家沉靜了一下，緊接而來的，是一陣掌聲與淚水交織的美景。

小啟示：與其說她（小女孩）未雨綢繆，還不如說她建立信仰，相信其力量，信其可行，這種態度才能真正影響所有的人。

資料來源：參考BBN（Bible Broadcasting Network）聖經廣播網。

五、使命宣言

使命宣言（mission statement）不是很容易提出來的，如果太冗長的話，意義和目的就不清楚了，如果太簡短的話，聽起來又有點類似以願景陳述。使命陳述不應是促使企業去考慮為了生存該做什麼，而是要考慮為了公司的繁榮該做什麼，讓員工知道企業所從事工作的意義和價值：我們是怎樣的公司。每一項使命宣言必須反映出三件事：機會、能力與承諾。例如谷歌（Google）瘋狂大膽的使命：「組織全世界的資訊」。

六、策略

策略（strategy）通常由長字輩高層制定，文化卻能動態地結合高層領導人的意向，以及第一線員工的知識和經驗。策略是市場導向的概念，在軍事上的習慣用語是戰略，經濟上常用的計畫，教育上用的方法等。但不論其用詞為何，均希望藉由謀略、設計、技術、途徑等活動來達

個案1-4　使命宣言

企業名稱	使命宣言
亞馬遜（Amazon）	我們的目標是成為地球上最以顧客為重的公司，顧客能在Amazon找到任何東西。
星巴克（Starbucks）	以一次一個人、一杯咖啡、一個鄰里的方式，啟發和培養人文精神。
耐吉（NIKE）	把啟發和創新的精神帶給世上每一位運動員。
谷歌（Google）	把全世界的資訊整理得普遍容易取用又實用。

資料來源：姚怡平譯（2019）。保羅．尼文（Paul R. Niven）、班．拉莫（Ben Lamorte）著。《執行OKR帶出強團隊》，頁91。采實文化事業出版。

成預設的目標或目的，完成組織的使命。如果企業沒有資源，策略不過只是想法與口號而已。當組織決定採取某一類型的經營策略時，人資管理的方向才具有導引的作用。

構成策略的三大要素：目標（成功的近期目標）、範圍（我們從事哪種行業）和競爭優勢（顧客為什麼買我們的產品）。策略是確定組織

表1-8　執行長（CEO）的人力資本策略觀

1.為員工提供培訓和發展。
2.提高員工敬業度。
3.提升績效管理流程和責任感。
4.加倍努力留住重要人才。
5.改善領導力發展計畫（與領導力有關）。
6.聚焦內部人才發展以填補關鍵職位空缺。
7.增強高階管理團隊的效率（與領導力有關）。
8.增強基層主管和經理的效率（與領導力有關）。
9.提升公司品牌和員工價值觀來吸引人才。
10.改善接班計畫來滿足當下和未來人力需求（與領導力有關）。
備註（全球樣本：738）

資料來源：The Conference Board 2014；引自《哈佛商業評論》，第114期（2016/02），頁8。

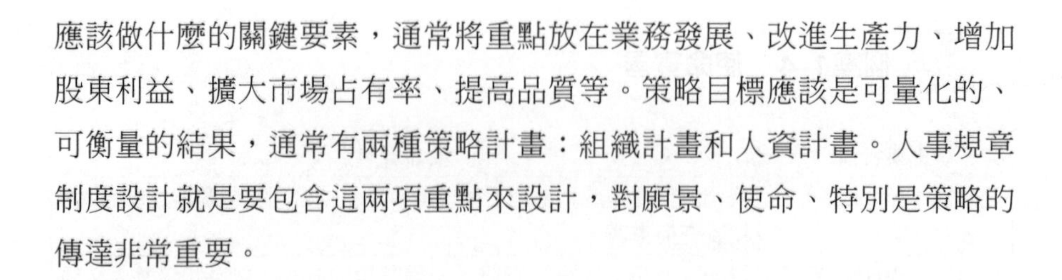
應該做什麼的關鍵要素，通常將重點放在業務發展、改進生產力、增加股東利益、擴大市場占有率、提高品質等。策略目標應該是可量化的、可衡量的結果，通常有兩種策略計畫：組織計畫和人資計畫。人事規章制度設計就是要包含這兩項重點來設計，對願景、使命、特別是策略的傳達非常重要。

七、經營理念

「車到山前必有路，有路就是豐田車。」這是一句既反映豐田汽車的經營理念，又在人們的心中留下深刻印象的廣告用語。經營理念（corporate philosophy）乃是揭示企業經營的目的、將來希望達成的理想，以及企業的基本政策與經營者的基本任務。例如，松下電器（Panasonic）經營理念：「貫徹產業人的本份，圖謀社會生活的改善與提高，以其貢獻世界文化生活的進展。」是Panasonic最大的經營目標，提供顧客喜愛的產品，則是Panasonic不斷努力的目標。

八、企業價值觀

企業價值觀（corporate values）是組成組織／部門／團隊／個人文化的最重要成分，在人生中的行事最高原則是什麼？價值觀如在大海航行中的羅盤，指著正北方向，才能打造出企業的願景，這有共同的行為準則，共同溝通平台，是團結和激勵員工的共同規範。微軟（Microsoft）的價值觀是鼓勵積極與冒險，嬌生（Johnson & Johnson, J&J）就強調家庭的氣氛，而且重視信賴與忠誠。

1886年創立的全球家用清潔和化學消費品製造商美國莊臣（SC Johnson）之前四代領導人，建立的價值觀是：「企業必須擁有的最重要品質，就是讓公司值得信賴；而要贏得這樣的聲譽，企業必須努力去

個案1-5 永光化學經營理念具體做法

1.公司以誠信、守法經營企業，建立正派經營的企業形象。

2.以優良品質、公平售價、合理利潤供應產品給客戶，以獲得所有客戶的信任與愛護。

3.以公正、公開的方式對待員工，提供良好工作環境，使所有同仁都能安心努力工作。

4.誠實公開財務狀況，使投資者獲得應有的權益，以獲得股東的支持與信任。

5.設法爭取國外技術合作，加速技術升級，使永光成為信譽卓著的廠商。

資料來源：曾玉明（2011）。《往高處行——永光集團創辦人陳定川挑戰高科技之路》，頁229-230。中國生產力中心出版。

爭取。」直到現任的執行長費斯克．莊臣（Fisk Johnson）仍嚴守恪遵，因而做出寧願減損營收也不傷害價值觀的決策。建立企業價值觀的做法有：拔擢可作為公司核心價值觀模範的員工、開除質疑既有價值觀的員

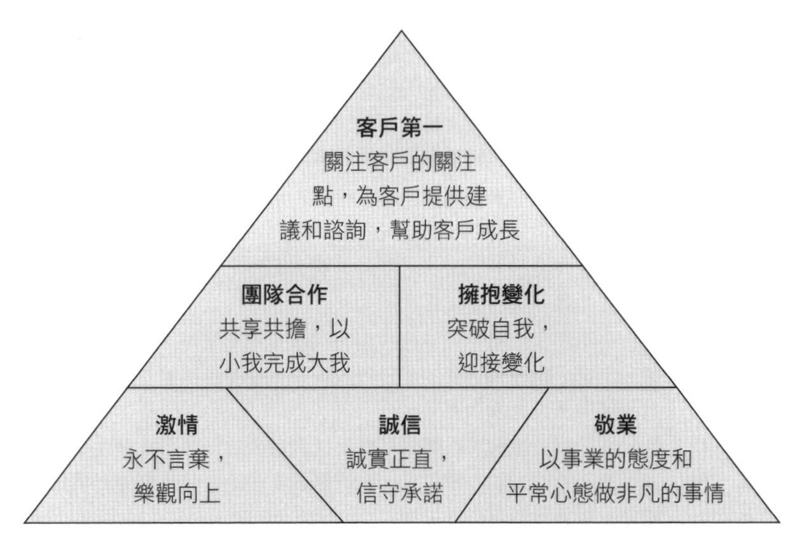

圖1-4 阿里巴巴集團（Alibaba Group）的價值觀

資料來源：王建和（2020）。《阿里巴巴人才管理聖經》，頁129。寶鼎出版。

工、編輯整理公司價值觀並傳達到整個組織。

九、打造企業文化

企業文化（corporate culture）是企業的價值體系、全體員工共同遵守的信仰和行為規範及指導人們的工作哲學。企業文化會影響員工行為、改變員工的意識形態，同時也容易招募到一群有相同價值觀、有理想的夥伴，一起為共同目標努力（丁菱娟，2020）。

個案1-6　歐科（Alcatel）的信念與價值觀

信念	價值觀
專業化的技術與管理	歐科為一高科技公司，所屬員工以其專業化的技術及管理能力來服務並滿足客戶對高品質產品與服務的要求。
員工的參與和承諾	歐科的管理是植基於授權及分層負責，由員工參與、負責，並承諾執行完成預算、目標和客戶的滿足。
單純的管理風格	歐科傾向於開明的、有效的及非正式的管理風格，以利溝通與決策。
充分溝通與相互信賴	歐科的成功乃在於透過開放的溝通、相互的支援與互信，來達成各國和各產品組織內及各組織間的合作與目標。
管理人員國際性的胸懷	歐科的成功在於管理人員具有國際性的胸懷，能與不同文化、不同國籍的同僚共事，並能領導國際性的工作團隊。
凡事精簡與非官僚	凡事盡量面對面溝通，簡化紙上作業、減低官僚繁瑣，以提升個人主動、縮短做決策時間、降低成本。
分層負責	盡量將責任授予下一階級，使組織更有彈性，以提高個人對工作參與感與責任激勵，進而提高獲利能力。
務實化與彈性化	歐科在不同文化與不同產品的組織採取多元化策略，以面對不同且多變性的市場。也因為這樣的建設性的管理，使得歐科能在世界舞台上有能力強勢與彈性地成功經營。
團隊行動	歐科員工需要瞭解，為團隊長期最佳利益的決策，可能無法每次都立即滿足每一個個人的立即要求。我們需要充分的合作來配合一個成功與激勵性分層負責的實施。

資料來源：編輯部譯（1990）。〈歐科企業文化〉（THE ALCATEL WAY）。《台灣國際標準電子公司簡訊雜誌》，第33期（1990/06），頁：A面。

企業文化可以像空氣一樣的充滿在公司的任何角落，它是企業的經營理念、價值體系、歷史傳統和工作作風；它的具體表現就是企業成員整體的價值觀，也是上下一致的行為規範，也是共同的思考模式，它無所不在的覆蓋組織每一個點、線、面，自然也掩蓋了組織無可避免的縫隙。成功的企業都有卓越的企業文化作為後盾，才能讓它遇機會時成長茁壯，遭困境時東山再起。在動盪不定的環境下，唯一能凝聚企業為一體的便是文化了。

個案1-7　不同的企業文化

跨國零售企業沃爾瑪百貨所奉行的文化是儉樸和效率，它提供給供應商的是斯巴達式（自給自足）的等候室，訪客必須自己購買咖啡或飲料，而它的員工們使用的是平價的桌子。創辦人山姆·沃爾頓（Sam Walton）為公司制定了三條座右銘：顧客是上帝、尊重每一位員工、每天追求卓越，這就是沃爾瑪企業文化的精華。

這幾十年來，沃爾瑪一直在點點滴滴行為中體現著這三條座右銘的內容。時至今日，山姆·沃爾頓對沃爾瑪員工的影響力，依舊是任何一位現存執行長難以企及的。奇異（GE）前執行長傑克·威爾許（Jack Welch）曾這樣評價山姆·沃爾頓：「他瞭解人性，就像愛迪生瞭解創新發明，亨利·福特（Henry Ford）瞭解汽車製造一樣。他給員工最好的，給顧客最好的。」瞭解人性，給他最好的，並始終如一，這正是沃爾瑪文化成功的關鍵。

相反的，賽仕電腦軟體公司（SAS Institute）具有地球上對員工最友善的文化之一。位在北卡羅萊納州（State of North Carolina）凱瑞市（Cary）的一處校園，占地200英畝，它提供免費的駐診醫療、無限天數的病假、補貼額度極高的托兒所，以及廉價的餐廳服務。不論是沃爾瑪百貨或賽仕電腦的成功都讓人讚嘆，但是它們卻有著極端不同的企業文化。

資料來源：朱靜女譯（2005）。彼得·納華洛（Peter Navarro）編著。《MBA名校的10堂課》，頁310。美商麥格羅·希爾國際公司台灣分公司出版。

十、麥肯錫的7S模型

如果沒有優秀的人員與企業文化，永遠不會有卓越的績效。1981年麥肯錫企管顧問公司（McKinsey & Company）管理專家理查德・帕斯卡爾（Richard T. Pascale）和安東尼・阿索斯（Anthony G. Athos）提出了7S模型（McKinsey 7S Model）。

7S模型的核心內容就是系統式思維企業在發展過程中必須考慮的各種情況，包括結構（structure）、制度（system）、策略（strategy）、風格（style）、員工（staff）、技能（skills）、共同的價值觀（shared value）。其中讓企業邁向成功之路的要素中，硬體層面通常是指結構、制度與策略，軟體層面是指風格、員工、技能和共同的價值觀。只有在

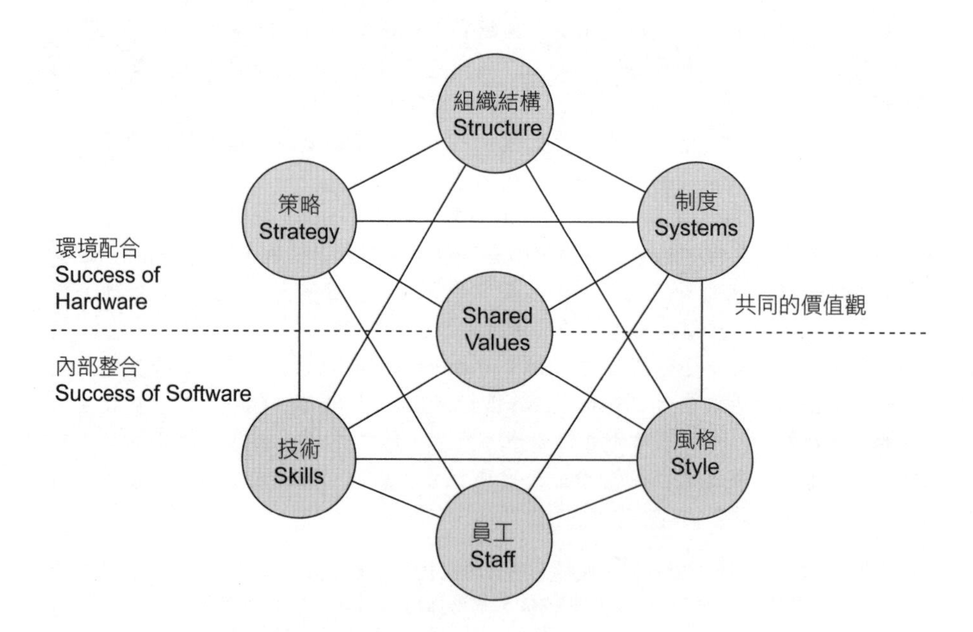

圖1-5　麥肯錫（McKinsey）7S模型

資料來源：麥肯錫管理專家理查德・帕斯卡爾（Richard T. Pascale）、安東尼・阿索斯（Anthony G. Athos）等人提出的麥肯錫7S模型。

7S中的每一項要素均能協調得很好的狀況下，才能保證企業的人資有效的運用與管理策略有效的實施（王寶玲主編，2004：203）。

第四節　組織規章制度

企業文化所揭示的信念，必須落實生根於內部規章制度、組織發展以及行為表現上。組織管理制度的訂定，要能掌握脈動，不論是公司內部策略，還是公司外在的環境，都必須盡可能考慮得面面俱到，才能水到渠成。

競爭力是企業成敗的關鍵，人資政策也應該以企業所追求的競爭力為依歸。台塑集團創辦人王永慶說：「管理的關鍵在於制度。只要用心設計一套合理制度，使人員具有切身感，能自動自發，盡心投入於工作就可充分發揮績效。」管理制度而非管理員工；塑造文化而非推行暴政。

人事規章制度的特色

秉持企業經營理念、價值觀與願景，可擬定人力資源政策（human resource policy），以作為人力資源發展的準則。人事規章制度是讓員工有所依循的葵花寶典，詳列記載所有與之工作相關的規則及標準。

人事規章制度該如何設計，該如何撰寫，是門很深奧的學問，坊間雖有範本可查詢，但須依據企業文化的不同而有所不同。王永慶說：「規章制度照抄別人是沒有用的，因為環境不同，思想觀念不同，條件不同，基礎不同，強加套用的話，就像是不管自己的腳有多大，硬要拿別人的鞋子來穿一樣，不但不舒服，恐怕也沒辦法走路。」這說明了企業的規章制度要自己苦心建立，絕不可抄襲別人。

紀律（discipline）這個字根是disciple，意思是教導或訓練，這就是紀律的本意。紀律不是要用來處罰或羞辱員工之用。紀律最主要的用處是在於發現標準以及實際績效間的差異，同時要在這方面發展出一個解決方案，以縮小差異。紀律應該被視為是一種教導員工的機會，使員工能步入正途，同時盡其所能的讓員工發揮潛力（李紹廷譯，2006：144）。

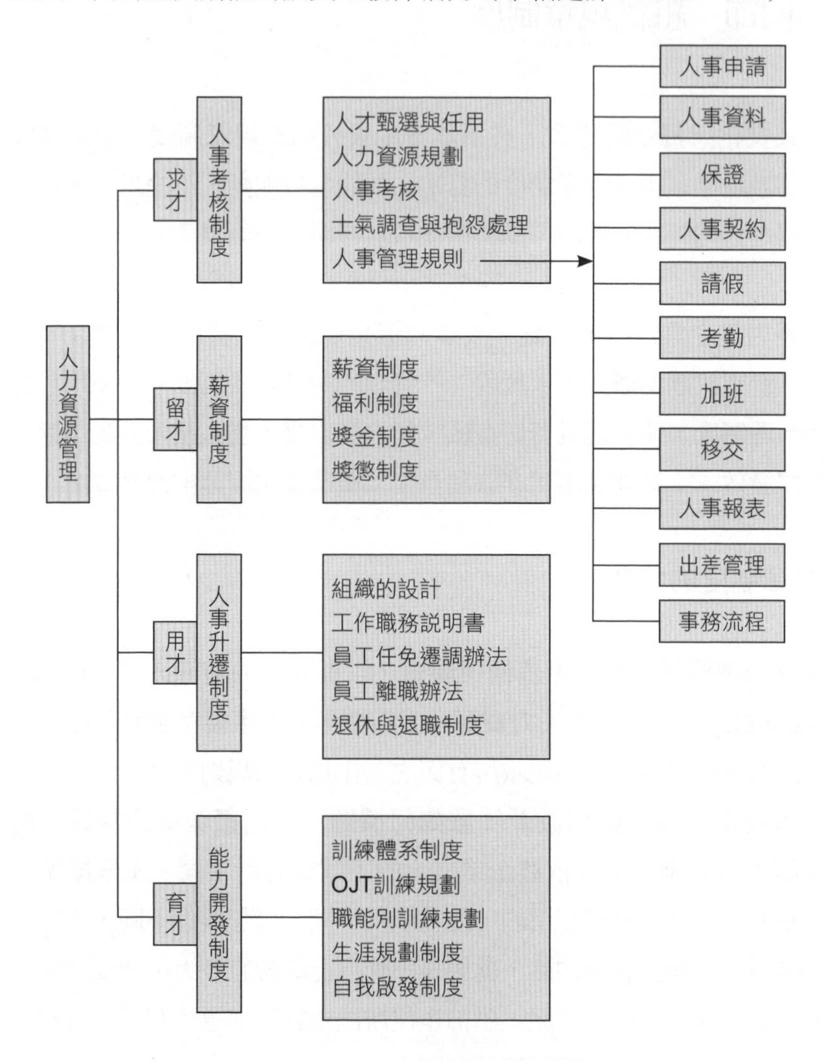

圖1-6　人事規章制度架構

資料來源：楊欲富編著。「人力資源診斷」講義，頁3。中國生產力中心編印。

一家公司的企業文化是永續經營的關鍵。依據企業文化與經營理念可找到願意效忠企業的優秀員工，且員工是企業最重要的無形資產，一套完整的人事規章制度可讓員工有所適從，明確的選、育、用、留制度，讓員工看到透明化的人資政策，進而提高對企業的向心力。

個案1-8　執行長（CEO）對於人力資源的期許

單位名稱	執行長（CEO）對於人力資源的期許
台灣杜邦（股）	建立優渥有競爭力的薪酬制度，加強人才聘僱程序、協助管理階層達成員工激勵、確保各部門公平對待員工，協助新任主管做好人員管理工作。對於人力資源部門本身，期盼該部門能提升自我人員的技能與競爭力，不僅達成個人職涯的晉升，更進一步轉化人資部門到另一個新的境界與系統運作（2006人力創新獎得獎單位）
台灣國際商業機器（股）	「吸引、激勵與留住業界一流人才」一直是台灣IBM人資願景，以「創新與成長」、「高成長領域的組織能力」、「員工投入」和「人力資源的能力」四大重點目標，具體提升組織人力品質與競爭力，積極規劃與培育關鍵職位的接班人，讓組織運作生生不息（2006人力創新獎得獎單位）
匯豐銀行	擁有好的人才是未來金融業競爭的根本，未來匯豐人力資源以建立自己是公司品牌大使為概念，運用充滿活力的形象，吸引及發展優秀人才。並以「價值創造者」自許，持續提供契合未來營運走向的人才發展方案，協助組織邁向成功（2006人力創新獎得獎單位）
士林電機廠（股）	與時俱進，精益求精（change for the best and future）。人才是未來企業決勝的關鍵，人力資源管理更是企業的核心功能，人力資源部門不僅是各BU（Business Unit，事業單位）的策略夥伴，更要創新與變革，引領企業再創永續經營之新高峰（2007人力創新獎得獎單位）
台灣麥當勞餐廳（股）	在品牌再造的過程中，台灣麥當勞也曾面臨品牌引領人力發展及實踐麥當勞「向成功之路」5P平台中的People核心策略的階段，但更重要的是，當人力資源獲得蛻變與提升後，回過頭來，企業也冀望這些「對的人」能夠貢獻所學，帶領組織往「永遠年輕」的品牌精神持續發展創新，並放大資源效益，以凸顯人力資源對未來企業經營成功，並永續企業長青的重要性！（2007人力創新獎得獎單位）

單位名稱	執行長（CEO）對於人力資源的期許
台灣諾華（股）	在這知識經濟時代，人才不只是企業永續經營的基礎，人才更是創新商機與創造價值的來源。人力資源部門應協助CEO（Chief Executive Officer，執行長）根據組織策略，有計畫的吸引、發掘、考核及培養人才，使企業有效的進行人才管理與投資，進而為組織創造績效與價值（2007人力創新獎得獎單位）
玉山銀行	十年樹木，百年樹人，有一流的人才，才有一流的企業；有滿意的員工，才有滿意的顧客；培育更多有能力又願意付出承諾的玉山人，是玉山累積智慧資本、提升企業競爭力，追求永續發展不可替代的核心優勢（2007人力創新獎得獎單位）
訊連科技（股）	面對市場與多媒體產業發展趨勢，優秀人才是企業不斷成長的關鍵，期待人力資源部門能強化以下各方面，以成為訊連持續成長之策略夥伴： 1.整合組織成長需求與員工發展意願，創造激發高度工作士氣的快樂工作環境。 2.持續吸引與甄選具高創新潛力之軟體研發人才，不斷提出創意之產品，以提供使用者更滿意之服務。 3.為提升經營與管理效率，規劃與發展組織變革的系統性做法與措施（2007人力創新獎得獎單位）
荷蘭商天遞（股）台灣分公司	TNT（天遞）將持續秉持員工學習發展機會均等的原則，提供適當的資源及同等的機會，使員工都能取得所需的技能及知識，以便在工作上有所發揮。達成P-S-G-P（People, Service, Growth, Profit，人—服務—成長—利潤）的目標，並以永續發展人力資源的概念，追求持續進步的經營（2007人力創新獎得獎單位）
新光人壽保險（股）	優秀人才是企業經營致勝的關鍵要因。我們期望透過優質的人才資產發展機制，厚植組織競爭力，讓新光人壽成為優秀人才心目中的最佳選擇（2007人力創新獎得獎單位）
新竹貨運（股）	1.對於人資單位的期許： 人力資源單位是企業的策略夥伴，走在公司策略之前，要持續創新與自我提升，成為組織轉型變革管理的推動者，做好策略人力發展與接班培育布局的計畫。 2.對於全體同仁的期許： (1)持續改善，提升差異化服務。 (2)止於至善，但至善永無止境。 (3)做好健康管理（自我管理） (4)轉型變革中不要缺席，全心投入。 (5)終身學習，塑造學習型組織（2007人力創新獎得獎單位）

單位名稱	執行長（CEO）對於人力資源的期許
廣達電腦（股）	公司處於產業及市場均劇烈變化的時代，需要更靈活及創新的做法，以迎接各項內外部的挑戰。HR（人力資源）需要從傳統的招募、人力發展及教育訓練等功能轉變成公司策略發展的夥伴，從被動支援性的角色轉化成為積極開發員工能力與價值，提升整體組織效能的行動者。協助公司成長、茁壯，開創未來（2007人力創新獎得獎單位）
聯華電子（股）	1.持續強化留才與求才的優勢，發揮人力資產的效能，進而提升組織競爭力。 2.設定「求才、育才、留才」為全公司人力資源重點目標，要求各主管至少投入20%心力於提升人才之晉用及培育發展（2007人力創新獎得獎單位）
羅昇企業（股）	以學習型組織與個人目標，營造良好的學習環境與文化，以創新求變的精神，不斷提升員工的能力與價值，培育更多的優秀人才，並吸引更多的優質人才加入羅昇（2007人力創新獎得獎單位）
工業技術研究院	人才為本院最重要的資產，人力資源管理為本院長期發展優劣之關鍵。希望透過人力資源的創新及深化，使本院成為產業科技創新、創業者的搖籃，也是同仁引以為傲、科技人嚮往的工作場所（2007人力創新獎得獎單位）
國立政治大學公共行政及企業管理教育中心	人才是知識型組織中最重要的資源，我們應該於專業創新的態度，提供各種多元的教育訓練，幫助組織中的成員吸收新知，擴大視野，激發每一個人的工作潛力與創造能力，讓工作不僅能達成組織的使命，還能成為每一位成員生命中自我追求的事業（2007人力創新獎得獎單位）

資料來源：中時@分類（承辦單位）編輯。《2006/2007人力創新獎得獎專輯：團體獎事業單位》。行政院勞工委員會出版。

第五節　雲端人資系統（e-HR）

根據勤業眾信《2019全球人力資本趨勢》報告過去數年間，人資業務在移轉至雲端方面取得重大運轉。下一步的發展重點在於將認知科技、人工智慧（Artificial Intelligence, AI）和機器人技術整合至現有的雲端平台上，並透過統一的介面設計增加員工取用人資服務和資訊的便利性，從而部署有助於改善員工數位體驗的各項科技工具。

歷史已反覆證明，行為模式的變革往往自工具的變革開始，就像早期黑死病，折損很多人命，導致沒有人從事農業，才會發展輕工業，促成產業結構轉變。彼得．杜拉克（Peter F. Drucker）在〈新時代、新組織〉一文中指出：「未來的企業將是一個大部分由專業人員組成的知識型組織，必然會走向以資訊為導向的組織結構。」促成這種趨勢的主要力量，除了勞動人口結構的改變，以及經濟需求導致的變革外，資訊技術的快速發展是最大的推動力之一。資訊技術的日新月異，使得知識的範圍、形式、規模、獲取、儲存及傳送都發生了巨大變化。知識型人才的管理已成為企業生存與永續發展的關鍵。

一、e-HR的定義

數位化人資管理（electronics-Human Resources, e-HR）是基於先進的訊息和網際網路技術的全新人資管理模式，它可以達到降低成本、提高效率、改進員工服務模式的目的。

e-HR的實施，不僅是管理方式上的轉變，更是管理理念上的革新，把人資人員從人事事務中解放出來，將其真正的工作重心放在公司最重要的資產——員工和員工的集體智慧的管理上，把精力放在為管理層提供諮詢、建議上，以優化人資管理。人資資訊系統（Human Resource Information System, HRIS）是指軟體系統，可以隨時提供人力資源決策所需的各項分析、統計資料。

傳統的人資管理觀念，純以成本角度出發，亦偏重於作業性的層面，如薪資發放流程管理、出缺勤管理、人事行政作業管理等，這種把員工當作成本的管理方式，並無助於人力資本的提升。現在人資管理的重點，已從過去單純的例行性作業，轉為結合企業策略，提升人才價值。

如何透過選、用、育、留的策略性規劃，藉由最先進e-HR資訊科技的協助，以企業的策略目標為評量標準，使企業主管能以員工職能及績效導向為觀點，推動企業發展人力資本，充分發揮人才潛在能力及創意，留住績優員工，並創造企業最大價值，成為人資人員重要的思考方向（英特內軟體公司，http://www.interinfo.com.tw/new/ehr/about.htm）。

二、e-HR的功能

資訊化使得人資部門業務擺脫傳統人事管理著重事務及行政管理工作（薪資發放、出缺勤管理、人事考核、基本人事資料管理等）的例行性行政作業，轉而強調結合企業營運策略，協助組織變革、建立企業文化進而創造競爭優勢。

e-HR的導入可減少人資人員行政業務的負荷，讓行政交易處理的比重降低，增加人資部門策略管理角色的份量。再者，e-HR可以滿足員工關係的管理與人資管理策略的執行過程中決策判斷所需的足夠的資訊。透過e-HR可以使人資管理模式發生策略上的轉變（申向陽，2005）。

根據人資管理系統專家凱西・布萊恩特（Kathy Bryant）的看法，e-HR中的"e"實際上意味著更強功能（enabling）、更有能力（empowering）和人資功能的擴展（extending），這項技術正透過系統自動化、員工自助化和工作流程化，使得人力資源變得更加強大。

結　語

人力資本管理（Human Capital Management, HCM）的理念，是將既有的人資觀念更向上提升，把人看成資本，而不是成本，不是計較人力的多寡，而是建立一套系統把人力資本管理好。

目前人資的工作已經擴大到企業策略上的運用，例如企業再造、學習型組織等。人資管理並非單靠人資部門所能竟其事功，而須由用人單位的主管扮演積極角色，善盡人資管理的職責，始克有成。

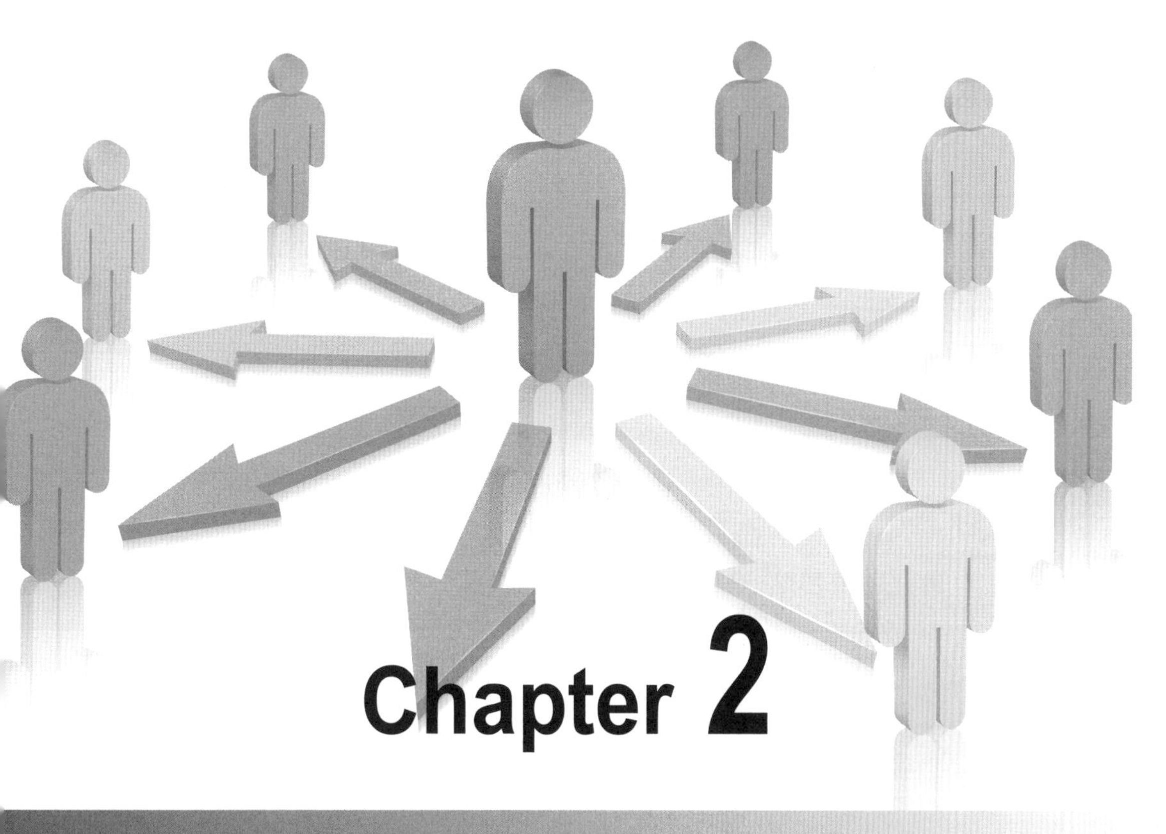

Chapter 2

組織診斷與組織運作

第一節　企業診斷概述
第二節　企業組織評估
第三節　組織診斷
第四節　組織設計
第五節　組織結構類型
第六節　組織發展
結　語

一艘長年行駛在海上的船隻，必須清理那些在船底的藤壺（Cirripedia），否則它們會拖慢船隻的速度與機動性。

——現代管理學之父彼得．杜拉克（Peter F. Drucker）

人資管理錦囊

早春時節，一隻百靈鳥在一片剛長出的麥田裡築巢。孵了幾隻小雛鳥，生活在那裡，有吃有喝，無憂無慮。

秋天時小鳥也漸漸長大，羽翼豐滿。有一天，麥田的主人見到已成熟的麥子，便說：「收割的時候到了，我一定要去請所有的鄰居來幫助收穫。」一隻小百靈鳥聽到這話後，便趕忙告訴她媽媽，並問該搬到什麼地方去住。百靈鳥說：「孩子，他並不是真的急切要收穫，只是想請他的鄰居來幫他的忙。」

幾天後，農夫又來到麥田，而過熟的麥穗已纍纍垂地。農夫認真的說：「再不能等了，我得僱用一些割麥手，明天我自己來監工。」小鳥把農夫的話再轉告媽媽。這一回，鳥媽媽嚴肅的表示：「我們的確要搬家了。當一個人不靠別人，準備自己動手做時，他是真心真意要做了。」

【小啟示】山雨欲來風滿樓，企業或個人「變」與「不變」最重要的決定因素，還是要有警覺性與洞察力，並當機立斷。

企業就是組織，組織就是企業，經營者關心的是如何提高組織的效率，獲取企業收益的最大化。如果一家企業的組織結構設計不良，或是有嚴重的「人事問題」，那麼即使採用了最佳的策略，最後還是會失敗（關廠、歇業）。組織是為人所用，而不是叫人去屈就組織。

組織變革是任何企業隨時必須採行的措施，組織精簡只是解決問題的手段，回歸管理基本原則進行組織診斷，確保健全嶄新的組織型態。台塑集團創辦人王永慶說：「企業規模愈大，管理愈困難，如果沒有嚴密的組織和分層負責的管理制度，作為規範一切人、事、財、物運用的準繩，據以澈底執行，其前途是非常危險的。」

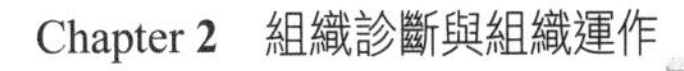

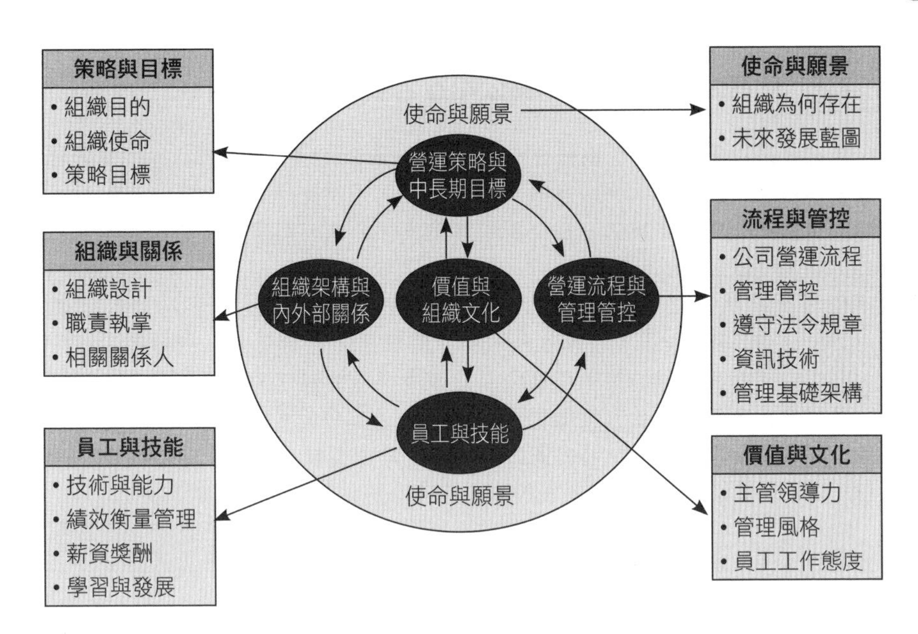

圖2-1　企業整體管理機制

資料來源：趙銘崇，〈建構高效能人力資源管理制度提升組織人力資產〉。

第一節　企業診斷概述

從有人類以來，就有組織，亦從有組織以來，就有組織問題。組織之所以存在，最主要在於組織可以滿足個人的所需。企業的生命週期和許多產品的生命週期都一直在縮短，這是一項既成事實。企業和生物一樣都經歷生命週期，企業診斷就是要讓企業再生。企業在不同的生命週期階段，要面對不同的生存問題。彼得．杜拉克說：「一個企業完美的平衡只存在於其組織結構圖中。一個活生生的企業總是處在一種不平衡狀態中，這裡增長，而那裡收縮；這件事做得過火，而那件事又被忽略。」

個案2-1　伯利恆鋼鐵公司宣告破產

美國龍頭鋼鐵廠伯利恆鋼鐵公司（Bethlehem Steel Corp.）因不堪進口鋼品低價競爭和沉重的人事成本，在2001年10月15日向法院聲請破產保護。法院的文件顯示，這家南北戰爭（1861～1865）前即已成立的老公司申報資產42億美元，負載45億美元，公司處境十分艱困。

伯利恆鋼鐵乃是科學管理的發源地，被尊為「科學管理之父」的泰勒（Frederick W. Taylor）曾長期在此服務，做過很多重要研究。1898年，泰勒進入伯利恆鋼鐵服務，他的第一項實驗，是鐵塊搬運的研究，這項研究包括75位工人，將鐵塊搬上鐵路貨艙。根據研究結果，搬運工人只要改善搬運動作，每天只需原來42%的工作時間，即可提高四倍產量。其他實驗還包括：鏟取鐵砂和搬運煤粒，以及金屬切割等，結論都很相似，即有助於大幅提高生產力。

如今泰勒（1856～1915）早已作古，科學管理漸漸為世人所遺忘。作為現代科學管理發源地的伯利恆鋼鐵，卻在21世紀初搶先宣告破產，令人不勝唏噓，感嘆物換星移，歲月無常，同時也印證企業永續經營的不易。

資料來源：華文企管網，www.chinamgt.com；引自《管理雜誌》，第329期（2001年11月號），頁67。

一、企業診斷目的

企業診斷（business diagnosis）目的，在於探索企業經營之現況與未來發展，潛在哪些問題與缺失，然後提出具體改善方案，使得企業組織能健全且永續發展之治理行為。它有如醫療行為的「望、聞、問、切」步驟，即透過察言觀色來瞭解病情，必要時可加以檢驗與診斷，以探測癥結所在，並對症下藥，以求取健康之道。具體診斷流程，包括擬定診斷之範圍與方法，安排診斷前之準備工作，規劃企業診斷的進度以及提出企業診斷的報告。

彼得・杜拉克在《巨變時代的管理》（*Managing In A Time of Great Change*）指出，企業的致命過失是——崇拜高利潤而不斷加價、因受市場壓力而決定產品價格、定價受成本的驅使、為昨日的成功而自滿，以及

表2-1　企業診斷的具體目的

- 企業診斷在於評估與應付整體環境的變化。
- 企業診斷在於找出與分析經營不良的原因。
- 企業診斷在於指出與改善管理措施的不妥。
- 企業診斷在於檢討與擬定經營策略的方針。
- 企業診斷在於健全與加強整個組織的功能。
- 企業診斷在於瞭解與調整產銷配合的運作。
- 企業診斷在於估算與提高財務操作的效益。
- 企業診斷在於瞭解與掌握企業同業的互動。
- 企業診斷在於判斷與確保企業目標之達成。
- 企業診斷在於防範與處理企業危機之發生。

資料來源：丁志達主講（2017）。「人力資源綜合診斷課程」講義。財團法人中國生產力中心高雄服務處編印。

表2-2　企業經營診斷要點

- 有無長遠發展計畫？
- 有無釐定年度計畫？
- 每月有否掌握了實績？
- 各類商品的獲利率如何？
- 是否知道商品別之銷售或毛利？
- 資金調度計畫如何？
- 應收帳款之收款狀況清楚否？
- 庫存管理完善否？
- 借款額為月銷貨的幾倍？
- 經營者專心於事業否？
- 遭遇難題時有無商量對象？
- 接班人選是否已就位學習？
- 與同行業競爭對手比較，優勢在哪裡？
- 有關人事管理上的規定是否完備？
- 有無培育人才計畫與落實程度？
- 有無實施輪調與提升計畫？
- 那幾個部門的人員流動率高，原因清楚嗎？
- 內部組織氣候是否良好？規章制度是否被遵守？
- 協調、溝通及決策事項之實施良好否？
- ERP（Enterprise Resource Planning，企業資源規劃）的建置情況如何？

資料來源：丁志達主講（2012）。「人力資源管理班」講義。中國生產力中心中區服務處。

窮於面對問題，漠視機會。這些過失，日積月累就會對企業造成有形、無形的損失，企業要避免發生危機與風險，唯一方法就是企業組織要不斷地進行診斷，找出病灶，妥善擬定預防性的因應策略，以提供企業經營上的改善措施，進而促進企業的經營更有效率與合理化。

二、企業共識調查

企業（組織）共識調查，意指員工對企業內部各項管理制度與領導管理方式的認同態度。員工的「企業共識」越高，則其工作滿意度、組織承諾、工作績效也越高，離職或缺勤率則越低。企業共識調查之實施，自然有助於管理階層順利推行企業組織內的各項運作。

企業共識調查問卷設計，可從不同的層面，如整體、主管／非主管、職務別、年資別等來診斷員工對各項人資管理制度與組織管理方式的

表2-3　企業共識問卷調查內容條目與說明

條目	說明
公司權責	探討企業內部權責劃分與授權的狀況。
領導	探討領導者目標達成能力、人際／體恤能力、激勵能力、責任擔當及品德。
組織溝通	探討企業內部上下溝通、平行溝通及會議溝通的品質。
教育訓練	探討企業內部培訓之公平性、彈性、有效性、被重視程度及適量性。
前程規劃	探討個人在工作生涯上的發展與成長、成就感及其生涯規劃。
升遷輪調	探討企業內部升遷、輪調制度的暢通性、公開性、合理性及公平性。
績效考核	探討企業內部績效考核制度的合理性、公平性、彈性、有效性及員工對於績效考核的參與程度。
薪資制度	探討薪資多寡、調薪幅度、加班津貼、績效獎金之合理性。
福利制度	探討員工對企業福利制度與做法（如休假制度、退休制度、年節獎金、保險等滿意度）。
獎懲制度	探討公司獎懲制度的公平性與合理性。
人際關係	探討員工間之和諧感、信任感及凝聚力。

資料來源：常昭鳴（2000）。《PMR企業人力再造實戰兵法》，頁54-55。臉譜出版。

認同程度，進而瞭解員工的工作滿意度與工作士氣，以作為進一步檢討改進的依據與決策的參考。將調查所蒐集到的各種資料及觀察到的各種現象，加以彙總和整理，並運用定量的統計或定性的分析，找出發現的問題癥結所在，進而提出診斷報告及改善方案。

第二節　企業組織評估

企業組織評估乃是經由系統化的資料蒐集與分析，探查企業現存或潛在的問題與缺失，然後提出具體改善方案，使得企業能健全且永續發展之治理行為。

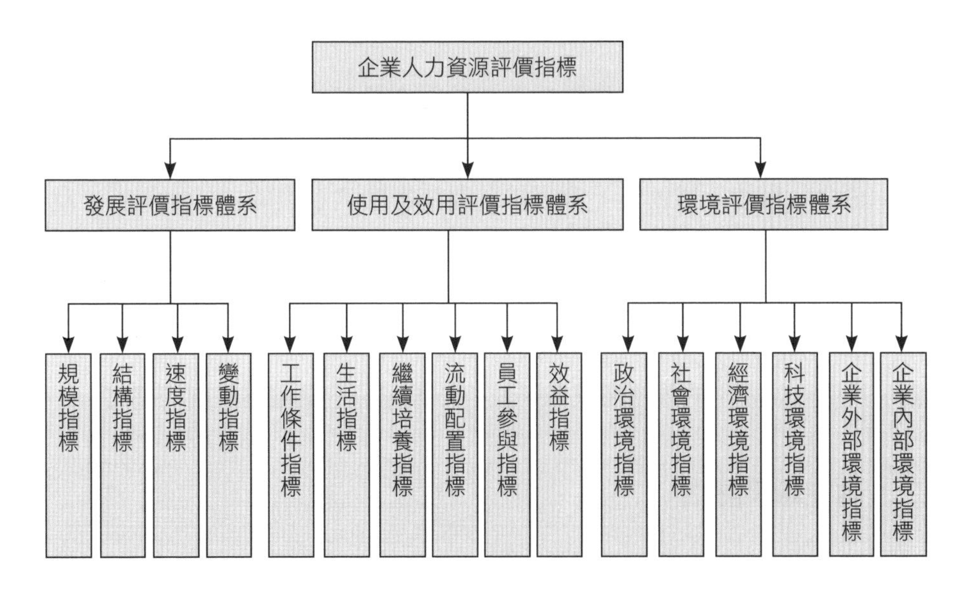

圖2-2　人力資源評價指標體系

資料來源：陳京民、韓松編著（2006）。《人力資源規劃》，頁37。上海交通大學出版社出版。

自從麥可．波特（Michael E. Porter）提出競爭優勢理論架構後，在現實狀況中，企業往往會受到許多內外因素的影響，例如法令的改變、競爭者的出現、內部技術研發的突破等。多數策略管理學者都建議可以利用強弱危機（SWOT）分析的方式，來幫助策略的研擬和選擇，並做好企業組織評估。

擬定競爭策略時，必須分析整個產業的外部機會（opportunities）與威脅（threats），瞭解內在自身組織的優勢（strengths）與弱點（weaknesses）後，再轉化成為企業的競爭策略，也就是將企業內、外部所發現的有利因素和不利因素做一個綜合性的評量，以為建立人資管理基礎。

一、外在環境評估

外在環境評估，包括總體環境評估與產業環境評估。由企業的角度來考量，外在環境因素變遷（政治、經濟、市場、社會、顧客、產業、文化、法律、科技、道德等）會直接或間接影響到企業的經營與發展。就人資的視野來考量，人口結構發展趨勢、勞動市場供需變動情況、勞動法規的訂定與調整等外在因素，自然而然構成企業人資策略規劃的基礎。為求企業的永續發展，就要隨時針對外在環境因素進行掃瞄，評估近程、中期、長期可能產生的機會與威脅，並將結果作為企業策略規劃的基礎。

二、內在環境評估

威斯康辛大學麥迪遜分校（University of Wisconsin-Madison）商學院教授佛羅傑．佛米沙諾（Roger A. Formisano）認為，內在環境評估包含結構、資源、文化三個部分。

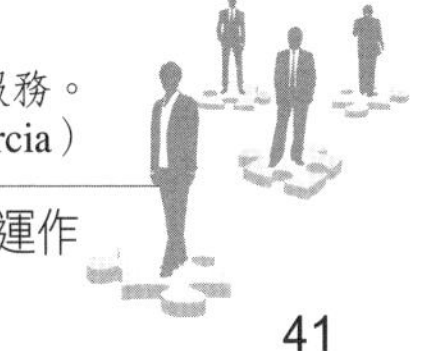

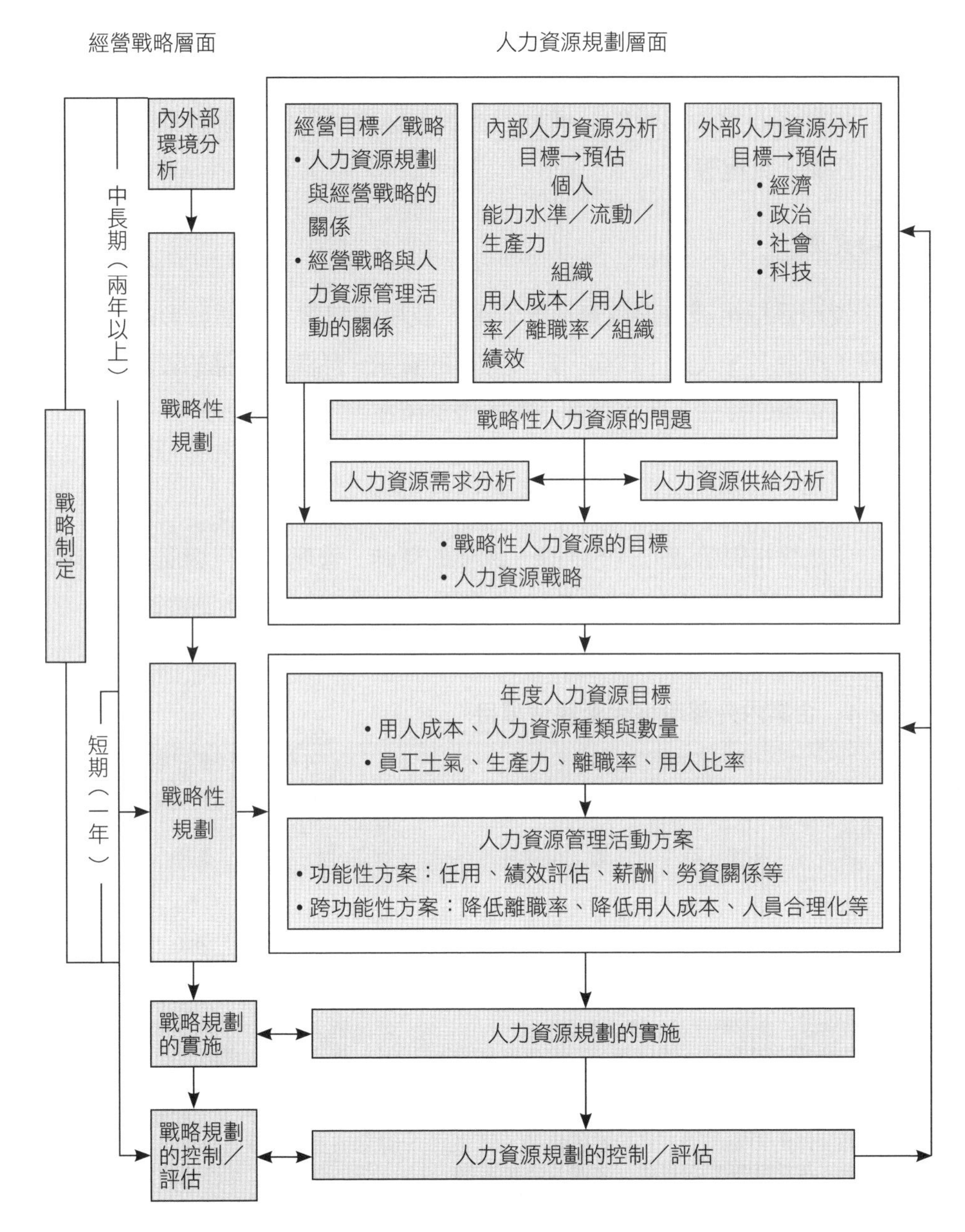

圖2-3　策略制定與人力資源管理過程關係圖

資料來源：諶新民主編（2005）。《員工招聘成本收益分析》，頁39。廣東經濟出版社。

(一)結構

規劃者必須對組織的結構瞭若指掌，必須要仔細檢視企業的組織形態、活動、流程等。

(二)資源

資源係指組織有形或無形的資產、技術或知識，包括有形的設備、財務（現金）、人力、技術，以及無形的資訊、品牌與產品的設計。透過對這些資源的評估，可以瞭解企業的優勢所在。

(三)文化

文化係指對營運方式的共識、創業的精神、管理風格、對風險的容忍度。這些因素在從事新事業或進行企業併購等策略時，就會造成影響。

表2-4　企業內外部環境因素評估項目

內部環境因素評估	外部環境因素評估
‧生產管理：計畫、成本、管理、品質等規模、種類、數量、技術、管理等。 ‧行銷管理：品牌、成本、計畫、市場資訊等通路、分級包裝、價格等。 ‧財務管理：會計、管理電腦化等財務報表、財務分析等。 ‧組織管理：技術交流、資源共享等會議、觀摩、培訓等。 ‧研發管理：創意新產品、專利產品等。 ‧績效分析：獲利率、銷售量、股東價值分析、顧客滿意度、品牌關聯性、相對成本、新產品、員工能力與績效、產品組合分析等。 ‧策略選擇的判定：過去和現在的策略、策略的問題、組織的能力和限制、財務資源和限制、優勢和劣勢等。	‧政府產業政策、國外產業狀況等總產值、總產量等。 ‧顧客分析：區隔、動機、未滿足的需求。 ‧競爭者分析：確認、策略群體、績效、形象、目標、策略、文化、成本結構、優勢、劣勢。 ‧市場分析：規模、成長預測、獲利率、進入障礙、成本結構、配銷系統、趨勢、關鍵成功因素。 ‧其他環境分析：科技、政治、經濟、文化、人口、統計變數、目前趨勢、資訊需要區域等。

資料來源：丁志達主講（2006）。「人力規劃與人力合理化」講義。遠東新世紀公司編印。

第三節　組織診斷

組織乃是將人與事做最佳組合，以達成企業所設定的目標。組織首重彈性，彈性是組織發揮效益的不二法門，使組織靈活而有效率。組織在企業成長過程中，在不同的階段有其不同的組織功能，當然也有組織功能不足的危機。冷眼細觀企業發展歷史，能夠超越百年壽命的企業並不多見，這就如同人有生、老、病、死一般，企業與組織一樣也有興、衰、生、死的循環。員工長期處在順遂、優渥的工作環境，會漸漸喪失危機意識與旺盛的企圖心，逐步喪失鬥志；而外在的競爭對手，卻正在「磨拳擦掌」，逐步「蠶食鯨吞」市場的占有率，致使組織在高度競爭的市場中遭到「出局」的命運。因而，組織必須隨著內外部環境的變遷，適時調整組織。

個案2-2　小心「穀倉效應」發威！

穀倉效應（silo effect）這個詞，近年在企業界、政府機構和各式組織團體間大為流行。英國《金融時報》（*Financial Times*）專欄作家吉蓮．邰蒂（Gillian Tett）首先提出「穀倉效應」理論，並指出911恐攻發生的問題癥結在於「穀倉」。

邰蒂從人類學家的角度分析，穀倉效應是一種「文化現象」，其成因是現代社會團體與組織具備特定的分工慣例，由於內部長期缺少溝通與交流，部門之間各自為政，就像一個個穀倉各自獨立、缺乏互動，因而導致企業崩壞、政府失能、經濟失控抑或釀禍成災。

911恐攻事件的發生肇因於美國政府部門間「過度分工」，許多情報單位都有發現蓋達組織（Al-Qaeda）有發動恐攻的跡象，但不同情資掌握在不同單位手中，沒人有能力或意願整合所有情報並綜觀全局，導致情報系統未聯手擬定策略並加以預防，因而釀成此悲劇。

小啟示：在組織架構方面，掃除「穀倉」方式有：適度／適時進行組織變革、重組／成立跨專案合作活動、工作輪調、內部成立知識社群。

資料來源：蔡來春（2017）。〈小心「穀倉效應」發威！〉。《能力雜誌》，第732期，頁81-87。

一、組織診斷架構

組織是經營者配合經營目標與策略方向所發展出來的一套運作體系，必須權衡內外部經營環境之變遷，作適度的調整，才能確保企業永續經營與不斷地成長。

(一)定義組織架構

組織架構係指構成組織的系統，設計、整合及運作這些系統的能力，它是有效的組織的精髓所在。麥肯錫管理顧問公司所採用的7S組織架構則用來定義組織的七個要素：策略、結構、制度、員工、風格、技術、共同的價值觀。

(二)制定評估流程

組織診斷可以將組織結構轉化為評估工具，診斷架構中的因素便成為評估或稽核問題。透過這些問題可以探查組織的優點與弱點，然後努力改進組織缺點。

(三)提供改進實務的領導力

組織診斷必須由評估邁向改進，分別提出行動計畫與實務方法，以便進入改進的階段，為每一個領域發展出可行的人資實務，例如文化變革、專業能力（人員配置與發展）、結果（考核與報酬）、治理（組織設計、政策與溝通）、工作流程（學習與變革），以及領導力等方面的最佳實務。

(四)排定優先要務

專注於重要的課題上。評估哪些人資實務應該被列為最優先要務的準則（影響力和可實行性）。

組織診斷應盡量採用定量（如問卷調查法）與定性（如訪談法）兩種方法，用交談、觀察及審閱企業原始資料，以求瞭解其經營實況。除非必要，應盡量避免要求各相關單位編制其他書面資料，診斷人員對於相關單位人員之陳述應做重點查證，以資信實。

表2-5　組織診斷的步驟

步驟	內容	說明
一	界定界線	做診斷時，必須界定出的組織範圍。
二	投入產出系統	檢視組織範圍內的整個產出投入系統，在運作情況表現分別是哪些，以形成一個開放系統的觀念。
三	正式和非正式系統	發現為何投入、產出的轉換不能進行很順暢的理由有哪些。
四	組織外部環境	外部環境系統有哪些是值得我們去做或是我們能夠改進的。
五	組織目的	在組織目的上先看看公司目前的目的，再清晰和認同目標使命是否明確。
六	重新定義目的	重新訂出更好的組織目的。
七	結構	檢視組織的架構是屬於功能式、產品式或是兩種混合矩陣式組織。
八	矩陣組織	若是矩陣式組織，是否恰當且發揮其最大的彈性功能。
九	虛設的矩陣關係	反之，管理者會認為這個矩陣是一種幻覺，另一種不實際的想法，就不是一個真實而是虛設的矩陣。
十	關係	看看組織部門之間的關係如何，及依賴、合作程度是否有衝突的存在。
十一	獎酬	在檢視獎酬制度時，對士氣激勵能否產生激勵效果。
十二	領導	領導風格是屬於專制或民主，以及領導對公司所造成的影響，對組織助益或阻礙的程度。
十三	有用的機制	檢視公司目前現行的制度，有哪些是真正有用的機制，能實際發揮其功能。
十四	整體的診斷：建立一個輪廓	建立一個診斷的雛形，幫助整合思考每個層次的診斷。
十五	釐清	重新釐清公司目前所擁有的能力與實際需要的能力，以及充分掌握組織已經完成與未來的事項。
十六	介入理論	找出介入的施力點，以不同介入的優點與限制來改善組織績效。

（續）表2-5　組織診斷的步驟

步驟	內容	說明
十七	權力	若是有實際的行動，行動後對組織權力有何影響，且找出哪個部門（人）具有這樣的權力改變組織環境及對外的關係？來影響大家採行新的步驟、方法。
十八	預期和行動	若要採取行動，可以採行的步驟又有哪些，優先順序為何。
十九	建構自己的診斷模型	上述的步驟是可以採行的步驟，但並非一定的步驟，每個人可以依照個人想法修改「六頂思考帽」思考模式（six thinking hats），針對上述步驟發展出更適合自己使用的步驟。
二十	公司比較	檢視其他公司做法，憑個人經驗或直覺，給我們另外的想法與看法。
說明	「六頂思考帽」思維方法使我們將思考的不同方面分開，這樣，我們可以依次對問題的不同側面給予足夠的重視和充分的考慮。	

資料來源：謝青山（2008）。《高科技產業組織診斷與分析之研究》，頁10-11。高立出版集團出版。

二、人資管理診斷

人力資源診斷是透過對公司人資管理諸環節運行的實際情況、制度建設和管理效果進行調查評估，分析人資管理工作的性質、特點及存在的問題，提出合理化的改革方案，使人資的整合與管理達到「人」和「事」的動態適應，從而促進員工成長、實現公司策略目標的一種方法。

人資診斷有如傳統中醫的醫療行為，藉由「望、聞、問、切」四種方法來進行檢查與診斷。此種醫療行為，運用到人資管理診斷，主要包括企業文化診斷、組織診斷、人員合理化診斷、能力開發和培訓診斷、績效管理診斷、薪資管理診斷和勞資關係診斷等。

診斷所強調的是研究方向，制定解決方法所強調的是解決問題的創意，行動則強調創意的執行。例如，盤尼西林（Penicillin，青黴素）於1929年被亞歷山大．弗萊明爵士（Sir Alexander Fleming）發現，但是實際應用方法，一直到九年之後才被霍華德．弗洛里（Howard W. Florey）

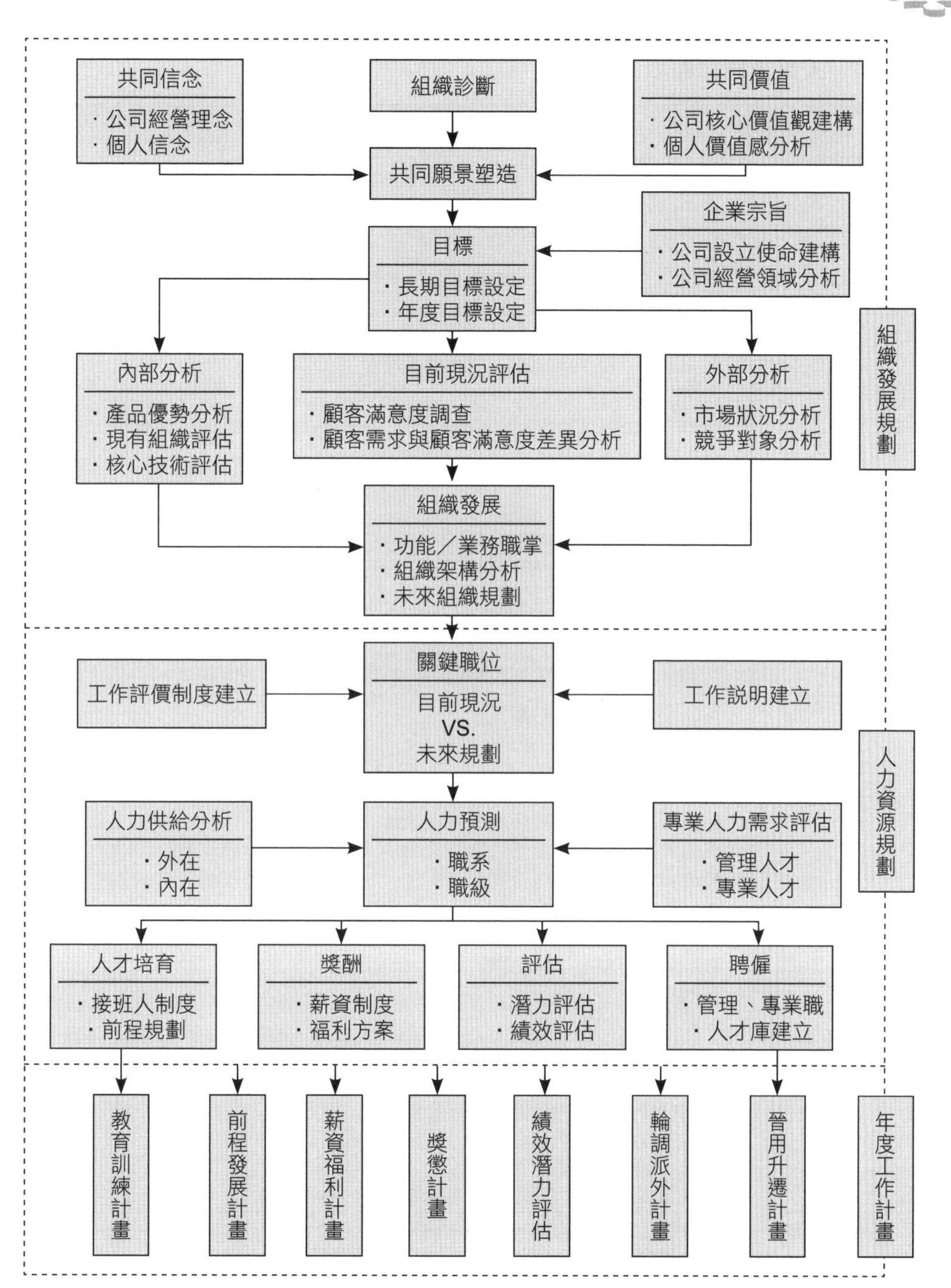

圖2-4　組織規劃與企業文化關聯示意圖

資料來源：常昭鳴（2010）。《PMR企業人力再造實戰兵法》，頁42。臉譜出版。

表2-6　人資管理診斷項目與內容

項目	內容
人員體系診斷	·員工人事紀錄資料診斷 ·員工年齡層分布診斷 ·員工學歷結構診斷 ·員工流失診斷 ·員工培訓診斷 ·員工滿意度診斷
人力盤點診斷	·價值觀／組織文化調查 ·員工士氣／組織認同／工作滿意度調查 ·績效評估 ·職能評鑑
崗位設置診斷	·崗位職責描述診斷 ·職務等級劃分診斷 ·崗位管理體系診斷
訓練與發展診斷	·人資紀錄記載是否完整診斷 ·能力開發是否在職務分析的基礎上進行的診斷 ·教育訓練計畫與執行診斷 ·教育訓練是否與能力開發和工作調動有機結合診斷 ·教育訓練與人員晉升／輪調是否掛勾診斷 ·教育訓練的方法、設施和時期是否診斷
績效體系診斷	·建立企業年度目標診斷 ·考核結果運用診斷 ·考核面談改善診斷 ·績效考核效果診斷 ·是否有成文的人力資源考核規程診斷 ·人力資源考核的方法是否適當診斷 ·對評定人員是否進行了培訓診斷 ·人力資源考核的間隔時間是否適當診斷
薪酬體系診斷	·人力成本分析診斷 ·薪酬的競爭與公平性診斷 ·薪酬結構設計診斷 ·薪酬晉升與調整診斷
工資給付診斷	·基本工資有哪些要素診斷 ·工作業績在基本工資中是如何體現診斷 ·有哪些津貼與基本工資的關係診斷 ·基本工資的構成方法與企業性質是否相符合診斷 ·晉升、調薪的基準是否明確診斷 ·各種工資成分的比率是否恰當診斷
獎金給付診斷	·獎金與企業經營方針、人事方針的關係診斷 ·發放獎金的目的、方法與企業性質和特點是否相符診斷 ·獎金的固定部分與隨企業盈利狀況浮動部分的構成比率是否適當診斷 ·獎金總額的決定方法和獎金的分配是否妥當診斷

資料來源：丁志達主講（2011）。「經營管理顧問師訓練班——人力資源管理診斷實務作業」講義。中國生產力中心中區服務處編印。

和恩斯特．錢恩（Ernst B. Chain）發展出來。這兩個人是在弗萊明研究筆記中發現了一段話：「盤尼西林或許可以殺死細菌而本身是無毒的。」因而著手進一步加以研究。換言之，弗萊明對這一科學問題作了澈底的診斷，但是未制定出解決這一治病的問題。制定出解決方法，並且採取行動，開始大量生產盤尼西林藥品的是別人。

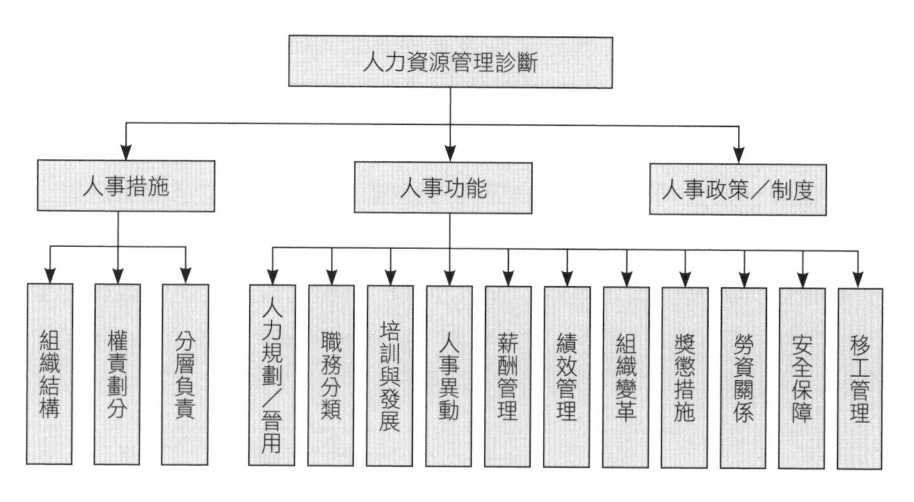

圖2-5　人力資源管理診斷圖

資料來源：丁志達主講（2017）。「人力資源綜合診斷課程」講義。財團法人中國生產力中心高雄服務處編印。

第四節　組織設計

企業的組織結構，是企業全體員工為實現企業目標，在工作中進行分工協作，在職務範圍、責任、權力方面所形成的結構體系。管理學家哈樂德．孔茨（Harold Koontz）說：「為了使人們能為實現目標而有效地工作，就必須設計和維持一種職務結構，這就是組織管理職能的目的。」人資管理的五大管理機能即規劃、組織、協調、領導與控制，其中組織的變化因素最多，組織是透過人員與組織機制的運作，得以使企業經營績效不斷成長。

一、組織結構

組織結構充分反映了一家企業的職責劃分、決策許可權、組織邊界的構成體系，又直接影響企業許多重要層面，如策略能否成功實行、業績是否穩定成長，溝通是否順暢無誤等。阿里巴巴集團（Alibaba Group）創辦人馬雲說：「阿里巴巴最大的秘密就在於它的組織架構。」若希望瞭解一家公司的文化或發覺其內涵價值，其要領也是細看這家公司的組織架構。

組織設計就是一個企業為了達成企業的目標而設計的組織結構（型態），這種設計工作，稱之為組織規劃。組織的不斷再設計，就促進了組

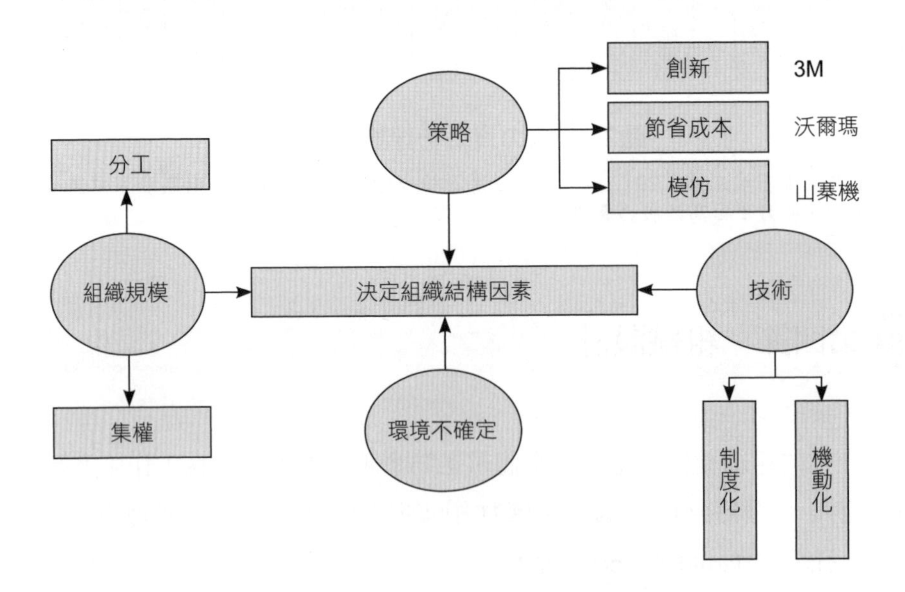

圖2-6　決定組織結構的因素

資料來源：丁志達主講。「人力規劃與人力合理化」講義。遠東新世紀公司編印。

織的創新。

組織結構體系內容主要包括：

1.職能結構：完成企業目標所需的各項業務工作關係。
2.層級結構：各管理層次的構成（縱向結構）。
3.部門結構；各管理部門的構成（橫向結構）。
4.職權結構：各層次、各部門在權力和責任方面的分工及相互關係。

組織設計原則應依公司政策、營運目標及方針策略而訂定組織。決定規模型式與管理方式的基礎，依據職權與職責、分工與專業化、指揮統一原則、管控幅度和部門劃分的各種原則而定。

組織管理可分為內部與外部分析。內部分析包括變小、變簡、變平順、變快、變巧；外部分析包括評估環境的不確定、組織對環境的回應（高敏感度、高判斷力及快速決策執行），以及如何降低環境對企業的衝擊（法規、資訊、員工流動率等）。

二、管控幅度

管理者能夠有效管轄部屬的人數，一般認為是介於八人至十人之間，但管控幅度（span of control）的大小越來越受情境變數所影響。如果有直接隸屬關係的員額超過此一幅度，就需要在其間增設一個管理層級，以期更有效控制。古羅馬軍隊瞭解此點，將士兵每十人編成一小隊以利控制。在現代的企業管理此項原則仍可適用。沃爾瑪百貨的策略強調規模經濟、低價、商店運營標準化。為了確保每家商店都能經營標準化，沃爾瑪的商店經理並沒有太多決策權、管理幅度小，他們不能決定營業時間、商品陳列與定價。

表2-7　影響管控幅度的情境變數

· 部屬彼此間的工作性質或工作型態的相似性。 · 部屬彼此間的工作場所距離的接近程度。 · 部屬工作內容的複雜與變化程度。 · 部屬工作時需要從旁指導或協助的程度。 · 部屬工作性質需要與其他人互相協調的程度。 · 部屬承辦業務需自行籌劃的程度。 · 部屬職位輪換或工作輪調程度。 · 部屬平均參加、接受在職訓練的次數。 · 部屬與其他部門的橫向溝通頻率。 · 在該管理職位的任期。 · 主管參加、接受在職訓練次數。 · 部門在資訊科技上的投資。 · 組織管理資訊系統的複雜度。 · 主管打考績所考量的因素多寡。 · 組織價值系統之強度。 · 所管轄的單位或部屬之間，其交互影響的程度及溝通的關係。 · 管理者執行非管理性工作的程度。 · 所管轄的業務之相似性與相異性。 · 可以授權的程度。 · 新問題的發生率。 · 標準作業程序（Standard Operation Procedures, SOP）的運用程度。 · 作業場所分散的程度。 · 管理者偏好之管理風格。

資料來源：丁志達主講（2017）。「人力資源綜合診斷課程」講義。財團法人中國生產力中心高雄服務處編印。

三、組織設計

彼得·杜拉克說：「未來的組織設計將以資訊為中心，不再是層級分明的軍隊，而是事業分工的交響樂團，任何以資訊來設計組織的企業，迅速的降低管理階層的數目，至少裁減掉一半。」組織結構是人資管理策略內在環境中的重要影響因素，牽涉到工作、人員和職權的分配與決定。企業沒有最好的組織結構（工作、人員和職權的分配與決定），只有

最適宜的組織結構。

組織設計（organization designing）係對一個組織的結構進行規劃、構思、創新或再造，以便從組織的結構上確保組織目標的有效實現。組織設計目的是在界定工作任務的正式劃分、組合及協調的方式，以生產產品或服務來達成組織的使命或目標，它是一個動態的工作過程，包含以下的工作重點：

1.確定組織內各部門和人員之間的正式關係和各自的職責（組織圖與工作說明書）。
2.規劃出組織各個部門、人員分派任務和從事各種活動的方式（監督體系）。
3.確定出組織對各部門、人員活動的協調方式（凝聚共識）。
4.確定組織中權力、地位和等級的正式關係（職權系統）。

第五節　組織結構類型

德國哲學家馬克斯．韋伯（Max Weber）的理想型科層組織認為，組織應該要高度的專業分工、要有層級節制的指揮系統等。企業在設計組織結構時，應先考慮若干問題，諸如：最高管理階層是否想管得緊一點、營運的規模如何、產品的多樣性程度如何、中階管理人員的素質如何、營業地區的分布情形如何等，然後才能選擇最適合本身的組織型態。

一、水平式及垂直式組織

水平式組織（horizontal organization）指的是一家企業所提供的產品和服務的範疇，以及該組織的部門。例如，美國百事可樂集團（PepsiCo group）有三個主要部門：菲多利（Frito-Lay）食品公司，負責生產、行銷和銷售玉米片、薯片等休閒食品；百事可樂公司（PepsiCo Inc.）是世界第二大飲料公司；以及純品康納產品（Tropicana Products），這是最大的品牌果汁生產者及供應商。

垂直式組織（vertical organization）指的是組織執行的功能性活動類別，以及垂直整合的程度。例如，耐吉（Nike）把它的注意力集中在產品設計、產品開發、行銷及產品配銷上。為了達到這些目的，Nike組成一些分類產品小組，小組成員涵蓋了他們自己的設計師、開發者及行銷專家，這些小組不只開發運動鞋，同時也發展市場計畫。然後Nike會整合出一套由設計、款式花樣、耐久鞋面及樣品鞋所組成的產品技術資料。Nike本身並沒有實際去製造鞋子，而是把這個產品技術資料交給製造承包商，這些承包商的工廠遍布歐亞。等到鞋子製造出來後，便送到Nike的配銷中心，最後再分送到獨立的零售商手上。Nike強調的是設計、開發、簽約、行銷及配銷，但是並沒有顯著地把製造或零售垂直整合進來。

企業的任何一個功能性任務——研究發展、財務、人力資源、採購、行銷、銷售、經營及資訊系統——幾乎都可以委外承攬。然而是什麼驅動了這些決定，交易成本是個重要因素（朱靜女譯，2005：67-68）。

二、功能式組織

功能式組織（functional structure）又稱為金字塔型組織，是屬於職能別組織。組織特徵為自上而下、專業劃分和標準化。它以不同的專業職能為基礎來分配資源與權力，是強調分工的組織結構，例如生產製造部、行銷業務部、人力資源部、研發部、財務部、資訊部等，以使各個功能可以有效發揮。各個功能部門的主管，必須負責運用所掌握的資源，維持專業水準，以及與其他功能的部門協調合作。

三、集權式組織

集權式組織（centralized organization）是指決策權力集中於中央，重要的決策都由最高當局決定，授權的方式通常是透過正式的程序，由上而下逐級授權，或者按一般的常規和慣例來授權。

四、分權式組織

分權式組織（decentralized organization）是指決策權力授權到各個主管單位。有些企業由於地理位置分布較為零散，產品種類性質迥異，或市場狀況較複雜等因素，而採取這種組織方式。

五、直線與幕僚式組織

直線部門直接從事有關生產或銷售業務；幕僚部門的功能主要在為高階管理者提供建議或諮詢，以及從事企劃性或輔佐性的活動。

六、事業部制結構

事業部制結構（divisional structure）係依照產品與服務等多種不同功能或專長的人集中在一起，以滿足特定產品、經營區域，或是不同的顧客特性提供更佳的服務需求的結構，因為對這些特定需求的回應比較複雜，為了收整合之效，往往在每個事業部會包含許多不同功能運作，以追求效率。

七、矩陣式結構

許多結構龐大的組織，因專案計畫而特別組成跨部門的任務編組，這就是矩陣式結構（matrix structure），為一種專案管理式的組織。矩陣式結構具有功能式組織的專業性，產品別的市場適應性，但它不是一種常態性的組織設計，只有當組織需要處理新的、技術化的產品或功能時的臨時性成立的專案小組負責執行設計，當任務完成時，此矩陣式組織成員部分就歸建原單位，以恢復正式組織或原來組織的運作。這種彈性運用人力的方式，因所繪製出來的組織圖有如數學上的矩陣（matrix）而得名。

八、扁平化組織

扁平化組織（flat organization）的管理能夠讓最高階主管與最基層的員工進行直接對話，沒有過多中層級主管的干預，能有效提升上傳下達的

個案2-3　耐吉（Nike）因矩陣式組織導致裁員

新型冠狀病毒（COVID-19）疫情影響力之大，令人跌破眼鏡。繼2020年6月25日運動品牌龍頭耐吉（Nike）意外宣布單季虧損7.9億美元，也預告即將裁員。在一封給Nike員工的內部電子郵件中，Nike執行長多納霍（John Donahoe）表示，公司很快就會「被迫做出一些困難的決定……將導致職位裁減。」

多納霍強調，裁員不是為了省成本，而是因為過去數週，他一直接收到來自員工的反饋，表示公司內部組織過於複雜：需要經過太多批准程序、資源重複導致缺乏問責（accountability）對象。也就是說，Nike成為一個過於沉重的矩陣式組織。對此，多納霍決定對症下藥，減少組織複雜度，增加速度和反應力。《俄勒岡人報》（*The Oregonian*）報導，Nike將會精簡組織環繞三大產品類別：男款、女款、兒童款。他也聲明：「加速直接面向消費者（consumer direct acceleration）是我們下一個數位驅動的策略……我們的願景是創造清晰且連結的數位消費市場，我們正在朝此目標加速前進。」

小啟示：一場疫情證明，就算是備受看好的大企業，也不見得能倖免於難。Nike雖然跌了一跤，但替所有人做了良好示範：當你看見危機和轉機交會的時刻，要快速反應，如同Nike經典名言「做就對了」（Just Do It），抓緊機會，做出改變，就對了。

資料來源：張方毓編譯（2020）。〈Nike即將展開兩波裁員！不為削減成本，而是為了這個原因〉。《商業周刊》，2020年7月4日。

精準度，同時又縮短時效。在扁平化的組織架構中，團隊領導人需堅持三件事：搭建生態圈、制定遊戲規則與獎懲措施，剩餘部分完全可放手部屬或團隊去做。

九、虛擬式組織

隨著科技進步，網際網路盛行，團隊間溝通與協調方式從單純的面對面轉而趨向於利用電腦科技來進行，即是電腦仲介傳播（computer mediated communication）方式進行溝通與互動，促使虛擬團隊（virtual team）的產生。

虛擬式組織（virtual organization）為可由隸屬於不同組織的工作者所組成，團隊成員為達成一特定的團隊共同目標，透過網路通訊與資訊科技一起開會和工作，團隊成員可能因時間或地理分散因素，鮮少以面對面的溝通方式解決團隊所面臨的各項任務。

企業沒有所謂「唯一、正確的組織型態」這回事。各種不同的組織各有其長處、限制和應用方式。組織結構不是絕對的，它是讓組織內的人員有效地一起工作的工具。組織結構的良窳與運作的績效，對企業的獲利力會造成顯著影響。

個案2-4 IBM的虛擬式組織運作

國際商業機器公司（IBM）早在1970年代即因為產品的外銷而開始運用虛擬團隊來執行專案。IBM同一時間可能將近有1/3的員工參與虛擬團隊。當IBM的主管需要主導一個虛擬團隊的專案時，只要將這個團隊所需要的技能整理後交給人資人員，人資人員便會依此條件挑選出合適的人選。員工所具有的能力與才能取代了他所在的地域，成為他是否參與這個虛擬團隊專案的關鍵指標。

資料來源：黃同圳、陳立育。〈全球整合企業之人力資源部門組織結構設計——以A公司為例〉，網址：http://hr.mgt.ncu.edu.tw/conferences/13th/download/1-1.pdf。

第六節　組織發展

組織設計必須與企業的使命、願景對準，能夠促成策略與目標的達成。當企業策略與目標改變時，也就是組織發展之時。彼得・杜拉克說，我們會變得較不關心「管理發展」，反而比較重視「組織發展」。前者是調適個人滿足組織需求的工具；後者則是調整組織適應個人需要、渴望及潛力的方法。

曾有人問奇異（GE）前執行長傑克・威爾許（Jack Welch）一個問題：「你一生中做過最困難的決定是什麼？」威爾許回答說：「毫無疑義，每個領導者所面對最困難的決定，就是要員工走路。這件事非常困難，你永遠不能讓這件事令員工措手不及，永遠必須讓他們隨時澈底明瞭眼前的處境。即使到了當面告知的那一刻，要求人們離開你的公司，依舊是極為艱難的事。」（羅耀宗譯，2005：8）

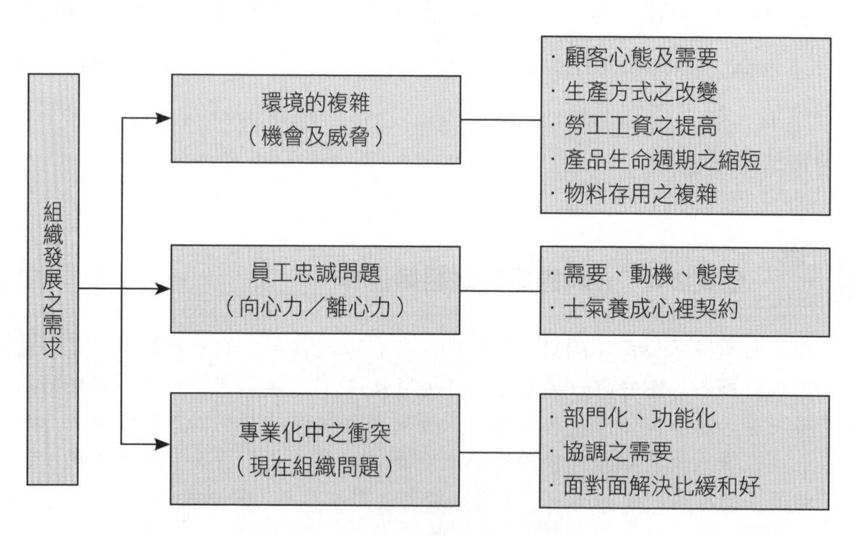

圖2-7　組織發展之需求

資料來源：丁志達主講。「人力規劃與人力合理化」講義。遠東新世紀公司編印。

一、組織發展

組織發展（organizational development）的策略考量是為了組織長期的績效，其進行方式將有組織發展與職涯規劃並重、工作輪調和第二專長的培訓，以及接班人計畫。

組織發展最重要的還是要創造「贏的文化」。贏的條件隨時會變，所以經營管理的方式也要隨時調整，但無論組織如何變，如果人的想法無法改變，那都是沒有用的。組織發展最重要的是要去經營所有的組織成員，想辦法讓其能夠接受整個新的觀念，讓整個組織的效能能夠朝想要的方向發展，整個組織的運作才會成功。

二、組織縮編

企業流程再造（business process reengineering）原始目的並非精簡人力，但大多數的結果會造成組織人員的縮減，這對企業內部的勞資關係、員工士氣與向心力的維持，乃至工作設計、職涯規劃、績效管理、企業重整等，都構成艱難的挑戰。人資人員必須縝密規劃於前，並在進行中針對各種可能出現的抗拒或裹足不前、窒礙難行之處，逐步採取有效的防治與克服措施。

組織規模過於龐大，會減緩對環境的應變力。組織縮編的設計乃應以「質」為重，把握彈性、創新與創意的原則。台塑集團創辦人王永慶說：「五個人的單位，如果用了十個人的話，結果不是企業多養了五個人，而是這十個人可能都失業。」

組織縮編的策略考量是為了降低成本，使組織得以延續，其型態可分為人事凍結、工作重設計、組織重設計等。採取的方式有人事凍結、提早退休、裁員、減少層級、減少幕僚人員、簡化功能、整合單位、利用外包、自動化科技、遠距工作等。透過組織縮編，其時間的效益較短，對

表2-8　尋求消除員工抗拒變革的途徑

途徑	做法
經由訓練與溝通	消除誤解，提升能力。
參與	過程盡量保持資訊透明公開，適時給予大家參與討論的機會。
建立支援與承諾	提供技術、環境與資源的協助，對執行前後效益加以對比。
發展正面關係	藉以取得信任、諒解與友誼。
公平進行變革	改革進行中勞務均分，利益全體共享。
操縱與延攬	拉攏與承諾。
徵選接受變革者	給予實質支持與獎勵。
因勢利導	引進壓力與參照團體。

資料來源：朱承平（2017）。《人才管理聖經：變革時人才管理的撇步》，頁167。天下雜誌出版。

組織的衝擊較大，因為其決策過程是由上而下的，對員工的影響較為負面，對人性面較不重視。

三、組織變革

根據管理學的基本原理，組織變革是任何組織都應該隨時採取的行動，而不是「事到臨頭」百病叢生時，才開始想到「斬頭去尾」，則為時已晚。2020年因嚴重特殊傳染性肺炎（COVID-19）帶來嚴重的疫情與全球經濟衝擊，企業面對突如其來的挑戰，迎接改變，進而「應萬變」，才能在未來的全新世界中脫穎而出。例如，在疫情衝擊之下，航空業者首當其衝，華航經過市場分析之後，發現客運市場雖然大幅滑落，但國際貨運市場卻大有可為，於是，乃迅速將原先的客機改裝為貨機，並積極攬客，此舉不僅讓華航得以避開疫情的嚴峻衝擊，並迅速轉型為新機會的提供者，還晉身為全球極少數在疫情期間仍然保持獲利的航空公司（蕭富峰，2020）。

企業過去成功的方法，不代表未來還能靠原有方法成功。企業面對外部客觀環境（包含政治、經濟、文化、技術、市場等）及客戶需求持

表2-9　企業變革的風向球

昨日	今日
自然資源決定力量	知識就是力量
生產決定供應	品質決定需求
利潤靠經驗獲得	利潤靠誠信獲得
策略以產品為驅動	策略以客戶為驅動
目標以財務為導向	目標以速度為導向
層級結構	扁平結構
股東至上	客戶至上
關注價格	關注價值
追求穩定	追求創新
強調命令與控制	提倡委派與授權
保持現狀	改變現狀
領導是戰士	領導是教練

資料來源：周雪林（2004）。〈總序〉。《績效與獎勵管理》，頁1-2。華夏出版社出版。

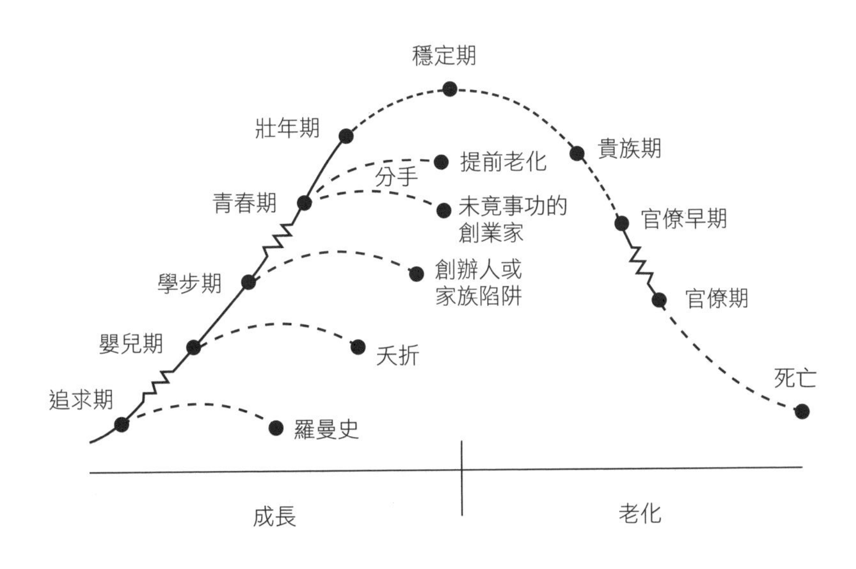

圖2-8　企業生命週期各階段

資料來源：徐聯恩譯（1997）。依恰克．阿迪茲（Ichak Adizes）著。《企業生命週期》（*Corporate Lifecycles*），頁113。長河出版社。

續改變，企業必須要有跟以前不同的工作方式、跟以前不同的能力、知識與觀念，以及跟以前不同的領導方式。企業變革就是組織精簡、組織重整、策略改變、組織再設計，或是涉及組織文化或典範形塑的改造重生，都是企業變革的內涵。

四、企業天蠶變

企業若沒有對文化投注足夠的注意力，文化就會變成變革的障礙。組織變革的主要原因乃是企業為因應外部環境變化與內部經營瓶頸需要進行的活動，進而對現有組織產生的影響，包括合併、收購、流程再造、企業瘦身、系統導入等。

如果企業無法改變就無法生存，因為企業如果沒有變革的能力，最終將無法提供消費者想要的產品或服務，或無法在投入與輸出之間有效率

個案2-5　組織再造　起死回生

1995年，美國大陸航空（Continental Airlines）進行組織再造工程時，總裁雷格．布倫納曼（Greg Brenneman）把德州休士頓總部的員工集中在停車場上，在他們面前搬出老舊的公司守則，把它們丟到大鐵桶內，然後澆上汽油付之一炬。

布倫納曼解釋道：「如果不能擺脫這些僵化的規則和程序，公司勢必無法生存。我們必須被賦予權限去做正確的事，而這些事情是無法藉著一長串的成文規定來實現的。」

在此之前，創立於1934年的大陸航空，於1990～1993年期間進入破產保護期，十年之內更換了十位執行長（CEO），企業內部士氣低迷，股價跌至三塊多美元，服務、營運績效等指標名列美國航空業界倒數第一，而布倫納曼透過成功的組織再造，硬是把大陸航空從邊緣挽救回來。

資料來源：丁永祥（2008）。〈決定成敗的4種企業文化〉。《管理雜誌》，第411期，頁44。

的轉換方面保有和其他公司競爭的能力。面對外部環境變遷及客戶需求持續改變，企業必須具備跟以前不同的工作方式、不同的能力、知識與觀念，以及不同的領導方式。

俗話說：「危機就是轉機」。21世紀的企業正面臨空前的挑戰，成本的提高、人力結構的改變、科技的革新、消費者對品質的要求等，都為企業經營帶來巨大的震盪。為了因應這種變化，企業界紛紛以企業再造、組織扁平化、甚至進行企業減肥方案，並透過資訊科技協助整合企業資源規劃（Enterprise Resource Planning, ERP），以求快速回應顧客需求，降低成本，提升品質，以保住市場。面對變革與挑戰，更需要冷靜與沉穩，成為自己心的掌舵者。

個案2-6　金錢性誘因的行銷策略

居住在印度達丹（Datan）的九歲女孩穆妮在六歲的時候就停止上學，因為如同其他的印度兒童一樣，必須待在家裡照顧弟妹。但是現在，她的父母同意讓她上學，因為學校開始提供免費的營養午餐。「只有去上學的孩童才享有營養午餐，待在家裡的孩童無法享用。」這項政策實施後，孩子們都迫不及待去上學，根據統計，女性學童的註冊與出席率因此提升23%。

小啟示：當社會規範、罰金與法規都不能使民眾遵守法律或改變行為時，必須讓民眾瞭解這項政策可能帶來的好處，才能引發他們採取行動的動機，像是印度政府便以免費的營養午餐鼓勵貧苦家庭的孩童上學。所有的組織都需要改變，一般企業如此，政府單位也是如此。運用行銷思維，企業在推行組織變革時，可以改變員工的感受，解決員工的抱怨，獲得員工的支持。

資料來源：葉惟禎（2007）。〈用行銷，與民眾搏感情〉。《管理雜誌》，第396期，頁32-38。

個案2-7　組織變革步驟與過程

第一階段：凝聚變革共識
透過一連串的教育訓練與基層員工、工程師溝通會議，聽取員工的心聲，凝聚員工對現況與將來變革的共識。
第二階段：引進專業人才，規劃改革
聘請高階管理人才，對變革之方向進行規劃，提交管理會議討論，希望外來的專業人才，能衝擊內部保守的舊有思維。
第三階段：組織重整
針對授權範圍、溝通方式與管道、組織名稱等進行一連串之調整。將過去之中央集權轉變成地方分權，母公司由過去之控管中心變成調度、協調中心。
第四階段：人力資源調整
讓資深但難以發展之老幹部退居二線，引進更多高學歷人才進行銜接，期望吸引更多人才加入團隊。
第五階段：人文素養與智慧財產權的尊重
透過內部刊物與教育訓練，讓員工能更用心去追求新知，鼓勵專業人員對本身工作上的研發成果提出專利申請，內部則要求對智慧財產權與知識管理更加落實。
說明： 楠梓電子專注於印刷電路板製造技術為核心之相關產業上，並於2000年晉升全球20大印刷電路板專業製造集團。身為世界級的PCB供應商，楠梓電子致力於PCB技術領先的研究與發展以符合工業、醫療用途對產品嚴格要求的規範。（2022/03/15網上資料）

資料來源：林鈺杰（2000）。〈組織管理實務發表：楠梓電子公司〉。89年度企業人力資源管理作業實務研討會實錄（進階）。行政院勞委會職業訓練局編印。

結　語

組織是人資管理過程中的一個關鍵要素。一旦形成了與企業及人資管理相關的期望，組織結構就確定了要完成的工作。新時代的組織設計包括層級、職務描述、工作流向，都會漸漸變成有如血液一般，會隨著情況改變而改變，就像身體裡的血液不是固定不動的，而是隨時可能流向身體目前最需要的部分。換句話說，新時代的組織應該是有生命的（EMBA世界經理文摘編輯部，2019：18）。

任何組織要能夠持續達成高績效的成果，最根本的成功因素就是：用對人，做對事。20世紀初的世界鋼鐵大王安德魯・卡內基（Andrew Carnegie, 1835-1919）說：「帶走我的員工，把我的工廠留下，不久後工廠會雜草叢生；拿走我的工廠，留下我的員工，不久後我會有更好的工廠。」組織的根本不在於建築、機器設備或金融資產，而在於組織裡的人。

Chapter 3

人力規劃與人力盤點

經濟資本存在銀行中，人力資本存在腦袋中，其概念更對人力資源管理理論與實務帶來深遠的影響與衝擊。

——哈佛策略教授麥可．波特（Michael E. Porter）

人資管理錦囊

每個雇主總是在不斷地尋找能夠助自己一臂之力的人，同時也在拋棄那些不起作用的人——任何阻礙公司發展的人，都要被去除。每個商店和工廠都有一個持續的整頓過程，雇主會經常送走那些顯然無法對公司有所貢獻的員工，同時也吸引新的員工進來，不論業務多麼繁忙，這種整頓會一直進行下去。只有當公司不景氣、就業機會不多的情況下，整頓才會出現較佳的成效——那些不能勝任、沒有敬業精神的人，都會被擯除在就業的大門之外，只有那些勤奮能幹、自動自發的人才會被留下來。

【小啟示】學者哈特曼（Hartmann）說：「人才管理不只是盡可能僱用最好的人，還包括擺脫會拖累公司的人。」

資料來源：阿爾伯特．哈伯德（Elbert G. Hubbard）著。《致加西亞的信》。

自20世紀70年代起，人力資源規劃已經成為人資管理的重要職能，並與企業的策略規劃融為一體。由於經營環境的變化所帶來的衝擊，任何企業在人資管理上都必須做好人力規劃的工作，藉以降低人事成本，提升經營績效，始能確保競爭優勢。

彼得．杜拉克說：「『影響21世紀企業經營的兩項關鍵議題是『企業策略』與『人力資源策略』」。一位卓越的領導人要能洞察機先（著眼於未來，而不是現在），執行與競爭對手不同的活動，或用不同的方式來執行類似的活動，首要任務是要對企業組織內外環境、組織氣候、企業文化與組織結構等做詳實的評估，然後展開企業長、中、短期經營目標與方針，以確保企業永續經營的不二法門。

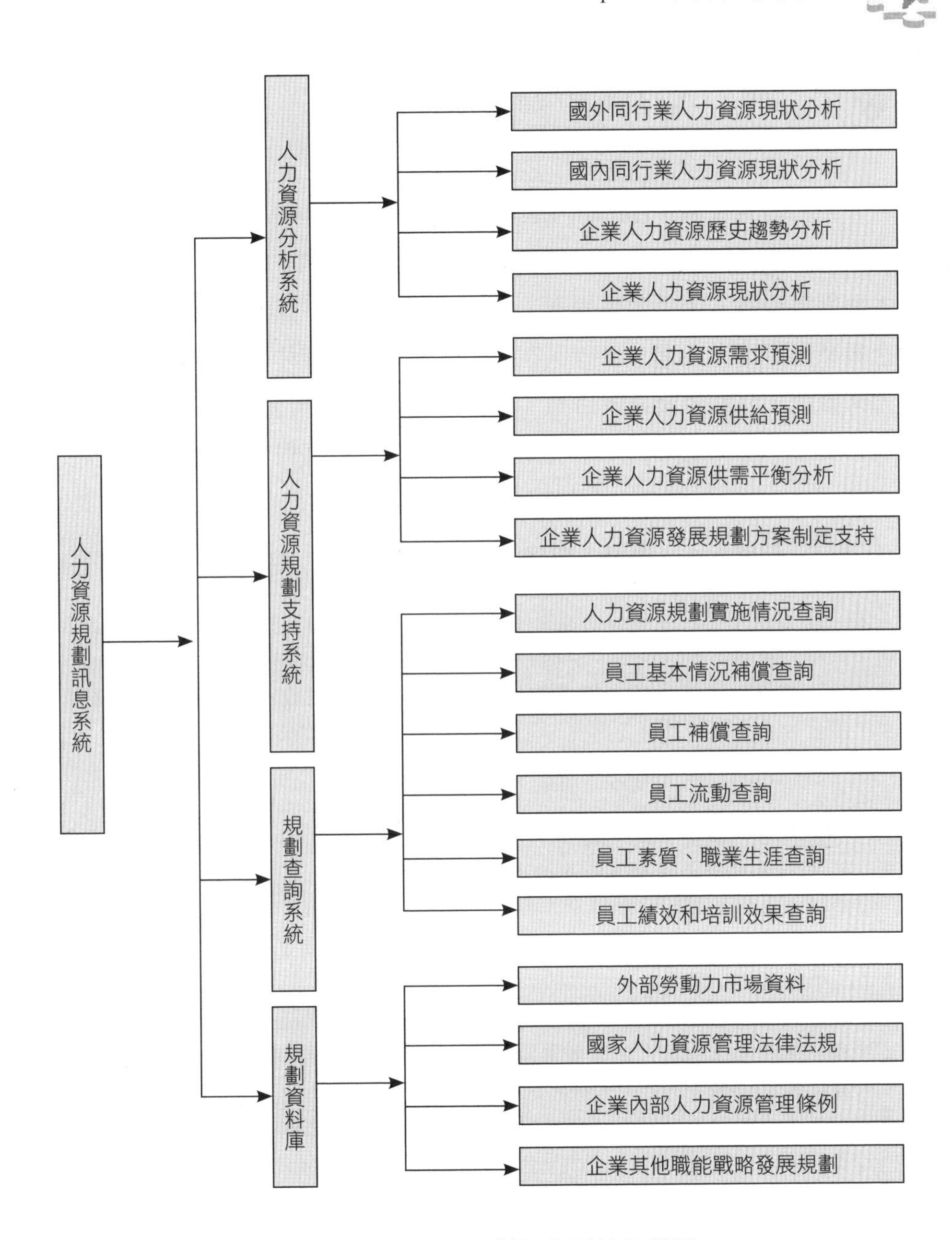

圖3-1　人力資源規劃訊息系統結構圖

資料來源：陳京民、韓松編著（2006）。《人力資源規劃》，頁293。上海交通大學出版社出版。

第一節　人力資源規劃

人力資源規劃（Human Resource Planning, HRP，以下簡稱「人力規劃」）是針對企業的策略發展與成長規劃，預測未來長、中、短期的人力供需情形。透過預先規劃，人資部門可利用一系列的具體行動來為企業準備好適當人選，以確保在每一個發展階段都能有充分與適合的人力來參與，協助企業達成目標。易言之，人力規劃乃是企業組織考量環境的變遷，配合企業的策略規劃，追求組織的發展與目標的達成，以及

個案3-1　機器人來了，職場豬羊變色

一位美國人很感慨地說，當年他去阿拉斯加砍木頭，賺取學費，從早砍到晚，才砍一棵樹；現在機器一分鐘砍一棵，砍下後，立刻鋸成一般長的木頭，用特殊的卡車運送下山。一台機器可抵五百個人一天的工作量，而且操作輕鬆自在，跟他以前的汗流浹背不可同日而語。因而，現在企業為降低營運成本，少用「人力」，都用「物力」，人力盤點是一個必然的走向（引自洪蘭，〈價值觀才是教育本質〉）。

這個世界已經進入數位時代，與上世紀的產業採用的用人策略——多多益善，已有天壤之別。農業社會養牛是要牠與農夫一起參與「勞動」。台諺說：「甘願做牛，不怕沒田可以犁。」如今牛隻已無地可「耕」，「耕耘機」取代了牠的「力氣」與「效率」，牠只好被飼養做「牛排」來滿足饕客的口腹之欲，失去了「牛」生存的價值。

以前人講「適者生存」，現在人講「能者多變」，再過十年，沒人知道什麼產業還會生存，因為進入人工智慧時代（例如谷歌人工智慧超級電腦AlphaGo打敗了韓國圍棋王李世乭），人擁有的技能如果不能自動「更新」、「換跑道」，機器人就來「站位子」、人就會被迫「退出」職場。機器換人來降低用工成本，機器人不會走上街頭「抗議」，不會遲到、不會要求加薪、不會偷竊，很好用的「機器人」來臨了，麥當勞、達美樂、星巴克等知名速食業也開始引進自動化的設備，機器換人，時代趨勢。

資料來源：丁志達。〈人資策略前哨戰——人力盤點〉。《TTQS電子專刊》，105年度，第9期。

組織人力的有效開發與運用，透過分析以預測組織各發展階段的人力需求與供給，並發展滿足這些人力需求的政策計畫，以確保企業組織能夠「適時」、「適地」獲得「適量」、「適用（質）」人力的一系列管理歷程。經由此程序可使人力獲致最經濟有效之運用，以適應不斷變化的市場。

一、人力規劃的目的

人力規劃是指根據企業的發展規劃，透過企業未來的人力需求和供給狀況的分析，對職務編制、人員配置、教育訓練、人資管理政策、招募和甄試內容進行的人資部門的職能性計畫。它不僅要瞭解企業所擁有的人力規劃有多少？更重要的是要瞭解企業的有效人力規劃有多少？

人力規劃目的旨在有效運用及開發組織的人力資源。將「人力」作為一種「資源」，是現代企業管理發展到一定階段才提出的人力規劃過程，能讓一個企業確定它未來所需要的技能組合，然後它就能夠以此為依據，為其招募、甄選、培訓和開發執行制定計畫。

人力規劃根據時間的長短不同，可分為長期、中期、年度和短期計畫四種。長期計畫適合於大型企業，往往是五年以上的規劃：中期計畫適

表3-1　人力資源規劃的目的

．預測人力需求：及早更新組織生命，避免管理人才的斷層。
．有效運用各類人力：改善各部門勞力分配不均之狀況，追求人力合理化，消除無效人力（減少冗員的產生）。
．配合業務與組織發展的需要：培植企業未來發展所需各類人力、擬訂徵補與訓練發展計畫。
．降低用人成本：檢討現有人力結構，找出影響人力運用的瓶頸，提高員工效率，節省用人成本。
．組織與員工共同發展之需求：結合組織成長與個人成長的生涯規劃。

資料來源：丁志達主講（2006）。「人力規劃與人力合理化」講義。遠東新世紀公司編印。

合於中、大型企業，一般期限是二年至五年；年度計畫適合於所有的企業，每年進行一次，常常是企業的年度發展計畫的一部分；短期計畫適用於短期內企業人力變動的情況，是一種應急計畫。

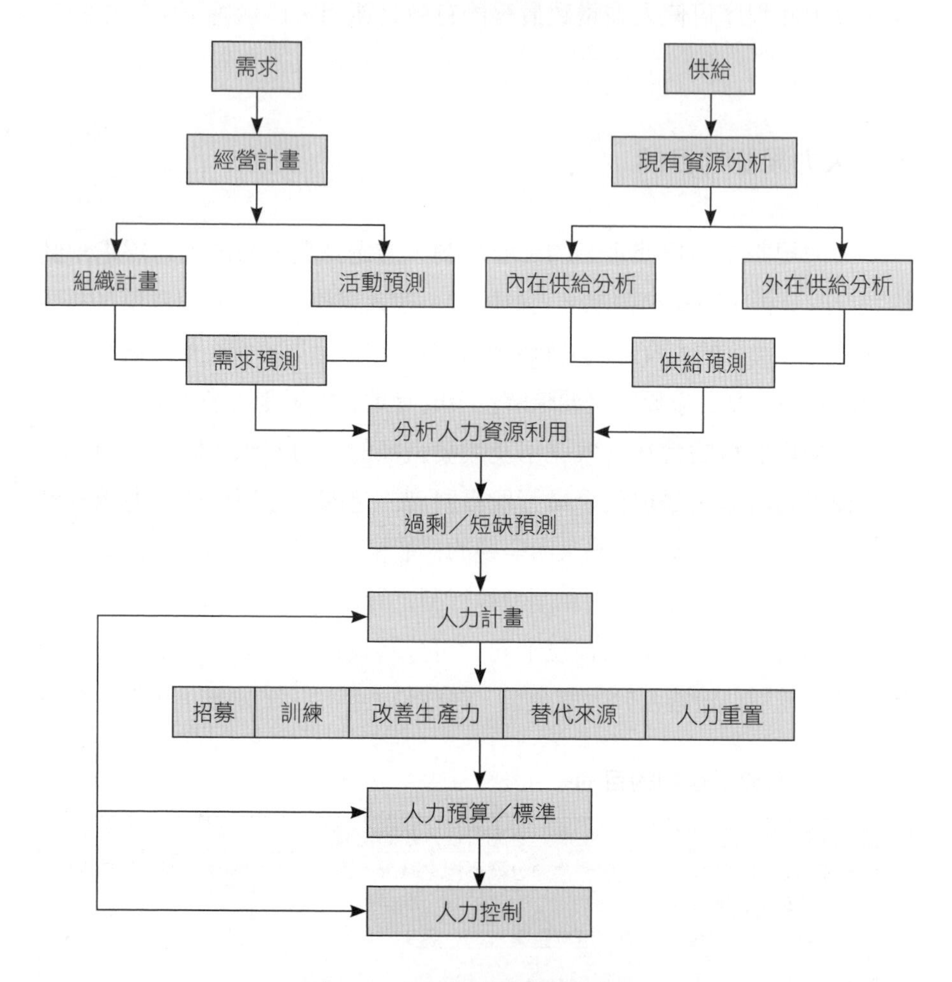

圖3-2　人力資源規劃模式圖

資料來源：邁克爾·阿姆斯特朗（Michael Armstrong）著（1991）。《人事管理實務手冊》（*A Handbook of Personnel Management Practice*）。

二、人力資源規劃過程

人力規劃的主軸是雇主的企圖心與期望、參考同業做法、針對顧客需求。影響企業人力規劃的因素有：人口與勞動力的變化、經濟發展狀況、技術變化、法律和法規的約束、企業發展階段的影響、員工對工作和職業態度的變化等。

人力規劃的過程有下列三層次：

1.人力的戰略規劃：研究社會與法律環境可能的變動，對企業人資管理的影響等問題。

2.人力的戰術規劃：對組織未來面臨的人力供需形勢進行預測，包括對組織未來員工的需求量、組織內部和外部供給狀況的詳細預測。

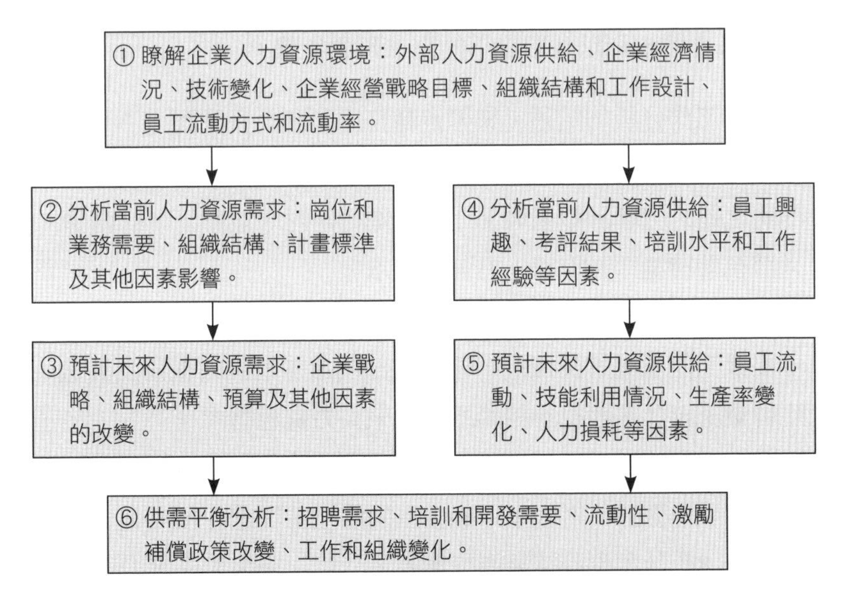

圖3-3　人力資源規劃預測過程圖

資料來源：陳京民、韓松編著（2006）。《人力資源規劃》，頁102。上海交通大學出版社出版。

3.人力的行動規劃：根據人力供需預測的結果制定的具體行動方案，包括招募、辭退、晉升、培訓與發展、工作輪調、薪酬政策和組織變革等。

三、人力需求預測步驟

預測企業人力的供給時，應該先預測內部供給情況，然後再考慮外部供給情況。影響企業人資外部供給的因素有地域性因素、全國性因素、人口發展趨勢因素、科學技術發展因素、政府政策法規因素、工會因素、勞動力市場供需狀況，以及勞動力就業意識和求職者擇業心態等。在預測企業人資內部供給情況時，需要對員工基本人事情況進行調查、對職缺的供需現況進行核查、確定職缺的接替狀況（接班人選）變化等情形進行預測。

企業人力需求可以採取以下的需求預測步驟：

1.根據工作分析的結果，來確定職務編制和人員配置。
2.進行人力盤點，統計出人力缺編、超編以及是否符合職務資格要求。
3.將上述1、2統計結果與部門主管進行研討，並修正統計結論。
4.該統計結論即為現實人力資源需求。
5.根據企業發展規劃，確定各部門的工作量。
6.根據工作量的增長情況，確定各部門還需增加的職務及人數，並進行彙總統計。該統計結論即為未來人力資源需求。
7.對人力預測期內屆齡退休人員進行統計。
8.根據以往數據，對未來可能發生的離職情況進行預測。
9.將7、8統計和預測結果進行彙總，計算出未來流失人力資源需求。

將現實人力資源需求4、未來人力資源需求6和未來流失人力資源需求9彙總，即得出企業整體人力資源需求預測。

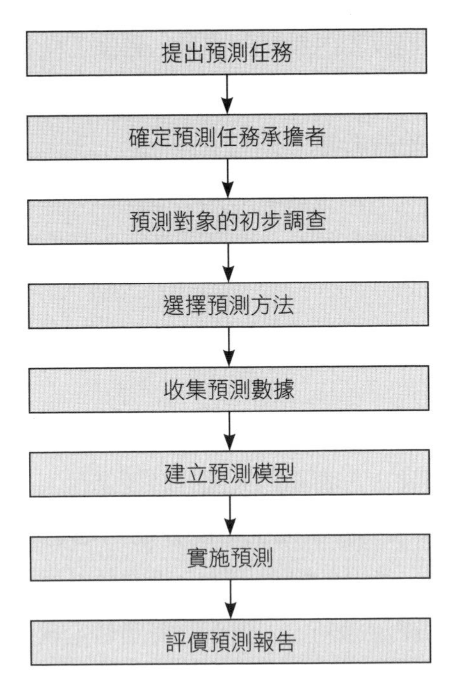

圖3-4　人力資源需求預測過程圖

資料來源：陳京民、韓松編著（2006）。《人力資源規劃》，頁104。上海交通大學出版社出版。

四、人力供給預測步驟

人力供給預測是為了滿足公司對人力的需求，對將來某個時期內，公司從組織內外部所能得到的人力數量和質量進行預測，包括以下五個步驟。

1.分析公司目前的人力狀況，包括公司人力的部門分布、技術知識水平、年齡構成等，瞭解和把握公司人力的現狀。
2.分析目前公司人力流動情況及其原因，預測將來人力流動的態勢，從而採取相應措施，避免不必要的流動或及時補充人力。

3.掌握公司員工提拔和內部調動情況，確保工作和職務的連續性。

4.分析工作條件（如作息時間、輪班制度等）的改變和出勤率的變動，對人力供給的影響。

5.掌握公司人才的來源和管道。人才可源自於企業內部（如安排適當人才，發揮人才潛力等），也可以來自企業外部就業市場的人才。

五、人力供需平衡的對策

在企業的營運過程中，企業始終處於人力供需失衡狀態。在企業擴張時期，人力供給不足，人資部門大部分時間進行人員的徵召和選拔；在企業穩定時期，企業人力在表面上可能會達到穩定，但企業局部仍然同時存在著退休、離職、晉升的職位出缺，仍處於結構性失衡狀態；在企業衰退時期，企業人力總量過剩，人資部門需要制定裁員、解僱、放無薪假（減班休息）等政策。

人資部門重要的工作之一就是不斷地調整人力結構，使企業的人力始終處於供需平衡狀態，只有這樣，才能有效地提高人力利用率，降低企業人力成本。有了人力規劃，並不能保證沒有供需失調，但是沒有人力規劃，供需失調幾乎是無法避免的。

表3-2　企業發展不同階段的人力供需狀態

企業發展階段	企業人力表現狀況	企業人力供需狀況
擴張時期	人力需求旺盛，供不應求	供給不足
穩定時期	人力數量穩定，有退休、離職、晉升、降職、職位調整、補充空缺等情況	結構失衡
衰退時期	人力需求量小，離職人員多於補充人員	供大於求

資料來源：陳京民、韓松編著（2006）。《人力資源規劃》，頁163。上海交通大學出版社出版。

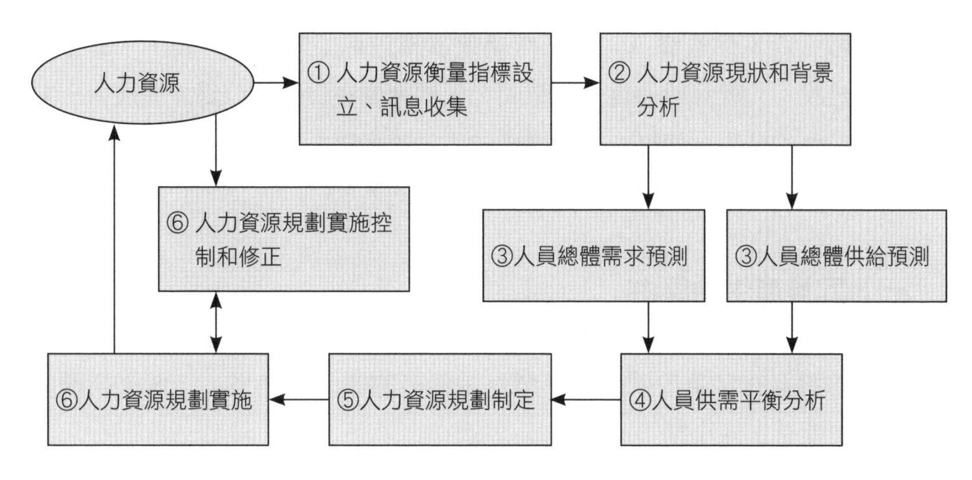

圖3-5　人力資源規劃過程圖

資料來源：陳京民、韓松編著（2016）。《人力資源規劃》，頁30。上海交通大學出版社出版。

第二節　帕金森定律

企業在發展過程中往往會因業務的擴展或其他原因而出現帕金森定律（Parkinson's Law）現象。英國歷史學家西里爾．帕金森（Cyril N. Parkinson）根據他在二戰期間擔任英軍少校的經驗，透過長期調查研究，1955年在《經濟學人》雜誌發表一篇〈帕金森定律：組織病態的研究〉，論及有關時間管理及軍事官僚機構的諷刺文章。

一位悠閒的老婦人，可以花費一整天時間，給住在英格蘭波格諾爾瑞吉斯（Bognor Regis）的姪女寫一張明信片。她用一小時的時間找明信片，另一小時找眼鏡，再以半小時找通信處，使用一小時又一刻鐘來寫信。為了考慮步行到另一條街的郵筒發信時，是否需要帶把雨傘，又得花費二十分鐘。本來一位大忙人只要花三分鐘可以完成的工作，在這種情形下，可能使另一個人經過一整天的疑慮、膠著與辛勞，累得精疲力盡。

帕金森定律直譯為：「工作總會填滿它可用的完成時間。」真正的意思是說：「就算給他再多的時間，人們總會在最後一分鐘才完成。」帕金森效應的結果，使得企業的機構成員迅速膨脹，資源浪費，員工積極性下降，這一切都起始於企業用了一些無用的人。

一、冗員產生的原由

帕金森在文章中闡述了企業員額膨脹的原因及後果，一個不稱職的官員可能有三條出路：

第一是申請退職，把位子讓給能幹的人。
第二是讓一位能幹的人來協助自己工作。
第三是任用兩個水平比自己更低的人當助手。

這第一條路是萬萬走不得的，因為那樣他會喪失許多權力；第二條路也不能走，因為那個能幹的人會成為自己的對手；看來只有第三條路最適宜。於是，兩個平庸的助手分擔了他的工作，他自己則高高在上發號施令，他們不會對自己的權力構成威脅。兩個助手既然無能，他們就上行下效，再為自己找兩個更加無能的助手。如此類推，就形成了一個機構臃腫，人浮於事，相互扯皮，效率低下的領導體系。

二、防微杜漸

帕金森定律是官僚主義的代名詞，更是「因自卑而自負」的代名詞。管理者喜歡增加用人，以顯示其權勢，因此組織愈久愈大，其冗員愈多；因管理者不喜歡僱用能力比自己強的人，因此人員素質愈來愈低落。委員會之委員數愈多，愈接近無效率點。組織之預算應盡可能地將它用盡，以免下年度編列預算時遭到刪除。因此，企業在成長、轉型或再造

個案3-2　官僚取代理論

美國蓋門博士依照其調查，提出了「官僚取代理論」：一個組織的官僚愈多，無用工作取代有用工作的程度愈大。這其實就是著名的「帕金森定律」的延伸。

蓋門調查英國健保全面國有化後，八年之間，醫院用人數增加28%，其中行政管理與非專業人員增加51%，但以平均每天病床占用數來衡量的產出下降11%。還有一個調查是美國公立學校大幅擴充後，五年間，學生增加1%，專業人員總數增加15%，其中教師增加14%，但督學卻增加44%。

這兩個例子都是機構人員大幅擴充，但在第一線服務者增加的比例不高，反而是「管理第一線人員」、「督導」業務者，大幅增加。

資料來源：呂紹煒（2009）。〈悼升格——從蓋門定律談起〉。《中國時報》，2009年6月26日，A26版。

過程中，往往需要進行局部性或全面性之組織員額精簡。由於組織員額精簡之作業，難免要面對部門的裁併、人員的調動、再培訓以及資遣等敏感問題，故必須縝密規劃人力，妥善執行，以免造成負面後果，產生勞資爭議。

企業在經營管理過程上經常會出現上述的情境，尤其企業在「順境」時，主管「增員」不手軟，「逆境」時，主管卻拍拍屁股一走了之，卻把「爛攤子」留下來，而新官上任又帶來一票不一定能勝任「危機處理」的「親信」，接著就放第一把火：「清倉」、「裁員」，雇主賠了「夫人」又「折兵」。

第三節　人力盤點

人力盤點（manpower check）一向是人資管理實務中最困難的任務之一，其中牽涉的變數頗多，除了企業本身之人資管理制度系統外，也與組織整體之策略及發展方向息息相關。組織如果沒有定期盤點員工的工作內容、步驟、執行時間，怎麼會知道哪些是優質人力？更不用說等到真正需要精簡人力時，要如何評價哪些人該留、該裁減？

過去的企業常常只是本著用人而不知去育才或評估績效，導致資深的人力老化或本位主義的現象發生，影響了企業的發展及產生企業成長過程中的瓶頸。因而，企業經過人力盤點後，應協助員工補強欠缺的能力，才能讓員工及企業更具競爭力。如果雇主能認清「滾石不生苔」的

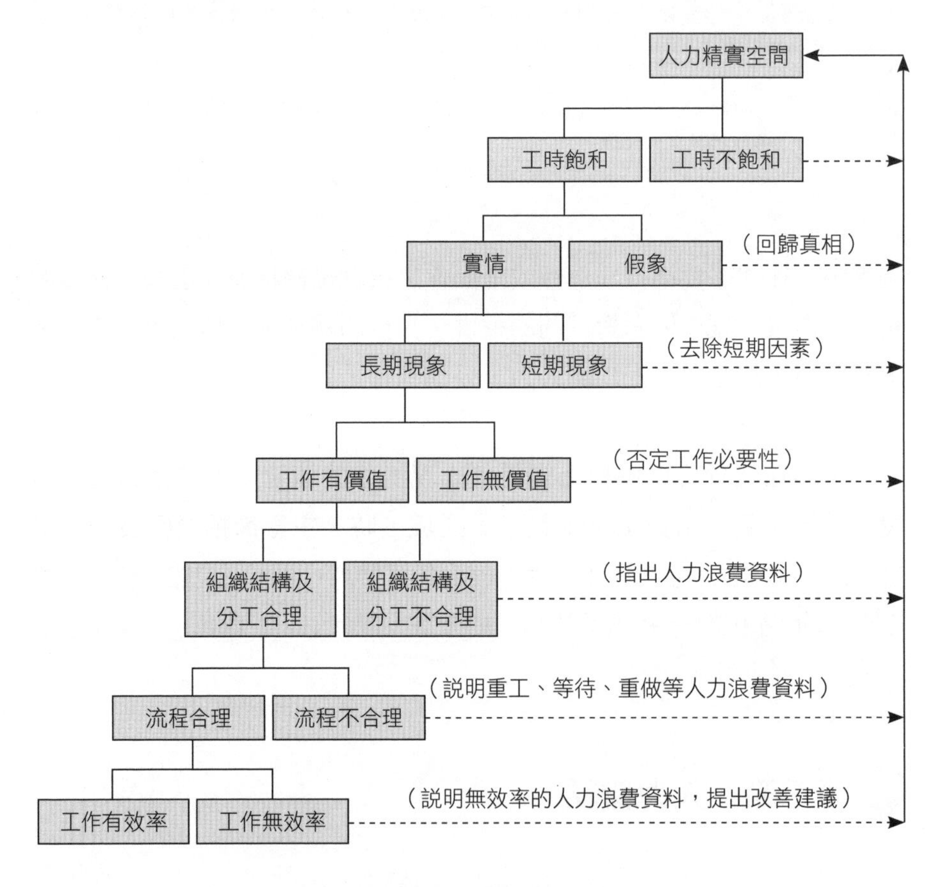

圖3-6　部門人力運用檢視程序圖

資料來源：常昭鳴（2010）。《PMR人力再造實戰兵法》，頁278。臉譜出版。

表3-3　人力浪費的原因

- 對新人未予充分之訓練與指示。
- 監工員未能鼓勵員工達成生產目標，保持產品品質。
- 對於具有從事較高技術性工作之人員未予提升。
- 由於員工自訂生產限額，使生產量受到限制。
- 監工員未能明瞭員工之技術、興趣、體格狀況等。
- 員工缺乏工作興趣。
- 工作分配不當，使員工工作發生困難。
- 未能分析老幼人員之技術，以便安排適當之工作，使其發揮效率。
- 轉業人數過多。
- 基於個人之偏愛來分配工作，未注意工作需要。
- 工作紀律欠佳。
- 缺乏適當之工具與裝備，迫使員工不能有效工作。
- 管理不善，產生工作上之鬆弛現象。
- 技術優良之員工，被派擔任無技術性之工作。
- 監工員未能鼓勵員工提供建議，以提高員工之工作效率。
- 由於監工員未能瞭解工作之需要或員工之能力，致使員工分配之工作不當。
- 員工不明瞭產品之質量標準。
- 工作環境欠佳，工作安排欠妥。
- 訓練熟練之員工，無故加以開革，而事先未採取任何適當改正措施。
- 工作預定計畫不佳。
- 員工未派擔任必要工作前，未安排其他臨時任務，使其閒散。
- 把持員工、拒絕他調，阻礙其技術做更有效的發揮。
- 未能杜絕浪費及無用之動作。
- 技術優良之員工遭受意外傷害。
- 員工不明瞭提高品質與生產量之重要性。
- 某一工作之人力超過實際需要。
- 原有員工對新進員工未能給予協助，而任其在工作上遭遇困難。
- 與人事部門缺乏合作，導致選擇不適當之新進人員。
- 對不能發揮效率之人員，監工員未能於試用期間予以辭退。
- 監工員未能保持員工工作成績之個別記錄。
- 未能迅速處理牢騷怨懟，因而引起不安與工作鬆弛。
- 工作指示不夠明確。
- 員工之工作進度不當。
- 年邁員工之工作安排不當。

資料來源：資料室（1981）。〈如何節省人力〉。《經營與發展雜誌》（1981/08），頁54-55。

道理，人力盤點應時時為之，因為冰凍三尺非一日之寒，這也就是《荀子》說的：「禍之所由生也，生自纖纖也。」（災禍所產生的根源，都是產生於那些細微而難以覺察的地方）

一、人力盤點的目的

人力盤點的目的是在於瞭解企業本身的人力成本是否合理？不只重視「量」的部分，更重視「質」的部分，以進一步瞭解人力的運用是否符合經營所需？能否達成組織的目標？更重要的是針對「人」的質與量做進一步的分析，以期完成企業願景及目標的達成。

人力盤點工作內容為的是將工作執掌分清楚，才不會造成部門和個人之間重工、虛工的現象。譬如，企業未來三至五年會進行新興市場的開拓業務，人資部門在規劃人力時，應先擬定人力配置計畫，接著做全方位的人力盤點，擬定增補計畫，以及評估人力供需方案的可行性，進一步作為人資部門招募、人員轉調及晉升的依據。人力盤點的結果絕不是

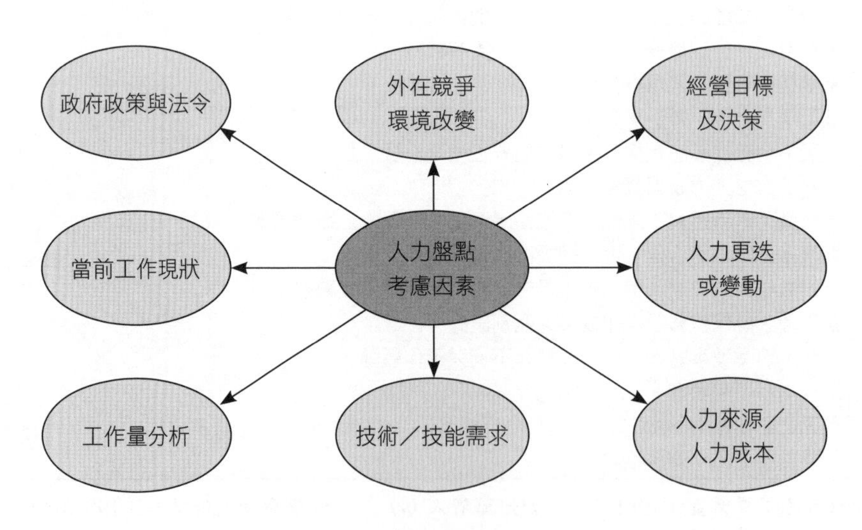

圖3-7　人力盤點時應考慮的因素

資料來源：袁明仁（2008）。〈藉人力盤點發掘優質人力〉。《大陸台商簡訊》，第192期（2008/12/15）。

「裁員」而是「教導」員工新技能，否則這種人力盤點就是「殘忍」的行為，一旦員工人人自危，彼此猜忌，士氣渙散，雇主就得不償失。

二、人力盤點流程

「工欲善其事，必先利其器」，人力盤點前的「沙盤演練」是決定人力盤點成敗的關鍵所在。

1.專案規劃：首先必須決定人力盤點目的、層級、職種、預算，以利規劃相應的推導時程及各項工作順利展開。

2.資料蒐集：對內，蒐集組織架構、人力編制、工作說明、人員生產力、整體產能利用情形、員工升遷、調動之紀錄、工時與出勤報表、專業證照、屆齡退休年份、職稱和人數等資料；對外，蒐集現行法規對勞動條件的限制、競爭行業的人力運用與人均產值、就業市場人力供需等。

3.實地參訪：百聞不如一見，掌握相關數據等資訊後，進行實地參訪作業，釐清人力使用現況與書面資料的比對，並與標竿企業比較人力運用差異之原因與合理性。

表3-4　人力盤點的前置作業

·統計各部門現有員工之層級、職種、素質與數量，並配合新年度營運計畫預估與可成長之情況。
·各職位任用條件，所需知識、技能、職能與其他能力資格條件。
·員工技能檔案，包括員工的性別、年齡、年資、教育程度、工作經驗、人格特質、專業證照、心理及其他測驗的成績等。
·員工升遷、調動之紀錄。
·員工薪資異動紀錄、福利計畫相關資料。
·員工教育訓練紀錄、員工職涯規劃中之生涯期望資料。
·五年內屆齡退休人員人數、專長與可能的接班人。

資料來源：丁志達主講（2006）。「人力規劃與人力合理化」講義。遠東新世紀公司編印。

4.員工溝通：「水能載舟，亦能覆舟」，透過資料蒐集、實地參訪與各單位員工接觸的機會，在任何正式、非正式等不拘形式的管道，逐步與員工對話（溝通），宣導人力盤點真正用意，一旦名正言順後才能避免謠言四起而功虧一簣。

三、人力盤點參考依據

人力盤點必須時時為之，以確保企業能掌控最新資訊。人力盤點時可參考下列的佐證：

1.依據企業年度預算所展開的產量或營業額、銷售量、獲利率等。
2.參考同業、競爭者的人力運用與海外投資情形。
3.人力變動因素（例如員工離退、加班、休假、缺勤率等）。
4.直接人員／間接人員／外包人員（派遣工）／移工（外勞）人員／派駐海外人員的人數需求與職別人數。
5.考量季節性或淡旺季營運業績的落差。例如：年產量、營業額、銷售量等，以淡季應有人力、產能利用狀況作為考量，配置合理的基本人力，同時搭配旺季時的變動人力的來源無缺供給為人力盤點考慮的重點。
6.各工作崗位／機台（機器人）的產能設計，以及所搭配的作業控管人員數，在一般營運需求、連續性產出需求與臨時性大量需求等產能變化時，必須具備足夠彈性人力調配。
7.搜尋彙集哪類科技的設備可取代人力作業或改善流程。

四、人力盤點的步驟

人力盤點規劃係從工作分析、選擇盤點指標、明確結果如何使用來進行。

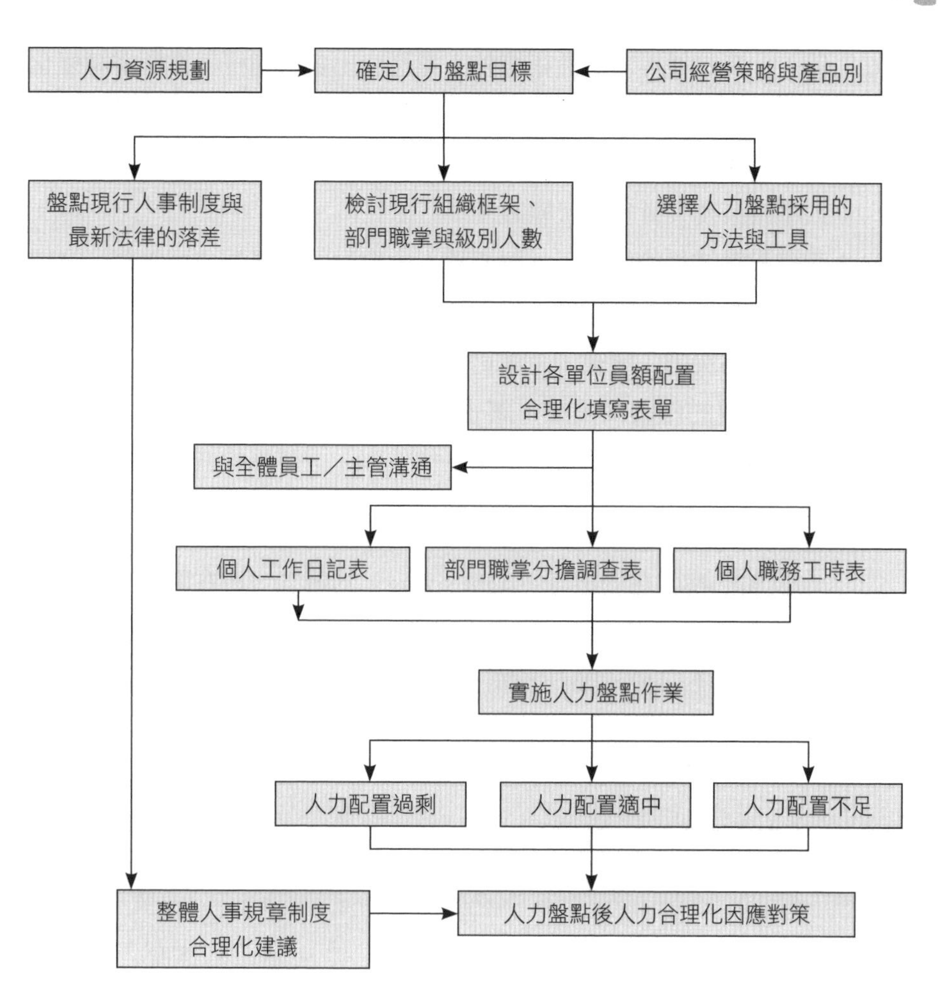

圖3-8　人力盤點流程架構

資料來源：精策管理顧問公司。

1.工作分析：首先以現有人力進行工作分析、進行人力盤點。透過工作說明書可使企業做到職責分明、人事相宜，進而避免因人設事、職責混亂不清、工作重疊等不良現象，保障人力資源的有效運用。

2.選擇盤點指標：人力盤點除了數量、結構（年齡、學歷、年資等）、流動性等常規性指標外，還應突出各項指標與當期業績變化之間的關聯，譬如人均產值、人均利潤、人均費用、人均投入與產出比率等指標。另外，人力盤點還包括員工績效表現、員工潛能、人事政策及人員心理狀態等。

3.明確盤點結果如何使用：要明確人力盤點的結果對公司管理、業績或財務數據有什麼影響，從而發現工作重點，做到有的放矢，集中精力重點突破。爾後，企業可定期進行工作盤點，把一些不合時宜或是重複的作業找出來，讓企業的作業趨向合理化，如此一來，不但可以提升工作品質，提高工作效率，同時更能減輕人力上的需求。

人力盤點的精神在於塑身（right sizing）的概念，讓在職員工人人都扮演「無敵鐵金剛」的角色，而非強調瘦身（downsizing）的「砍人頭」策略，讓人人朝不保夕，無心工作，上街頭「喊冤」，豈只一個「怨」字可解。

表3-5　人力合理化的三項型態

人力精簡策略	勞動力減少	組織重設計	系統的策略
焦點	工作人員	工作及單位	企業文化 員工態度
對象	人	工作	現有流程
執行所需時間	快	中	持續性
達成的目標	短期效果	中期效果	長期效果
本身的限制	長期性的適應	快速的成效	短期的成本節省
做法	空缺不補 解僱 鼓勵提早退休	裁減部門 縮減功能 減少層級 工作重設計	簡化工作 轉變責任 持續地改進

資料來源：Freeman & Cameron；引自丁志達主講（2012）。「企業裁減資遣處理實務研習班」講義。中華民國勞資關係協進會編印。

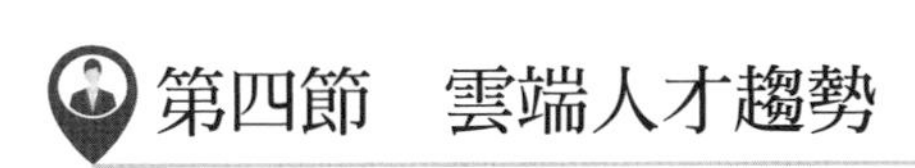

第四節　雲端人才趨勢

近年來，起用雲端人才的趨勢蔚為風潮，幾乎各行各業都能見其身影。《哈佛商業評論》（*Harvard Business Review*）指出，「外包」係過去七十五年來最重要的管理理念與經營手法。

艾克森美孚石油公司（Exxon Mobil）前總裁李．雷蒙（Lee Raymond）曾因「如果有不可或缺的技術，我們就要擁有它。」這句話而聲名大噪，但那已經是過去式了。像艾克森美孚這樣的公司已經開始大量聘用外聘人才，此現象顯示，雇主正逐漸使用這批崛起的彈性勞動力取代專職員工。

雲端徵才（cloud resourcing）令組織得以進入全球人才網絡，不僅人才的能力範圍更廣，也比傳統僱用關係更為省時省錢，各種型式的契約模式任君選擇。非典型僱用關係所涉及的一種非全時、非長期受僱於一個雇主或一家企業的關係，大體而言，包括部分工時勞動、定期契約勞動、網路勞動、派遣勞動、電傳勞動等。

一、彈性勞動力的來臨

現代的勞動環境是一個變化莫測的、勞資雙方均感到不確定的時代，蓋資訊科技的不斷推陳出新，以及全球化及國際化下資本及人力的移動，無形中使得勞資雙方無所適從，尤其是在這種環境中，勞工無力阻止工廠的外移及移工（外勞）的進入本國，勞工甚至必須搖身一變作為一隻隨處漂泊的候鳥，彈性化的工作方式，則逐漸占有重要地位，主要有派遣勞動、電傳勞動等。勞工的工作尊嚴也逐漸失去，亦即給付低薪資（基本工資）的出現。

外包（outsourcing）成為一個新的用人趨勢，公司只僱用核心人物，

表3-6　聘用機動人才的核心動機與好處

動機	好處
專業	專業外聘人才能提供公司獨特的專業技能——當前公司缺少的信譽、技能與經驗。
成本	客觀來說，聘用機動人才是為了節省成本。當外聘人才提供更有效率的解決方法，例如使用廉價人力、更有效率的工具與工作方法，就能省下花費。
獲得新技術	外聘夥伴通常會尋求更創新或先進的技術。外聘人才可以提供公司缺乏或沒有興趣投資的技術來解決問題。
速度	外聘機動人才讓公司在面對不時之需時，能更快速地做出反應，並立刻運用手上的專業人士。公司不必花時間守株待兔，就能馬上得到機動人才的特殊技能。
市場監督	外聘專家能幫助組織測試某商機的成本與價值，而不是另外花成本培養需要的專業能力。
彈性	運用機動人才可以增加專業技能與實務經驗，以備不時之需。如此一來，組織就會有更大的彈性。一旦組織將注意力轉往其他目標，它就可以立刻切換所需的知識與技能。外聘人才也能讓組織將重要資源分配在最重要的領域，以增加組織的職能彈性。

資料來源：江宗翰譯（2016）。強．楊格（Jon Younger）、諾姆．史默語（Norm Smallwood）著。《敏捷人才管理》，頁22。高寶國際公司台灣分公司出版。

以保有核心才能，而將一般性業務功能外包，在不造成長期勞動成本的情況下取得服務，使得人資管理功能面臨了變化。例如，蘋果公司（Apple Inc.）大量引進以創意工作聞名的外聘人才；新加坡與矽谷如火如荼地將終身僱用制改為更具彈性的機動人力。善用雲端人才，必能讓企業節省成本與獲得競爭優勢，而雲端人才的崛起，讓組織及人力之間的傳統關係產生跳躍性的變革，更是現今人資工作者面對的用人新課題，把人資管理提升為人才領航，使企業能以更靈活、更精準、更創新的方式完成目標。

二、酢漿草組織（三種工作型態）

《大象與跳蚤》（*The Elephant and The Flea*）作者查爾斯．韓第（Charles Handy）認為，終身聘僱的時代已經過去，21世紀將是個組織萎縮的時代。專業核心人員（全職工作者）的人數將不到總工作人數的四分之一，剩下四分之三的工作將由外包或兼職工作人員分擔。但這三種工作型態，都是組織主要的人力資源，就像愛爾蘭酢漿草的三片葉子，韓第把這種組織稱作酢漿草組織（Shamrock Organization）。

外包（委外服務或業務外包）發跡於20世紀70年代，是一種創新的經營管理方法，源自於工商企業。90年代後，外包更成為歐美企業青睞的一種經營方式。

21世代的企業組織需要聰明的核心工作者，不只要會做事，還要會思考。核心工作者具有專業技術，享有公司福利，是僱用成本最高的一群，但企業僱用的核心工作者會人數愈來愈少，原本屬於核心工作者的部分工作，則被代表第二片酢漿草葉的外包工作者取代，至於有季節性起伏的工作，則交給兼職工作者（經理人月刊編輯部，2006）。

表3-7　外包作業應注意事項

類別	注意事項
調查評估（外包前）	1.外包目的為何？哪些業務可列入外包的範圍？ 2.是否可暫時維持現狀，由內部先自行設法改善？ 3.檢視哪些項目是外包商能做到且做得好，而我們卻無法辦到的？ 4.何種型態的外包較能與公司的企業文化搭配？ 5.我們的核心競爭力為何？外包後對企業整體競爭力有幫助嗎？ 6.企業內部對外包已有迫切性需求且產生初步共識了嗎？ 7.外包與企業未來之策略性規劃有直接關聯嗎？ 8.外包後是否會帶來風險？企業能否承受？ 9.人事問題如何解決？
規劃流程	1.釐清需求，設定目標 。 2.標示流程及每階段之進度。 3.篩選潛在的外包商，並與他們作初步接觸。 4.外包商初審及評估。 5.高階經理人及相關單位人員的適時參與。 6.與員工及利益相關者作充分溝通。 7.洽商協議合約條款與服務水準。 8.依合約內容辦理移轉。 9.管理合約的推動與執行。

（續）表3-7　外包作業應注意事項

類別	注意事項
外包商選擇	1.候選者是否瞭解企業目標與需求規格。 2.候選者是否提出完整的服務規格說明書。 3.檢驗候選參與者往昔是否有良好的實績，及其最近三年經會計師稽核後的會計報表。 4.候選者是否通過國際標準組織ISO9000或其他相關之認證。 5.候選者是否曾被指控違反《勞動基準法》等相關法規？ 6.要求候選者提供一份他們為目前企業工作的名單，再與其中某些企業聯繫，以瞭解該候選者服務之口碑。 7.親自參訪候選廠商，以實地瞭解廠商實際的運作狀況。 8.試探廠商的企業文化，雙方的企業文化相稱，才能減少磨擦，共赴事功。 9.該候選廠商的核心能力、專業技術、人力素質、器材設備是否能勝任？ 10.合約中的權利義務是否規範明確？未達績效時的賠償、解約的罰則如何？ 11.合約執行發生窒礙，應由何人負責修改？ 12.外包商會為此合約投資多少？此份合約占外包商營收多少？
外包的法律問題	1.合約是雙方交往溝通應遵守的工具，因此內涵文字以簡單、明確、清楚為要，避免無謂的誤解或糾紛。 2.一份完整的合約書應包括：關係背景、工作目標、預期效益、合作範疇、所有權歸屬、責任劃分、運作方式、移轉計畫、人員訓練、績效衡量標準、保險管理、意外事故規劃、付款方式、合約修改與終止、專案時程的規定、賠償問題等的規範。
外包的執行與監督	1.外包應由專人或專責單位負責。 2.以長期合作觀點著眼。 3.簽定外包合約。 4.建立合作共識，加強互惠。 5.全面品質管制。

資料來源：〈發展策略性外包　提升企業競爭力〉。《台肥月刊》，第43卷第4期（2002/04/15），職場專欄。

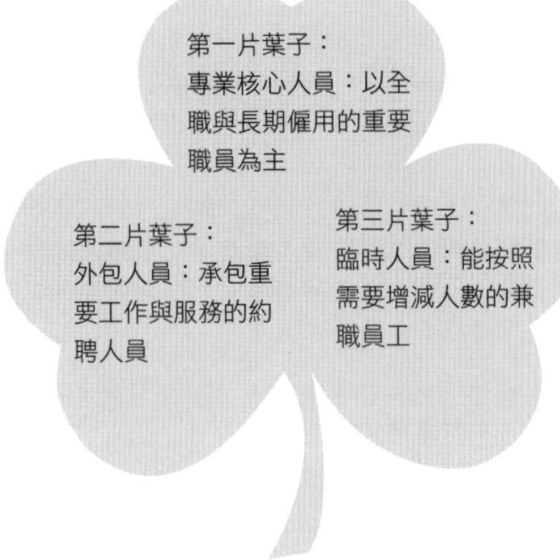

第一片葉子：
專業核心人員：以全職與長期僱用的重要職員為主

第二片葉子：
外包人員：承包重要工作與服務的約聘人員

第三片葉子：
臨時人員：能按照需要增減人數的兼職員工

圖3-9　酢漿草組織模型圖

資料來源：Charles Handy (1990). *The Age of Unreason.* Harvard Business School Press.；引自江宗翰譯（2016）。強·楊格（Jon Younger）、諾姆·史默梧（Norm Smallwood）著。《敏捷人才管理》，頁221。高寶國際公司台灣分公司出版。

個案3-3　策略性外包案例

1.隸屬於行政院人事行政總處之「公務人力發展中心大樓」，於89年10月21日落成啟用，為了維持良好服務品質，節省營運、管銷、維護與人事費用，乃在不影響公務人員教育訓練及會議目的原則下，開放競標委由福華飯店經營，係公私部門共用空間、時間之首案合作模式，充分顯示在資源連結的新時代，政府與民間異質部門間的協力模式將趨多元化、彈性化、共享化。

2.福特汽車早期採垂直整合，包括玻璃、燈具、塑膠、輪胎、烤漆、電鍍、零件、組裝、維修等，最近除核心專業加以保留外，其餘燈具、座椅、玻璃、烤漆、零件等工作均予外包。

3.全球知名電腦製造商戴爾電腦公司（Dell Inc.），將其所有精力專注於品牌行銷和顧客服務，產品研發及製造則透過垂直及虛擬的整合架構負責。

4.讀者文摘（Reader's Digest）僅負責雜誌內容的編輯、維護及管理讀者及訂閱業務，其他事情諸如版面設計與配置、印刷等則交由外包處理。

5.國際知名的網路書店亞馬遜公司（amazon.com），與顧客溝通的唯一管道就是透過電子媒介，他們本身並不出書，只是協助出版商取得訂單，並儘速的去滿足消費者的需要，從紙上零售（客戶關係與服務）做到實體物流（發貨倉庫與配送），這可視為亞馬遜的核心活動，維護和掌握顧客擁有權，除此之外，其他事項均為次要性。目前又增加了一項功能，就是允許讀者告訴書商在未來的新書中，他們希望看到的作者及主題內容，書籍依預先之要求而出版，澈底改變了書籍產生的供應鏈。

資料來源：〈發展策略性外包　提升企業競爭力〉。《台肥月刊》，第43卷第4期（2002/04/15），職場專欄。

三、電傳勞動

電傳勞動（telework）是促進工作、生活平衡的有效工具。員工可利用資訊和網際網路，在辦公室以外的地點完成工作。勞動部將「電傳勞動工作者」定義為勞工於雇主指揮監督下，於事業場所外藉由電腦資訊科技或電子通信設備履行勞動契約型態的工作者，並在2016年9月制訂了「勞工在事業場所外工作時間指導原則」，規範在外工作工時認定及出勤紀錄的共通性原則，並分別就新聞媒體工作者、電傳勞動契約工作者、外勤業務員及汽車駕駛等各類型，列出應注意的特別事項。其間明訂勞資雙方應將工時、休息時間、延長工時等，以書面勞動契約約定並訂入工作規則，記錄工時非以簽到簿或出勤卡為限，如網路回報、客戶簽單、通訊軟體及其他可供稽核出勤紀錄的工具。但雙方的約定仍不得違反《勞動基準法》的強制性規定。

2020年新冠肺炎（COVID-19）疫情持續在國際蔓延之際，企業彈性運用電傳勞動模式因應疫情，讓員工可以在家工作，既可減少交通時間，也避免搭乘大眾運輸工具和在企業場所群聚而衍生感染的風險，並可在較無拘束的環境下發揮工作效率，提高生產力（經濟日報，2020）。

電傳勞動能節省大筆成本、減少房地產開支、員工生產力提高、忠誠度和工作滿意度增加、員工流動率下降、企業正常營運。對電傳工作者本身說，這種工作方式使他們在工作與個人職責之間取得了平衡（賴俊達譯，2005：142-143）。

人力資源外包（Human Resources Outsourcing, HRO）指依據雙方簽定的服務協定，將企業人資部分業務的持續管理責任轉包給協力廠商（服務商）進行管理的活動。服務商按照合約管理某項特定人力資源活動，提供預定的服務並收取既定的服務費用。越來越多的企業將外包視為重塑企業架構的方式，跳出過往垂直整合的模式，創造出更有彈性、專注核心業務的企業，憑藉外包來強化核心業務和改善客戶關係。

人力外包的成功與否，所面臨的最大挑戰應該還是人資管理的問題，無論政府還是企業，常常運用人力外包服務來達成組織縮編和人員精簡的目的。企業必須在外包服務的開始到結束和員工持續溝通，企業可運用各式溝通管道，使員工參與外包流程，並讓員工明瞭供應商提供服務的方法。

四、人力派遣

「人力派遣」是企業一方面可以採「彈性僱用」降低成本下，卻仍能擁有足夠人力來完成工作的方法。它是一種企業常態性募集人力的管道；而人力派遣的工作，大多屬臨時性、短期性、不固定的就業型態，或稱為「登錄型派遣」；另外亦有派遣人員是由派遣公司長期僱用，或稱為「長僱型派遣」。人力派遣主要由以下三方關係所組成：「要派企業」（工作企業）與「派遣公司」（法定雇主）訂定勞務契約，由派遣公司僱用員工後，派遣至要派企業上班；該員工雖然是在要派企業中工作，但薪資福利等均由派遣公司提供。

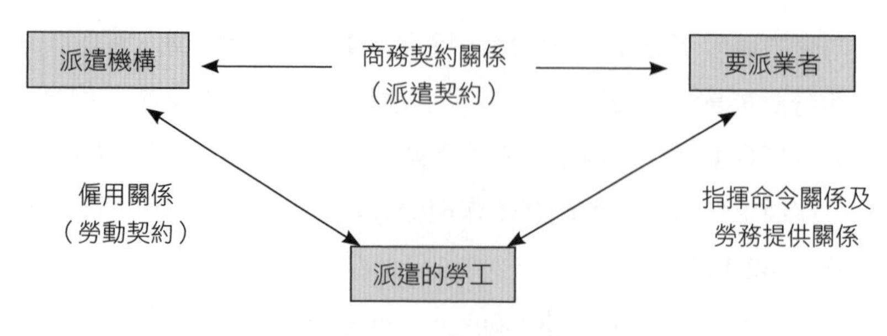

圖3-10　勞動派遣圖

資料來源：李洙德編著（2017）。《企業人力資源管理法規》，頁119。台灣東華書局出版。

彈性的企業架構是未來企業組織成功的關鍵因素。外包所引起勞資關係的恐慌與排拒，則企業應加強與員工的溝通，取得諒解與支持，並積極開發員工之智慧資產，專注於核心業務，創造更和諧之勞資關係與更有利之企業競爭力。

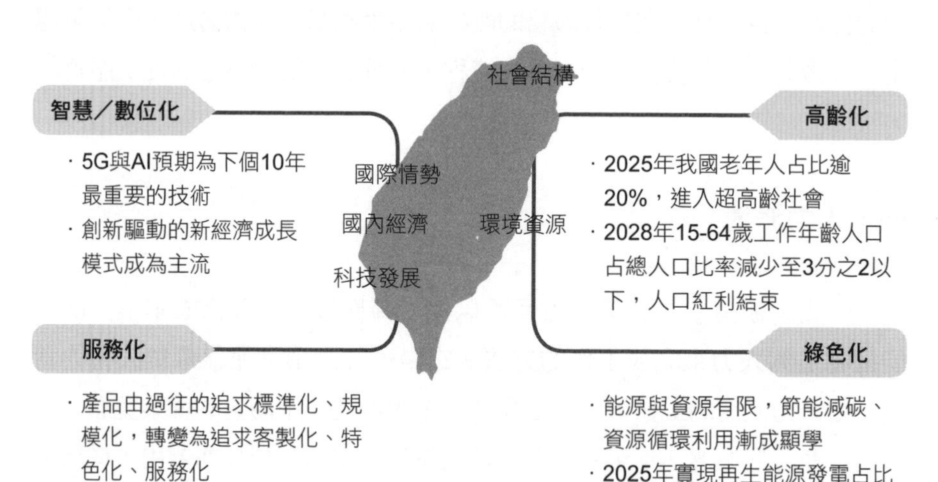

圖3-11　未來產業發展趨勢

資料來源：國發會（2021）。2030年度整體人力需求推估。引自馬財專，〈國內中高齡暨高齡勞動之鑲嵌與結合〉。《就業安全半年刊》12月號（Dec.2021）。

跳槽（job-hopping）與採櫻桃（cherry-picking）成為人資管理的新挑戰：傳統習以為常的雇主與勞工之相互拘束，將逐漸解消。彈性的工作與合作形式，將產生勞工永遠一腳踏在勞動市場上（台灣俚語：吃碗內，看碗外）的現象（林佳和，2020：9）。

結　語

企業之所以需要人力規劃，乃因填補職位空缺之需求和獲取合適人員填補職位空缺之需求，兩者之間存在著極為重要的前置作業時間。許多人資管理實踐的成功執行，都依賴於細緻的人力規劃、人力盤點。在企業競爭的大環境下，有些企業的競爭策略是：大力發展人資部門，希望從重視人才的延攬、培育上出奇制勝，才能使企業立於不敗之地。

Chapter 4

工作分析與職位評價

職位評價是一項程序，用以確定組織中各種工作之間的相對價值，以便各種工作因其價值的不同而付給不同的待遇。

——管理學者溫德爾．費蘭契（Wendell French）

人資管理錦囊

人們詢問三個石匠在做什麼。

第一個石匠回答說：「我在養家餬口。」

第二個石匠一邊敲著鎚子，一邊說：「我正在做全村最棒的石材切割工作。」

第三個石匠仰起頭來，眼睛一亮，似乎看見了一副美麗的遠景說道：「我在建造一座教堂。」

第一個石匠知道他會從工作中得到什麼，因而努力工作，他傾向以合理勞力換取合理的報酬；第二位石匠則以擁有專精的石材切割技術而自豪，但他太致力於自己的專業技術，而忘記了真正重要的是蓋一座教堂；第三位石匠的價值，在於對組織的成功所做的貢獻，成就了個人，也創造出大於各部分總合的真正整體。

【小啟示】根據戴夫．尤瑞奇（Dave Ulrich）著《人力資源最佳實務》（*Human Resource Champions*）的觀點，企業是否能達成目標績效，完全依據企業是否具備優勢的人力產能（知識、技能、動機，三者缺一不可）。

資料來源：彼得．杜拉克（Peter F. Drucker）。《管理的實務》（*The Practice of Management*）。

工作分析和職位（工作）評價是企業實現科學管理的基礎工作，也是企業人力資源管理機制建立的平台。

工作分析（job analysis）是企業進行職位評價的必要過程，而工作說明書與工作規範，又是職位評價確保組織內每一職位相對價值的基本依據。工作分析是以職位為對象，透過多渠道蒐集並分析與職位有關的資料，如職位與任職者概況、工作概述、工作職責、內外部關係、工作條件、必要的資格條件等訊息，最後形成簡明而有系統的工作（職位）說明

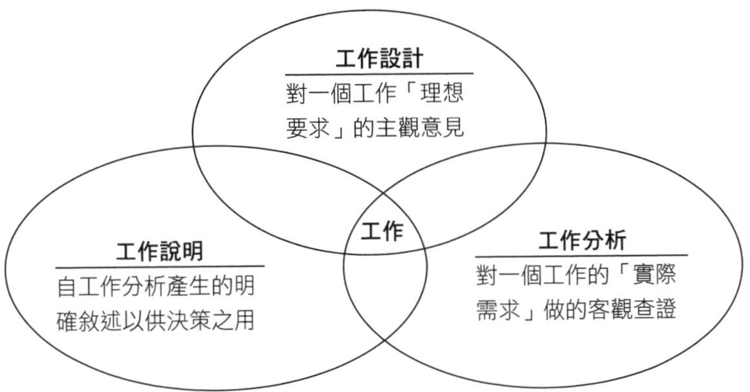

圖4-1 工作設計、工作分析與工作說明

資料來源：常昭鳴（2005）。《PHR人資基礎工程：創新與變革時代的職位說明書與職位評價》，頁40。博頡策略顧問公司出版。

書與工作規範的過程。它是人資管理的基礎環節，包括薪酬管理在內的整個人資管理提供有價值的基礎訊息。

職位評價（job evaluation）是以工作分析的結果為基礎，根據若干可酬（補償）因素（通常包括教育程度、工作知識、工作經驗、工作責任、工作努力程度、工作難度、工作條件等）來對企業中若干標竿職位的價值進行評估，然後再將組織中其他職位與這些標竿職位相對照，從而建立起一個涵蓋組織中所有職位的等級序列之間的相對價值。透過職位評價，可以建立內部一致的職位等級，消除企業內部各種等級並存的現象，並且在此基礎上確立薪酬的內部公平。

第一節 工作分析綜述

組織為了達成經營目標（獲利、生存、成長等），必須先設計組織分工圖及建立各部門的職掌，透過人力規劃進行組織各部門的職位與人員編制，緊接著必須進行工作設計與工作（職務）分析。

工作分析以「事」為主的分析，企業在確立組織體制後及人事措施實行前，必須將各項工作或執掌之任務、責任、性質以及工作人員之條件等予以分析研究，做成書面紀錄，將工作內容之資訊、員工需求和目標作系統性的分析，以期透過招募、選才、訓練與評估的能力，使組織的成員適才適所。工作分析的結果，會產生兩份文件：工作說明書（職務描述）和工作規範（職務資格）。

工作分析主要重點，找出此一工作的主要任務、責任以及行為；針對職位工作內容逐一評量各項重要性及發生的頻率；訂定從事這些職位工作內容所需知識、能力、技能及其人格特質等。

一、工作設計

工作設計（job design）是在工作分析的訊息基礎上，研究和分析工作如何做以促進組織目標的實現，以及如何令員工在工作中得到滿足，以調動員工工作的積極性。耶魯大學教授狄克．哈克曼（Dick R. Hackman）與葛雷．歐漢姆（Greg Oldham）發現有效的工作設計包含以下五項要素：

1.技術多樣化：工作包含各種不同的活動，員工必須培養及活用多種技能與才華。當工作涵蓋不同的技能與能力，而非單調且一成不變時，對人們而言就更有意義。

2.任務完整性：工作要求員工獨力完成整個流程，而非成果的一部分。一旦人們參與完整的流程而不是負責「插花」（打雜）而已，他們就能得到更具意義的經驗。

3.任務重要性：工作能帶來效應，對同事、顧客、甚至是更大的組織都造成影響。如果工作能促進他人福祉，而非有限的效果，人們就會覺得工作更有意義。

4.自主性：工作提供員工決策的自由，讓他們能規劃工作與決定完成任務的最佳方式。如果工作具高度自主性，它的成果就取決於員工自身的努力、開創性與決策，而非管理者的指示或標準作業流程。人們能從高自主性的工作得到更多肩負成敗之責的寶貴經驗。

5.回饋性：組織提供工作者關於工作表現的特殊資訊。當工作者收到清楚明白且易於實踐的回饋時，他們就更能精進自己的生產力。

這五項標準提供實用的方法審核員工的工作性質。這些標準有一種簡單但潛力無窮的應用方式，那就是用來評估與改進未來人才的工作計畫（江宗翰譯，2016：159-161）。

二、資料蒐集方法

工作分析是最費力、最繁瑣、最難獲得支持、最沒有成就感的工

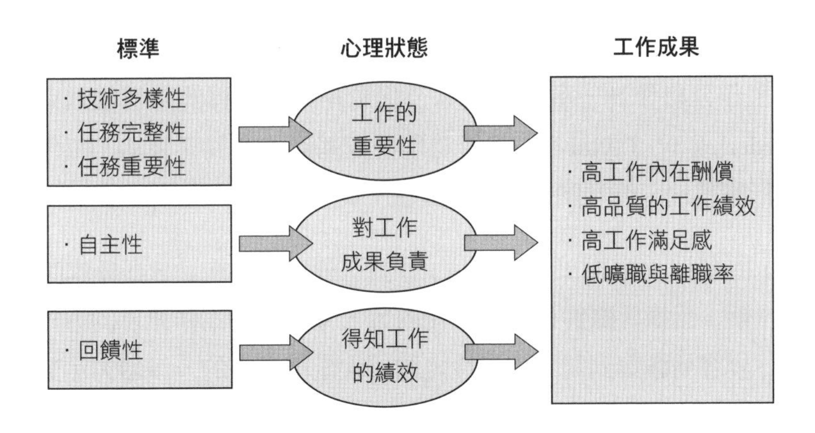

圖4-2 設計工作的五種標準

資料來源：改編自J. Richard Hackman and Greg R. Oldham (1974). *The Job Diagnostic Survey: An Instrument for the Diagnosis of Jobs and Evaluation of Job Redesign Projects*. Arlington, VA: Office of Naval Research.；引自江宗翰譯（2016）。強・楊格（Jon Younger）、諾姆・史默梧（Norm Smallwood）著。《敏捷人才管理》，頁160。高寶國際公司台灣分公司出版。

表4-1　工作分析7W1H

7W1H	說明
Who（何人）	誰來完成這項工作？（工作人員所需具備的資格、條件、體能、教育、經驗、訓練、心智能力、判斷力、技能等）
What（何事）	這項職務具體做些什麼事情？（性質、任務、職責與責任等）
When（何時）	職務時間的安排？（如每天／每週／每月／每季或每年）
Where（何處）	職務地點在哪裡？（工作環境、室內／室外、危險程度、有關職位在整體工作流程中的位置等）
Why（為何）	為什麼要安排這個職務？（工作目標、範圍、成果、責任等）
Which（條件）	完成工作需要哪些條件？
For Whom（工作對象）	他在為誰服務？（顧客、所需配合的對象等）
How（方法）	他是如何認定職務的？（知識、技能、裝備、器材等）

資料來源：丁志達主講。「工作分析與職位評價研習班」講義。車王電子公司編印。

作，但是它卻是最有效保證組織與工作系統效率和員工滿意度的基礎性工作。透過觀察和研究，把職位的工作內容和職位對員工的素質確定的一個程序，可從7W1H七個面向對工作（職務）進行分析。

工作分析作為一項管理工具，它是在美國工程師弗雷德里克．泰勒（Frederick W. Taylor）的科學管理研究基礎上發展而來的。工作分析方法包括觀察法、問卷調查法、訪談法、典型事例法、工作日誌分析法。

1.觀察法：它指工作分析者透過對任職者現場工作直接或間接的觀察、記錄，瞭解任職者工作內容，蒐集有關工作訊息的方法。適用於容易觀察到的、週期性短的、大量標準化的、以體力活動為主的工作。

2.問卷調查法（問卷法）：它是一種採用結構化的問卷調查表來進行工作分析，透過任職者或相關人員所填寫的「制式問卷」來蒐集工作分析所需訊息的方法。問卷表格包括：基本資料（姓名、學歷、職稱、上司職稱等）、工作時間、工作內容、工作責任、所需知識

表4-2 管理人員的工作分析面談提綱

部門名稱：　　　　　　　　　　　　　　　　填表日期：　年　月　日

面談人		面談對象	
面談時間		面談地點	
職位目標	‧這個職位的目標是什麼？ ‧這個職位最終要取得怎樣的結果？ ‧從公司角度來看，這個職位具有哪些重要意義？ ‧公司為什麼要設置這個職位？ ‧公司為設置這一職位投入的經費會有何收益？		
職位意義	‧這個職位工作的意義何在？ ‧公司為這個職位每年需要支付多大開銷？ ‧這個職位在公司中的位置及地位如何？ ‧這個職位直接為誰效力？向誰負責？		
內外關係	‧這個職位最頻繁的對內聯繫有哪些？ ‧這個職位最頻繁的對外聯繫有哪些？		
職位要求	‧這個職位的基本要求是什麼？ ‧這個職位在專業技術方面的要求是什麼？ ‧這個職位對管理才能的要求是什麼？ ‧這個職位需要哪些內容的培訓？這些內容是透過外在培訓（脫產）還是在職培訓獲得？		
上下級關係	‧部屬是否擁有你的管理和領導，是否需要他們的配合？ ‧你在說服別人（上級或下級）時是否頗費口舌？ ‧工作中遇到困難，通常你向誰尋求幫助？ ‧你的自主權限有多大？ ‧你向哪一級部門或領導人負責？		
工作中的問題	‧你的大部分時間在做什麼？ ‧日常工作中，與技術知識相比，你處理人際關係的技巧重要程度如何？ ‧你認為工作中最大的挑戰是什麼？ ‧你的工作中最滿意和最不滿意的地方是什麼？ ‧你的工作中最關注或最謹慎的問題是什麼？ ‧你在處理那些棘手或重要問題時以什麼為依據？ ‧你的上司採用什麼方式進行指導？ ‧你是否經常請求上司的幫助，或者上司是否經常檢查或知道你的工作？ ‧你對哪類問題有自主權？哪些沒有？ ‧解決問題時，你如何依據政策或先例？ ‧你面臨的問題是否各不相同？具體有哪些不同？ ‧你在工作遇到的問題，在多大程度上是可預測的？ ‧你在處理問題時有無指導或先例可參照？ ‧你是不是將先例作為解決問題的唯一途徑？ ‧你能否有機會採取全新的方法解決問題？ ‧你是否能解決交給上司的問題，或者說你是否知道該如何解決這些問題？ ‧著手解決問題之前對問題所做的分析工作是由你本人還是你的上司來完成？		

製表：　　　　　　　　　　審核：

資料來源：宋湛編著（2008）。《人力資源管理文案》，頁95-96。首都經濟貿易大學出版社出版。

技能、工作的勞動強度、工作環境等。

3.訪談法（面談法）：它指工作分析人員透過面對面地交談來蒐集訊息的方法，獲取需要蒐集的訊息。訪談前應根據面談對象的職位準備相應的面談提綱。提綱內容包括工作目標、工作內容、工作性質和範圍、責任等。

4.典型事例法：它指對實際工作中的工作者，特別有效或者無效的行為進行簡短的描述。透過累積、彙總和分類，得到實際工作對員工

表4-3　工作分析結果應用

一個客觀的工作分析是企業進行公平管理的基礎。它所提供的訊息對員工的報酬、考核、晉升、職業發展等具有直接的影響。工作分析完成後，關鍵是運用工作分析的結果。	
組織設計	工作分析可使公司所有必須做的工作都由各別的職務來擔任，藉以確認公司重要的工作皆有人負責，並作最有效的工作設計與分配。
人力資源規劃	組織需要確認是否有合適數量的員工在合適的時間、合適的位置上，為組織和客戶產生最大的效益。同時，要保證人力的儲備能夠滿足組織不斷成長的要求。
招募遴選	工作分析提供公司有關工作執掌與完成這些工作與活動所需的人資要件。這種工作的描述及工作規範資料，可作為公司招募遴選人才的依據。
職位評價	工作分析後可提供評估該工作之價值與適當給付報酬之相關資訊。因為工作報償乃依據該工作所需的技能、教育程度、工作環境、危險狀況與責任程度等因素決定，而這些因素皆可經由工作分析加以確認與表達。
培訓需求	工作分析的資料可用來設計訓練和發展計畫，因為工作分析與工作說明書可以顯示擔任某項工作必須具備何種技術。
績效評估	績效評估的作業在將每位員工實際的績效表現與其績效目標作比較，工作分析有助於建立工作目標與標準。
個人發展計畫	工作分析有助於釐清工作的元素，界定工作所需的資歷要件，有助於規劃員工職涯發展路徑，並幫助員工個人規劃自我學習與訓練的方向。職涯設計沒有工作描述是無法進行的。
個人目標設計	工作說明書所載明的工作目標，對於員工自我設定目標或與主管溝通業務方向時頗有助益。
勞動安全	透過工作分析，可以全面瞭解不同工作的危險程度，從而採取有效的安全保護措施。一旦發生事故，可以根據工作分析的訊息，科學地分析和判斷事故的原因，為事故的處理提供有效的依據。

資料來源：丁志達主講。「工作分析與職位評價研習班」講義。車王電子公司編印。

的要求。

5.工作日誌分析法：它是要求任職者在一段時間內記錄自己每天所做的工作，按工作日的時間順序記錄下自己工作的實際內容，形成某一工作職位一段時間以來發生的工作活動的全景描述，使工作者能根據工作日誌的內容對工作進行分析。

上述各種工作分析蒐集方法都有其優缺點，沒有一種蒐集訊息的方法能夠提供非常完整的訊息，因此應該綜合使用各種蒐集方法，交叉比對，始可有成。

第二節　工作說明與規範

瞭解職位所需條件後，就可制定一份工作說明書了。編寫工作說明書是一項需要學習與反覆練習的工作，其原則是文字的使用要清楚明瞭，如指出工作範圍、使用動詞、要能依使用目的反應所需的工作內容。

一、工作說明書要項

工作說明書（job description）概述中主要職能（工作描述）、任職資格、對誰負責、必備的證照、工作成果的計量與激勵，以及員工的職涯發展問題，都是工作說明書記載的要點。

工作說明書的書面表格，包括下列幾項：

1.工作認定（job identification）：工作職稱／工作職種／工作代號／填表時間／署名人／核閱人／單位別／直屬主管職稱。

2.工作摘要（general summary）：以簡明的文字及邏輯的順序，清楚

表4-4　工作說明書的功能

一、公司管理制度	
組織及分權	由明確個人的工作職責與職權開始，進而明確每個部門的工作職責與職權，使組織內各部門的工作職責與職權更清楚。
員工任免	工作說明書中的工作規範部分，詳列了職位擔任者應具備的資歷與條件，因此，在人員的招聘或調派上有一個客觀而具體的任用標準。
目標管理	根據每一個職位設立的目標及其所負的職責，得以因應全公司的整體發展目標，訂定每一個職位的年度工作目標。
績效管理	每一個職位設立時的基本職責，即是賦予此職位去完成組織內一定功能之運作，若是這些基本職責無法順利完成，勢必會影響到組織內的運作或該功能無法完成。因此，每一職位所賦予的基本職責完成之狀況，也是每一職位在進行個人年度績效考核時的考核基準之一。而這些職責已全部列在工作說明書中。
教育訓練	每份工作說明書在明確職責後，即可確切瞭解每個職位所需要的工作能力與技巧，並列入工作規範之中。因此，根據這份資料即可瞭解員工教育訓練需求，並可據此排定其訓練計畫。
薪資制度	工作說明書是實施職位評價的主要依據。以客觀的評價因素，依據每個職位所具備的職責，衡量每個職位在組織內相對的重要度與貢獻度，進而訂定薪酬制度，給予每個職位相對合理報酬。
降低管理成本	在進行工作說明書建立的過程中，也可提供公司一個好機會，重新檢核作業流程，一來可節省作業時間，提升工作效益；二來也可藉此機會檢核人員配置是否合理。
二、主管管理作為	
部門工作規劃	藉著工作說明書之建立，主管可以明確計畫與分配部門內的職位類別與每一個職位所應承擔之職責，使得分工合理且有效率，甚至可因應未來發展。
領導統御	在明確規劃部門內的職責與部門應達成的整體功能時，主管即可透過溝通以整合所領導部門之運作。
控制監督	由於每一個職位職責明確，因此主管能很確切控制監督部屬的工作進展與成果。
績效管理	工作說明書中所列的主要職責，即是每一個職位在公司整體運作中應完成的使命。因此，這也成為員工個人工作表現評估的重要指標之一。
人力資源調整運用	由於工作說明書的建立，使主管明確的掌握部門內整體工作分配的狀況。因此，在因應人員變動、調度，或是因應公司內外部的變化與調整時，主管即握有一份基礎資料，可以立即加以調整規劃，以確定部門整體功能的達成與發展。
三、員工個人工作	
工作說明書的建立，可以使每一個員工明確瞭解自己在組織內所扮演的角色、所承擔的職責，與應該具備的知識能力。如此可使員工在工作時方向更明確，將時間及精力能充分集中運用在自己所應完成的功能與使命，從而發揮與發展自己的才能。	

資料來源：《安徽省煙草專賣局：崗位研究、職能開發、目標管理及績效考核制度規劃專案企劃書》，頁13-15。松誼企業管理諮詢公司編印（2001/10/22）。

地表示主要的工作內容及職能，文字不超過30字為宜。

3.工作職責（job responsibility）：有關重點工作（通常最多不超過十項）在作業、技術、財務及人際關係上的責任與職責。每位員工都有不同的職責，而不同的職責各有不同的報酬。

4.工作目標（goal）：簡短敘述在執行工作職責上所應達成的滿意水準與目標。

5.工作環境（circumstances）：描述職務執行之場所狀況及使用特殊儀器設備等。

6.當責（accountability）：教育（教育程度及主修科目）、工作經驗（一般或專業）、能力及技術、體力標準（必要時需有體能測驗）、證書及檢定資歷等。

在人資管理的各個環節中，工作分析應該說是一個比較有難度的工作，首先它對工作分析的實施者（人資部門）有一定的專業素質要求，

表4-5　工作說明書內容

項目	要項
任務基本資料	任務名稱、任務職稱、任務編號、工作地點、任務擔當者、核准人簽署
專案任務配置圖	專案組織圖、任務組織圖
任務內容	任務項目與權重、任務目標、績效指標
任務範圍	管轄範圍、掌控資源、擔負成本、人員、物料、責任
決策的權限	決策範圍、決策自由度
工作環境	舒適度、危險度
任務的貢獻度	實質貢獻
績效指標	績效衡量標準
所需的工作才能	專業知識、專業技術、專業能力
任務擔當者的人格與行為特質	細心、耐心、分析能力、邏輯推理能力等
其他	專業證照、學經歷等

資料來源：常昭鳴著（2005）。《PHR人資基礎工程：創新與變革時代的職位說明書與職位評價》，頁103。博頡策略顧問公司出版。

表4-6　編制工作說明書注意事項

1.工作說明書須能根據使用目的，反映基本的工作內容。
2.工作說明書的內容可依據職務分析的目的加以調整，內容可簡可繁（應用80/20原理）。
3.工作說明書可以用表格形式表示，也可以採用敘述型。
4.工作說明書中文字措辭應保持一致，字跡要清晰。
5.使用淺顯易懂的文字，文字敘述應簡潔，不可模棱兩可。
6.工作說明書應運用統一的格式書寫。
7.工作說明書應充分顯示各工作間之真正差異。
8.寫出應該做到的工作而非反映在職者之資歷。
9.重點而非細節，為完成該工作所需具備的基本經驗、技術的最基本要求的工作職責（公司期待的是員工所做的事要能夠超越這些基本要求）。
10.正常性工作而非特例或其他非經常性之工作。
11.工作說明書的編寫由組織高層主管、標竿職位的任職者、人資部門代表、工作分析人員共同組成工作小組（委員會），協同工作，共同完成。
12.盡量以動詞做各職責敘述之始。

資料來源：丁志達主講。「工作分析與職位評價研習班」講義。車王電子公司編印。

如果缺乏必要的專業常識和專業經驗，很可能需要多次的反覆摸索；其次，工作分析不是一項立竿見影的工作，雖然它對人資管理的後續職務影響是巨大的，但它很難為企業產生直接和立即的效果，這種特點可能會使人資人員將工作分析工作一拖再拖，往往成為一件「跨年度工程」。

二、工作規範

工作說明書是在描述工作，而工作規範（job specification）則是在描述工作所需的人員資格（資歷）要求。工作規範指出擔任每個職位所需具備的資格條件，主要是用以指導如何招聘和錄用人員。

工作規範是工作者為完成工作所需具備的最低資格條件，例如最低的教育水準、專業知識、專業技能以及所應具備的最低的訓練、經驗水準和面臨的工作環境、心力、體力等要求。有些企業是採用將工作說明書與工作規範分開的方法，但更多的公司是把兩者混合起來，即在工作說明

個案4-1 人事經理工作說明書

職位名稱：人事經理 **職位編碼：HR002** **所屬部門：人力資源部**
直屬上級：人力資源總監 **職位編制：1人** **職等職級：6級1-4檔**

總目的：

為實現公司目標和員工個人目標，提供人力資源管理支援與服務。

主要責任與關鍵結果領域：

1. 負責對公司人力資源部門的全面管理工作，負責本部門工作績效。
2. 負責提出人力資源發展戰略、政策和實際操作方案建議。
3. 分析並預測人力資源需求，提出符合企業要求的人力資源規劃方案（需要招聘和保留的人員數量、技能和能力等）。
4. 組織公司人員招聘與選拔工作。
5. 向管理層提出用工、員工安全與健康方面的建議，包括勞動法，確保企業正確履行法律與社會責任，避免引起法律糾紛。
6. 建立能夠激勵員工、提高員工績效和幫助員工發展的績效管理制度，並培訓管理人員與員工使他們理解績效管理的意義並掌握績效管理制度的操作方法。
7. 建立並實施員工培訓與發展政策，滿足員工發展需要，並使公司擁有有效的多種技能的員工隊伍。
8. 建立能夠吸引、保留和激勵員工的與績效掛鉤的薪酬福利制度。
9. 就員工關係問題提出如何建立溝通管道與流程，是公司內建立良好和諧的氛圍。
10. 組織開發並維護人力資源資訊管理系統，提供公司決策用的人力資源管理資訊。
11. 完成上級領導交辦的其他工作。

報告關係：

直接上級：人力資源總監
直接下級：招聘主管、培訓主管、薪酬主管、員工關係主管

工作環境和條件：

1. 工作場所：辦公室
2. 環境狀況：舒適
3. 職業危害程度：無

任職資格：

1. 教育背景：

最低學歷：大學本科　　專業：人事管理或相關專業
理想學歷：人力資源管理專業研究生或MBA

2. 工作經驗：

最低要求：從事人力資源管理事務工作5年以上
理想條件：有2年以上人力資源經理經歷，省／市級以上人力資源協會會員

3. 技能與方法：

(1)人力資源領域有關方面的市場調研（如薪資調查、勞動力狀況調查等）技巧。
(2)輔導一線經理人員解決工作中的人力資源管理問題的技巧與方法。
(3)工作分析語評估技能。
(4)招募選拔技能（包括起草招聘廣告、測評、面試、核對等）。
(5)薪酬管理技能（如何與績效掛鉤，如何保留、吸引所需員工等）。
(6)培訓技能。
(7)員工關係處理技能。

4. 能力：

(1)能夠與他人搞好人際關係，利用溝通技巧達到希望的目標。
(2)具有對招聘等人力資源管理行為與決策的影響力。
(3)能夠應對變革，靈活處理與人力資源有關的突發事件。
(4)能夠根據工作需要持續不斷的學習新知識與新技術（學習能力）。
(5)能夠實施有效的自我控制與員工管理。
(6)具有很強的語言表達能力。
(7)能夠運用《勞動法》保護員工與企業雙發的利益。
(8)能夠熟練使用電腦辦公軟體及人力資源執行資訊系統。

5. 身體條件：

身心健康，能夠承受工作壓力，適應經常加班和出差工作。

6. 職業道德：

為人正直，作風正派，辦事公平公正，遵守行業道德規範。

職業發展方向：人力資源總監或下屬分公司副總經理
撰寫／修改人：AAA　　審核人：BBB　　批准人：CCC
撰寫／修改日期：2010年10月06日

資料來源：丁志達主講（2010）。「非人力資源主管的人力資源管理」（中國民生銀行重慶分行智慧講堂）。重慶共好企業管理顧問公司編印。

書中既記載工作項目與內容，又記載工作所需求的資格條件，包含了一個人完成某項工作所必備的基本素質和條件（僱用什麼樣的人來從事這一工作）。

工作說明書和工作規範並不是一成不變的，隨著公司生產技術／服務對象的變化、組織機構的調整、員工素質的提高，其工作內容、責任和權限、任用條件等均可能因內外部環境改變而需加以修改。工作說明書／工作規範應適時更新、修訂，始具有參考和運用之價值，否則辛苦一場，所得只是一堆無用的文件。

第三節　職位評價論述

職級、職等制度最早出現在於美國地區，時間可回溯到第一次世界大戰前。專業的人事人員發現，想要「衡量」一個「人」對組織的價值或貢獻是非常困難甚至不可能的；他們退而求其次，衡量由「人」所擔任的「工作」。職位評價（position evaluation）或稱工作評價（job evaluation）制度就是從這個觀念開始發想，逐步發展、修正、變遷、成熟，成為今日諸多企業使用的職級、職等制度（侯英豪，2017）。

一、薪資的「對價」關係

耶魯大學教授蓋伊．彼得斯（B. Guy Peters）說：「成本、成本、成本，服務、服務、服務，人、人、人。」企業管理最重要的就是這三樣東西，這個道理連三歲小孩都知道。「看不見」而且「不是自己掏腰包」支出的錢財之中，特別重要的該是「人力」。薪資為員工工作報酬之所得，為其生活費用之主要來源，從上班第一天起到退出職場，薪資始終是工作者追求的重點之一；另一方面，薪資為企業的用人成本，人事成本關係著企業的收益，甚至影響投資意願。無論以員工的所得或企業費用支出的觀點，薪酬管理就顯得非常重要。

職位（工作）評價是在工作說明書／工作規範的基礎上，綜合運用現代數學、工時研究、勞動心理、生理衛生、人機工程和環境監測等現代理論和方法，按照一定客觀標準，從工作性質勞動強度、責任、複雜性以及所需的資格條件等出發，對職位進行的系統衡量、評比和估價的過程。如此一來，各職位之間就有了「對價」的基礎。

二、職位評價的基礎

職位評價的重要目的是將各職位的相對重要性與貢獻度加以區分，並藉由等級劃分的方式，定義出每個等級企業願意給付的薪資範圍。企業在進行職位評價前，必須先對職位做出定義（工作說明書）。在職位評價過程中，可能需要將某個職位與其他職位進行比照，或者將某個職位與預先確定的標準進行比對，是薪資制度設計的關鍵步驟。

評價的對象是這個「職位」，而不是任職的「人」，因此這個職位不會因為一個博士來做，職等就比較高；或是一個專科畢業生來做，職等就比較低。建立職位評價能夠建立一個內部公平、同時在市場上具有競爭性的薪資管理制度。

三、職位評價的重要性

職位評價的草創時期，大致從1881年動時研究（motion and time study）開始的，到了第一次世界大戰，因人才短缺，促使人事行政的發展，用工時評價以決定工資，開始受到注意。在1930年代，由於美國制定有關《勞工法案》以保障勞工權益，職位評價才受到學者的研究與重視。

二次大戰期間，由於職位評價對於工資的安定與管理具有很大的影響，職位評價才更為企業界所採行。至此，美國企業也就一致公認，職位評價是一種較為合理的核定薪資的方法。到了1980年代，企業競爭日益激烈，職位評價更被視為一種控制成本、促進勞資關係和防止員工流動的好方法。

職位評價的過程相當的繁複，而評價方式的客觀性與執行評估者的概念尺度是否一致，都會關係到評價的結果。在運作職位評價時，先確定評價方式，並對評價小組成員加以訓練及溝通。

第四節　職位評價實施過程

職位評價做法是在工作分析的基礎上，按照一定的客觀標準，採取量化的科學的方法，對職位相對價值所進行的系統衡量、評比和估價的過程，它是企業薪酬管理的基礎，其結果是制定各個職位薪酬的基本依據，等級高的給予較多的薪資，等級低的給予較低的待遇，這樣的工作報酬才符合同工同酬（equal pay for equal work）的原則。

職位評價最主要的目的是作為「薪酬計算的標準」，可以幫助企業

表4-7　職位評價制度在管理上的價值

．職位評價方案可顯示出企業中各工作間的關係，以及正確地區分。 ．靠此職位評價方案所建立的制度，使新的職位可以適當地安插進來，因而建立了一套健全而易懂的標準，使新的工作與制度中原有的舊工作銜接起來。 ．這種職位評價方案是根據事實與原則建立的，因此能被員工接受。這些原則與公平的方法，使得監督人員更加客觀，同時也向員工證明公司所用的計算薪資的方法是公平的。 ．這種職位評價方案把薪資制度與人劃分開來。被評價的是工作而不是執行工作的員工。任何工作都先規定好一定的薪資給付標準，無論是誰，只要做這份工作，便可領到事先訂好的薪給。

資料來源：林富松、褚宗堯、郭木林譯（1992）。Douglas L. Bartley著。《工作評價與薪資管理》，頁7。毅力書局出版。

建立一套內部職位付薪公平法則，並根據預先設置的評價標準，比較組織中不同的職位，以確定一個職位的相應價值。

建立薪資制度必須公平合理，盡可能達到同工同酬。根據工作之責任、繁簡難易、所需技能（如體能、教育程度、智能）、作業環境（溫度、濕度、污染、危險性）詳加比較衡量，決定各項工作的相對價值、評定等級。

一、職位評價的原則

職位評價是在於評估職務價值，然後根據職務的相對價值，給予各項職務公平的薪酬。進行職位評價要把握下列幾項原則：

1.蒐集正確的資料。
2.遴選適任的評價委員，由訓練有素或具有經驗的評價人員擔任。
3.健全的評價標準。
4.評價時，針對職務內容而不針對在職者個人條件。
5.評價時，以相對貢獻度而非以絕對貢獻度做評價。
6.評價時，可以做價值判斷但必須為客觀性價值判斷。

表4-8　職位評價考慮三因素

考慮因素	說明
產業差異	因為產業不同所選擇的因素也有所差異。例如傳播業所需的創意，可能在其他產業就不一定需要或需要程度比重不同。
經營者理念	選取職位評價因素時，應考慮經營者理念（哲學），以確定能呈現工作職責對企業之成功與發展的貢獻。
企業文化	不同的企業文化類型，在選取因素考慮上也有差異。保守穩重的企業，傾向於選擇較多因素，非常嚴謹地進行職位評價作業；初創的企業，可能保握幾個重點因素，即可快速、有效地進行職位評價。

資料來源：丁志達主講（2016）。「工作分析與職位評價研習班」講義。車王電子公司編印。

7.以標竿職務的相對性為評價標準。

8.評價過程中使用一致的標準。

9.當工作內容變更時，應重新對該職務做評價。

由於職位評價所決定的薪資，是根據各職務的相對評分換算而來的。只要評估過程能夠做到公正與客觀，應能達到薪資內部給付公平的目標。

二、職位評價的步驟

職位評價的前提是工作分析，工作分析產出了工作說明書中的職責和任職資格等描述，都是職位評價的重要依據。職位評價產出職等架構，則是薪酬架構設計的前提。

職位評價的步驟為：

1.蒐集有關職位訊息，其主要訊息應來自於工作（職位）說明書。

2.選擇職位評價人員，組成職位評價委員會。職位評價委員會是職位

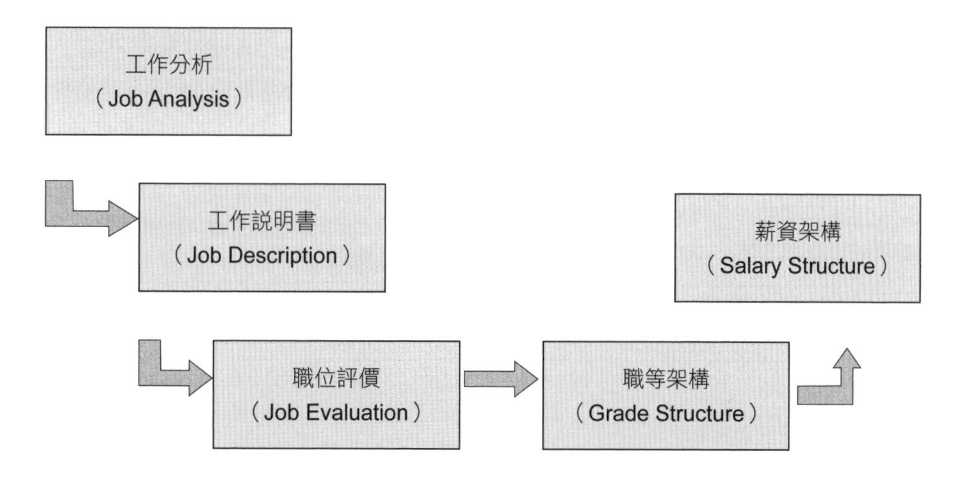

圖4-3　工作分析、職位評價、薪資設計關聯圖

資料來源：秦楊勇（2007）。《平衡計分卡與薪酬管理》，頁102。中國經濟出版社。

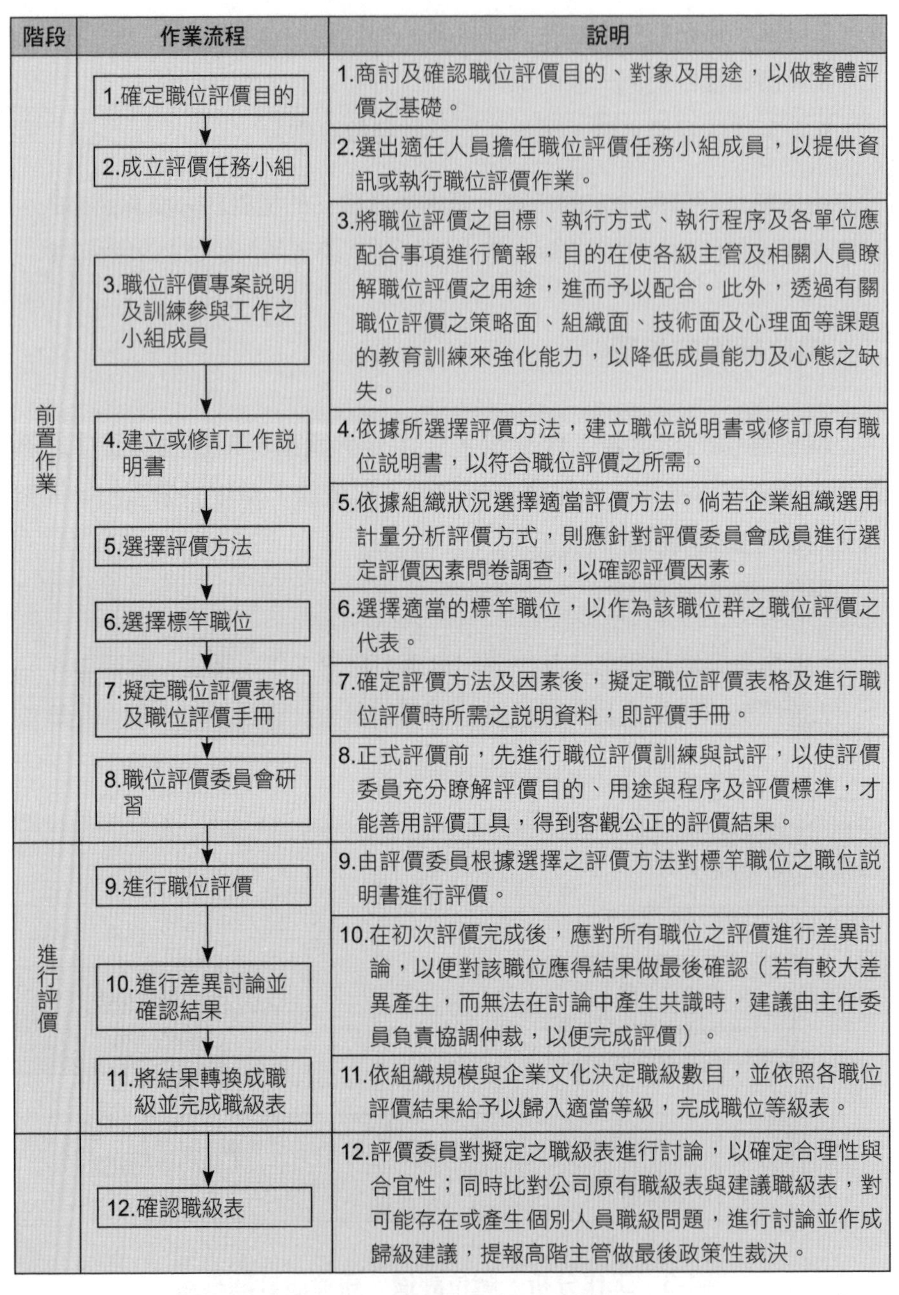

階段	作業流程	說明
前置作業	1.確定職位評價目的	1.商討及確認職位評價目的、對象及用途，以做整體評價之基礎。
	2.成立評價任務小組	2.選出適任人員擔任職位評價任務小組成員，以提供資訊或執行職位評價作業。
	3.職位評價專案說明及訓練參與工作之小組成員	3.將職位評價之目標、執行方式、執行程序及各單位應配合事項進行簡報，目的在使各級主管及相關人員瞭解職位評價之用途，進而予以配合。此外，透過有關職位評價之策略面、組織面、技術面及心理面等課題的教育訓練來強化能力，以降低成員能力及心態之缺失。
	4.建立或修訂工作說明書	4.依據所選擇評價方法，建立職位說明書或修訂原有職位說明書，以符合職位評價之所需。
	5.選擇評價方法	5.依據組織狀況選擇適當評價方法。倘若企業組織選用計量分析評價方式，則應針對評價委員會成員進行選定評價因素問卷調查，以確認評價因素。
	6.選擇標竿職位	6.選擇適當的標竿職位，以作為該職位群之職位評價之代表。
	7.擬定職位評價表格及職位評價手冊	7.確定評價方法及因素後，擬定職位評價表格及進行職位評價時所需之說明資料，即評價手冊。
	8.職位評價委員會研習	8.正式評價前，先進行職位評價訓練與試評，以使評價委員充分瞭解評價目的、用途與程序及評價標準，才能善用評價工具，得到客觀公正的評價結果。
進行評價	9.進行職位評價	9.由評價委員根據選擇之評價方法對標竿職位之職位說明書進行評價。
	10.進行差異討論並確認結果	10.在初次評價完成後，應對所有職位之評價進行差異討論，以便對該職位應得結果做最後確認（若有較大差異產生，而無法在討論中產生共識時，建議由主任委員負責協調仲裁，以便完成評價）。
	11.將結果轉換成職級並完成職級表	11.依組織規模與企業文化決定職級數目，並依照各職位評價結果給予以歸入適當等級，完成職位等級表。
	12.確認職級表	12.評價委員對擬定之職級表進行討論，以確定合理性與合宜性；同時比對公司原有職級表與建議職級表，對可能存在或產生個別人員職級問題，進行討論並作成歸級建議，提報高階主管做最後政策性裁決。

圖4-4　工作（職位）評價之作業流程

資料來源：陳芳明（2017）。《人力資源管理》，頁148-149。自印。

評價工作的領導和執行機構。

3.使用職位評價系統評價職位。

4.評價結果回顧。當所有職位評價結束後，將結果綜合在一起評論，以確保結果的合理性和一致性。

透明化的職位評價標準，便於員工理解企業的價值標準是什麼？員工該怎樣努力才能獲得更高的職位？

三、職位評價前與員工溝通的要項

職位評價的挑戰不在評價本身，而是過程中把正確的觀念傳授給沒有受過專業訓練的利害關係人（總經理、部門主管以及一般員工）。實施職位評價的目的，並不在減低人事成本，而是希望作為公平支付薪資的基礎。在實施職位評價之前，必須先建立正確的職位評價觀念，有計畫地向單位主管與全體員工在公開場合宣導，促進彼此之間觀念的溝通，只有得到管理階層與員工的同意與瞭解才能取得真誠的合作。

溝通的目的是讓員工接受評價過程和最終評價結果，這需要公開、誠實和準備足夠的訊息，讓員工去理解將要發生什麼和將怎樣影響他們的所得。

1.解釋將現存給付制度改為預定實施新版給付制度的必要性。

2.強調職位評價計畫的本質是將單位裡的職務（工作）彼此比較而不是在評估員工。

3.向員工詳細講解評價過程和每一步驟的行為流程（方式）。

4.告訴員工負責計畫的評審委員會名單，以及從哪裡可以獲得更多的有關職位評價計畫資料。

5.表明職位評價計畫的目的，是建立適當的薪資結構而與工作人數無關。

6.強調不因實施職位評價計畫而解僱員工。

7.各項工作設立了等級後，會將各等級納入薪給等級中，並為薪給等級設定工資，消除了以人為標準的薪資給付。

8.說明新的薪資等級是在何時開始實施，而且所有的員工從那一天開始便要依據新的薪資制度給付工資（或依年資分時段實施）。

9.職位評價後，應當升級的員工立即晉升，當然有些工作很可能評價後等級比目前的要低，這些員工的薪資不會減少，但是要將他們歸入紅圈的員工（red-circled employee，薪酬高於所在職位的薪酬上限）凍結薪資。

企業的薪酬結構是一項非常重要的管理工具。對員工的工作行為和態度具有重要的影響。如果報酬等級給付差異不大，那些承擔責任重大、內容複雜和比較辛苦的員工就可能感到自己的工作沒有得到充分的補償，從而也就可能產生不滿甚至導致辭職。

第五節　職位評價工具

各種職位評價方法的最終目標相同，都是根據各種工作對於組織的相對價值貢獻將其分等級排序，以便為每種工作確定公平、合理的工資率。

一、標竿職位的選定

職位評價應當著眼於職位的職責及最低任職標準，而不是對目前在職人員狀況的一種評估。為了減少職位評價專案執行的時間以及為了節省成本，在同一公司（部門）中，將職稱相同，工作性質相似，或在一定時間內可完成工作互換之職位，選出一個或多個作為代表，即稱為標竿職位。

選定標竿職位的重點有：

表4-9　職位評價要素

- 教育及知識（education knowledge）
- 經驗（experience）
- 制定決策（decision making）
- 錯誤引發的後果（consequence of error）
- 活動範圍（scope of activities）
- 內部經營聯繫（internal business contact）
- 外部經營聯繫（external business contact）
- 監督及管理的複雜程度（complexity of supervism）
- 監督及管理的雇員數目（number of employee supervised）
- 研究及分析能力（research & analysis）

資料來源：韜睿惠悅企管顧問公司（Towers Watson）。

1.選定標竿職位應選擇公司所認同之水準，而非選擇較優或較差者。
2.所選定標竿職位應能代表全公司之其他職位。
3.職稱相同而工作迴異或責任差距較大時，應分別挑選為標竿職位。
4.必須能涵蓋全部評價範圍（公司要制定幾個職等）。
5.工作內容固定、職責明確、變動性不大。
6.一般員工與主管對標竿職位工作都很瞭解。
7.其職務技術與需求上有清晰的定義。
8.擔任標竿職位工作的人員不只一人，有多人從事該職位。
9.能代表某一功能部門主要職位。
10.其他公司也有相對職位，以作為薪資調查比較的基礎。

二、職位評價的工具

一般職位評價方法，包括職位排序法、職務分類法、因素計點法和因素比較法。從是否進行量化的比較角度看，職位排序法和職務分類法屬於將整個工作看作一個整體的非量化評價方法；因素計點法和因素比較法屬於按照工作要素進行量化比較的評價方法。從職位評價中的比較標準看，職位排序法和因素比較法屬於在不同的工作之間進行比較的評價方法；而職務分類法和因素計點法屬於將工作與既定的標準進行比較的工作評價方法。

(一)職位排序法

職位排序法是一種最簡單的職位評價法。根據個人判斷，從最簡單到最複雜的工作困難度（知識、教育程度、管理等）的順序來評定職位排序高低。評價人員進行判斷時，要以工作說明書為依據。

(二)職務分類法

職務分類法是以職位為對象，以「事」為中心的職位評價方法。經由將一個工作與一個預定的工作等級基準（職位的性質、任務、要求及任職資格條件）比較，從而決定一個工作的相對價值。

(三)因素計點法

因素計點法是一種在逐項因素的基礎上，利用一個點數基準來評價工作的職位評價法。

(四)因素比較法

因素比較法是先選定職位的主要影響因素，然後將貨幣數額合理分解，使各個影響因素與之匹配，最後根據貨幣數額基準的多少決定職位的高低的職位評價技術。

反應職位價值的構面要考慮到所面臨的工作複雜度、所處理問題之困難度、所面臨企業內外部挑戰之多樣性，以及負責之管理責任、財務責任、決策責任的輕重、所做決策對企業整體營運的影響，和執行職責要求的知識、技術、智能與相關所需才能。

表4-10　因素計點法步驟

．進行工作分析與撰寫職位（工作）說明書。 ．成立職位評價委員會（由人資單位與部門主管共同組成）。 ．選擇報酬因素（例如：技能、職責、複雜度、內外部人際關係等）。 ．制訂所選出報酬因素的尺度（scale）與權重（weight）。 ．評價組織內所有職位，包括：標竿（benchmark）與非標竿（non-benchmark）職位。 ．建立內部職位的價值結構（internal job structure）。

資料來源：韓志翔（2011）。〈策略性薪資管理建構良性循環〉。《能力雜誌》，總號第662期，頁31。

表4-11　職位評價制度在管理上的價值

．職位評價方案可顯示出企業中各工作間的關係，以及正確地區分。 ．靠此職位評價方案所建立的制度，使新的職位可以適當地安插進來，因而建立了一套健全而易懂的標準，使新的工作與制度中原有的舊工作銜接起來。 ．這種職位評價方案是根據事實與原則建立的，因此能被員工接受。這些原則與公平的方法，使得監督人員更加客觀，同時也向員工證明公司所用的計算薪資的方法是公平的。 ．這種職位評價方案把薪資制度與人劃分開來。被評價的是工作而不是執行工作的員工。任何工作都先規定好一定的薪資給付標準，無論是誰，只要做這份工作，便可領到事先訂好的薪給。

資料來源：林富松、褚宗堯、郭木林譯（1992）。Douglas L. Bartley著。《工作評價與薪資管理》，頁7。毅力書局出版。

三、職位評價的注意事項

企業進行職位評價時，應注意到以下幾點：

1.職位評價要以工作說明書為基礎進行客觀評價。
2.職位評價的中心是客觀存在的「事」，而不是「人」。
3.職位評價是對企業各類職位的「相對」價值進行衡量的過程。評價時，以相對貢獻度而非以絕對貢獻度做評鑑。
4.職位評價所評價的是職位本身，而不是用於評核員工在這個工作中的績效。

5.在評價之前，委員會的人員應充分理解所評價職位的訊息。

6.各職位的評價結果應進行比較，在評價初期，先進行標竿職位評價，即在不同的管理層級各選一種職位先進行評價，然後以此作為標準進行評價。

職位評價是報酬體系設計的基礎性工作。職位評價完成後，要整理出一張表格，對各職位根據評價共識進行分級，最後再和薪酬體系的級別相對應。

個案4-2　導入職位薪資制度問答（Q&A）

一、基本觀念

Q：企業為了建立企業形象，應爭取做市場的領導者？

A：企業要的是適才適所；應以經營績效，利潤分享，用系統性培訓協助員工與企業共同成長，這才是凝聚員工向心力之基礎，也是贏得社會大眾的敬重與認同，企業形象才可產生。

Q：企業如何建立薪資結構及制度？

A：合理的薪資結構是以管理作為基礎，依社會科學的原理及過程建立的。

Q：建立薪資結構中，確定每一職位之職等之工作評價因素包含哪些？（員工職位「歸等」的依據）

A：基本上，任何工作評價因素，主要以三構面（八大評價因子）來決定職位之高低。

1.智能（三類）：包含擔任職位的人所需的教育水準、經驗水準、專業知識／技能深廣度。

2.權責（四類）：承擔之財務責任、決策責任、管理督導責任、協調責任。

3.環境（一類）：所處之工作環境及條件。

Q：工作內容經常有些微的變化，工作評價如何及時更正與更新？

A：工作評價除掌握組織中各職位之相對關係外，並依八大評價因子，針對每一職位責任層次做結構性的評價，且每一職位分等為一個類似價值的區間；因此平日工作內容之調整，若非嚴重影響該職位之責任層次，則不須重新定位、重新評價；一旦發生組織重整，導致各職位責任層之產生巨大變化時，則可提出重新評價之申請。

Q：如何使公司的工資／福利制度理念落實到每位員工及主管工作行為和管理行為上？

A：不斷地宣導、教育、再教育，這是落實薪資／福利管理理念的不二法門。做法有：

1.把公司報酬理念寫在員工手冊中。

2.員工職前教育中，由人資部門主管宣導公司的經營管理理念，如經營理念為獎勵績效，則依績效表現給薪。

3.全體員工納入員工考核制度，日後全部依考核之結果才可調薪。

4.全體主管於適當時機均一致接受正確薪資管理理念訓練。

Q：公司薪資管理之機密性如何處理？

A：公司員工個人薪資屬於個人與公司之機密資料，絕對禁止員工討論並交換個人薪資或他人薪資資料。但原則上，每位員工可瞭解自己擔任職位之職等與幅度；每位主管可瞭解自己所屬之職位／職等／幅度及其所轄部屬之職位／職等／幅度等資料。薪資資料之機密性，並不是公司不信任員工，而是避免引起不必要的管理困擾。

Q：公司日後薪資管理對經驗及年資較長之員工是否較不利？

A：在社會經濟環境不斷改變中，勢必面臨外在的競爭，非得走向合理化經營方式不可。薪資管理制度化只是公司推動企業化經營管理的一環而已，日後公司將以整體策略來考量薪資管理，對薪資已達幅度最高點而年資較久之員工，積極輔導其自我提升，加強訓練，以便提升其能力而足以擔任更高職等之職位。公司要獲得生存發展空間，保持競爭力，堅持企業化管理為必要的。事實上，公司仍保有各項獎金激勵制度來鼓勵績效卓越的同仁，因此只要經驗與年資能夠產生相對貢獻，便可爭取相對的獎金。

Q：實施職位分類的產業，多屬歐美或高科技業，不適合統一企業？

A：其實放眼各個不同產業界，不只歐美國家或高科技業，只要是想具競爭力的公司，都是採用以貢獻度為基礎的薪資管理制度，亦即「職位分類」為精神的薪資制度。

Q：職位薪資何時導入？

A：職位薪資制度計畫於〇〇年〇〇月〇〇日正式導入，〇〇月〇〇日薪資發放以新制度辦理。

二、薪資管理部分

Q：薪資結構一旦設立，多久應重新檢討一次？

A：企業一般都會根據自己的管理需要，每隔二年就組織與市場變化重新檢討一次。若公司之組織規模、專業領域（多角色），無太大的變化時，只需就新增職位做適度調整。原則上，在組織重整或職位內涵之權責明顯變化時，需再檢討一次。

Q：為何薪等表內，每一職等的薪資都有最高上限點？

A：每一薪等的薪水幅度主要是由市場行情來決定。最高點，是指對被評定於該職等的所有職位在就業市場中支付的最高平均點。

Q：薪資結構一旦設立，其幅度是否就此固定，每一職等最高及最低點從此不變？

A：不是。薪資結構一旦設立後，公司會隨時調查市場行情的變化，每年做必要的往上調整；因此新幅度中最低點與最高點都會依市場變化的程度做一必要的調整，但若薪資市場行情穩定，公司則不必每年作調整。人力資源最高主管主要之基本責任，就是確實瞭解並掌握薪資市場之動態。

Q：公司設定薪資幅度是否在限制員工薪資的成長？

A：薪資結構設定的目的，主要是讓全公司在一套完整而正確的理念之下，用制度化的方法使公司績效評鑑制度與公司之薪資調整（加薪）制度相結合，以產生管理效果，並不是在限制員工薪資的成長。員工只要能提升素質，擔任層級較高之職位，其薪資自然會跟著其付出貢獻的成長而成長。

Q：公司當年度獲利情況良好，是否考慮給員工多調整薪資？

A：公司當年度獲利績效良好應該多發年終獎金或分紅，而非調整員工薪資；一旦薪資逐年因績效佳而有更高幅度的薪資調升，未來當經營績效變化時，為了留任優秀人才，薪資更無法調降。事實上，薪資的調整取決於市場的調薪幅度與個人績效表現、薪資狀況。

Q：公司對表現不良、績效水準低落的員工，是否就不調薪？

A：任何合理的制度，都是在激勵績效良好的員工，績效不好的員工，主管積極分析其績效不好的原因，如果因知識不足、專業技術不夠，則應積極地加以輔導、訓練，以提升知識與技能；如果因個人工作態度不良、行為偏差，則應及時加以導正，嚴重者則以公司紀律規範之，甚而可以遣退處分。公司要支持主管擔負起主管的責任，執行管理。因此，如果績效不好，依制度無法調薪，不應調薪。

Q：公司制度中每年之調薪表應如何制定？

A：依影響區或相關行業之變動狀況實施。由人力資源部根據市場薪資水準、公司財務預算及員工薪資狀況，模擬各績效水準之調薪比例，並於調薪前一個月提出作業準則，呈公司最高運作者核准後實施。每一年之調整表將隨調薪預算，調薪策略、員工薪資狀況、績效水準而有不同。

Q：同仁因為表現優異而薪資調升達到該薪等的上限，卻苦於無法晉升、異動而產生調薪無望的困境，是否意味著努力工作導致快速達成薪資的頂點，反而成為懲罰？

A：不論是哪一個薪等，自底點薪到頂點薪，若每年以平均5%之薪資調幅計算，則在職者有八年的成長空間（每一職等之薪幅至少為60%）。就算起薪自中點薪，也有五年的成長空間。一般而言，在同一職等五年，應當有足夠的時間與機會，晉升到更高的薪資職位。

工作努力表現反應在考績調薪上，確實會使薪資快速的達到頂點，但是真正有績效的同仁，應在未達頂點便已為主管所提升，故並無因為努力受肯定而無法晉升的矛盾；況且為了有效進行薪資管理，公司調薪制度設計為職等相同且績效相同之情形下，薪資愈高者薪資調幅愈小（以同貢獻度同報酬之觀點來看，擔任相同職位，支領高薪人員之績效本應高於低薪人員；倘若績效相同，低薪人員之調幅大於高薪人員應屬合理。另一方面，既然是同貢獻同報酬理念，故在相同貢獻下，低薪者理應調幅較大，以便能加速與高薪者同報酬）。

Q：若是達到該薪等的頂點薪，是否意味永遠無法調薪？

A：這個問題可由三方面說明：

1. 公司每年皆會進行薪資市場行情調查。公司將視市場行情變化調整各薪等薪資上下限（若市場薪資行情穩定，公司將不會每年調整）；當薪資上限調高，意指員工薪資成長空間加大。
2. 努力爭取更高薪等的職位。
3. 原則上對於薪資碰頂之同仁不予調薪，但仍須視當年度的預算、調薪政策，再彈性決定該年度如何調薪，或者發放績效獎金。

Q：實施職位分類，於新舊制度轉換時不減薪，是否代表不加薪？

A：同仁是否加薪，端賴於個人在職等之薪資狀況，若達到薪資上限者，公司鼓勵員工透過教育訓練，提升自我工作能力，再轉擔任職等高的職位，或選擇派駐海外，或轉任關係企業來提高薪資。如此才能與公司的策略和績效目標結合。

Q：員工試用期滿是否調整其薪資？

A：調薪是公司為了激勵員工過去依考核期間之工作績效而施予之財務激勵，短暫試用期只是員工與公司及員工與主管間互動之接觸，以求共同發展之基礎，應非加薪之基礎條件，除非新進員工與公司事先約定且被有權決定之單位主管事先核准，並經人力資源主管審核同意，原則上試用期滿不予調薪。

三、人力發展與培育

Q：實施職位薪資制度後年資不被承認，經驗與工作的努力也不被薪資制度所激勵？

A：1.公司仍然重視員工年資，因為隨著年資增長，意味員工技術更加熟練，專業度進一步提升，且創造更大的生產力、貢獻度。而正確的薪資管理是獎勵由年資所創造的生產力、貢獻度。換言之，當員工能力提升能夠擔任更高責任層次的工作時，其薪資便能相對成長。

2.公司追求永續經營，必須具備相對競爭力，因此在每一職等的薪資上下限範圍內，公司依照員工逐年的績效表現給予調薪，甚或保留原有的各項獎金激勵制度。公司絕無不重視員工年資的事實。

Q：職位薪資設定薪資的上限，是否考量到「挖角」的問題？

A：挖角的原因有許多，有緣份、才能、專業技能、特殊人格等，但是被挖角的人，亦即達到薪資上限的人，不一定會成為被挖角的對象。事實上，職位薪資設定上限是以市場行情為基礎，表示公司核給員工具競爭力之薪資水準。基於重視公司同仁生涯發展與個人潛力發揮的考量，如果有同仁被挖角，公司除表惋惜與祝福之外，更應探究發生挖角的真正原因，以便留任人才。

Q：達到頂點薪資的同仁若無適當出路，公司是否有資遣或是提前退休的辦法可以考慮？

A：未來會於適當時機，辦理優惠退職方案。

Q：未來各職位職等不同是否將造成輪調之困難？

A：這個問題可由下列幾個方向說明：

1.輪調制度乃為培育專業人才之重要方式，因此設計適當的職涯發展路徑，使能一步一腳印地養成各類人才是非常重要的課題；換言之，專業能力是從低職等的職位往高職等的職位逐步累積而成，相信同仁對於輪調要有方向性是可以認同的。若組織中高職等職位調動至低職等職位之狀況層出不窮（除非是無法勝任工作、無適當職缺等特殊狀況），也就是派任歷練較深者執行較簡易的工作，則絕非輪調，且此種做法嚴重危害到公司人力資源運用效率，不僅會消減專業人才之專業度，並付出更昂貴的培育成本，絕不是培育人才之正途。

2.舊有的薪資制度是建立於年功制度下，薪資給付的基礎是學歷與年資，與職位相對的貢獻度與難易度無關，因此產生同貢獻不同報酬、內部勞動成本與市場勞動成本脫節等現象。在此制度下，人力的流動方式與方向並不影響個人的薪資給付，因此可能產生高工作責任層次，平均基本給付水平卻較低的現象；或是低責任層次，支付高於市場行情之薪資水準的情形。

3.職務薪資制度是架構在職位管理之上，給付的基礎是每一個職位對公司營運與管理的貢獻程度與執行的難易度等條件。因此每個職位評價出來的薪等可能會與原本職務異動的方向產生衝突的現象，這並無不公平，反而更能反應出勞動力成本正確的運用與分攤的方向，更提醒公司嚴謹面對輪調制度的問題。事實上，未來之工作輪調是為培育同仁所必須歷練的過程，不是為輪調而輪調。

Q：職位職等「升等」的標準在哪裡？

A：職位薪等決定於該職位功能執掌被評價的等級，因此，薪等改變決定於功能執掌的改變，一個職位的責任層次、績效目標如果沒有提升，職位薪等是不可以升等。

Q：晉升門檻是否僅限主管？

A：當然不只，每一同仁都可以設法提高個人能力來擔任更高職等的工作，並且除了管理職晉升體系之外，同仁亦可以於專業領域中追求更高的成長。

Q：公司是否提供任何在職訓練，讓公司同仁有機會晉升到較高薪等的職位？

A：1.公司將辦理在職進修學歷登錄，鼓勵同仁在職進修以提升個人學歷，以取得擔任更高職位的資格。

2.未來教育訓練課程的設計在職務薪資制度下，將朝向職能別訓練的方向設計，也就是依據不同的職位功能執掌需求來設計適合在職者適用的教育訓練計畫，可能由內部執行訓練，也有可能藉由外部機構進行訓練。

資料來源：職位薪資專案推行小組蔡蕙如（1998）。〈職位薪資制度說明〉。《統一月刊》，第25卷第12期，頁62-72。

結　語

就人資管理整體系統而言，工作分析與職位評價為人力資源管理的中心技術；就企業內人資管理而言，工作分析與職位評價是管理工具中關鍵文件；就薪資制度而言，工作分析與職位評價為建立公平、合理為目標的薪資政策必要過程。管理者應視工作分析與職位評價為不可或缺的管理工具，亦為衡量自己專業度的指標，不可不重視，不可不深耕。

Chapter 5

人才招募與任用

你可以教一隻火雞爬樹，但是如果找一隻松鼠會更容易。

——西洋諺語

人資管理錦囊

有位卡車司機載運一群乳牛穿越美國內陸，他通常是在卡車上睡覺，但這晚不同，因為牛群叫個不停，令他無法入眠，所以他住進漢普敦旅館（Hampton Inn）。

他向旅館人員解釋，他餵了那些牛，也替牠們沖了水，搞不懂為何牠們還是叫個不停。旅館有位早餐女服務生告訴他：「因為牛兒漲奶水了，牠們需要擠奶。」可是卡車司機只懂得開卡車，不懂該如何替牛擠奶。沒問題，這位恰好有經驗的女服務生便去替那些乳牛擠奶。他的職務說明中可沒有替牛擠奶，不過她知道，照顧房客是她的職責。

【小啟示】惠普（HP）前執行長馬克．賀德（Mark Hurd）說：「我們要選擇什麼樣的人？不管做什麼工作，看他是否有工作的熱情和激情，是否有很強的領導力，而且有做事情的執行力，而要以非常快的速度和其他人進行合作，把事情做成。這些都非常重要的。」有些工作，像空服員、零售業店員、銷售人員及客服人員等，由具備正面積極態度的人擔任，顯然是較為妥當的。

資料來源：EMBA世界經理文摘編輯部。〈內部行銷：點燃員工的熱情〉。《EMBA世界經理文摘》，第229期，頁108-109。

「人對了，事情就對了。」招募（recruitment）與甄選（selection）階段是塑造企業文化的第一步。自古以來，「用人」就是一門高深的學問，用人得當，氣象一新，用人失當，亂象必生。用人是一種過程，不可僅限於「任」字，而是要從知人、擇人、任人、容人、勵人、育人的全過程去瞭解，博大精深，它雖然是一個古老話題，但同時也是歷代社會的熱門課題，尤其是近代，民主、法治、科技，乃至經濟建設迅猛發展，用人，更成為舉足輕重之關鍵。

表5-1　選才與留才的關聯性

．要有識才之眼（十步之內必有芳草） ．要有聚才之力（求才若渴、為賢是舉） ．要有愛才之心（人盡其才，悉用其力） ．要有用才之道（取其長，捨其短、因才授職） ．要有容才之量（容人之長、容人之短、容人之過） ．要有知才之明（瞭解人才的心理特質、因材施教） ．要有護才之膽（患難見真情、榮辱相隨） ．要有薦才之德（化作春泥更護花的落葉）

資料來源：丁志達主講（2020）。「招募面談、任用常見盲點與問題解析班」講義。台灣科學工業園區科學工業同業公會編印。

德州儀器（Texas Instruments）招募新人的考量順序是價值觀、意願、能力。因為員工的價值觀能與公司的企業文化相契合，才能連帶提升工作動機，並願意將能力充分展現。反之，若員工不適合企業文化，就算其具備再強的工作能力也是枉然，因為他可能隨時離開公司。

第一節　職能管理

優質人力資源是組織發展所必需，也是永續經營的根本。職能（competency）係指工作上所需的技術與知識、工作動機與個人特質所表現出來的行為。職能管理的目的在於找出並確認導致工作上卓越績效所需的能力及行為表現，以協助組織或個人提升工作績效，是一種以「能力」為發展的管理模式。

一、職能定義

策略性人資管理的關鍵途徑即來自於職能的發展。職能的評估與分析，不僅使人才招募與甄選、績效管理更具效力，同時也是薪酬給

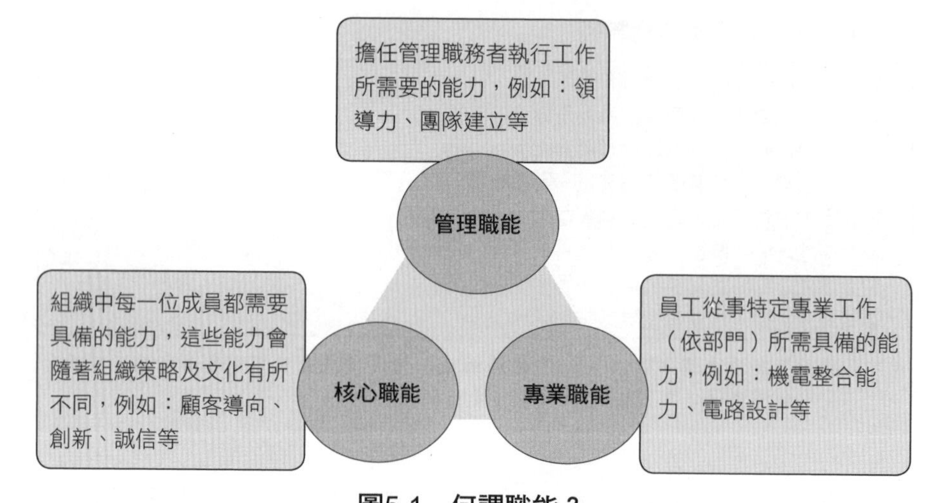

圖5-1　何謂職能？

資料來源：陳俊魁主講（2020）。「職能模型的建置與職能發展實務運作」講義，頁22。中華民國職業訓練研究發展中心編印。

付與職位調動和升遷的最佳依據。企業唯有掌握人才（talent）與能力（ability），才有競爭力。招募員工時，要花較多時間篩選性格特質，而不是篩選技能。技能可以學習，態度與性格卻難以培養。

社會心理學專家哈佛大學教授戴維·麥克利蘭（David C. McClelland）於1973年提出的職能評鑑概念，強調產生高績效的原動力的高低，大部分是來自個人深層的動機與性格。對企業而言，「職能」是活化人資，進以提升企業競爭優勢的經營技術；對個人而言，「職能」是改造個人行為，從而成為職場上高績效者的重要技法。

麥克利蘭當時提倡職能評鑑法（Job Competence Assessment, JCA），係透過一套系統性的評估工具，分析在組織中績效表現較佳的員工與績效較差的員工間之「行為」差異，以作為職能的鑑別指標。其觀點認為職能比智商（IQ）更能影響一個人的績效表現。除了智商之外，導致卓越績效行為表現，背後的態度、認知及個人特質等因素顯得更為重要。例如人資部門成員，具備行銷知識的人員負責校園徵才招募；有法律背景的人員

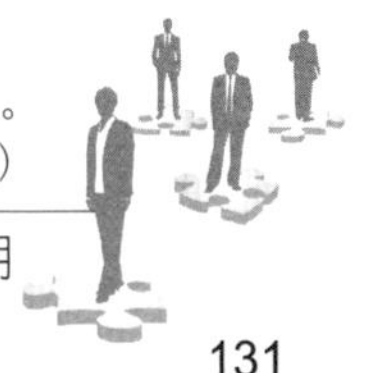

表5-2　職能分析方法

類別		說明
訪談法	一般訪談法（Interview）	一般訪談法通常是指訪談者透過與受訪者進行面對面的詢問方法（受訪者可以是個別或團體），蒐集一些關於職務、責任與任務較為細部與深入的資料，並且可以瞭解使績效更有效率的關鍵能力。
	職能訪談法（Competency Interview）	屬於結構式訪談，其對象以待分析職位之工作人員及其直屬主管為限。
	重要事件法（Critical Incident Technique）	每種工作中都有一些重要（關鍵）事件，傑出的員工在這些事件上表現出色，而不稱職的員工則相反。訪談者要求受訪者以書面形式，描述出至少六到十二個月能觀察到的五個重要（關鍵）事件之起因及他們採用的解決方法，以確定此項工作所需的能力。
	行為事例訪談法（Behavior Event Interview）	此方法是一種開放式的行為回顧探索技術，訪談對象以傑出員工與一般員工為主，透過受訪者，獲得如何從事其工作內涵，所有鉅細靡遺的行為描述，其主要的過程是請受訪者回憶過去半年（或一年）他在工作上最感到具有成就感（或挫折感）的關鍵事例。
調查法	一般調查法（Survey）	運用大量的量表或問卷，透過郵寄、面交問卷或由填答者自我陳述的方式，大規模地蒐集量化數據的資料。
	德菲法（Delphi）	一種群體決策方法（專家意見法），邀請一群該領域的專家，並允許每位成員就某議題充分表達其意見，同時同等重視所有人的看法，並且透過數回合反覆回饋循環式問答，直到專家間意見差異降至最低，以求得在複雜議題上意見的共識。
	職位分析問卷法（Position Analysis Questionnaire）	是一種結構嚴謹的工作分析問卷，以統計分析為基礎的方法來建立某職位的能力模型。
集會法	名義群體技術（Nominal Group Technique）	一種適合於小型決策小組，在決策過程中，對「群體成員的討論或人際溝通」加以限制，群體成員各別處於獨立思考的狀況下，進行某一議題的討論。
其他法	蝶勘法（Developing A Curriculum, DACUM）	選擇工作兩年以上且工作績優的專家級專業人員參與，借助實務工作者的經驗一起腦力激盪，產出的職責、任務，以及相對應的技能、知識與態度。
	搜尋會議法（Search Conference）	先進行面對面的全體會議。以腦力激盪構想未來環境的模樣與可能產生的轉變，接著進行分組會議，透過群體發散式思考產出構想。最後，再開全體會議，由各小組報導其構想的優先序、策略和行動規劃，並且尋求意見的整合。

（續）表5-2　職能分析方法

類別		說明
其他法	功能分析法（Functional Analysis, FA）	先考慮整個專／職業各種職務和角色的主要（或關鍵）目的，再系統地一個接著一個分析出要達到目的需要哪些主要功能、次要功能以及達到次要功能的功能單位，細分出該職位職能的單元與要素。
	綜合行業分析軟體法（CODAP）	利用一套預先寫好的電腦程式來輸入、統計、組織、摘記和輸出透過工作任務清單蒐集的資料。
	觀察法（Observation）	透過實地觀察，記錄相關人員在其工作職位上所做的事與所發生的事，並且根據這些資料進行分析。
	才能鑑定法（McBer）	統合多種分析方法，包含：事例訪談法、專家會議法、一般調查法、專家系統資料庫、觀察法及360度評量等方法。

資料來源：勞動部勞動力發展署職能發展運用平台，〈職能分析方法簡介〉，網址：https://icap.wda.gov.tw/Knowledge/knowledge_method.aspx

負責勞資關係；有程式背景的人員負責薪資設計及培訓系統。這些跨領域人才的職能特徵，將成為人資部門的主流人才，無形中提升人資的專業程度。

表5-3　職能在招募甄選中的好處

- 根據不同組織的經驗顯示，職能可以讓我們更精確地評估他人是否適合、有潛能從事不同工作。
- 讓個人能力與興趣更能配合工作需求。
- 避免主試者或評估者武斷地做出判斷，或因應徵者一些不相干的特徵而妄下評斷。
- 有助於架構、支持不同的評估與發展技巧，包括申請表、面談、測驗、評估中心與評鑑等級。
- 分析個人特定的技能與人格特質，才能讓發展計畫更精確地符合發展需求的領域。

資料來源：藍美貞、姜佩秀譯（2001）。羅伯特．伍德（Robert Wood）、提姆．潘恩（Tim Payne）著。《職能招募與選才》（*Competency-Based Recruitment and Selection*），頁28。商周出版。

二、職能冰山理論

僱用員工時，要先看態度，再訓練能力。1895年精神分析法的創始人西格蒙德·佛洛伊德（Sigmund Freud）與他人合作發表了《歇斯底里症研究》的著名冰山理論（Iceberg Theory）從此走上了心理學的舞台，包含外顯的專業知識、內隱的人格特質與工作態度。工作表現和個人的智商（IQ）與學業成績沒有絕對的關係，工作績效可以表現得很優秀的重要關鍵，其實是職能。

真正形成職能風潮是在1993年，關鍵人物是史賓賽·強森夫婦（Spencer & Spencer）發表的《能力評鑑法》（*Competence at Work*）中綜合過去的研究結果提出「冰山模型」概念。它可以看得見的人格只是這個冰山浮在水面上的部分，其實人格中看不見的是冰山下面那個巨大底部，決定著人類的行為，包括人類的善良、關愛、衝突、人際鬥爭等，是人格冰山的基礎。佛洛伊德的理論逐漸演變為著名的「能力素質模型冰山

群組	職能項目
人的管理	人際瞭解
	影響他人
	服務導向
	關係建立
	培育他人
	團隊合作
	團隊領導

群組	職能項目
自我管理	成就導向
	主動性
	組織承諾
	自信心
	自我控制
	自我規範
	彈性

群組	職能項目
事的管理	分析式思考
	概念式思考
	規劃
	決斷與主導性
	執行與管控

群組	職能項目
知識管理	學習能力
	創新
	知識運用與流通

圖5-2　職能群組及項目

資料來源：方翊倫／計畫主持人（2005/07/22）。「建立以核心能力為基礎的人力資源發展（中油專案簡介）」講義，頁6。共好管理顧問公司編印。

理論」，並且被成功地運用於人力資源管理上。

職能冰山模型將職能區分為五種類型，分別是：

1. 動機（motives）：一個人對某種事物持續渴望，進而付諸行動的念頭，用來激發人的衝勁，全力以赴邁向目標。
2. 特質（traits）：一個人與生俱來的生理特質，以及擁有對情境或訊息的持續反應，例如反應靈敏與好眼力。
3. 自我概念（self-concept）：關於一個人的態度、價值觀及自我印象，例如自信心。
4. 知識（knowledge）：意指一個人在特定領域的專業知識。知識的功能在指引方向，教人們做對事情。
5. 技巧（skill）：執行有形或無形任務的能力，包括分析性思考與概念性思考。它教人們把事情做對，追求事半功倍。

冰山以上的知識和技能，是最容易被評估和發展的，好比說你的學業成績，你曾經獲得哪些證照，你有哪些工作經驗，這些都是很容易被

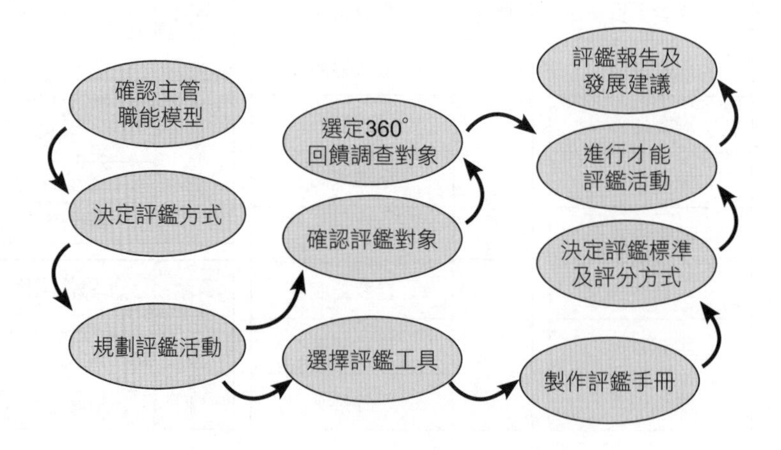

圖5-3 主管人員才能評鑑的基本程序

資料來源：方翊倫／計畫主持人（2005/07/22）。「建立核心能力為基礎的人力資源發展（中油專案簡介）」講義，頁8。共好管理顧問公司編印。

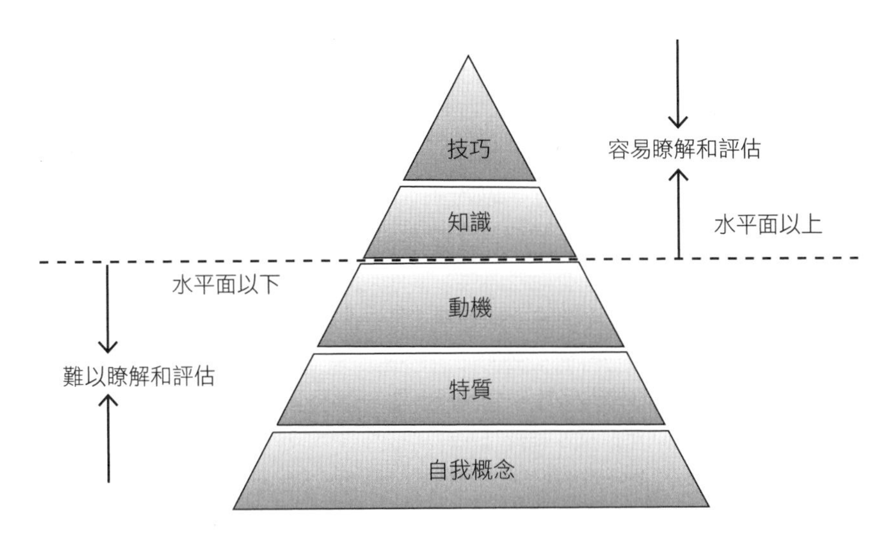

圖5-4　職能的冰山理論

資料來源：中華人才測評協會，網址：https://www.168dna.com.tw/html/products_01.htm

瞭解和看到的。至於水平面以下的冰山部分，占了整個冰山的80%，卻是最不容易被評估和瞭解的，因為它代表的是一個人的潛在特質，包括態度、價值觀、自我印象、個人特質和動機等，這些特質因為有些是天生的，有些是家庭環境因素經過長時間所造成，因此非常難以改變，即所謂「江山易改，本性難移」，但是卻是影響工作效能的最大因素。

第二節　智商概念

代工製造講究的是效率、品質，需要對技術、設備有興趣且能掌握的人才。自創品牌則要瞭解顧客，掌握顧客的要求，需要對接觸顧客有興趣，且能感受顧客心的人才。代工講究「用腦」，自創品牌講究「用心」，一個重視智商（IQ），學習能力，一個重視情緒智商（EQ），處理衝突時的應對能力。

一、智力商數（Intelligence Quotient, IQ）

IQ是智力（intelligence）和商數（quotient）的簡寫。智力（觀察力、記憶力、思維力、想像力、操作力等）是適應新形勢的反應能力，也是理解抽象和負責思想的能力，通常智商90～110（成年人平均智商得分：100）是屬於正常值，表示受檢驗人的潛力剛好與他年齡該有的學習平均相當，若是低於此數值，就表示智能不足，若超過130，表示天資聰穎。IQ通常表現在學習能力、思考能力，以及對人與環境的良好適應力。一般而言，較聰明的員工通常較有效率。

波士頓大學（Boston University）教育系教授凱倫．阿諾德（Karen Arnold）指出，我們無法預估在畢業典禮上，學生未來因應生命順逆情況的能力如何，唯一能預測的是學生的成績而已。換句話說，畢業成績優異，並不能保證其在面對磨練與機會時能適當地反應，高IQ不等於幸福成功。

二、情緒智商（Emotional Quotient, EQ）

美國行為心理學家丹尼爾．高曼（Daniel Goleman）用神經科學方面的研究成果，提出情緒智商（EQ）概念。EQ是一個包含人際關係技巧、動機、社會技能、同理心、自覺等的廣義名詞。人如何控制情緒，幫助他人，受右腦影響的，它不是被控制、管理的，例如，喜怒哀樂、愛恨憂懼，是人類不可避免的複雜情緒，也是人類異於動物的多元心理狀況，而左腦型的人喜歡瞭解所有的細節。我們要覺察情緒，面對情緒，但不要被情緒操控，能在不同情緒調整適當的遣詞用句。

高曼在《情緒智商》（*Emotional Intelligence*）一書中指出，人生的成就至多只有20%歸於IQ，另外80%則受其他因素影響。書中闡明EQ才是影響個人社會表現、工作發展和人生際遇的重要因素，只要知道學習控

個案5-1　情緒會互相感染

越戰（1955-1975）初期一排美國士兵在某處稻田與越共激戰，這時突然有六個和尚排成一列走過田埂，十足鎮定地一步步穿過戰場。

美國兵大衛．布希（David Busch）回憶道：「這群和尚目不斜視地筆直走過去，奇怪的是竟然沒有人向他們射擊。他們走過去以後，我突然覺得毫無戰鬥情緒，至少那一天是如此。其他人一定也有同樣的感覺，因為大家不約而同停了下來，就這樣休兵一天。」

小啟示：這些和尚的處變不驚在激戰方酣時竟澆熄了士兵的戰火，這正顯示人際關係的一個基本定理：情緒會互相感染。

資料來源：張美惠譯（1997）。丹尼爾．高曼（Daniel Goleman）著。《EQ》，頁135-136。時報文化出版。

制自己的情緒，就有開創美好前途的機會。1948年12月20日下午，台大校長傅斯年列席台灣省參議會答覆郭國基議員質詢，答覆時情緒激動，心臟病復發，倒於講話的議壇，血壓一度高到230，五小時後過逝。IQ是天生的，EQ則可透過後天的學習加以改善。重要的職缺，越要做好資歷查核，諮詢應徵者先前公司主管的看法，以免誤踩地雷，你丟我撿。

高曼說：「如果以較傳統的方式來形容情緒智商所代表的技能，那就是性格。」EQ是一種處理人際關係、自我調節和溝通技巧的能力，包括了下列五大類：

1.認識自身的情緒：認識情緒的本質是EQ的基石，這種隨時隨地認知感覺（知道自己的喜怒哀樂所為何來？）的能力，對瞭解自己非常重要。
2.妥善管理情緒：情緒管理必須建立在自我認知的基礎上，如何自我安慰，擺脫焦慮、灰暗或不安。掌控自如的人（管理自己的情緒）則能很快走出生命的低潮，重新出發。
3.自我激勵：從心理學的觀點來看，自己的背後，有許多是別人看到而我們自己不知道的（Johari Window，周哈里窗），因此能做到使自己能成就些什麼，就是好的自我驅策力。一般而言，能自我激勵的人，做任何事效率都比較高。

4.認知他人的情緒：同理心也是基本的人際技巧，同樣建立在自我認知的基礎上。具同理心的人較能從細微的訊息察覺他人的需求，這種人特別適合從事醫護、教學、銷售與管理的工作。

5.人際關係的管理：人際關係就是管理他人情緒的藝術。一個人有人緣、領導力、人際和諧程度都與這項能力有關，充分掌握這項能力的人常是社會上的佼佼者（張美惠譯，1997：59）。

EQ與IQ不一樣，IQ在一般人的青春期後就幾乎不會有任何改變；但EQ可以在人生中持續地發展，這整個過程稱為「成熟」（靠努力而養成的）。大家都很熟悉的IQ測驗，但目前尚無所謂的EQ測驗，高曼預測將來也可能不會有，因為有些能力（如同情心）必須透過實況反應才能測驗出來。

個案5-2　認識自己

日本有一則古老的傳說，一個好勇鬥狠的武士向一個老禪師詢問天堂與地域的意義，老禪師輕蔑地說：「你不過是個粗鄙的人，我沒有時間跟這種人論道。」

武士惱羞成怒，拔劍大吼：「老漢無理，看我一劍殺死你。」

禪師緩緩道：「這就是地獄。」

武士恍然大悟，心平氣和納劍入鞘，鞠躬感謝禪師的指點。

禪師道：「這就是天堂。」

小啟示：武士的頓悟說明了人在情緒激昂時往往並不自知。古希臘哲學家蘇格拉底（Socrates）的名言「認識自己」所指的便是在激昂的當刻要掌握自己的情感，而這也是最重要的情緒智商（EQ）。

資料來源：張美惠譯（1997）。丹尼爾．高曼（Daniel Goleman）著。《EQ》，頁62。時報文化出版。

表5-4　周哈里窗的運用

類別	說明
公開我（開放區）	別人知道，自己也知道的部分，我們一般肉眼能看到的現象，而使溝通有效。
背脊我（盲目區）	別人知道，而自己不知道的部分，是個人在心理上或肢體語言上所呈現的盲點。
隱私我（隱密區）	自己知道，而別人不知道的部分，也就是每個人自己保有的隱私。
潛在我（開發區）	別人不知道，自己也不知道的部分，這部分就是所謂的「潛能」，也就是每個人需要積極去開發的部分。

資料來源：丁志達主講（2021）。「提升主管核心管理能力實務講座班」講義。財團法人中華工商研究院編印。

三、逆境商數（Adversity Quotient, AQ）

逆境商數（AQ）明確地描繪出一個人遭遇挑戰及挫折忍受力（反應與韌性）。抱持「還有半杯水」態度的保險業務員，比其他「只剩半杯水」的悲觀同事，在受到拒絕時，比較能夠堅持到底，當然也會得到較好的業績。

根據AQ專家保羅．史托茲（Paul G. Stoltz）的研究，一個人AQ愈高，愈能以彈性面對逆境，積極樂觀，接受困難的挑戰，發揮創意找出解決方案，因此能不屈不撓，愈挫愈勇，而終究表現卓越。

IQ和EQ都被認為是我們事業成功的重要因素，但隨著科技重新定義了我們的工作方式，需要再加入AQ，這三種商數是互補的，它們都能幫助我們解決問題，適應環境。例如，台積（TSMC）招募員工時，希望挑選具有3Q（EQ情緒智商、IQ智力、AQ挫折復原力）的人才。

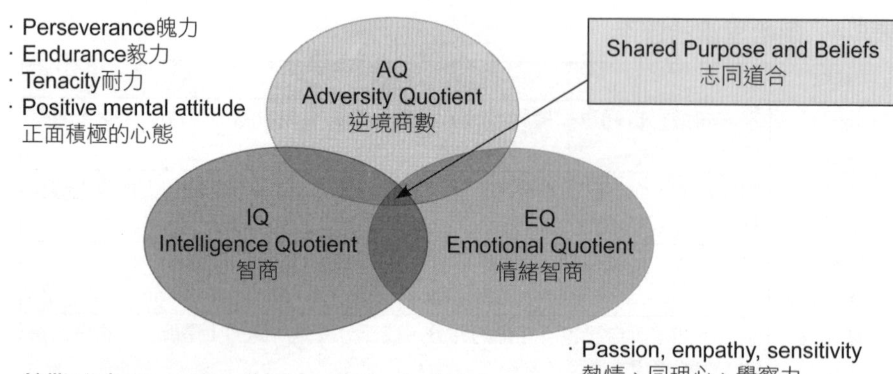

圖5-5　台積（TSMC）三Q選才標準

資料來源：原台積（TSMC）人資副總經理李瑞華；引自丁志達主講（2020）。「招募面談、任用常見盲點與問題解析」講義。台灣科學工業園區科學工業同業公會編印。

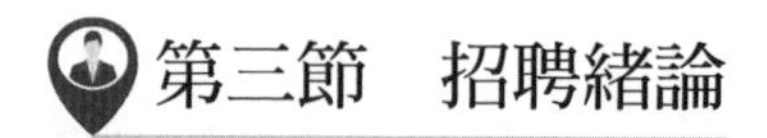

第三節　招聘緒論

企業為延聘人才、培養人才，不惜花費大量時間和金錢來物色人選。谷歌（Google）面試新人時的四大考量：首先是「問題解決能力」，其次是「領導力」，接著是「符合Google文化」，最後才是「專業知識」。

一、嚴選人才必備條件

企業嚴選人才的三塊試金石，分別是人品正直（integrity）、聰明才智（intelligence）、人格成熟（maturity）。學歷和經驗是評估人選考慮

表5-5 審視履歷表資料之要訣

- ·花最少時間去剔除最沒有希望的應徵者履歷表，花大量時間去考量最可能錄用的人選。
- ·分清浮誇和實質。深入探究應徵者過去的成就。
- ·出生年月日（注意童工問題）
- ·戶籍地、通訊地（若兩者不相同，則要再次確定應徵者的穩定性）
- ·學歷（可看出專長及潛力，例如非一流高中考上一流大學者）
- ·學歷和知識是否能勝任這個職務？
- ·工作經歷是否有不連貫的時間？
- ·過去的工作經驗是否能勝任這份職務？
- ·有什麼資料證實應徵者已具備所要求的技能？
- ·應徵者是否逐漸得到升遷或責任加重？
- ·應徵者提出離職的原因是否恰當？
- ·所應徵的職務是否配合應徵者的事業職涯發展？
- ·根據應徵者的背景資料及工作經驗，有哪些技術或專長可以轉換到應徵的職缺上？
- ·到職前受過何種訓練？（可看出應徵者在原公司受重視之程度及潛力）
- ·直屬主管職稱（可看出應徵者其在組織中之位置及重要性）
- ·部屬職稱、人數（可看出其所負責任、領導經驗及其在組織中的位置）
- ·從薪資變動的紀錄研判其合理性，可推知其以往之工作績效。
- ·語文能力（對於需經常使用外文、接待外賓之職位，應特別注意語文能力欄。另外，方言能力也有助於與顧客打成一片）
- ·是否會有職稱的誤導？（注意應徵者擔任職務期間的長短、公司規模大小、職務功能）
- ·應徵者玩數字遊戲？（如寫月薪時，包括加班費）
- ·目前是否在職？（在職：是否騎驢找馬？在職：但已提辭呈？離職：注意求職時間長短？）
- ·應徵者的職務申請表是否字跡工整、詳細、貼照片？（可以看出是否細心、是否在意這份工作？）
- ·別拿應徵者相互比較，而應把每位應徵者與績優員工的標準評比，從中找出條件符合的人選通知面試。

資料來源：丁志達主講（2020）。「招募面談、任用常見盲點與問題解析班」講義。台灣科學工業園區科學工業同業公會編印。

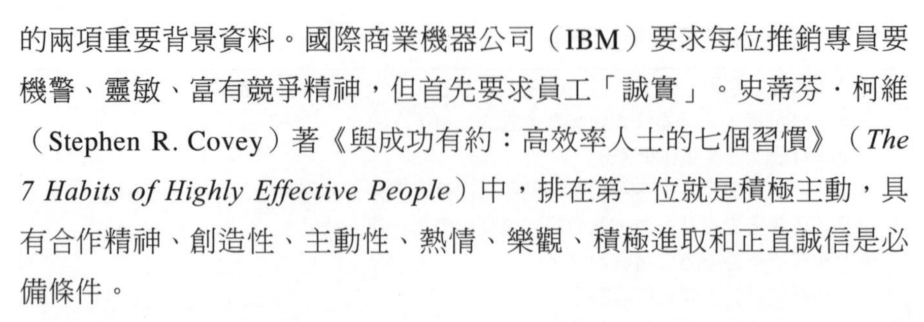

的兩項重要背景資料。國際商業機器公司（IBM）要求每位推銷專員要機警、靈敏、富有競爭精神，但首先要求員工「誠實」。史蒂芬．柯維（Stephen R. Covey）著《與成功有約：高效率人士的七個習慣》（*The 7 Habits of Highly Effective People*）中，排在第一位就是積極主動，具有合作精神、創造性、主動性、熱情、樂觀、積極進取和正直誠信是必備條件。

一個人之所以能過被企業「網羅」，基本上有兩個條件，一是要有足夠的動機，二是要有足夠的能力（職能），兩者缺一不可。奧美（Ogilvy）集團創辦人大衛．奧格威（David M. Ogilvy）說：「當你經常僱用那些比你弱小的人，將來我們就會變成侏儒公司；如果你每次都僱用比你能幹的人，日後我們必定會成為一家巨人公司。」因人才的獨立意識越來越強，他們只忠於自己的專業，不像嬰兒潮世代對組織的忠心耿耿，他們更重視個性化的「成長」機會。

企業招募工作必須是從社會各階層的求職者中，選拔適任的人員，寧缺勿濫的原則。找IQ重要，找EQ、AQ更重要。重視員工人格特質與企業文化的搭配度。

二、人格特質

每個人因為先天個性（personality）及後天環境而有不同的人格特質（personality trait）。美國心理學家哈里．蘇利文（Harry S. Sullivan）強調：「一個人的人格一旦形成，就不容易改變，不僅影響了他個人的幸福，也影響了對其他人的感覺。」人格特質能顯示一個人的工作態度（意願），以及他怎麼與工作夥伴共事。每個人都有不同的人格，有的沉靜而被動，有的好談又主動。有些人較易放鬆，而有的則是容易緊張。例如，台積（TSMC）在找人時，其人格特質首重開朗、外向，喜愛交朋友，因為這種人較具有學習能力，而非剛愎自用的人。

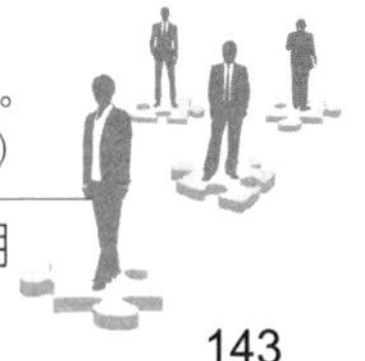

個案5-3　人格特質　未卜先知

在宋仁宗嘉祐年間，蘇東坡任鳳翔的通判，結識了當時在商洛任推官的張惇。有一次兩人被調到永興主持地方的進士考試，遂成為好友。

蘇東坡曾和張惇一起去遊終南山，到了仙遊潭，下臨萬仞絕壁，水流湍急，上面只有一條橫木架橋，一般人都不敢過橋，張惇推蘇東坡過橋，蘇東坡不敢過橋，張惇面不改色的走過去，甚至上下搖盪，神色依然，並在山石上刻字「張惇蘇軾來遊」。等他走回橋的這邊，蘇東坡拍他的背說：「你將來必能殺人呀！」

張惇說：「何以見得？」蘇東坡語重心長的說：「能自拚者能殺人也！」蘇東坡的意思是一個不愛惜自己生命的人，必然不會愛惜別人的生命。

果然，張惇後來做了大官，無惡不作，與叔叔的小妾私通，暗殺忠臣劉世安，並且要鞭司馬光的屍，中國政治株連九族的殺人手段就是由他開創的，手染無數鮮血，最後被列在《宋史》裡奸臣的榜上。

小啟示：招募面談時，面試官最重要的職責就是要懂得「察言觀色」的技巧，提問行為導向的問題，才能找到對的人上車。

資料來源：林清玄（1996）。《歡喜自在》，頁169-170。洪健全基金會出版。

三、選才風險

企業選才是一件存有高風險的事情，每僱用一名員工，就得冒一次險，因為第一印象（first impression）可能具有一些偏頗性。組織的文化不同，在人才選用上自然會考量當事人的人格特質、價值觀、信念及其行為規範等是否與組織的要求一致。日本經營之神松下幸之助說：「瞭解每位員工的性格、特性，適才適所，必能創造佳績。」不同性格的人，在習慣、人生觀、待人處世的態度都會直接影響工作的效率和素質；嚴重的是他們會將情緒發洩在公務上，不單只影響工作，還會影響其他同事。

找到合格人選是求才成功的重大關鍵。《資治通鑑．唐太宗貞觀六年》記載：「為官擇人，不可造次（不可隨意匆忙決定人選），用一君子，則君子皆至；用一小人，則小人競進矣。」久寶（Cue Ball）創業投資公司執行長安東尼．田（Anthony K. Tjan）說：「我們自己的企業口頭禪是，到頭來，一切都和人員與性格有關。請記住，A級好手會吸引其他A級好手，但B級員工會吸引C級員工。結論是：要精選你引進的人才，確保你找來的是A級好手。」（Tjan, 2016: 43）

個案5-4　用錯人的代價

中國砂輪公司前董事長白永傳的岳父林長壽，聽說有位許先生對砂輪很有研究，於是他與岳父一同前往造訪許先生，由他們出資，許先生提供技術，一同發展砂輪事業。1957年，他接受林伯奏的入股，並由林氏擔任董事長，他擔任總經理，許先生為廠長，同時從林長壽家屬與他持有的股份中撥出百分之二十五登記在許先生名下，希望大家共同懷抱理想來創業，後來卻反目成仇。

不料當許先生無條件分得股份後，態度丕變，在許先生與營業部長發生言語衝突而不到工廠上班了，甚至發動技術罷工。在幾次的溝通協調後，許先生終於表露他的心思，提出兩個條件：「包攬整個工廠或承租整個工廠，獨立經營，要他二選一，才願意讓工廠復工，不過，不管你們選的是哪一案，都禁止你們出入工廠。」有關的股東都勸他接受許先生所提的條件，但是他堅決反對，最終決定將公司結束。這時，在工廠內，凡與砂輪相關的，除了建地、建物以外，所有的原料、製品、庫存、型錄、器具類，甚至連木板子都用鋸子折半，見狀令人落淚。

1964年，中國砂輪公司踏出改組的地步，讓白永傳深深的領悟到，人生真像過了一山又一嶺的旅程啊！

小啟示：馮夢龍《警世通言》說：「不可以一時之譽，斷其為君子；不可以一時之謗，斷其為小人。」

資料來源：白永傳（2007）。《感恩的一生：白永傳回憶錄》，頁113-126。自印。

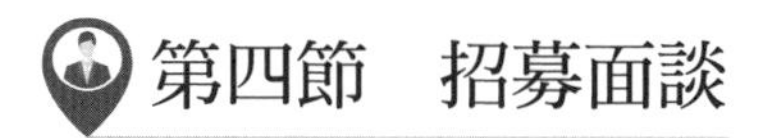

第四節　招募面談

徵才面談（job interview）不能靠運氣，也沒有偶然。面試就像一場表演，靠的是演員本身的實力，才能捉住面試官「關愛的眼神」。「有熱忱」就無往不力的想法並不天真，如何將熱忱適度地表達出來，才是最重要的，這便是技巧。企業選才仰賴面談，但不是唯一的選才方法，應該搭配其他的選才工具（試作、技能檢定、語文測驗、心理測驗、信用調查、健康檢查、證照、自傳、學校成績單等）來提升其信度（reliability，一致性）和效度（validity，準確性）。

一、招募面談的目的

面試的主要目的，是讓面試官和應徵者雙方都有機會獲得自己需要的資訊，以便做最好的決定。台諺：「不識貨，請人看；不識人，死一半。」招募面談是一門大學問，人人都會面談，人人都會找人，但是員工流動率卻居高不下，組織內總是覺得還是少一個人，千挑萬選的人，到頭來，鳳凰變麻雀，主管才發現找錯人了。

企業找到「不對」的人，如果他願意自行離去，還算不幸中的大幸，最讓人擔憂的是，這位「不對」的人還繼續留在組織內，想解僱他

表5-6　招募面談的目的

·瞭解應徵者的人格特質與背景。 ·瞭解應徵者的相關經驗及能力。 ·瞭解應徵者的工作意願（動機）及職涯規劃。 ·提供應徵者所需的資訊（職位／制度／企業文化）。 ·塑造顯現出優質的企業形象，讓應徵者對企業留下良好而深刻印象。 ·選擇符合職位標準的最適合人才。

資料來源：丁志達主講（2020）。「招募面談、任用常見盲點與問題解析班」講義。台灣科學工業園區科學工業同業公會編印。

嘛，怕產生「勞資爭議」壞了企業形象，不解僱他嘛，怕影響組織氣候，搞得「雞飛狗跳」，讓管理者左右為難，這正應驗了「請神容易送神難」這句話的真諦，「燙手山芋」不知如何善了。

企業在招聘員工時，人資部門首先要弄清楚這個職缺需要什麼樣的人才，各類人才在就業市場上的求職程度、在當地人才市場上的價值、競爭對手對同類人才開出的價碼（勞動條件）。

面談是從多位應徵者中挑選最合適的人才，在比較各個應徵者的優缺點後，才能決定錄用人選及備取者。主持面談時，向每位應徵者發問的題目，必須有其一致性（信度），面談後才能有比較客觀的評斷（效度），找到一位稱職的人員，可以替主管「擔憂解勞」，創造高附加價值。

面試是招聘工作必不可少的環節，要在短暫的時間內達到瞭解應徵者的求職動機，面試的問題設計不容忽視。對部門主管來說，面談新人是例行性工作，但對應徵者而言，卻是大事一樁。當我們實際面對應徵者

表5-7　招募面試訣竅

- 掌握情況，你是面試的主導者。
- 別相信第一印象。大多數人在前十分鐘就對應徵者下定論，這可能鑄成大錯。你也許錯過真正的人才。
- 讓應徵者覺得自在。他們會敞開心胸，更能暢所欲言。
- 多聽少說。主事者不應占了一半的談話時間，應讓應徵者的談話時間占八成。
- 多發問和多傾聽，才能掌握面試。
- 每個發問的問題都要有目的性，否則就是浪費彼此的寶貴時間。如果對方是個炙手可熱的人才，他就會看扁你和你的公司。
- 做筆記。在動筆前告訴應徵者你會做筆記，讓對方安心。
- 別妄下推斷。找出應徵者重複的行為模式才下定論。
- 要有系統。如果接受面試的人不止一個，你向每個人提出的問題必須一樣。例如，他們的背景、對這職位將有何建樹、他們的長遠職涯目標之類。你可評比這些應徵者的答案而決定取捨。

資料來源：賴俊達譯（2005）。理查．盧克（Richard Luecke）著。《掌握最佳人力資源》（*Harvard Business Essentials: Hiring and Keeping the Best People*），頁25-26。天下文化出版。

表5-8　應徵者面試十誡

1.未能創造良好的第一印象（輕率對待非正式面試／衣著不當／忽視商業禮節／沒有表現出工作的熱情）。
2.對該公司、行業、應聘職位或面試者缺乏基本瞭解。
3.未提供簡明扼要的簡歷（沒有明晰的經驗線索／未能明確地說明工作經歷或技能的價值／未能在簡歷中提供有力的支持論據）。
4.未能證明自己擁有勝任該項職位的能力（未能說明自己所受的教育或工作經歷適合這項職位／未能說明自己能夠適應該公司的企業文化）。
5.對於一般性、較隨意的發揮題或「轉折型」（談談您的弱點）的問題回答不當。
6.對於自己的明顯弱點缺乏適當的認識。
7.對自己的待業期無法給予令人滿意的解釋。
8.無法解釋自己「非傳統」（如臨時工）工作經歷適合應聘職位（適用於沒有商務背景的應徵者）。
9.在面試結束時間問不恰當的問題。
10.未能給人留下積極的最後印象。

資料來源：彭一勃譯（2005）。謝利．利恩（Shelly Leanne）著。《面試中的陷阱》，頁 VII。機械工業出版社發行。

時，必須假設他是緊張不安的，必須想辦法讓他放鬆心情，你可以介紹自己，友善地說一些輕鬆的話題來疏緩當場的氣氛。面試官應該記得，企業在篩選求職者，求職者也在挑選雇主。面試應該是一場雙向的對話，而不只是一問一答式的質詢。好好運用面試，為公司「找」到好人才。

二、望其氣色，觀其外表

面相學所著重的就是面部，一個人臉部氣色好壞，都會直接或間接影響到運勢的起伏。氣色明亮的人，給人神采奕奕的感覺，自己做起事來也會充滿信心；反之，氣色不佳的人，看起來沒有朝氣，做事無精打采，效率自然大打折扣。語言（口頭語言與書面語言）是一般人最熟悉的溝通媒體，還有非語言媒體（面部表情、身體姿態等）。《論語．為政》：「視其所以，觀其所由，察其所安。人焉瘦哉？人焉廋哉？」（看明白他正在做的事，看清楚他過去的所作所為，看仔細他的心安於什

表5-9　面談把脈 望聞問切

類別	說明	診斷
望	望其氣色 觀其外表	神態、儀表、性格、言談舉止、健康狀況。
聞	聽其談話 願聞其詳	邏輯層次、語言表達、細微動作。
問	由淺入深 張弛有度	針對不同職位提出不同的問題、交友情形、求學過程、職業偏好。
切	切中主題 找準關鍵	運用測評工具、結構化面談、就業穩定性、與同儕上司的相處。

資料來源：丁志達主講（2021）。「主管必修的五大面談技巧速成班」講義。財團法人中華工商研究院編印。

麼情況。這個人還能如何隱藏呢？這個人還能如何隱藏呢？）

在中醫「望聞問切」四診之中，望診排名第一，難度和重要性都是最高。面部器官（包括前額、眉毛、眼睛、鼻子、臉頰、嘴唇、下巴等）以被稱為「靈魂之窗」的眼睛最具表達力。《孟子・離婁》：「存乎人者，莫良於眸子。眸子不能掩其惡。胸中正，則眸子瞭焉。胸中不正，則眸子眊焉。聽其言也，觀其眸子，人焉廋哉！」（觀察一個人，沒有比觀察他的眼神更好，更清楚了。眼神沒有辦法遮掩他的惡念，存心正直善良，眼神就明亮。存心邪惡，眼神就混濁不明。只要聽他所說的話，再看看他的眼神，哪一個人能隱藏呢？）眼神，是觀察一個人最好的指路牌。

除了利用中醫四診的面談法來甄選人才外（主觀性太強），還要運用客觀的數據，如性向測驗、人格特質測驗、專業知識、語文能力及溝通技巧等一連串的測驗，就像西醫在看診時，要有各式各樣檢驗報告為憑，才能符合科學精神，雖然費時費力，但選出合適的人才機率高。

表5-10　面試的類型

類型	說明
行為描述式問題	它藉由瞭解求職者過去的行為（實例）幫助正確評估其日後在工作上的表現。面試者可以從中評估求職者的行為、經驗及動機等。例如：你曾經主動爭取更多的工作職責嗎？或你參與過規模最大的項目是什麼？這類問題圍繞著與工作相關的關鍵職能來提問的，瞭解求職者的職能特徵。
開放式問題	它是要求求職者給予完整的、內容較多回答的問題類型，這些回答本身往往能引發討論，從而為面試者提供出進一步問題的材料。例如，為什麼你想離開現有的工作？或為什麼你想加入我們公司？
封閉式問題	這類問題只需要求職者回答是或不是，以確認面試者手上已有的資料。面試者應該使用在確定對方的回答簡短或是在核對特定的資料時，它不會增加公司對求職者的瞭解。例如，是否能接受加班？只是瞭解求職者基本情況，隨著交談的深入，應逐步提問一些較為深入的其他類型問題。
假設式問題	它是根據對招聘單位工作的職責和任務的預測及瞭解，向求職者提出問題並要求其拿出方案。這類問題能讓面試者對求職者的推理能力、思維過程、性格特質、處事態度、創造力以及工作方法做出評估。例如，你是一家五金行的老闆，有一天有一名店員告訴你，他覺得另外一名店員會偷店裡的五金用品，你會怎麼處理？為什麼？使用這類的問題時，面試者可以事先將假設的情境寫下來，以完整陳述，陳述完後給予求職者一些思考的時間，也讓他有機會回問，確認他瞭解整個情形。
追問式問題	面試者從求職者的談話中，衍生出問題來詢問他，以更瞭解求職者。例如，當求職者表示，他之前的工作是秘書，必須負責接聽電話、打字、幫主管安排行程等，面試者可以緊接著詢問：你覺得當一個秘書，最重要的職責是什麼？你以前的工作需不需要加班？
壓迫式問題	它是根據求職者之前面試表現中的疏漏處提出尖銳的問題質疑，直到求職者答不出來為止。因而只有針對至關重要的，需要經常面對壓力的職缺時，面試者才會採取這種類型，因為這種問題往往能夠讓求職者高度緊張而且沒有思考的時間，從而說出自己內心的真實想法。

資料來源：丁志達主講（2021）。「主管必修的五大面談技巧速成班」講義，財團法人中華工商研究院編印。

三、行為面試法

預測一個人未來工作表現最好的指標是他以往的表現。當工作與個性相稱時，人們工作最感到愉快。行為面試法（behavioral interview）著重的是應徵者過去的工作表現和行為，可較為精確地預測其未來在面臨類似情境時的表現，更深入地瞭解應徵者。例如，請描述你曾經嘗試過某事失敗的經驗。這種問題讓應徵者幾乎無從準備制式答案。

行為面試法可以測出應徵人選解決問題的能力。這種方法就是讓應徵者面對某種假設情況和工作中可能碰到的問題。如果採用這個方法，面試官應該觀察應徵者怎麼處理問題、怎麼另謀解決之道的思維。企業在面談時，會使用行為問題的技法，藉以探測應徵者潛在的職能，未來是否適合從事這項工作。例如，面試後，面試官可邀請應徵者一起用餐或參加公司活動，體驗企業文化，這也是面試的一環。透過這些活動，可以觀察應徵者的禮儀和舉止。

四、實際工作預覽

如果面試官只談論在職缺上提供的正面工作條件，例如，有趣的工

個案5-5　演員試鏡分高下

以前，松下電器曾提供過一部紀錄片《試演》，內容是為選聘在百老匯上演的新編音樂劇的演員而進行嚴格試鏡的經過，因要聘用八名女演員，卻有七百人來應徵。其中這部音樂劇的女舞台監督所經營的舞蹈班也有三名小姐來應徵。

第一次審查後剩下七十五人，第二次審查剩下二十八人。節目採訪組的人問她們試演的心情如何？她們都異口同聲說：「簡直是恐怖的連續」、「好像是拷問」。

第三次審查落選的一位小姐流著眼淚問舞台監督：「老師，我什麼地方演得不好呢？」

舞台監督鼓勵她說：「妳演得很好，但別人表演得比妳更出色，不要氣餒，好好學習吧！」

小啟示：古諺「一匹馬奔跑看不出快慢。」

資料來源：丁志達主講（2021）。「主管必修的五大面談技巧速成班」講義。財團法人中華工商研究院編印。

作指派、同事之間的友誼和情感、未來的發展和機會，以及誘人的福利等等，是犯了很大的誤導，因為這樣一來，管理者會讓自己未來置身於要處理員工突如其來的心理不滿與辭職的情境中。

切合實際的應徵面談，是指面試官（管理者）在確定聘用特定員工前，主動提供應徵者有關工作和組織的正負面訊息，因為如此一來，企業未來要留住所聘用的員工可能性也較大。事實上，沒有人喜歡在被錄用的過程中有被欺騙或誤導的感覺。譬如：南新英格蘭電話公司（Southern New England Telephone）為那些潛在的接線員製作了一部影片，向他們清楚地說明這份工作的監督很嚴格，工作重複性強，有時還需要應付粗魯的或令人不愉快的顧客。這種訊息導致了一個自我甄選的過程，有的應徵者很看重工作的這些消極面，就自動地退出了申請，而那些留下來應徵的人，具備了對工作要求和特點的接受度，非預期的離職情況也相對減少（李炳林、林思伶譯，2003：7-10）。

一旦所有的面試問題及討論都結束後，試著做出總結，例如：「我已經問完我所有的問題了，有沒有任何關於工作及本公司的問題我沒有回答你的？」同時， 趁著記憶猶新之際，把面試過程中對應徵者的評語與

個案5-6　德川家康的用人之道

大約在獲得三河國一半領地的時候，德川家康派任了天野康景、高力清長、本多重次三人擔任要職，協助其治理領地。因為他們的性格不同，當領民們獲知此項人事命令後，傳唱著：「佛高力、鬼作左、天野最公平。」意味著他們贊同高力和天野的任命，卻懷疑本多是否能勝任要職。

原來是因為本多的長相可怕，又經常毫無顧忌的堅持己見，所以一般人都認為他無法絕對公正不阿的做事。但是，本多很快地便證明大家的看法是錯誤的，他就任後不久，不僅非常誠正，對待領民也極富人情味，對於訴訟案件更能秉公判決。至此，大家不得不佩服德川家康知人善任的獨到眼光。

小啟示：「在延攬人才時，我們應該排除個人的好惡，僅依據對方的優點及缺點來考慮是否任用。」這是德川家康的口頭禪，同時也是他的座右銘。

資料來源：丁志達整理。

表5-11　有效的面試問題集錦

分類	面談問題
開場白	‧本公司（這個職位）吸引你的是什麼？ ‧你如何知道我們的求才訊息？
瞭解應徵者目前（最近）的工作	‧請告訴我有關你的工作背景？ ‧你怎麼獲得目前的工作？ ‧你擔任的是什麼職務？ ‧請談談你目前（最近）的日常上班情形？ ‧工作中最令你滿意的是哪一點？為什麼？ ‧工作的哪一點最令你沮喪？為什麼？你如何處理？ ‧對你的職位來說，最具挑戰的是哪一方面？為什麼？ ‧你從工作中得到的最大收獲是什麼？他們對你的成長有何幫助？ ‧如果我們向你現在的雇主打聽你的能力，他會怎麼說？ ‧你的直屬部屬會如何形容你？你的同僚又會如何形容你？ ‧你目前或最近的主管認為你最大的貢獻是什麼？
工作經驗	‧你的工作經驗對你獲得這份工作有何幫助？ ‧請告訴一、兩項你的最大成就以及最大挫折？ ‧你遇到的最大挑戰是什麼？你怎麼應付？ ‧你在工作中最有創意的成就是什麼？ ‧你怎麼看待自己為成功付出的心力？ ‧可以談談你曾經參與而且成果獲得肯定的新企劃或措施嗎？ ‧你在工作中做過好決定和壞決定，請各自舉兩個例子。 ‧你的工作績效有時不如預期，請你聊聊。 ‧你能帶給這份職位什麼樣的品質？ ‧試舉例說明你督導他人的能力？
評估應徵者的技巧	‧你是個自動自發的人嗎？若是的話，請舉例說明。 ‧你有什麼最大的優點可以貢獻本公司？ ‧你曾如何積極影響別人完成任務？ ‧談談你在缺乏一切相關資訊下所做的決定？ ‧談談你迅速做成決定的事例？ ‧你怎麼會支持自己當初不同意的某項新政策或措施？ ‧你怎麼激勵直屬部屬與同僚？ ‧談談你如何尋找資料、分析、然後做決定？
評估應徵者的作風	‧在你做過的所有工作中，你最喜歡哪一類？為什麼？ ‧過去任職時，你偏好有人督導你嗎？ ‧你的舊上司扮演何種角色來支持你的工作和職涯發展？ ‧你偏好在哪個類型的公司裡任職？

（續）表5-11　有效的面試問題集錦

分類	面談問題
評估應徵者的作風	· 你比較喜歡團隊工作還是獨立工作？ · 談談你認為受益良多的團隊合作經驗？ · 你覺得你的上司有哪些重要的特徵可以學習？ · 你覺得在何種環境中工作效率最高？ · 你需要多少指導和回饋才會成功？ · 你覺得改變令你最興奮的是什麼？最洩氣的又是什麼？ · 你如何因應公司的改變？ · 你認為自己會是怎樣的上司？ · 你的上司會怎樣形容你？ · 你曾經做過最困難的管理決策是什麼？ · 你喜歡跟哪種人共事？ · 你覺得哪種人最難以共事？為什麼？ · 你在工作中最感困擾的是什麼？你怎麼去應付？
職涯企圖心符合目標	· 你希望在下一個工作中避免再犯哪些錯誤？為什麼？ · 為什麼要辭掉你目前的工作？ · 這份工作符合你的整體職涯規劃嗎？ · 你認為三年後自己的處境如何？ · 你過去幾年對職涯的企圖心有何改變？為什麼？ · 如果你得到這份工作，你最想完成什麼事？ · 你認為自己五年以後會是什麼樣子？
教育	· 在校時，你在班上的成績如何？ · 在校時，你參加過哪幾類的社團活動？擔任過何種工作？ · 在校時，你是否有去打工賺取自己的部分的零用金？ · 你憑什麼特殊的教育背景、經驗或訓練爭取到這份工作？ · 如果你得到了這份工作，你最想加強哪方面的訓練？ · 你所受的哪些教育或訓練，對這份工作有幫助嗎？ · 你受教育的目標是什麼？
自我控制	· 談談你怎麼因應特別緊張的情況、不懷好意的同事或顧客？當時的情況如何？你採取了什麼行動？說了什麼？對方有何反應？
成果導向	· 談談你為何主動改進工作方式或某些事物（程序、系統、團隊）的運作？你採取了什麼行動？結果如何？你怎麼知道你的解決方式促成改進？ · 你目前取得了哪一類的執照？

（續）表5-11　有效的面試問題集錦

分類	面談問題
尾聲	·你曾否患過嚴重的疾病嗎？開刀手術過嗎？ ·我們在討論與職位有關的資歷問題時，是否有疏漏？你對本公司有什麼疑問？

資料來源：賴俊達譯（2005）。理查·盧克（Richard Luecke）著。《掌握最佳人力資源》，頁163-167。天下文化出版。

一、「不繳錢」——不繳任何不知用途之費用。
二、「不購買」——不購買公司以任何名目要求購買之有形、無形之產品。
三、「不簽約」——不簽署任何不明文件、契約。
四、「證件不離身」——證件及信用卡隨身攜帶，不給求職公司保管。
五、「不非法工作」——不從事非法工作或於非法公司工作。
六、「不飲用」——不飲用酒類及他人提供之不明飲料、食物。
七、「不辦卡」——不應求職公司之要求而當場辦理信用卡。

圖5-6　應徵者堅守「七不原則」

資料來源：勞動部勞動力發展署編印（2012）。《求職面面觀——求職心機你懂多少》，頁7。勞動部勞動力發展署發行。

他的回應記錄下來，在應徵者離開現場時，藉此回憶一下自己的紀錄及應徵者的反應。

五、決定和聘用

盡可能採用多位面試官來參與面談，以便有效綜合個人的偏差問題。徵聘過程的最後一個步驟就是決定和聘用。履歷表、面試都是決策過程的一部分。主管應該避免犯下竭力尋找「最熱門」的人選和錄用與你相類似的人，而是鎖定推薦目標的人選必須預期將來對公司最有貢獻的人。

表5-12 如何評鑑應徵人員的錄用資格

- 面談結束後，應立即整理面談紀錄，並填寫相關表格。
- 參考有關測試或文件資料，以求得更多正確的遴選判斷。
- 對所有應徵者（同一職缺）進行相關資料驗證與其他參與面談主管討論。
- 評估每位應徵者的適職條件（經驗、動機、成就、能力）。
- 應徵者行為、性格適合公司組織文化嗎？
- 應徵者居住地、家庭及其他因素對此工作有影響嗎？
- 錄用前是否需要再做第二次面談。
- 找出好溝通的應徵者，減少爾後勞資糾紛。
- 決定正、備取人選排名。
- 決定錄用時，最好電話查核一下應徵者以前工作單位的主管或人事單位，瞭解其離職真正原因（是否自願離職或被開除、資遣等）、品德操守（特別是採購人員、經辦財務的人員）的問題，再做遴選，避免接到「燙手山芋」，惹事生非。
- 人選的決定，要注意時效性，一經決定某位應徵者，要儘快安排報到，盡量減少不必要的作業流程。例如應徵者是一位「炙手可熱」的人才，遲遲未接到錄取通知，可能為其他企業「捷足先登」而「痛失英才」。

資料來源：丁志達主講。「活化人力資源競爭力：從『心』開始」講義。財團法人保險事業發展中心編印。

第五節　人才管理

企業管理是以人才為本，企業愈大，對人才的依賴就會愈重。日本藝術家北大路魯山人說：「沒出息的人，總是幹些沒出息的事。傑出的人，總能創造些豐功偉業。此點，是確定不移的。」人才隨著網路發達，不再與年紀、性別、教育等條件有絕對關係，而取決於人才的市場價值。

人才即是競爭力的展現指標，因應全球化競爭環境，所有企業都需要具備核心優勢的關鍵人才。人才管理（talent management）與人資管理的差異為：人資管理的目標包括全體員工，資源分配採取均等主義；人才管理主要關心組織裡約占10%～20%的頂尖員工（關鍵人才），資源分配採用菁英主義，將80%以上的資源，投注在僅占全體員工20%（或者更少）的特定人才上。人才是組織中最有價值的資源，而管理者的職責便是讓人才有適當的舞台，能發揮其天分，前提是要先找對的人上車，但關鍵人才要有舞台，假如沒有舞台，就像把最好的平劇演員找來，卻告訴他不演平劇，那也沒用，人才會流失。

人才管理重視多樣性及包容性。人才管理的觀念，從早期以資源與員工體驗的觀點進而發展到人性的焦點，強調更人性化的思維與方式來看待人才管理。企業（組織）若能將人才管理做好，就能帶給股東更好的績效（每股盈餘）。關鍵人才之所以被視為組織的珍寶，來自於他們面對變化莫測的顧客需求及經營環境，能有效地整合資源、有效提升績效，促使企業踏對了時代的節拍。人力資源的重點在「人才爭奪」，但是這一爭奪的真正目的是幫助企業充實實力，樹立起競爭的優勢。

哈佛大學企管學教授羅莎貝絲．坎特（Rosabeth M. Kanter）指出，有效激勵員工的三件事：專精技能、知覺為內部成員，以及工作的意義感。關鍵人才（key person）指的是具有一定的專業知識或專門技能，進

個案5-7　用錯人 決策就像水面寫字

管理大師彼得．杜拉克（Peter F. Drucker），曾在 1940 年代獲邀對美國通用汽車（General Motors, GM）進行研究。他發現在主管會中，通用總裁艾弗雷德．史隆（Alfred P. Sloan）一談到人事的問題，掌握生殺大權的一定是他本人。

有一次，通用主管針對一個基層技師的職務分派問題，討論了好幾個小時。走出會議室時，杜拉克忍住不問史隆：「您怎麼願意花四個小時來討論一個微不足道的職務呢？」

結果史隆回答：「公司給優厚的待遇，就是要我做重大決策。請你告訴我，有什麼決策比人的管理更重要？要是用錯人，決策無異於在水面上寫的字。」

接著史隆反問杜拉克：「你知道我們去年做了多少個關於人事的決策嗎？」杜拉克搖頭，於是史隆對杜拉克說：「總共一百四十三個，每個部門平均三個。如果我們不用四小時好好地安排一個職位，找最合適的人來擔任，以後就得花好幾百個小時的時間來收拾這些爛攤子，我可沒這麼多閒工夫。」

小故事大啟示：找對人，是領導的第一要務。（撰文／鄭君仲）

資料來源：廖月娟譯（1996）。彼得．杜拉克著。《旁觀者：管理大師杜拉克回憶錄》。聯經出版。

行創造性工作並對組織做出貢獻的人，是人資中能力和素質較高的一群工作者。能者必有才，而有才者未必有賢，如在操守上有污點的人，就算才能再高，也難稱「人才」。主管用人決策，不在於如何減少人的短處，而是在如何發揮人的長處。美國鋼鐵大王安德魯．卡內基（Andrew Carnegie）的墓誌銘：「這兒躺著的是這樣一個人，他深諳如何將自己周圍的人變得比他自己更加聰明。」

關鍵人才

人才是決定企業基業長青的關鍵，企業的發展是依靠技術和管理這兩個輪子。人才是輪軸，凡是經營成功的企業組織，都非常重視人才管理，對於取得、培育及維持優良人資不遺餘力。微軟（Microsoft）創辦人比爾·蓋茲（Bill Gates）說：「把我們頂尖的二十個人才挖走，那麼我告訴你，微軟會變成一家無足輕重的公司。」人才管理的重要性，不言而喻。

找人才並非「有錢能使鬼推磨」，要吸引人才，非金錢的條件也很重要，所謂「花若盛開，蝴蝶自來」，具有優良工作和發展環境，就能擁有人才競爭力。對人才，統一集團創辦人高清愿的想法是，「授權就是一種訓練，不能永遠都要來問我，才能做事情，這樣我就會變成經辦的，他雖不是主管，如果授權給他，就讓他自己做判斷；如果說，這個人有問題，就把他換下來，換人掌舵。」從人才是資產的角度來看，擔任主管最重要的是培育多少的績優人才，培育越多，無形之中是累積自己在組織的資源。

人才的選、訓、用、留不再只是區域性問題，如何讓各地菁英可以在全球化的工作平台上發揮綜效，已成為經營管理與人資管理的重要課

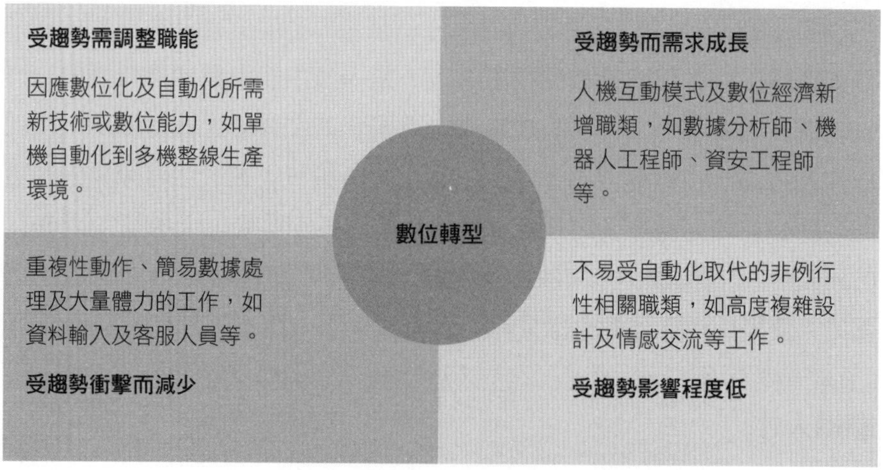

受趨勢需調整職能

因應數位化及自動化所需新技術或數位能力，如單機自動化到多機整線生產環境。

受趨勢而需求成長

人機互動模式及數位經濟新增職類，如數據分析師、機器人工程師、資安工程師等。

數位轉型

重複性動作、簡易數據處理及大量體力的工作，如資料輸入及客服人員等。

受趨勢衝擊而減少

不易受自動化取代的非例行性相關職類，如高度複雜設計及情感交流等工作。

受趨勢影響程度低

圖5-7　數位轉型未來人才需求輪廓示意圖

資料來源：世界經濟論壇（WEF）發布「The Future of Jobs 2020」調查報告。引自顏麗英，〈職訓創新充裕跨域數位勞動力〉。《就業安全半年刊》12月號（Dec. 2021），頁34。

題。人資的功能須從事務性提升到策略性夥伴的角色，而單位主管也必須肩負人才發展與留才的職責。

結　語

招募與選才要成功的話，需要視企業內部的制度是否完善，才能吸引好的人才。乳酪蛋糕工廠績效發展副總裁查克．文辛說：「選才是一切的開端。我們能教會人們擺設餐具，卻無法教導他們微笑和樂觀。」

晉商諺語：「十年寒窗考狀元，十年學商倍加難。」說明了商業人才得來之不易，也凸顯人才培養的重要。過去一位優秀的人才必須具有「德、才、能」的特質，現在還加個「拚」。鴻海集團創辦人郭台銘說：「賺錢也不是全靠技術，靠的卻是苦幹、實幹，還有拚命地幹。」

Chapter 6

培訓管理

教育解放了我，能夠閱讀救了我的命。如果不是幼年時代就會閱讀，我會完全成為另一個人。

——脫口秀女王歐普拉．溫弗瑞（Oprah G. Winfrey）

人資管理錦囊

在日本的歷史上產生過兩位偉大的劍手，一位是宮本武藏，另一位是柳生又壽郎（宮本武藏的徒弟）。柳生又壽郎由於年少荒嬉，不肯接受父親的教導專心習劍，被父親逐出家門。受了刺激的柳生發誓要成為一名偉大的劍手，便獨自跑到荒山去見當時最負盛名的宮本武藏，要求拜師學藝。

拜見了宮本武藏，柳生熱切的問道：「假如我努力的學習，需要多少年才能成為一流的劍手？」

武藏說：「你的全部餘年！」

「我不能等那麼久。」柳生更急切的說：「只要你肯教我，我願意下任何苦功去達成目的，甚至當你的僕人跟隨你，那需要多久的時間？」

「那，也許需要十年。」宮本武藏說。

柳生更著急了：「哎呀！家父年事已高，我要在他生前就看見我成為一流的劍手。十年太久了，如果我加倍努力學習需時多久？」

「嗯，那也許要三十年。」武藏緩緩的說。

柳生急得快哭出來了，說：「如果我不惜任何苦功，日以繼夜的練劍，需要多少時間？」

「哦，那可能要七十年。」 武藏說：「或許這輩子再也沒希望成為劍手了。」

此時，柳生心裡糾結著一個大疑團：「這怎麼說呀？為什麼我愈努力，成為第一流劍手的時間就愈長呢？」

「你的眼睛全都盯著第一流劍手，哪裡還有眼睛看你自己呢？」武藏平和的說：「成為第一流劍手的先決條件，就是永遠保留一隻眼睛看自己。」

於是柳生從做飯、鋪床、灑掃的工作做起，期間還得隨時預防武藏從後面重擊，慢慢體會「留一隻眼睛看自己」的真諦。

【小啟示】俗諺：「欲速則不達」，就是說明這個情況。

資料來源：周錦（2010）。〈留一隻眼睛看自己〉。《企業管理雜誌》（*Enterprise Management*），總第352期，頁75。

知識經濟掛帥的今日，腦力取代土地、廠房，成為企業發展的最精銳武器，要讓員工完全貢獻腦力，企業應以人力資本的概念看待員工，透過培訓（教育訓練）關心員工，投資員工的技能、知識與能力，激發員工的潛能，才能為企業帶來無窮的財富，而非以「資源」的觀點來看待員工。

人才是否能在短期內發揮戰力，交出成果，成為今日左右企業競爭力的關鍵因素。懂得培育人才，就能提高組織即戰力並強化企業競爭力。

第一節　培訓概念

過去的人事部門的功能已經轉變為人力資源發展的功能，其中最大的差異在於企業對員工培訓視為一種有計畫的投資，期待將來為企業與個人創造更多的利益。人力規劃為企業價值鏈的一環，而培訓又是人資發展規劃裡的一個支援功能。過去，人才培訓是針對部屬需要加強的能力，讓他接受相關的培訓，員工的核心能力卻沒有和企業策略連結；新人資時代來臨，需要推動人才發展計畫才能解決企業兩個重要課題，一是累積獨特的經驗，一是接班人的問題。

經濟學鼻祖亞當．史密斯（Adam Smith）在1776年出版的《國富論》中指出，具有技能勞動者的工資之所以高於非技術勞動者，即在於前者曾經接受更多的教育與訓練。經過培訓及合理的報酬，人的品質才可以提高，人的貢獻才可以增多。

培訓不應為一個獨立的、封閉的作業，其應以企業願景、經營策略所引導下的人力發展規劃與短、中、長期計畫為目標，而發展出適合企業目前及未來的教育與訓練。

亞當．史密斯認為「土地、資本、人力」為企業經營的三要素，但土地及資本雖可因企業持續不斷成長而擴充，其本質上卻無法改變，唯有人力可藉由不斷地施加培訓而開發人的天賦智慧。由於無形資產

表6-1　一流人才育成的30條法則

育才須知	法則
匠人須知1	進入作業場所前，必須先學會打招呼。
匠人須知2	進入作業場所前，必須先學會聯絡、報告、協商。
匠人須知3	進入作業場所前，必須先是一個開朗的人。
匠人須知4	進入作業場所前，必須成為不會讓周圍的人變得焦躁的人。
匠人須知5	進入作業場所前，必須要能夠正確聽懂別人説的話。
匠人須知6	進入作業場所前，必須先是和藹可親、好相處的人。
匠人須知7	進入作業場所前，必須成為有責任心的人。
匠人須知8	進入作業場所前，必須成為能夠好好回應的人。
匠人須知9	進入作業場所前，必須成為能為人著想的人。
匠人須知10	進入作業場所前，必須成為「愛管閒事」的人。
匠人須知11	進入作業場所前，必須成為執著的人。
匠人須知12	進入作業場所前，必須成為有時間觀念的人。
匠人須知13	進入作業場所前，必須成為隨時準備好工具的人。
匠人須知14	進入作業場所前，必須成為很會打掃整理的人。
匠人須知15	進入作業場所前，必須成為明白自身立場的人。
匠人須知16	進入作業場所前，必須成為能夠積極思考的人。
匠人須知17	進入作業場所前，必須成為懂得感恩的人。
匠人須知18	進入作業場所前，必須成為注重儀容的人。
匠人須知19	進入作業場所前，必須成為樂於助人的人。
匠人須知20	進入作業場所前，必須成為能夠熟練使用工具的人。
匠人須知21	進入作業場所前，必須成為能夠做好自我介紹的人。
匠人須知22	進入作業場所前，必須成為能夠擁有「自慢」的人。
匠人須知23	進入作業場所前，必須成為能夠好好發表意見的人。
匠人須知24	進入作業場所前，必須成為勤寫書信的人。
匠人須知25	進入作業場所前，必須成為樂意打掃廁所的人。
匠人須知26	進入作業場所前，必須成為善於打電話的人。
匠人須知27	進入作業場所前，必須成為吃飯速度快的人。
匠人須知28	進入作業場所前，必須成為花錢謹慎的人。
匠人須知29	進入作業場所前，必須成為「會打算盤」的人。
匠人須知30	進入作業場所前，必須成為能夠撰寫簡要工作報告的人。

資料來源：陳小利譯（2015）。秋山利輝著。《匠人精神》，頁108-109。大塊文化出版。

（intangible assets）難以被競爭對手模仿，所以「工作教導與部屬培育」是企業發展的根本，誰掌握了人才這項資源，誰就會在競爭中立於不敗之地。相信任何人都會有「我的能力不僅於此，只要有適當培育，我應該還能發揮其他能力」。部屬培育及配合部屬對成長的期待，並開拓個人的事業前程，是主管責無旁貸的大事。

第二節　培訓體系

企業人才之培育應配合經營理念、方針、目標及人才培育方針，將重點置於每一不同時期之培訓需要來進行。為了使所有訓練不致過度重疊而減低其相乘效果，企業實有必要將能力開發之做法方式予以體系化，以便有所遵循，此即各企業規劃培訓體系之由來。

一、培訓的定義

學歷代表過去，學習力才是未來，才能讓知識、技能等比成長。在企業培育人才的過程中，「適才適所」是非常重要的準則。例如，業務人員需要很強的社交意願和建立人脈關係的能力；行銷人員要有想像力；人資人員需要有好的人際協調能力；財務主管不只要專注於會計等專業，同時要有影響力。瞭解不同職能需要的軟性技巧（包括影響力、人際關係、團隊領導力等），可給予員工最適切的培訓（鄧嘉玲，2016：12）。

二、教育、訓練、發展三合一

為了培育發展人才，企業必須有一套清晰的人才培育模式，以幫助訂定完整的人才培訓體系的規劃與執行，提升每位員工的能力，孕育高素

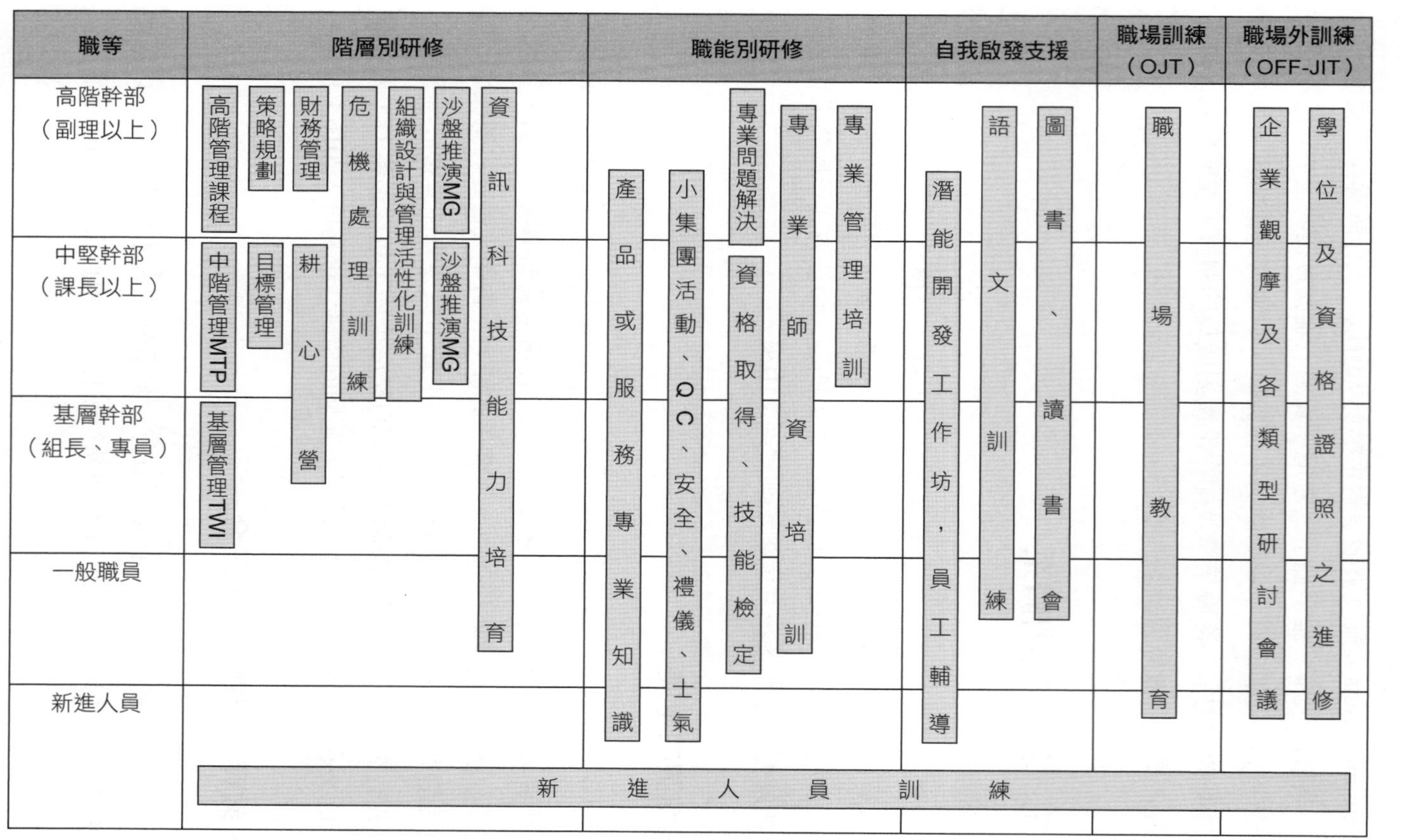

圖6-1　教育訓練體系

資料來源：楊欲富編著。「人力資源管理診斷」講義，頁11。中國生產力中心編印。

質的人才。訓練使人越來越相似，因為習得相同技能；教育造就不同個體，因為教育的目的在培育每人不同理念與想法。訓練可以成就技能的發展，教育成就的不在技能，而是增進理解能力、資訊與知識。

教育（education）是智慧之源，培養人格和能力的重要手段，是一種知識的改變，長期性的，不僅培育技能，亦培養專業度及良好的態度，目的在培養眼光、正義感、邏輯演繹、道德勇氣與人類的愛等。這些精神面的成長有益於明辨是非，批判、做決定與執行力的培養，以發展價值觀為主，偏重於EQ（情緒智商）這一領域。德國哲學家伊曼紐爾．康德（Immanuel Kant）指出，教育的目的：「學會遵守秩序、養成勤勞的

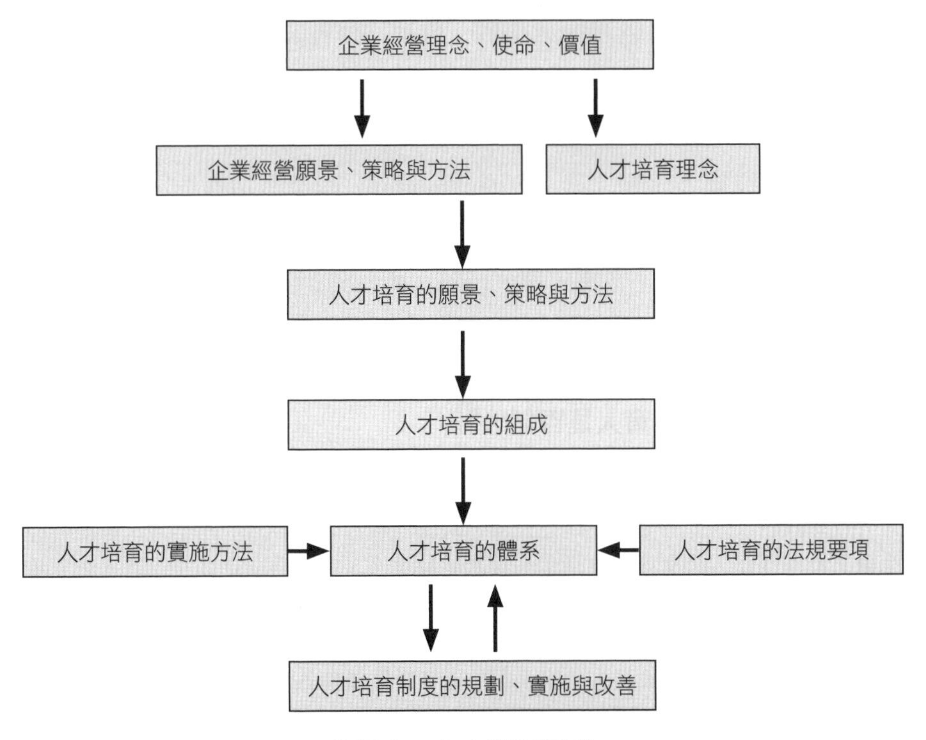

圖6-2　人才培育模式

資料來源：陳木生（2000）。《89年度企業人力資源管理作業實務研究會實錄（進階）——人力發展實例》，頁99。勞委員職業訓練局編印。

習慣、學習做人處事和成為有道德的人。」所謂「學而為智，不學而為愚」，正說明教育的重要。

訓練（training）是短期、以技能為主，迫切需要及希望可以很快便見到效果的，是一種技能的改變，目的是現學現用，為謀生的「技能學習」，以維持個人基本餬口、維繫生計的「工具」，偏重在「IQ」（領悟力）這一領域。

發展（development）是一種態度或價值的改變，一個人一離開學校，就要靠自我「上進心」，學而無涯，貧者因書而富，富者因書而貴，產生更多的聯想力（點子多、有創意），出類拔萃，才能「開張天岸馬，奇逸人中龍」（引自洛陽龍門石窟上的石刻字）。

培訓實施程序主要有需求分析、規劃、課程設計、實施與改善五大步驟。培訓是為了發展做基礎，發展則是其結果。知識掛帥的結果是教出了一批空有知識而不注重智慧的知識人，這樣培養出來的往往是只顧知識熟練的技術人，是「匠」（technocrat）而不是博雅的人（learned man）。培訓的目的是要如同童子軍徽上圖形的「智仁勇」三字，具備好學力行、知恥、不惑、不憂不懼的精神，成為博雅的人。

個案6-1　育人是百年大計

法國軍事家拿破崙（Napoléon Bonaparte）有一個很精闢的人才觀——用人不能「殺雞取卵」。當神聖同盟迫近巴黎，法國危在旦夕的時刻，巴黎理工學院的師生要求投筆從戎，被拿破崙拒絕了。在拿破崙看來，用人是一時之需，育人是百年大計。缺乏兵員可能導致一場戰爭的失敗，而停辦教育則會折斷民族長盛的命脈。

拿破崙一字一頓地說：「我不願為取金蛋殺掉我的老母雞！」後來，這句名言被鐫刻在巴黎理工學院榮譽大廳的天花板上，成為該校最引以為自豪的地方。

小啟示：由於「無形資產」難以被競爭對手模仿，所以「部屬培育」是企業發展的根本，誰掌握了人才這項資源，誰就會在競爭中立於不敗之地。

資料來源：王寶玲主編（2006）。《紫牛學危機處理》，頁265。整理：丁志達。

三、培訓三大支柱

人就好比組織中的金礦一樣，企業必須有計畫去協助、指導其發揮專業的能力，以使其在企業中能有好的表現。人才培育的三大要素：在職訓練、職外訓練和自我啟發。

(一)在職訓練（On the Job Training, OJT）

OJT指在工作現場主管對部屬進行培訓，透過工作或工作有關的事情來對部屬能力（包括知識、技能、態度）進行計畫性、重點式或指導的過程。OJT是知能的深度，有助於專業的深根。企業若要強化部屬技能及態度兩方面能力，以OJT方式較為有效。因為OJT與工作有直接關係，是馬上可以用得上的具體實務訓練。

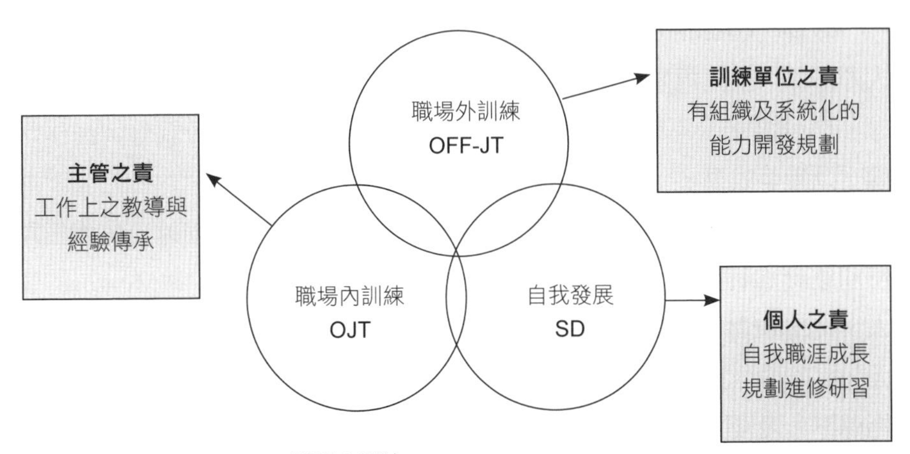

圖6-3　人才培育的職責分工

資料來源：李宜靜主講（2017）。「輔導案例討論／輔導經驗交流與分享」講義，頁10。財團法人中華民國職業訓練研究發展中心編印。

表6-2　教練（coaching）的意義

教練（coaching）的意義
在日本，「先生」（sensei）是指走得很前面的人；在武術中，則是師傅的稱號。
在梵文中，「古魯」（guru）是指擁有豐富知識與智慧的人。「Gu」意為黑暗，「Ru」意為光明——上師把人從黑暗帶入光明。
在西藏，「喇嘛」（lama）是指有靈性與權威的導師。在藏傳佛教中，達賴喇嘛是最高的導師。
在義大利，「師範」（maestro）是音樂大師，全名是「maestro di cappella」，指教堂總長。
在法國，「家教」（tutor）是指私人教師，此詞可以追溯到十四世紀，指的是擔任看守的人。
在英國，「嚮導」（guide）是熟悉道路又能提供指引的人，意即看到並指出最佳路線的能力。
在希臘，「導師」（mentor）是具有智慧又值得信任的顧問。在《奧德賽》（*The Odyssey*）中，荷馬（Homer）的好友孟托（Mentor）就是關心他又支持他的顧問。

資料來源：林步昇譯（2020）。約翰·麥斯威爾（John C. Maxwell）著。《精準成長》，頁256-257。商業周刊出版。

教練（coaching）原本是運動界的術語，近年來被廣泛運用到企業、人際關係、生涯規劃上。運用教練技巧（coaching skills）就是瞭解成員心態，激發潛能，不斷發掘新的可能力、提升技能，將成員調整到最佳狀態，以獲至成果。

師徒制（mentorship）一詞最早源於古希臘方法學，描述一位國王即將前往參加特洛伊（Trojan）戰爭，將兒子委託給一位叫做Mentor的賢人。Mentor對友人兒子的教育不僅著重物質層面，也關心生活的每一層面，協助他培養健全的身心，即是徒弟先觀察師父怎麼做，接著在師父的指導下，慢慢開始獨立作業，然後師父再針對徒弟的辦事方法或解決問題的思維邏輯，提出指正的意見（Hsia, 2017: 90）。

(二)職外訓練（Off the Job Training, Off-JT）

Off-JT指在職場之外的地方，進行進修或開討論會之類的培訓，為一般性理論與知識的學習，要吸收內化為隨手可用的技巧，非一蹴可幾。

表6-3 指導部屬（OJT）六階段做法

階段		做法
第一階段	製造「說明」機會	·工作目標或內容之說明 ·部屬閱讀指導手冊有疑問時
第二階段	製造「見習」機會	·實例示範 ·讓其跟著資深人員學習 ·讓其列席工作負責人之例行會議
第三階段	製造「實習」機會	·讓其擔任前輩之助手 ·進行說明會之排練（rehearsal）或角色扮演（role play）
第四階段	製造「分擔」機會	·讓他負責日常工作的一部分 ·讓其負責會議進行之司儀
第五階段	製造「代理」機會	·讓其代表接見某家廠商代表 ·讓其代為出席某個會議
第六階段	製造「經辦」機會	·讓其負責某個專案工作 ·讓其負責某件職務之全程處理

資料來源：陳光超主講。「企業內OJT制度導入訓練」講義，頁6。

Off-JT是知能的寬度，包含有團體訓練及個人派外訓練等兩種方式。

Off-JT的訓練方法包括：演講、個案研究、角色扮演法、模擬訓練、籃中訓練等。例如，為了讓新進的作業員熟悉基本的廠房營運知識、增加他們處理問題的能力，花王株式會社提供了進階的訓練計畫，用迷你廠和模擬器，實際模擬設備的營運狀況，以及現場會發生的問題，期待老鳥和菜鳥之間可以透過後續的討論，培養「偵測」問題與故障的能力。

(三)自我啟發（Self Development, SD）

時代不一樣了，培訓之基本目的，除了為公司培訓人才外，更是員工自我學習成長的契機。SD是知能的廣度，可跳脫自己工作職能的領域。

OJT在於使員工看到其自己的興趣，再透過自我啟發（SD）進一步地去充實與強化員工的能力。員工不能只寄望培訓，現代講求的是主動學

表6-4　OJT與OFF-JT的比較

項目	OJT	OFF-JT
訓練需求	·針對個人的需求設定目標 ·容易掌握需求	·集合有共同需求的人 ·容易訂定訓練目標
適用內容	·能訓練個別的，特殊的內容 ·緊密結合和工作有關的知識、技能 ·對培育後繼者較有效果	·對原則性、體系性的知識技能較適合 ·適合學習高度的知識、技能 ·對提高學員提升某程度的水準較有效果
實施方法	·平常就能得到學習機會 ·可以反覆實施 ·可由主管以身作則 ·時間場所不限 ·跟進容易	·離開工作場所（廠外）學習較能專心 ·可以設計有效果的課程表 ·容易找到有能力的指導者 ·能對多數人作有效率的訓練
效果	·結果和直接工作相連 ·實用性高 ·能力提高的成果容易掌握 ·態度行為改變具效果	·可以互相交流學習，擴大視野確認自己的缺點 ·能提高整體的效果 ·快速告知必要的知識
附加效果	·對主管和部屬間的互相理解信賴關係有幫助 ·對學習型組織的風氣倡導有幫助	·對改進和其他部門間的關係有幫助 ·對培養連帶感、整體感有幫助

資料來源：趙天一主講（2000）。《89年度人力資源管理系列演講專輯：因應不景氣教育訓練的做法——部屬培育與OJT》，頁134。行政院勞委會職業訓練局主辦。

習。員工與部門主管共同檢視「員工自我發展與訓練需求分析」，列出第二專長或潛能開發訓練項目，作為次年度訓練之依據。

德國心理學家赫爾曼·艾賓浩斯（Hermann Ebbinghaus）研究發現，遺忘在學習之後立即開始，而且遺忘的進程並不是均勻的。最初遺忘速度很快，以後逐漸緩慢，到了相當長的時期後，幾乎不會再遺忘，並根據他的實驗結果繪成描述遺忘進程的曲線（The Ebbinghaus Forgetting Curve）。如果培訓者能夠抓住遺忘的規律進行培訓工作，將得到事半功倍的效果。

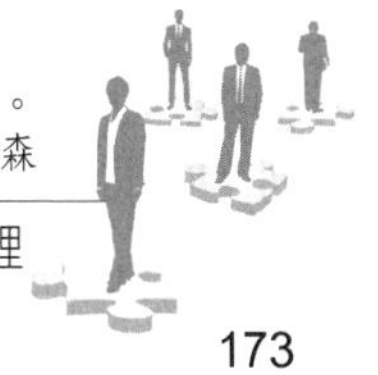

個案6-2　茶道「守、破、離」學習三階段啟示

對日本人而言，「守、破、離」是比「斷、捨、離」流行更久的社會關鍵字。450年前的日本戰國時代，暴力、豪奪、陰謀、暗殺充斥於諸侯的爭鬥之間，在那梟雄並起的織田信長、豐田秀吉、德川家康策馬奔馳的歲月裡，一代茶聖千利休（1522～1591）是日本「和、敬、清、寂」美學的代表人物，引領茶道文化由盛大奢華走向簡單樸實的美。千利休提出的「守、破、離」學習三階段，許多現代日本人依舊能夠琅琅上口，並且轉化成各種領域自我修煉的終極要求。

茶道在開始學習時要熟記一些法則，進行重複的操練，無論茶席的擺設、沏茶的方法、喝茶的規矩都有應該遵守的法則及禮儀。然而，當一個茶人透過多年的修煉，就要開始要內觀自省尋求應用上的突破，最終則是要有所悟，由外在表象的學習，內化出自己對生存智慧的體驗，達到自由來去的生命狀態。

「守」是嚴格遵守教條，苦練基本功。剛入道者，對於師傅的教導要認真遵守，完全聽從指導，有意識的進行學習和模仿，恪遵師傅教導的種種形式，而且不僅僅止於技法及禮法，包括指導者的價值觀也要充分學習。例如，功夫片的開創者李小龍提到他苦練詠春拳，期許達到「守」的最高境界。他曾說不怕懂一萬種招式的對手，而是怕把一種招式練一萬遍的人。李小龍參考西洋劍的刺擊方式，融入詠春拳的「寸勁」（One-Inch Punch）。

「破」是開始觀摩其他門派的做法，與所學比較，截長補短。能夠體會師傅教導的真實意義，但是不再侷限於過去的做法，開始抱持更寬廣的視野進行自我思考，在嘗試錯誤中探索自己的形式，尋求可能的突破。

「離」是創新，達到自創一格，開宗立派的境界。忘卻師傅教導的基本行事，打破規則，打破侷限自我的繭，獨自的、自由闊達地追尋自己的道路，進而創造出自己的形式，打造自己的世界。李小龍在「離」的階段，創立了自己的「截拳道」。

小啟示：武術界常說的一句話：「師父領進門，修行在個人。」既然拜了師、開始跟師父學了，就是入了門，至於將來練得怎麼樣，那要靠自己的努力，屬於自己的修為，才能精益求精。「守、破、離」執行的過程有一個重要原則，即是化繁為簡，能將所學進行歸納。

資料來源：廖志德（2015）。〈創新策略的守破離〉。《能力雜誌》，第715期，頁82-88；林一平（2020）。〈李小龍的守破離〉。《聯合報》，2020年11月2日，A12民意論壇。

時間間隔	記憶量
剛剛記憶完畢	100%
20分鐘之後	58.25%
1小時之後	44.2%
8～9小時後	35.8%
1天後	33.7%
2天後	27.8%
6天後	25.4%
一個月後	21.1%

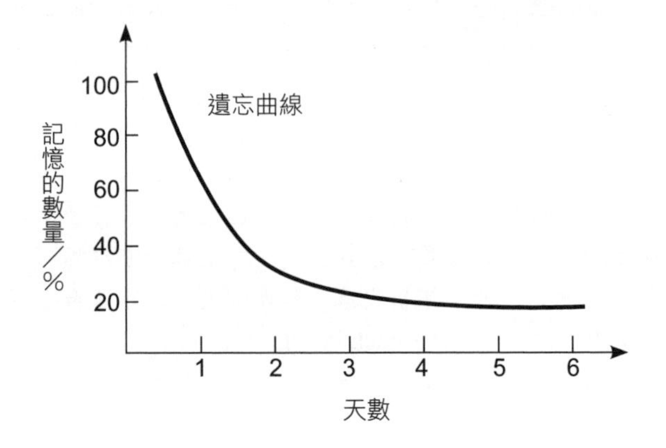

圖6-4　艾賓浩斯遺忘曲線

資料來源：汪群、王全蓉主編（2006）。《培訓管理》，頁23。上海交通大學出版社出版。

第三節　培訓需求分析

培訓是一種投資，由於需求之種類繁多，要想以最低成本發揮最大效用，必須要對培訓需求的研判，優先次序的排列，培訓能量的分配運用分別加以規劃，不能為了辦培訓而訓練，培訓必須依據需求而來，於年度開始之前訂定年度培訓計畫。

人資部門針對培訓需求的瞭解後，必須設定培訓目標，以滿足組織、工作與個人需求。有些培訓目標，應該要說明培訓完成時，組織、部門或個人將會像什麼樣子，並把培訓後的期待以書面記載下來。1986年4月26日凌晨，前蘇聯車諾比核能電廠的四號反應器因為運轉人員培訓不足，導致操作不當，違法進行極為危險的實驗，而沒有考慮後果，引發了一場大災難，造成蘇聯烏克蘭地區的重大災害（王寶玲，2004：265）。

一、培訓需求分析

培訓需求的來源代表著為什麼要辦培訓？從公司、工作及個人而言，培訓需求分析是培訓工作的第一步，是指在規劃與設計每一項培訓活動之前，由訓練部門、單位主管、工作人員等採用各種方法與技術，對各

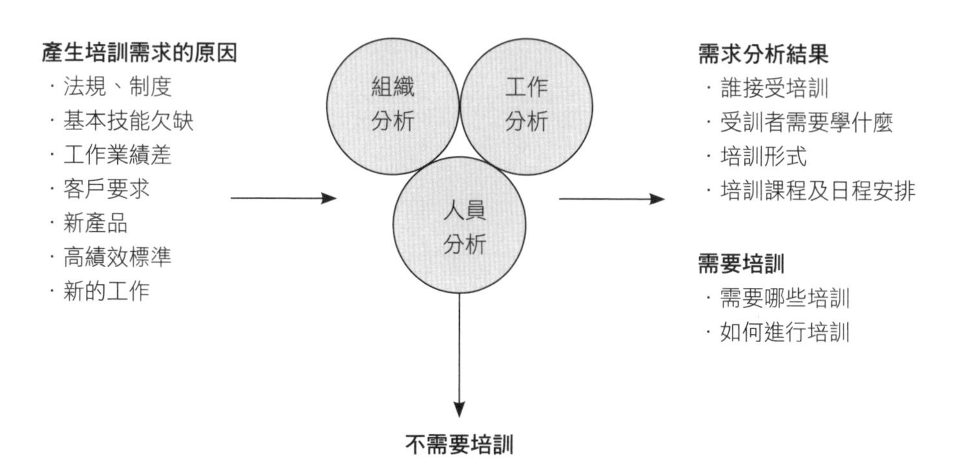

圖6-5　培訓需求分析框架

資料來源：諶新民主編（2005）。《員工培訓成本收益分析》，頁44。廣東經濟出版社出版。

表6-5　年度培訓需求之來源

- 企業經營理念、使命、價值觀、企業經營策略、方針與目標。
- 人才培育的理念，人才培育的願景、策略與方針。
- 個別訪談：可針對特定對象或特定部門個別訪談，亦可對各單位抽樣訪談。
- 問卷調查：特定對象、特定部門或全面普查。
- 各單位業務需求：各部門、各機能別委員會。
- 內、外環境觀察：未來發展趨勢、政府法令、科技新知、競爭環境等。
- 績效評核結果：員工自評表、訓練需求彙總表。
- 職務需求分析：判斷員工個人在知識、態度及技能上須增強的部分。
- 參考曾舉辦過課程之實施成效：檢討其優缺點，作為再辦的改進參考。
- 競爭對手：有哪些成長進步。

資料來源：陳木生主講（2000）。《89年度企業人力資源管理系列演講專輯：企業教育訓練體系的規劃與執行》，頁299-300。勞委會職業訓練局主辦。

種組織及其成員的知識、技能、能力等方面進行系統的鑒別與分析，以確定是否需要培訓及培訓什麼的活動或過程，然後依此制定培訓計畫。

培訓需求可分為組織的需求、工作的需求以及工作者的需求，達到提升組織與個人整體的績效。

二、組織分析

組織分析主要基於企業的長期發展策略，藉由對組織經營、組織人資、組織士氣、組織問題、顧客對組織的期望等五個方向，進行相關資料蒐集整理，找出組織希望的培訓需求及重點，可從三個方面進行，即組織環境分析、組織目標分析和組織資源分析，一般由部門主管及人資部門共同完成。

三、工作分析

工作分析明確地說明每一項工作的任務、能力和對人員的素質要求，即針對組織的所有工作職掌，依據所需相關知識與技巧做有系統的蒐

集與分析，以決定如何培訓人員完成這些工作。工作分析的結果是得出工作（職務）說明書，其基本內容包括工作描述（工作內容、任務、職責、環境等）與任職資格（技術、學歷、訓練、經驗、體能等）。

四、人員分析

人員分析主要在於瞭解個人所具備的知識、技能與態度等方面是否符合組織及工作上的需要，可由各部門主管為其部屬填寫或由職務承辦人自行檢核，重點是根據現有員工目前的狀況（能力、素質和技能分析），評價與理想狀態的差距（針對工作績效的評價），而這個差距就是培訓的內容。

企業培訓需求的掌握，應從企業文化、人力規劃、工作流程、策略規劃、經營決策、市場策略、競爭策略、技術技能、績效評估、服務品質、顧客反應、研發成果及各種書面資料與數據作分析，進而創造更完整的培訓計畫。

企業在人才培訓時應將組織規模大小、培訓經費多少，及投資效益

個案6-3　從學徒到大師的成長過程

學徒（apprentice）這個詞來自法語的「apprendre」，意思正是「學習」。早期，「學徒」是指一個人選擇某項職業，然後在村子裡找一位師傅，教導他該職業需要的技能。學徒向當地師傅學完所有功夫後，便會旅行至別處進修。踏上進修之旅的學徒成了老手。老手常常要長途跋涉，才有機會找到最合適他磨練技藝的師傅，然後在這位師傅手下工作。久而久之，老手最終可能成為師傅，然後再度展開上述的循環。

小啟示：西班牙著名的藝術家巴勃羅．畢加索（Pablo Ruiz Picasso）說：「我總是在做自己不會的事，只是為了學習該怎麼做。」

資料來源：林步昇譯（2020）。約翰．麥斯威爾（John C. Maxwell）著。《精準成長》，頁270-271。商業周刊出版。

成效納入考量外，並適度的整合傳統教育訓練和線上學習方式，以發揮最大的綜效。

五、新進員工引導

員工引導意指對新進員工提供基本的背景資訊，以利他們能順利地完成其工作。輔導新進員工時，除了簡介企業沿革、主要產品及成長目標外，應更積極地於此階段宣導用以溝通及塑造新進員工具有企業期待的文化、行為表現及公司深信不疑的價值信仰。

引導新進員工入門的做法有：

1.確保有人負責帶領新進員工，回答新員工的問題，才不致於讓新員工徬徨無助地坐在位置上無所適從。

2.帶領新進員工參觀公司環境，並介紹其他業務上往來的同事，讓他感受到團隊的氣氛。

3.告訴新進員工未來幾週，甚至幾個月中，整體的培訓計畫包括哪些，公司期望他在這段時間內學到什麼。

表6-6　如何讓生手變熟手？

·讓新進同仁適應新環境，是主管的重責大任。
·新人報到，第一天的印象是永遠的印象。
·瞭解公司的遠景及價值觀，才能成為志同道合的夥伴。
·企業家庭新成員的角色與地位。
·職務職責詳述任務及責任。
·新生訓練周詳完整，快速融入工作團隊。
·迎新儀式不可少，新人舊人不分家。
·大哥大姊輔導新同仁度過尷尬期。
·明日之星要靠今天的規劃與栽培。
·初任三個月，主管評估面談做調整。

資料來源：方正儀（1998）。〈如何讓生手變熟手？〉。《哈佛雜誌·管理高手書中書》。哈佛雜誌編輯部企劃製作。

4.給新進員工一些公司發展的沿革史、企業價值觀等背景資料。當新進員工瞭解公司的整體圖像，就越能融入企業文化中。

5.簡短說明公司的政策和規定，但不須太過繁瑣。

6.讓新進員工瞭解公司將如何驗收他的訓練結果，讓他感覺到主管對這個培訓的重視，以及期待未來他要完成的工作。

7.午餐時間往往是新人最尷尬的時刻，邀請一些員工和他一起共進午餐，不要只由上司或人資人員代表歡迎。

8.在一天快結束的時候，鼓勵新進員工多問問題，多一點互動，讓他帶著昂揚的心情回家（EMBA世界經理文摘編輯部，1997：113-114）。

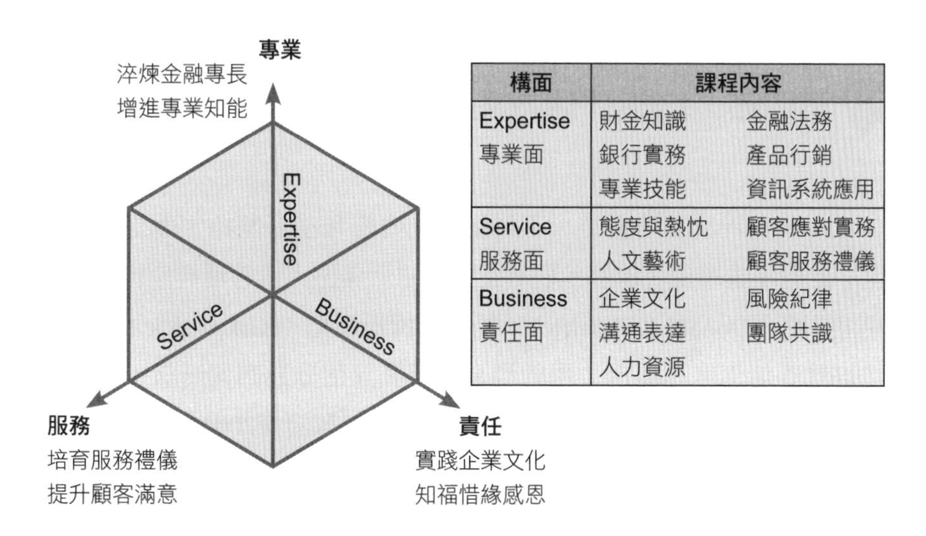

構面	課程內容	
Expertise 專業面	財金知識 銀行實務 專業技能	金融法務 產品行銷 資訊系統應用
Service 服務面	態度與熱忱 人文藝術	顧客應對實務 顧客服務禮儀
Business 責任面	企業文化 溝通表達 人力資源	風險紀律 團隊共識

圖6-6　新進人員訓練圖

資料來源：玉山銀行；引自蔡士敏（2009）。〈玉山銀行——加速招募培育攀峰人才〉。《能力雜誌》，總號第639期，頁68。

六、線上學習平台

資訊的意義不再是蒐集或是擁有，而是在於分享與重新的創造。在整個資訊化的過程中，就是不斷地重製、組合，並且應用及修正數位學習（e-learning）對企業的正式訓練計畫產生了重大影響。它相較於課堂上的正式訓練的好處有：費用較低、免除差旅費和生產時間的損失、訓練的規模可依需求增減、可順應要求開班。

線上學習是一種非線性的學習，可以做選擇性的學習，但線上學習不可能完全取代傳統教學法，因為有很多學習是需要面對面、肢體的接觸或者是眼神的教導，這點是網路教學做不到的，因為在教室上課或在職訓練時的人際交往和互動，對學習的效果也十分重要。

第四節　培訓評估方案

企業進行員工培訓時，不是從規劃內容和講師開始，而是跨出辦公室，走向事業單位，瞭解他們真正的需求。美國人資管理專家唐納德．柯克派屈克（Donald Kirkpatrick）提出了柯氏模型（Kirkpatrick Model），按培訓評估深度和難度，由低到高將培訓評估分為四個層級：反應、學習、行為和結果，來評估學習者的學習成果。政府在2005年發展人才訓練品質系統（Taiwan TrainQuali System, TTQS）以來，在培訓評鑑構面也顯而易見看到柯氏模型相關蹤影。1999年，美國訓練與發展協會（American Society for Training & Development, ASTD）增加了一項學習投資報酬率（Return On Investment, ROI）。

表6-7　柯克派屈克評估模型與評鑑重點

評鑑層級	中心議題	評鑑方式
反應層次	參與者是否喜歡或滿意訓練？	問卷調查、觀察法、課業評量表等。
學習層次	參與者自該訓練學習哪些知識？	筆試、口試、課堂表現、心得報告等。
行為層次	參與者於學習結束後是否有改變其行為？	觀察法或訪談法，以瞭解受訓者在實際的工作環境中其行為改變的情形。
成果層次	參與者所改變的行為對組織有否貢獻？	訓練前後比較，如：生產力提升、用人費降低、服務品質改善、客訴案降低、請假或離職率降低、顧客滿意度提升、證照率提高等。

資料來源：徐國淦（2016）。〈橋與渡船——如何掌握TTQS系統精髓，順利達標〉。《TTQS電子專刊》，105年度，第9期。

一、柯氏學習評估模型層級

(一)反應層級（level 1：reactions）

從課程講授中看學員的反應，是否瞭解課程內容、互動情形，用來評估受訓者對培訓課程、培訓教師和培訓安排的喜好程度。

(二)學習層級（level 2：learning）

瞭解是否從授課中吸收並進而思考運用於相關工作中。許多企業由訓練前後之相同測驗來測出訓練所提升的改變。

(三)行為層級（level 3：behavior）

行為評鑑是為了瞭解學員受訓後行為的改變是否符合企業的願景與目標。

受訓後的表現行為（如工作態度、處理事務的技巧等）是否於作業流程中嘗試改變程度？是否達到預期的目標？學習者要如何運用本次學習活動中所學習到的知識、技能或態度，轉化成行動並展現出來（學習遷移）。

(四)結果層級（level 4：results）

結果層級評估（工作品質與成效）前，必須事先建立評估的數據。對本次的學習活動或方案中產生了哪些影響或結果（追蹤學員受訓後對組織的貢獻程度），以作為訓練後對應比較之用，是柯氏模型中最重要也是最困難的評估。

2010年，學習績效評估大師吉姆·柯克派屈克（Jim Kirkpatrick）在美國人才發展協會（Association for Talent Development, ATD）年會上提出「期望回報」（Return On Expectation, ROE）的觀點，它有別於投資報酬率的強迫計算，我們並不需要自己設計期望，可以從既有的關係人渴望達到的預期成果「借」過來分析，找出真正屬於學習方案可以解決的指標，作為「層級4」想看到的成果（鍾佩君，2017）。

分析培訓的效益主要分為培訓成本（學員成本、行政成本、講師成本、設備成本及雜項成本）與效益面（生產力的提升、服務品質的提

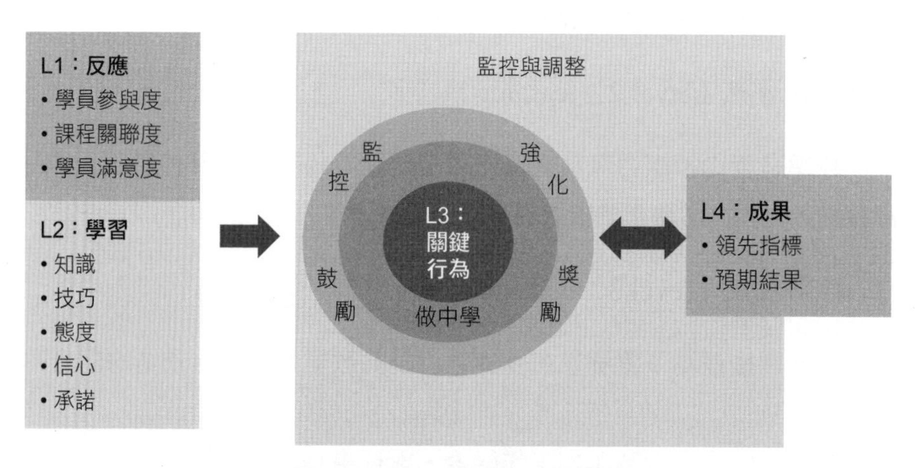

圖6-7　新柯氏學習評估模式

資料來源：新柯氏學習評估模式（Jim Kirkpatrick發表）；引自鍾佩君（2007）。〈初探新版柯氏學習評估模式〉。《評鑑雙月刊》第68期（2017/07）。

個案6-4　管理訓練地圖

訓練目標階層	能力發展	課程
處長級	創新	創新管理
	領導	激勵與領導
	創新	工作流程改造與改善
部經理級	追蹤與控制能力	員工績效評估與改善
	團隊建立	承上啟下的領導藝術
課經理級	線上經理人的管理能力	卓越主管管理才能研習營
		主管手冊研討
		面談技巧
	目標規劃與執行能力	目標管理
	問題解決能力	專案管理

資料來源：華亞科技；引自李宜萍（2007）。〈華亞科技　鍛鍊即戰力〉。《管理雜誌》，第396期，頁74。

升、不良率的降低、時間的節省等）。根據麥肯錫諮詢公司（McKinsey & Company）進行的一項調查表明，只有25%的企業主管認為培訓項目顯著改善了業務績效。

二、培訓移轉

培訓後的工作包括兩個層面，一是訓練成效評估，即對訓練的效果進行評價；二是促進學員將訓練成果轉化為實際工作績效而開展的一些措施。受訓者能否有效地實現培訓成果的轉化將決定訓練終極目的的實現。因為培訓活動僅是一個開始，成果轉化機制的建立才是問題的關鍵。

培訓是管理功能的一環，是企業人力資本投資的一種重要形式，不是目的而是過程，重點在於使員工透過培訓，改善與工作相關的知識、技能與態度，並運用在工作上，以提升組織績效。學習心理學家愛德華・桑代克（Edward L. Thorndike）說：「培訓轉移」（transfer of training）效果，其終極目的是希望受訓者將所學反映到工作行為中，提高工作績效，實現組織目標。

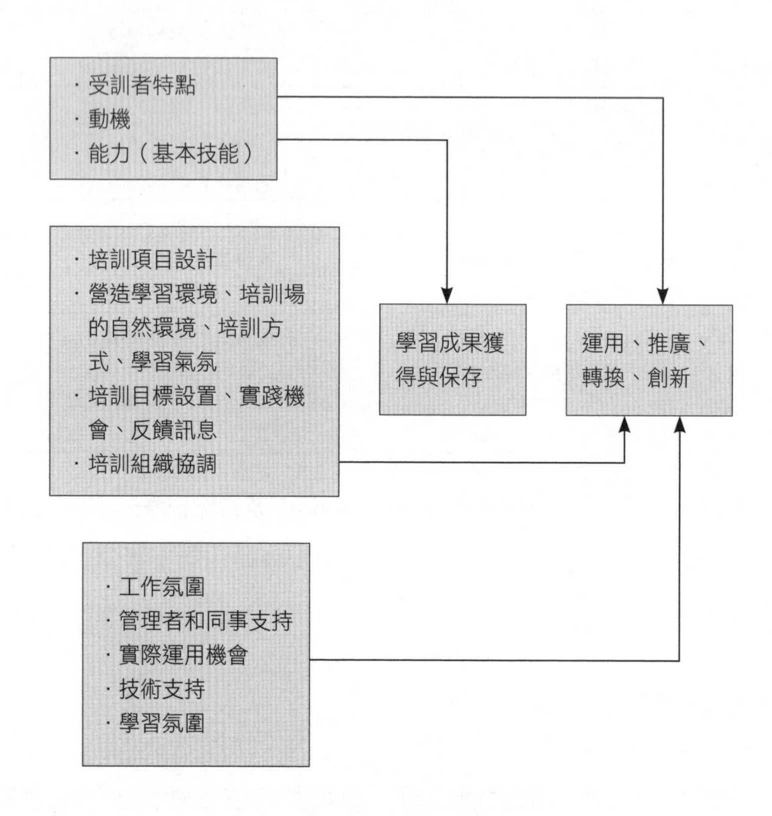

圖6-8　培訓成果轉化過程圖

資料來源：諶新民主編（2005）。《員工培訓成本收益分析》，頁283。廣東經濟出版社出版。

第五節　學習型組織

學習型組織（learning organization）的概念是哈佛大學教授杰伊．佛瑞斯特（Jay Forrester）於1965年在〈企業的新設計〉首先提出來的。1990年，佛瑞斯特的學生彼得．聖吉（Peter M. Senge）在《第五項修練：學習型組織的藝術與實務》（*The Fifth Discipline: The Art and Practice of the Learning Organization*）一書中指出，在組織中建立一個讓員工樂於學習的環境，不只是在硬體上提供必要的資源，更重要的是組織之上下必須瀰漫著一股求知的熱情，尤其是主管，更要以身作則，部屬才會認同，才會培養學習的風氣。

學習型組織的目的在於提升員工獲取知識與問題解決能力，使企業得以永續經營。未來企業必須凝聚員工之共識來參與團隊學習活動，產生系統思考，改變心智模式。

學習的步驟即在於啟發興趣、激發意願，並進一步建立其自信心。有計畫的聚集學習型人才，並推動、塑造組織的集體學習文化，進而不斷地提升組織的競爭力及效率。學習型組織就是一個從個人學習到團隊學習，到組織學習，再到全局學習，這樣一個不斷地進行學習與轉換的組織。學習要使用「眼、耳、心、口、手」五種器官。當這五種器官都使用時，學習的效果最好，它分別代表五種學習行為：「看、聽、想、問、做」。

學習型組織有助於企業加速變革，亦是未來企業發展之趨勢。美國學者懷特（T. P. Wright）在1936年研究飛機生產時發現，當生產數量增加時，所需的時間、成本、錯誤都會減少，這是因為透過練習，工人會越做越好，方法也會改進。這種練習次數與時間、成本、錯誤的關係曲線就是學習曲線（learning curve）。做中學、學中問、問中思、思中得、得中用，讓工作與生活相互搭配，當個快樂有智慧的終身學習者（lifelong learning）。

表6-8　五項修練在知識管理的運用

類別	知識管理的運用
自我超越 （personal mastery）	．員工應清楚自己的工作對公司有何貢獻。 ．公司應為員工設定生活目標，引導員工成長。 ．公司內部設立「典範人物」成為員工工作榜樣。
改善心智模式 （improving mental models）	．主管應會協助員工瞭解以何種方式進行工作。 ．企業應建立相約成俗的規範，無形中促進工作。 ．員工應摒除傳統思想窠臼，接受新工作與產品典範。
建立共同願景 （building shared vision）	．主管應將公司發展的前景告訴員工。 ．二至五年公司將有哪些重要任務，員工都已有瞭解。 ．企業內部各項目標都相輔相成，不致矛盾衝突。
團隊學習 （team learning）	．員工可經由工作相互地自主成長。 ．員工間經常互動，經由工作來解決問題。 ．主管應讓部屬參與討論發表意見機會。
系統思考 （systems thinking）	．有很好的管理與機會相互溝通與協調。 ．經常與外界（如客戶、供應商）聯繫，保持資訊暢通。 ．各部門的員工常與其他部門人員聯繫，非各行其是。

資料來源：彼得．聖吉（Peter Senge）著。《第五項修練：學習型組織的藝術與實務》。整理：丁志達。

學習新趨勢

20世紀闡揚做中學（learning by doing，在實踐中學）的教育理論，美國教育家約翰．杜威（John Dewey）的觀點在於反對傳統灌輸與機械式的培訓方式，主張人們應從實踐中學習並加以思考，然後將這些經驗知識反應於實際作為上，所以經驗（experience）是杜威的核心概念。

一個人的知識、能力大部分來自做中學（工作中自我理解成長）取得。從杜威開始，世界各國紛紛衍生出「體驗教育」課程：

1.經驗學習：由生活經驗獲得知識。

2.行動學習：以觀察、行動、嘗試、實作得到知識。

3.反思學習：自事件發生後加以省思，以強化未來處置能力。

4.能力學習：重視學習的能力而非經驗。（許仲毅，2019：15）

科技日新月異，一日千里，A（AI，人工智慧）、B（Big Data，大數據）、C（Cloud，雲端）引起潮流。隨著數位科技學習方興未艾，微學習設計、3D（3 Dimensions，三維）實體模擬教具、AR（Augmented Reality，擴增實境）教材、VR（Virtual Reality，虛擬實境）教室等實習課室，讓受訓者如親臨實境。相對於傳統的文字或平面教材，VR教材提供了更具豐富化和體驗性之內容，為培訓和學習帶來全新的視野和想像，對提升學習動機很有幫助。

個案6-5　如何推動數位學習

企業在推動數位學習時，必須理解數位學習和傳統學習的差異，設計適合吸收的內容，進一步與員工的工作需求相結合，並在工作環境中鼓勵學員運用。有很多種方式能進行數位學習，像是登入線上平台閱讀文章、看影片、建立公司內部的經驗交換論壇，或是請講師線上授課等等。

星宇航空是成功推廣數位學習的航空公司，推出員工訓練的動畫影片，呈現數位學習系統的目的是，要讓培訓能更快進行。根據學習者不同職位的需求，從學習地圖開始規劃，讓員工能分階段，提升所需要的職能和技術。

航空服務業要時時符合國際規範與標準，因此，隨時更新和瞭解相關資訊。公司用數位學習，幫助員工快速掌握最新消息，更新培訓流程，並在課程結束後驗收成果。

小啟示：數位學習將成為未來的常態。瞭解學員和領導人的需求，推出合適的學習內容，再搭配適當的推廣方法，才能提升數位學習的動能，讓團隊能力不斷提升。

資料來源：康永華主答，賴思穎採訪整理。〈如何推動數位學習？〉。《EMBA世界經理文摘》，第408期（2020/08），頁136。

第六節　人才發展品質系統管理

優質的勞動力是國家及社會發展的穩定力量，面臨知識經濟時代，勞動力素質優良與否更決定了國家的競爭力。面對高度的人才競爭壓力，唯有不斷地提升勞動力素質，方能因應接踵而來的挑戰。

2007年行政院勞委會職業訓練局正式推動訓練品質系統（Taiwan TrainQuali System, TTQS），鼓勵各事業單位及辦訓機構追求人力資本

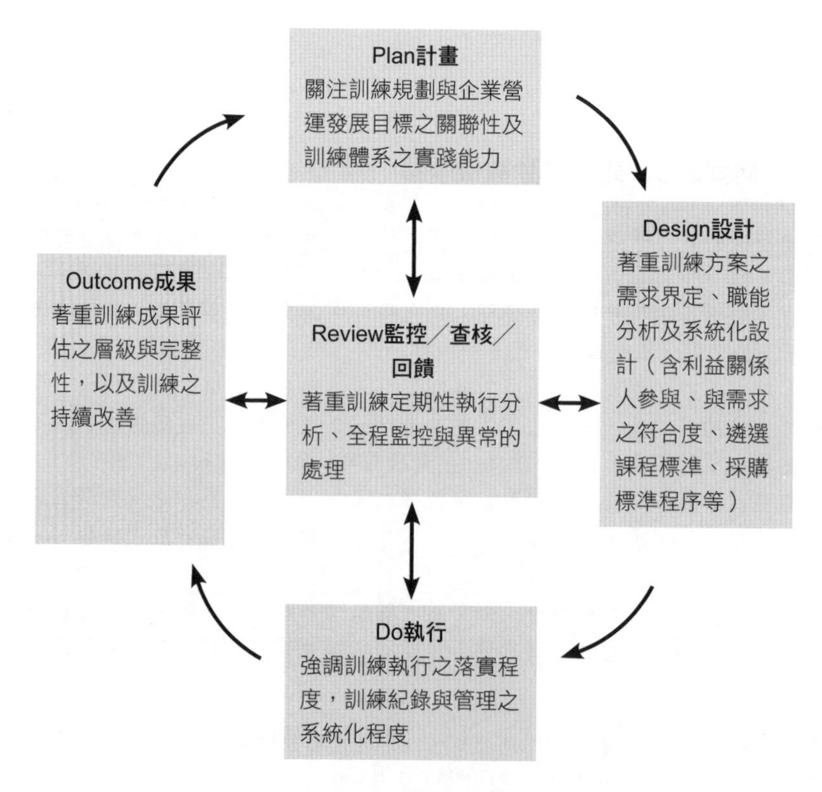

圖6-9　TTQS訓練管理循環（PDDRO）

資料來源：行政院勞工委員會職業訓練局編印（2012）。《TTQS訓練品質系統指引手冊——企業機構版》，頁8。

的卓越成長。透過TTQS系統，讓企業、組織的培訓工作與人資管理緊密連結，改善辦理培訓體質，創造最佳營運績效。2014年勞動部勞動力發展署成立後，特規劃設計適合我國辦理培訓環境之人才發展品質管理系統（Talent Quality-management System, TTQS），作為檢視各單位培訓體系、培訓計畫執行品質及訓練績效之評核與管理工具。

個案6-6　推動TTQS經驗分享

單位名稱	經驗分享
台灣積體電路製造（股）公司	台積（TSMC）以實際行動，支持行政院勞委會職訓局所推行的TTQS。藉由導入系統來「體驗」公司目前的制度與運作，以找到持續改善機會。導入之後，從PDDRO的縝密流程與標準中，重新檢視現行制度設計與實務運作，讓公司目標、人員培訓、訓練成效與成果更緊密結合。 TTQS可以協助訓練單位，審視整個訓練規劃，提升人才培訓效能。因此，值得有志於提升人力素質的企業導入。
士林電機（股）公司	士電培育種子講師，善用所有會議讓利害關係者熟悉此系統的精神與優點，使高階主管與員工支持各項變革活動。 在執行過程中，透過優化之前不足的部分，讓主管與員工立即感受到改變的力量，同時持續落實雙向互動「知識擴散」計畫，逐步朝向學習型組織邁進，以達到TTQS的目標。
台虹科技（股）公司	人才為公司提升競爭力之重要關鍵之一，台虹科技在董事長、總經理全力支持下，成功導入TTQS。 過程中，更能獲得各部門最高主管全程參與，清楚掌握TTQS的PDDRO架構及核心精神，依據5W2H（Design）的計畫書執行，與公司的願景、使命、策略及目標充分結合，做出明確的決策。 台虹科技認知到專業的教育訓練不只是讓員工自身成長，更因人才的培育而降低離職率及增加人時產值，進而提高顧客滿意度，降低成本。對此董事長除了重視及支持教育訓練外，更以每年編列總年薪支出的3%作為教育訓練經費，視為公司對員工教育訓練的承諾，希望培育出更多優秀的人員，提升台虹科技的競爭力。

單位名稱	經驗分享
明碁電通（股）公司	明碁BenQ以專案架構為基礎的訓練做法，因具體連結各事業單位的目標與需求，容易展現成效不再等待移轉。並以合作學習的方式取代自主學習系統，來確保相關知識留存在整個組織當中，落實為內部機制，在組織當中內化、傳承及擴散。 在環境劇烈變動的消費性電子產業，明碁BenQ依照TTQS標準化系統與持續改善精神，與經營團隊的步調一致，隨著環境變化與組織策略調整，即時加以調整改善，在各部門組織提出需求之前，先一步與其討論，提供解決方案，設定訓練目標、設計課程，協助組織快速轉型，彈性應變大環境變化，創造高效率與高績效。因為成效卓著，讓組織對訓練的信賴與依賴增加，訓練資源也隨之增加，形成組織與訓練一同成長的正面循環！
信織實業（股）公司	學習型領導對於一個組織而言是非常重要，董事長就是扮演這樣一個角色。公司在訓練初期以內部講師為推動基礎，藉由高階主管的積極參與並將知識傳承給下屬，經過TTQS的輔助後不僅更精準將內部需求由願景及職能落差分析導入外，更因為內部講師制度的成熟化使得訓練效果提升，在各成果面上都有絕佳表現。 面對外界環境的變化迅速，不僅組織需要隨外在環境的變遷而變化，人力素質的提升更是促使整體變革的重要因子，唯有讓員工不斷地學習和持續改善，建立學習型組織，才能提升整體組織績效，實現永續經營。
財團法人彰化基督教醫院	員工是彰基最大資產，「教育」亦是彰基五大願景之一，故提升員工能力與發展一直是努力的目標。 導入TTQS後，提升辦訓品質，建立更完善的訓練體系，讓訓練規劃能符合組織的需求，培育各類專業人才，達成醫院的經營目標，實現「成為醫療從業人員教育訓練的標竿醫院」之教育願景。
財團法人埔里基督教醫院	民國99年因申請勞委會職訓局推出教育訓練補助專案而接觸了TTQS。初期對TTQS系統是完全陌生，透過專家及顧問蒞院訓練與指導，並培養各部門TTQS種子人員，藉由TTQS之計畫（Plan）、設計（Design）、執行（Do）、查核（Review）、成果（Outcome）運作模式，讓辦訓的同仁利用具系統性、連結性、完整性的管理工具，用來作為教育訓練的檢核指標，確保教育訓練的品質。

資料來源：行政院勞委會（2012）。《第二屆國家訓練品質獎案例專刊》。行政院勞委會職業訓練局出版。

一、TTQS簡介

TTQS是一個幫助事業單位之培訓部門提升培訓品質，透過TTQS訓練品質管理循環：計畫P（Plan）、設計D（Design）、執行D（Do）、查核R（Review）與成果O（Outcome）之五項評核項目，協助企業將分散於各部門訓練表單、片段程序或培訓流程，施以系統化的管理，建立一套完整且系統化的策略性人力資源發展體系。

藉由TTQS之導入，循序推動訓練品質持續改善機制，將培訓是一種成本「支出」的觀念，扭轉為一種人才「投資」，讓「人才」成為企業最重要的資產。持續厚植企業人力資本，提升人力體系之運作效能，達到企業預期營運績效（行政院勞工委員會職業訓練局，2012：6）。

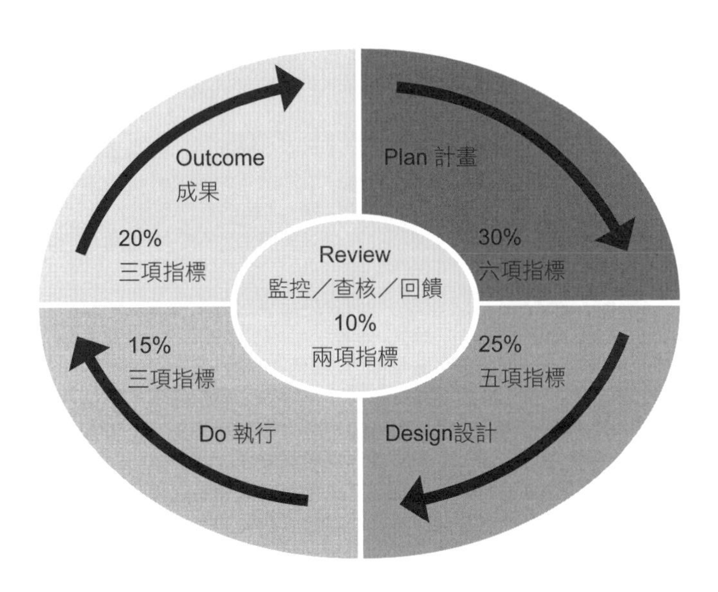

圖6-10　訓練品質評核指標

資料來源：行政院勞工委員會職業訓練局編印（2012）。《TTQS訓練品質系統指引手冊——訓練機構版》，頁20。

表6-9　TTQS人才發展品質管理系統評核表——企業機構版

單位名稱：			申請案號：		
評核範圍：					
評核委員：			評核日期： 年 月 日		
項目	**評核指標項目**		**內涵說明 （以下為例，但不以此為限）**	**計分**	**評核意見說明**
計畫 (Plan)	明確性	1. 組織願景／使命／策略的揭露與目標及需求的訂定	組織願景、使命、策略之揭露。 展現組織策略及未來發展方向。 展現組織年度工作計畫及相關行動方案。 展現組織年度訓練發展方向。		
		2.明確的訓練政策與目標以及高階主管對訓練的承諾及參與	依照組織情境及特性訂有明確的訓練政策，並適當揭露給員工知悉。 展現高階主管對於訓練之承諾與參與。 展現組織年度訓練目標及訓練重點。		
		3.明確PDDRO訓練體系及明確的核心訓練類別	展示完整之教育訓練體系規劃。 此體系適當反映訓練發展重點及核心能力。		
	系統性	4.訓練品質管理的系統化文件資訊	展示文件（如：訓練手冊、訓練體系圖表、程序或辦法等相關文件）以說明組織如何運作TTQS管理系統。 展示此文件如何核准、公告、更新、保存紀錄。		
	連結性	5.訓練規劃及經營目標達成的連結性	說明如何連結組織目標、需求及訓練發展方向。 展現如何連結訓練發展方向與訓練行動計畫及（策略性）重點課程。		
	能力	6.訓練單位與部門主管訓練發展能力及責任 部門主管包含事業部、利潤中心與功能性（研發、財務、行銷、業務、人資及其他等）部門主管	展現訓練單位有適當的分工及人員有足夠的訓練相關職能。 展現部門主管對人員發展之責任且具備適當的人員發展能力。		

（續）表6-9　TTQS人才發展品質管理系統評核表——企業機構版

項目	評核指標項目	內涵說明 （以下為例，但不以此為限）	計分	評核意見說明
設計 (Design)	7.訓練需求相關的職能分析及應用	展現課程設計過程中有進行適當的職能落差分析。 展現職能分析之方法及紀錄。		
	8.訓練方案的系統設計	展現訓練發展課程規劃時，有適當的訓練課程設計流程。 展現適當的訓練方案產出，如訓練目標、訓練方法、課程時程安排、師資遴選、學員遴選條件、訓練教材、設施與環境及訓練評估方法…。		
	9.利益關係人的參與過程 可能之主要利益關係人，如：受訓學員、客戶、部門主管、訓練部門人員、高階主管、講師或專家等。	展現課程規劃流程，利益關係人有適當參與課程設計及審查。 展現利益關係人參與課程設計及審查有適當之紀錄。		
	10.訓練資源的採購程序及甄選標準	展現課程設計時，有適當的流程進行師資（含內部講師）、教材或合格廠商評估選擇。 流程應有適當辦法進行評估、採購、簽約及後續管理作業。		
	11.訓練計畫及目標需求的結合	展現課程之設計產出符合訓練目標及訓練需求。		
執行 (Do)	12.訓練內涵按計畫執行的程度 12a 依據訓練目標遴選學員切合性	展現學員遴選條件及資格標準切合訓練目標需求。 展現教材評選作業流程及訓練目標之切合性。 展現課程講師遴選作業流程及訓練目標之切合性。 展現教學方法及訓練目標之切合性。 展現合適之教學環境及相關設備，並有定期維護紀錄。		
	12b 依據訓練目標選擇教材切合性			
	12c 依據訓練目標遴選師資切合性			
	12d 依據訓練目標選擇教學方法切合性			
	12e 依據課程目標選擇教學環境與設備			

（續）表6-9　TTQS人才發展品質管理系統評核表——企業機構版

項目	評核指標項目	內涵說明 （以下為例，但不以此為限）		計分	評核意見說明
執行 (Do)	13.學習成果的移轉及運用	展現適當機制與安排，促進受訓學員將課程所學運用於工作，或展現適當的獎懲措施，促進訓練達個人、小組團隊及組織績效改善之成果。			
	14.訓練資料分類與建檔及管理資訊系統化	展現訓練流程相關文件有適當系統化紀錄，並有分析及運用紀錄。 對訓練流程相關文件或紀錄有適當的保存及建檔。			
查核 (Review)	15.評估報告及定期性綜合分析	展現定期的課後檢討紀錄及適當的審查檢討改善機制。 課後檢討紀錄應展現學員建議及回饋、訓練需求、訓練目標、訓練方法等之檢討。			
	16.管控及異常矯正處理	展現整體訓練過程中，有持續管控且符合程序要求，並彙整結果進行定期（年度）審查。 建立適當的程序辦法，訓練流程異常時，應有紀錄及因應措施，必要時採取適當矯正措施防止再發。			
成果 (Outcome)	17.訓練成果評估的多元性和完整性	17a 反應評估	0分　未執行。 1分　執行滿意度調查。 2分　分析及回饋運用在下次之課程規劃之參考依據。		
		17b 學習評估	0分　未執行。 1分　執行考試或實作評量。 2分　依以上結果納入結案報告中，並對課程評量及學員建議進行檢討。		
		17c 行為評估	0分　未執行。 1分　執行課後行動計畫評估。 2分　有評估機制且有執行。 3分　評估機制及執行確實且有績效。		

（續）表6-9　TTQS人才發展品質管理系統評核表——企業機構版

項目	評核指標項目	內涵說明 （以下為例，但不以此為限）		計分	評核意見說明
	17.訓練成果評估的多元性和完整性	17d 成果評估	0分　未執行。 1分　評估訓練成效是否達成組織或工作之需求。 2分　有評估機制且有執行。 3分　評估機制及執行確實且有績效。		
	18.高階主管對於訓練發展的認知、支持及評價	評分標準： 1分　高階主管認為訓練有少許的改善功效。 2分　高階主管認為訓練有一定的改善功效。 3分　高階主管認為訓練有達成人員能力提升。 4分　高階主管認為訓練有達組織績效改善 5分　高階主管認為訓練有創造特殊績效或擴散效果。			
	19.訓練成果	評分標準： 1分　有初步成果，但沒有具體的佐證資料。 2分　有初步成果，且有部分佐證資料。 3分　個人績效改善成果。 4分　部門績效改善成果。 5分　組織績效改善成果，特殊績效。			
總分					
評核委員簽名		評核委員簽名			

資料來源：《TTQS人才發展品質管理系統標準作業手冊》附件四十：〈TTQS人才發展品質管理系統評核表——企業機構版〉（中華民國110年9月9日發能字第1100331707號函修正），頁80-83。主辦單位勞動部勞動力發展署。網址https://www.wda.gov.tw/download-files/7d54e305c89a4b22931f4e890e13f36e

二、TTQS指標簡述

TTQS訓練品質管理循環方面，分為以下五大評核指標：

(一)P：計畫部分（30%）

強調明確性、系統性、連結性及能力四大項。包括組織願景／使命／策略揭露及目標與需求的訂定、明確的訓練政策與目標以及高階主管對訓練的承諾與參與、明確的PDDRO訓練體系與明確的核心訓練類別、訓練品質管理的系統化文件資料、訓練規劃與經營目標達成的連結性、訓練單位與部門主管訓練發展能力與責任等六項指標。

(二)D：設計部分（25%）

包括訓練需求相關的職能分析與應用、訓練方案的系統設計、利益關係人的參與過程、訓練產品或服務的採購程序及甄選標準、訓練與目標需求的結合等五項指標。

(三)D：執行部分（15%）

包括訓練內涵按計畫執行的程度、學習成果的移轉與運用、訓練資料分類及建檔與管理資訊系統化等三項。

(四)R：查核部分

包括評估報告與定期性綜合分析、監控與異常矯正處理兩項。查核是為了確保良好的訓練品質，以及訓練工作改善的依據。從訓練執行，到異常狀況的矯正，都是檢核的要項。

(五)O：成果部分

也是最難得分的項目。包括訓練成果評估的多元性和完整性、高

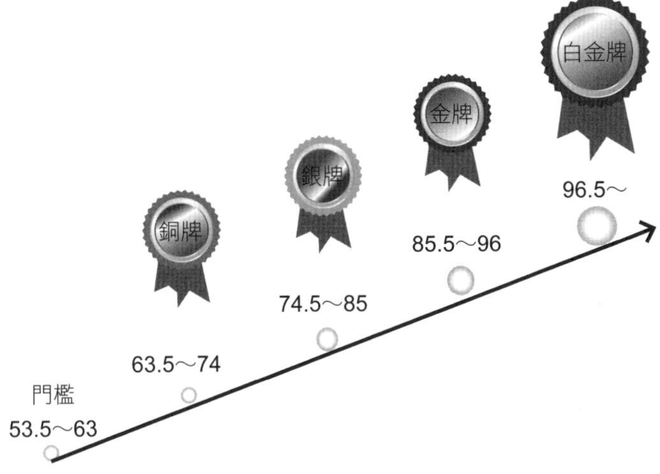

圖6-11　TTQS等級分數標準

資料來源：行政院勞工委員會職業訓練局編印（2012）。《TTQS訓練品質系統指引手冊——企業機構版》，頁21。

階主管對於訓練發展的認知與感受、訓練成果等三項。成果評估主要是依Kirkpatrick評估模型，依序為反應評估（指學員對訓練實施整體滿意度）、學習評估（指受訓練者經由訓練課程改變其態度、增進其知識或技術）、行為評估（指受訓者將訓練所學應用在工作職場的行為）、成果評估（指對組織所提供的具體貢獻）四個層次。

TTQS各項指標，是以有無記錄或文件證明作為評核標準。評核單位只要依據19項指標所訂的步驟，按部就班，成績評定應不致偏差太大。

結　語

從前有一位朱萍曼先生，為了學習「殺龍」的技術，耗盡千金的家產，苦學了三年，終於學會「殺龍」的本領，可惜世界上竟沒有「龍」可讓他一展所長呀！這就是最浪費的培訓投資，企業訓練應引以為戒。

教育需要啟發、訓練需要延續、發展需要整合。企業擁有源源不絕的人力資源，更進而創造無窮的企業價值而嘉惠每位員工。微軟創辦人比爾・蓋茲（Bill Gates）說：「企業未來的決勝關鍵在於學習及知識。」如何協助企業分享、累積、創造知識，是人資管理所面臨的新挑戰。

個案6-7　智慧的價值

一位師傅被一家公司請去檢查生產系統，由於系統故障，一切全都停擺。師傅到達時，只帶了一只黑色小袋子。他靜靜地在設備周圍走上幾分鐘，停了下來。仔細看著設備某個地方，從袋子裡拿出一個小錘子，輕輕地敲了一下。突然，整個系統又開始運轉，他就靜靜地離開了。

隔天他寄了帳單，經理看到暴跳如雷，上頭寫著1,000美元！經理馬上發了封電子郵件給師傅，寫到：「如果沒有列表說明服務項目，我不可能付這筆離譜的費用。」不久，他收到了一張發票，上頭寫著：

用錘子敲設備：1美元。

知道要敲哪裡：999美元。

小啟示：這就是智慧的價值！有智慧的導師往往會說該敲哪裡，他們的經驗和知識幫助我們解決自己處理不了的問題。

資料來源：林步昇譯（2020）。約翰・麥斯威爾（John C. Maxwell）著。《精準成長》，頁252-253。商業周刊出版。

Chapter 7

人力資源發展

在學校，老師會幫助你學習，到公司卻不會。如果你認為學校的老師要求你很嚴格，那是你還沒有進入公司打工。因為，如果公司對你不嚴厲，你就要失業了。

——微軟共同創辦人之一比爾．蓋茲（Bill Gates）

人資管理錦囊

某夜盜的兒子眼看父親漸漸老去，心想：「要是父親無法工作，只有我能為這個家賺錢，就非得趁現在學習夜盜的技巧。」他把這個想法告訴父親，父親注意到了一個容易下手的地方，待夜深後便帶兒子到大宅邸外，很有技巧地破壞圍牆，潛入邸院內，打開大型的櫃子後，父親命令兒子：「從其中挑出有價值的衣服。」之後，故事開始有意想不到的發展。

兒子一進入櫃子，父親立刻闔上蓋子，牢牢地上鎖。然後走到院子，咚咚咚地敲門，叫醒宅邸的人們後，自己先翻出牆外，兒子則在櫃中一動也不敢動。

「多麼殘忍的親生父親啊！竟把我丟在這個地方不管，真是王八蛋！」

在憤怒中，他突然靈機一動，由櫃子內部發出如老鼠咬東西般的聲音，如他所料，女傭點燃蠟燭，起來探視櫃子的內部。蓋上的鎖一解開，盜賊之子全力跳出，吹熄蠟燭的同時，推開女傭，如狡兔般地逃了出去。當然，人們會追出來，怒吼之聲劃破夜空。他在路旁發現水井，便拾起大塊石頭往水中用力一擲。稍後來到水井周圍的追逐者以為盜賊跳入水井，必死無疑，於是打道回府。

平安返家的兒子看到父親便惡言相向，父親鎮定地聽完兒子的話後，說道：「兒子啊！不要生氣。你靠自己的力量逃出來，不正是領悟了夜盜之術嗎？」

【小啟示】光是口頭上寬大，溫和之教訓，只會使聽者藐藐，只要是人便應有「一切靠自己追求」的想法，這種想法磨出人性，開發出才能。

資料來源：圓明譯（2001）。志村武著。《Go！人生向前走》，頁207-208。中天出版。

在全球化競爭和知識經濟時代來臨的今日，人力資本有別於過去人力資源，在於人資講求的是運用，人力資本講求的是投資，隨著企業競爭全球化的發展，分量愈來愈吃重。人力資本是勞工技術、經驗、創造力的總稱，而厚植人力資本就是人力資源發展（Human Resource Development, HRD）。

1989年美國訓練發展協會定義人資發展為：「整合訓練與發展、職涯發展和組織發展，以增進個人與組織效率的作為。」易言之，它是透過一套有系統的過程，從人才的徵選、個人生（職）涯發展、評鑑評估能力、培訓計畫、輪調、授權、賦予任務到接班制度等，而從中培養領導人才。日本趨勢大師大前研一（Kenichi Ohmae）說，如果現代人想在工作上獲得升遷、加薪，就必須努力成為擁有兩種以上專長的π型人。π型人正是時下企業主管心中的「跨領域人才的人，也就是T型人再瞄準另一種

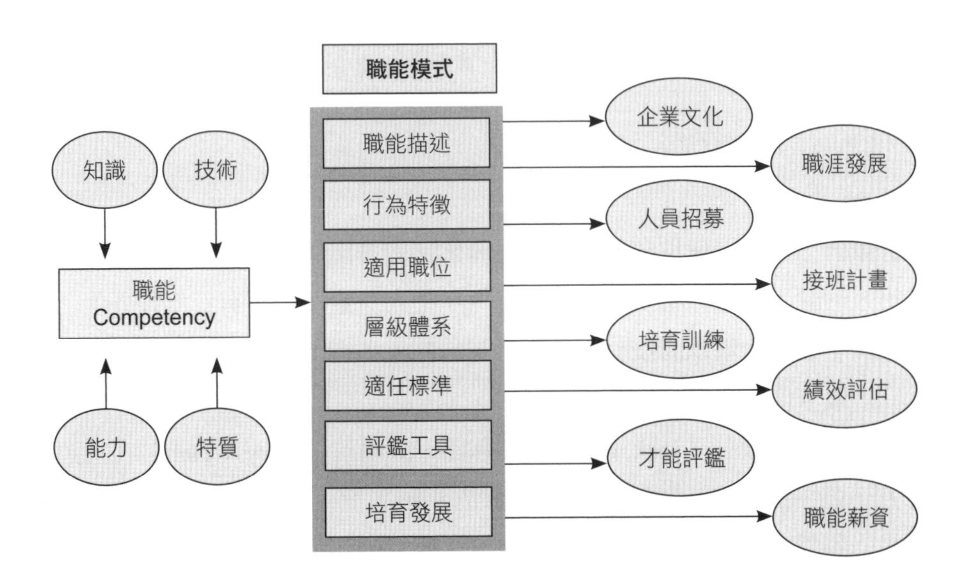

圖7-1　以核心能力為基礎的人力資源發展

資料來源：方翊倫／計畫主持人（2005）。「建立以核心能力為基礎的人力資源發展——中油專案」。共好顧問管理公司編印。

個案7-1　黃樹林裡分叉兩條路

黃樹林裡分叉兩條路，只可惜我不能都踏行，我，單獨的旅人，佇立良久，極目眺望一條路的盡頭，它隱沒在林叢深處。於是我選擇了另一條路，一樣平直，也許更值得。因為青草茵茵，還未被踩過，若有過往人蹤，路的狀況會相差無幾。

那天早上，兩條路都覆蓋在枯葉下，沒有踐踏的汙痕，啊！原先那條路留給另一天吧！明知一條路會引出另一條路，我懷疑我是否會回到原處，在許多許多年以後，在某處，我會輕輕嘆息說：黃樹林裡分叉兩條路，而我，我選擇了較少人跡的一條，使得一切多麼地不同。（資料來源：羅勃．佛洛斯特〈未竟之路〉）

小啟示：卡馬泰新《喜馬拉雅》（*Himalaya*）影片的名言：「我的師父說過，有一天，如果你的面前有兩條路，你一定要選擇那條艱苦的路，因為它會把你最好的那些東西給榨出來。」年輕人如果兩條路可選，千萬不要選容易走的路，因為這條路充滿了想走「捷徑」的人，會愈走愈累，最後直到被人家踩過去為止；因此要選最難走的路，因為難走的路一定很辛苦，當你走成功以後，可以很久也看不到人。輪調與升遷後的工作，都是我們沒有走過的路，原來熟悉的經驗將廢於一夕。有人抗拒，有人認命，但艱難的選擇會淬礪心智，讓人生的收穫豐滿些。

資料來源：丁志達整理。

專長鑽研、發展，使你在職場上競逐時比別人多出另一隻腳，正因為這隻多出來的腳，使得你可以更快地奔馳。年輕人一定至少要有五年國外生活的經驗，在四十歲以前沒有海外生活經驗的人，過了四十歲就會變得極端保守，嚴守傳統中錯誤的系統或做法。」

傑克．威爾許（Jack Welch）與蘇西．威爾許（Suzy Welch）在《致勝》一書中提到，一位剛踏入企業界的年輕人問：「我如何才能快速致勝？」他們回答：「首先，忘記你在學校學到的部分基本習慣。一旦出了社會，不管你是二十二歲還是六十二歲，展開第一份工作還是第五份工作——想要出人頭地，就要超越一般水準。」知識工作者要懂得自己要做什麼，假以時日，你會獲得「關愛的眼神」，步步高升。

1980年代，美國知名生涯發展學者唐納．舒伯（Donald Super）發現，人所扮演的身分角色影響人生每個階段的心態與行為，據此畫出「生涯彩虹圖」（Life-Career Rainbow）：不同的腳色就像彩虹的不同顏色，橫跨人的一生，內圈呈現凹凸不平、長短不一，代表在該年齡階段不同角色的分量。

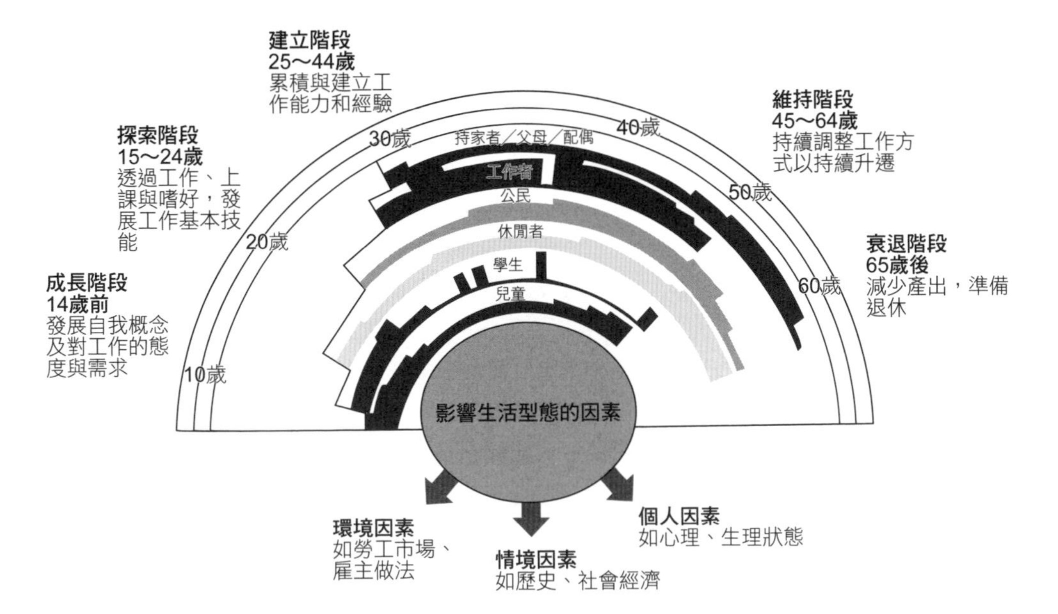

圖7-2　生涯彩虹圖：人生是多重角色的組合

資料來源：陳芳毓（2014）。〈生涯規劃不是「選工作」，而是「經營人生」〉。《經理人月刊》，第112期（2014/03），頁47。

第一節　輪調制度

工作輪調（job rotation）是以能力開發為目的，有計畫、有制度地定期給員工分配完全不同的一套工作活動，即從一個部門（職務）調到另一個部門，以增廣對企業各部門的瞭解，是培養員工多技能的一種有效的方法，既使組織受益，又激發了員工更大的工作興趣，創造了更多的職涯發展機會（激發潛能）。工作輪調通常薪資或職等職級不變。

圖7-3　調動五原則

資料來源：《勞動基準法》第10-1條；引自陳業鑫（2020）。《懂一點法律勞資不對立管理不犯錯》，頁212。天下雜誌出版。

人是攸關事業成敗的關鍵，有能力的員工不會一輩子只待在同一個職位，因而企業應定期檢視員工表現，適時輪調，開拓員工視野，培養員工全方位職能。適切的輪調制度，不僅活化人才運用，激發員工潛能，更創造組織人員的流動性，提高企業競爭優勢。輪調除了可幫助員工找到其他適合的職位，也替公司留住優秀人才。

一、工作輪調的重要性

好的人才不必然只能待在單一性質的工作，可以嘗試輪調、經歷各種工作，以培養他的視野，減少他形成專業成見（盲點），而導致組織中的穀倉效應（silo effect）。工作輪調就如同汽車要有「備胎」，行駛中就不怕突然「爆胎」而束手無策。有實施輪調制度的企業，在員工突然離職

表7-1　推行輪調制度的目的

推行輪調制度的目的
1.為因應組織業務需要，將人力資源進行較適當的調配，而將員工工作重新調整。
2.為使人力資源能適才適所，以免人力資源之浪費，遂將不能發揮才能的人員，輪調至適當的工作。
3.為增進員工歷練，擴大其工作層面，以養成多職能工。
4.為防止弊端發生，以免員工日久而怠忽工作或矇上欺下。
5.為補救人員遴選之缺失，可將職務不能適應或不能勝任的員工加以輪調至適才適所的職位。

資料來源：丁志達主講（2015）。「人力資源管理應用實務班」講義。桃園市人力資源管理協會編印。

他去時，就不會有離職者離職後所留下來的工作無人會做的「空窗期」（郭憲誌，2000：124）。

輪調對組織的好處是，可經由輪調培育出跨領域的人才，儲備未來高階主管人選。輪調之後，更重要的是，要為被輪調的人量身打造一套學習計畫，學習新的技能，擴充職務經驗，儘速補足缺乏的能力。除了安排外部課程，還可指派公司內一位資深、有熱忱的同事擔任他的導師（mentor），每週定期在專業知識、心理及文化調適上指導。人資部門則應督導整個指導過程，而導師指導的成績也應列入他自己被考核的績效中，才能讓導師制真正發揮效能。

二、職務輪調的步驟

工作輪調制度是每一員工擔任某種工作一段時間後，定期改變擔任其他工作。一位員工在同一職位「呆」太久，所見、所聞、所想的是本身的業務，較難看到整個組織的願景，於是產生本位主義的現象，遇事容易推諉塞責，斤斤計較。杜邦（DuPont）是一家國際性企業，在人才培育上，特別強調重視培養員工的國際觀，藉由工作輪調制度，給予員工更多的歷練，培養高績效的員工。

表7-2　輪調制度設計的方向

·輪調的種類〈內部輪調、外部輪調的管道〉。
·各職別工作年限的規定。
·哪些職位不列入輪調規範。
·輪調後隔多久可再返回原單位（職務）工作。
·強迫輪調與自願輪調的規定。
·有血親關係在同一服務單位的限制規定。
·輪調人員的業務移交與報到期限。
·輪調與考績的關聯性。

資料來源：丁志達主講。「人力資源管理實務研習班」講義。中國生產力中心中區服務處編印。

工作輪調的步驟為：

第一步驟是每年舉辦一次全公司各單位組織、職權及功能說明會，期使員工對各單位之工作及其相互關係有一概略且完整的認識，瞭解自己在組織中的位置及對組織的效用，另一方面可瞭解組織整個運作的方式及原因。

第二步驟是推行個人在組織內的生涯規劃，以瞭解每位員工在組織內的期望及未來發展途徑。

杜邦為培養接班人選，由總裁、資深主管、人事組織總經理等組成的工作調動小組，每年都會針對員工職涯發展計畫及組織接班計畫，安排工作輪調事宜。在杜邦，有三種人是會被調動的，第一種是表現非常傑出，會給他更大的責任，激發他的潛力；其次是需要歷練的員工；最後一種是不適任員工，這類型的員工尚未到請他走路（解僱）階段，希望透過輪調，找到一個更適合發揮專長的工作。經過計畫性的工作輪調制度，以培養高效率的人才（蔡宗憲口述，陳昌陽撰文，2005：16）。

工作輪調是一項成本較低的組織內部調整和變動，既能給員工帶來工作的新鮮感和挑戰性，又不會帶來太大的組織破壞，使組織重整後更具效率。定期實施輪調制度，不但可使組織成員瞭解各部門的工作內容及困難所在，以及組織內互相依賴（協作）的關係，進而可以體認自己與團體

表7-3　員工調職時應考慮的要點

1.必須考慮清楚拒絕調職的後果會如何？你在公司的前途會因此完蛋嗎？或日後仍有可能升遷？這是否意味著你可以繼續工作下去，可是原來所渴望的職位或負責的工作再也輪不到你了？你必須和家人討論，並澈底解決這些問題。除了事業前途的影響之外，還要考慮經濟上的得與失，與家庭的未來等。
2.必須搞清楚這次外調是永久性外放，或是稍後還有回來總部或原來辦公室的可能？如果可能，時間會是多長——兩年？五年？抑或十年？
3.必須打聽清楚，調職對你的未來會帶來何種影響？公司會做些什麼？在搬家和安頓方面提供哪些幫助？公司的福利會讓你在新社區裡享有何種生活形態？
4.應該盡量要求有充分時間，以便和家人商量並考慮一切可能的影響。
5.應該多瞭解未來的工作環境。如果可能的話，在下決定前最好親自走一趟，並且和曾在那裡工作過或住過的同事詳談。
6.考慮清楚調職可能帶來的影響。這是再一次坐下來，好好分析你的生涯目標與生活的優先次序的大好機會，如社區服務、嗜好、興趣、環境需要等，以確定能控制這次搬家對你的家庭與生活所可能帶來的影響。
7.最後，如果決定接受調職，便應全心全意地接受，並且充分利用因這次調動為你與家庭所帶來的利益。

資料來源：李淑嫻譯（1991）。迪梅爾（George deMare）、蘇茉菲（Joanne Summerfield）著。《生涯挑戰101——做工作的主人》，頁85-86。天下文化出版。

個案7-2　亞都飯店的輪調制度

在亞都的兩種升遷管道中，直向的升遷是在原有的專業領域中往上爬升，橫向的升遷則要看個人的能力與可塑性，去做不同部門的調整。當一個員工在某個部門面臨著瓶頸，以橫向的輪調來激發他的潛能，常是我在人事管理上運用的方法。

在我的理念中，部門主管橫向輪調絕對是必要的。其一，可以幫助員工成長。換一個工作，增加了他學習的機會，也激發了原本潛在的能力。再換另外一個角度來看，橫向的調動，可以讓員工瞭解每個部門的困難與問題，消弭本位主義，也可以減少部門之間的衝突。而重要的是，輪調是成為高階主管的必經之路。面對不同階層、領域的下屬，增加了他的管理能力，也同時增強了作為一個高階主管所必備的協調能力與溝通能力。

資料來源：嚴長壽（2017）。《總裁獅子心——留住員工的三大要件》，頁205。平安文化出版。

榮辱與共的情懷，可避免工作倦怠，並刺激個人工作生涯的成長。

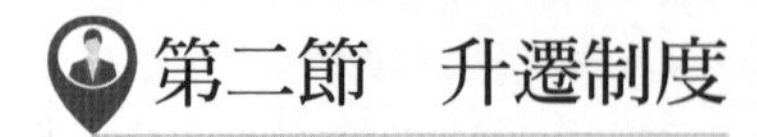

第二節　升遷制度

升遷（promotion）是將員工安置在組織架構中較高的職位，通常均含有較重的責任、較顯著的地位、較多的自由、較大的權力、較優厚的待遇，以及較穩固的保障。但員工往往因表現傑出而被提升，卻未考慮其能否勝任新的工作，特別是「管人」的工作。人際關係學大師戴爾．卡內基（Dale Carnegie）說：「一個人的事業成功，只有15%是由於他的專業知識和技能，而85%要依靠他的人際關係。」

當員工顯示倦勤跡象，或表露離職他就的意願時，主管往往會以晉升為條件，試圖說服該員留下來（賄賂）。有些主管往往因部屬在現有崗位上的工作表現良好而予以提升，但並沒有仔細評估他是否能勝任較高職位的工作要求與能力（酬庸）。組織用人若沒有刻意節制，以晉升充作賄賂或酬庸員工的手段，則勢必應驗管理學者勞倫斯．彼得（Laurence J. Peter）所提出的「彼得原理」（The Peter Principle）。

個案7-3　升遷寓言

一位下級軍官問腓特烈大帝說：「我跟你出生入死，歷經百戰，為什麼始終只能位居低層，不能像另外許多袍澤一樣，節節高昇，光宗耀祖？」

腓特烈大帝面帶微笑，指著一頭正由身邊經過，馱運輜重的驢子答道：「你知道嗎？這頭驢子也和你一樣，跟著我出生入死，身經百戰，但他仍然是一頭驢子。」

小啟示：法國軍事家拿破崙說：「不想當將軍的士兵不是好士兵。」誠然，只要社會中存在著階級制度，那麼，人一生下來就開始本能地往上爬，表現在事業中就是要獲得盡可能更多的成功晉升機會，目標是晉升獲得成功的一個相當重要的因素。

參考資料：周浩正（1988）。《商用孫子兵法》，頁9。

一、彼得原理

法國諺語：「在第二位置時光芒四射，而到了第一位置時卻黯然失色。」這是因未考慮員工是否已做好升遷的準備。一旦被晉升的員工本身的學習成長太慢，或是沒有足夠的培育，不能適應管理工作，就會對新接任的職位無法勝任而出現彼得原理。它指出在實行階級制度的社會裡，人一生下來就開始本能地晉升，甚至企圖爬到力所不及的層級上所描述的狀況。

勞倫斯．彼得（Laurence J. Peter）和雷蒙德．霍爾（Raymond Hull）於1969年合著《彼得原理》，書中指出：「世上任何工作總有某個地方的某個人無法勝任，只要有足夠時間和升遷機會，那個不能勝任的人終將得到那份工作！」法國皇帝拿破崙說：「不想當將軍的士兵不是好士兵。」我們每一個人心裡都有想當皇帝的欲望，所以無論我們處於什麼組織之中，都會有竭力走向組織最上層的衝動，這是人類的本能需求。由此導出彼得的推論是：「一個職位最終都將被一個不能勝任其工作的員工所占據。層級組織的工作任務多半是由尚未達到不勝任階層的員工完成的。」

個案7-4　職務輪調

台積（TSMC）有兩個雙贏（win-win）的例子：其中一位是有工業工程背景的廠長，調到人資（HR）營運中心擔任主管，他把自己的專長結合過去當「人力資源使用者」的經驗，大幅翻修這個單位的作業流程，成效卓著。

另外一位是把一位製程整合專長的博士，調到訂價處，他把自己產品和技術的專長，用於策略性訂價，改變了過去成本毛利訂價的傳統方式，為公司創造了不少貢獻。

小啟示：普克定律（Packard's Law）說：「企業成長速度，若超過人才進入或內部培養的速度，就無法成為卓越企業。」

資料來源：廖舜生口述（2008）。《哈佛商業評論》，新版第26期，頁53。

二、如何避免「彼得原理」的產生

升遷系統應強調個人的潛能及彈性，一旦發現有些人被提拔到他們能力所不及的職位，可以採取某些措施將他們慢慢移回他們可以有效發揮才能的職位上。隨著升遷而來的準備工作也是很重要的。如果打算要提升一名部屬，最好先確定他充分瞭解新工作的職權與內容。

首先組織要確認升遷的標準，不應只看到既有職位者目前的工作表現，也要有計畫地觀察其適應未來職位的潛能。組織也需要提供完善的學習與導師制度，以便認出有發展潛能的員工，幫助他們成長，培養組織的接班梯隊。在組織文化上，也應避免將員工的目標導向只重升遷的職涯途徑，除了升遷之外，也可以考慮以獎金、變更職稱等方式來激勵員工的措施。員工要認識自己，瞭解自己的核心能力，發現自己的工作興趣，選擇

表7-4　晉升部屬的正當理由

晉升部屬的正當理由
1.該員有能力承擔更多的職責，使其主管能集中精神處理其他的工作。
2.該員得以發展其特有的技能，而為公司創造更高的生產力。
3.該員已在一連串任務與計畫中表現出色，他的才華應該進一步的發揮。
4.該部門的責任與工作即將加重，有需要遴選優秀員工升任主管，以領導新進員工。

資料來源：丁志達主講（2015）。「人力資源管理應用實務班」講義。桃園市人力資源管理協會編印。

表7-5　不正當的晉升部屬理由

不正當的晉升部屬理由
1.如果不晉升他，他會離職。
2.甲部門的課長人數比我們多，所以本部門也應該增加幾位課長。
3.他已經做了很久，也該給他升級了。
4.如果他獲得晉升，一定不會改變現狀，我們比較放心。
5.他在做任何決定之前，都會先請示我們。
6.晉升他為主管，就可以阻止他積極參加工會活動。
7.他將是一位很好的管理者，因為他從來與世無爭。

資料來源：丁志達主講（2015）。「人力資源管理應用實務班」講義。桃園市人力資源管理協會編印。

自己最能勝任的工作，不要被升遷的光環所蒙蔽（任維廉，2005：65）。

第三節　接班人計畫

在知識經濟時代，人力資本已經超出其他一切資源，成為決定企業經營成敗的關鍵因素。對於一個健康、持續發展的企業來說，關鍵是要建立一套完善的組織機構和體系；而建立完善的組織機構和體系，其中的一個核心要素就是完善的培養接班人制度。奇異（GE）前總裁傑克．威爾許（Jack Welch）說：「我們正身處在全球的競技場中，而且在每一回合的打鬥之間，甚至沒有片刻時間可休息。所以，挑選接班人是我最重要的決策，我幾乎每天花很多時間來思考這個問題。」

不論個人天賦有多高，沒有任何「魅力領導」能自始自終保證不過度干擾工作環境，不會讓官僚作風盛行。通用汽車（GM）前執行長艾弗雷德．史隆（Alfred Pritchard Sloan, Jr.）退休後、可口可樂（Coca-Cola）的傳奇執行長羅伯特．古茲維塔（Roberto Goizueta）過世後，這兩家企

表7-6　台灣家族企業接班困境一覽

他國家族企業傳承情況	台灣家族企業難題	主要關係人	家族企業傳承方式	
			工具	優點
第二代：30%	1.企業未能及早規劃 2.繼任者無意願接班 3.中小企業資源有限 4.外部環境變化 5.少子化及人口老化 6.經濟環境或產業鏈變遷	1.股東 2.公司員工 3.家族成員 4.產業鏈 5.政府稅收 6.產業知識與技術	遺囑分配	上一代擁有掌控權
			家族信託	設定時間、可將經營權與財產權分離
第三代：12%			閉鎖性公司	黃金股制度有效保障決策權與財產權
第四代：3%			家族控股公司	輕鬆掌握股權分配情況

資料來源：林昱均（2020）。〈家族企業接班，七成交棒失敗〉。《工商時報》，2020年2月18日，A12稅務法務。

表7-7 接班人制度考慮的要素

要素	說明
企業策略	每個組織都必須有市場策略與人才策略，作為接班人制度的基礎。
支持者與參與者	接班人管理制度必須贏得管理高層的支持，企業各部門主管也必須參與負責，才能真正推動接班人管理制度。
人才辨識系統	好的接班人制度能依據過去表現、個人潛力，以及企業重視的組織與領導能力，及早辨別優秀的管理人才。
發展經驗與職務之間的連結	有效的接班人制度，必須在職位與相關工作經驗間，建立明顯的連結。而這樣的連結又必須有一系列合乎邏輯的「能力延伸任務」，使候選人做好接任的準備。
評估者	評估者必須有跨部門的觀點，以及綜觀各項要素與活動的能力。
追蹤系統	好的追蹤系統必須有量化與質化的衡量標準，並能突顯整個制度的優缺點。
成功的衡量標準	必須仰賴個別與系統的評量標準，雙管齊下，才能確保評估制度長期有效，並使制度能不斷地調整與強化。

資料來源：編輯部（2012）。〈接班人在哪裡？——接班人制度〉。《大師輕鬆讀》，第459期，頁37-38。

業的接班人似乎不易找到經營施力點，這個現象說明了把領導重心放在迷戀個人風采的做法並不具有多大意義。

一、接班人的培育

傳統的接班人計畫（succession planning）大多由組織內部進行人才的挑選與資料庫的建立，但隨著全球化競爭環境的形成，當代接班管理之執行已朝向內部與外部人才同步考慮的設計方向，且思考如何將培育的人才留任在組織中。

企業管理中各階層的接班計畫時時考驗著企業主的智慧，同時也是企業永續經營的最大考驗。諾爾．提區（Noel M. Tichy）與南西．卡德威（Nancy Cardwell）在《教導型組織》提到：「成功組織會贏，贏在它的領導人不斷栽培組織上下每個層級的其他領導人。」這句話完全凸顯了接

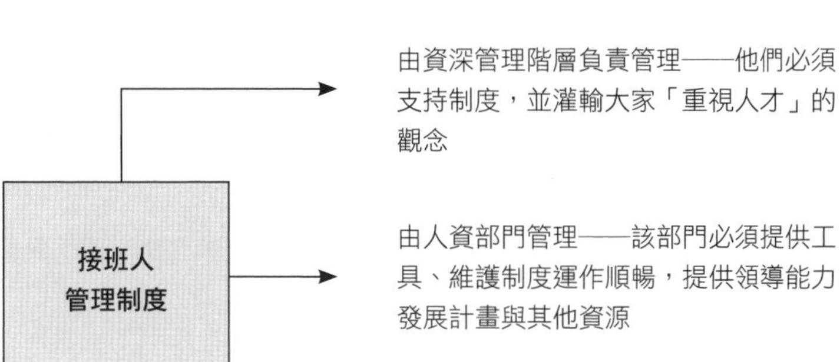

圖7-4　接班人管理制度

資料來源：曾湞菁譯（2004）。羅伯特．富爾默（Robert Fulmer）、傑伊．康格（Jay Conger）著。〈接班人在哪裡？〉。《大師輕鬆讀》，第77期，頁25。

班人培育對企業的重要性，企業關鍵人才的養成與接班梯隊的建立的確是企業基業長青的基礎，更是競爭力的優勢所在。

《基業長青》作者吉姆．柯林斯（Jim Collins）指出，具創業百年歷史的企業都是由組織內培育高潛力人才來保存核心價值及延續卓越的領導品質，以建構起永續經營的基業。接班人培育，包括中高層職位、競爭性的關鍵職缺，以及求才和留才皆不易的主管職。接班人也不一定要侷限提拔企業內部人選，當內部人選不能勝任未來的重要職位時，則可以考慮外部人選，甚至是優秀的離職員工。

早期大多數接班人計畫只關心最資深的管理人才，對一般管理職位不太重視。隨著計畫重心由「取代」的評選過程，轉移到人才「發展」上，接班人計畫才被重視。傑克．威爾許說：「高效的領導者都意識到，對領導能力最後的考驗就看能否獲得持久的成功，而這需要不斷地培養接班人才能完成。」威爾許並不是只說說而已，他在做了奇異（GE）二十年的執行長後，他認為該是自己交棒的時候了，於是他選好了傑夫．

個案7-5　我要選誰當接班人？

曹操晚年要立繼承人，雖然按理應是年長的曹丕接班，但曹操卻比較喜歡「才高八斗」較小的兒子曹植。

有一次，曹操問賈詡：「我要選誰當接班人？」賈詡不答，曹操說你為什麼不回答，賈詡說：「我在想事情，所以不回答」。

曹操問你在想什麼，賈詡回答：「我在想袁紹、劉表父子！」袁紹、劉表父子都是因「廢長立幼」導致國內大亂，最後被曹操利用他們兄弟間的矛盾而一舉消滅，曹操對這兩對父子的事情了然於胸，聽完賈詡的話，曹操大笑，決定立曹丕當接班人。

小啟示：後來曹丕當上皇帝，知道賈詡有過此建議，還立賈詡當上三公之一的太尉。

資料來源：丁志達整理。

伊梅爾特（Jeffrey R. Immelt）作為自己的繼承人，很平靜地完成了職位交接儀式。接班人的培養是企業永續經營的重點工作，因為需要花費較長的時間，所以愈早開始進行接班人規劃效果愈好。

二、家族企業的接班人問題

國內許多家族企業正面臨世代交替的關鍵時期，傳承接班的議題近年來持續受到關注。台灣約一百四十六萬多家企業中，中小企業占比約達97.64%，其中絕大多數屬於家族企業。家族企業很可能為公司治理（corporate governance）、公司改組、甚至為公司存亡等挑戰而掙扎。家族企業的領導人，傾向以關係（指員工與領導人是不是有血緣關係，或是類似血緣的倫理關係）、忠誠（指員工是否對企業領導人效忠與服從）與才能（指完成組織、領導人指示的任務或是目標）這三類標準將員工分類，台灣家族企業在論斷領導人才時，特別重視血緣（近親繁殖）。因而，家族企業的接班問題，經常牽動著企業對權力結構的改變，也牽動著高層關鍵人才的去留。

接班人的勝任與否直接攸關企業的興衰成敗。在華人企業，接班人大多是傳子不傳賢，而無論傳子或傳賢，主其事者都要為企業選出自己的接班人，因而，企業必須建立一套完整的接班人培育計畫，如此，當關鍵職務負責人突然生病請假、離職、退休，才不會頓時造成公司人力上的斷層、財力上的損失。家族企業若想發展為百年企業必須構建「三力」，分別是建立持續做出正確決策機制的決策力、支撐企業決策體系的支配力、能找出支撐家族與企業永續傳承的核心價值力。

想要聘僱和留住最優秀人才，並長期成功競爭的家族企業，必須克服的第一個障礙，顯然就是公司治理，以往的家族治理，用的是情、理、法。但若從專業化管理角度來看，應該是倒過來，採取法優先、理次之、情居後的次序。例如要建立人資系統或是績效考核制度，可以透過外部顧問協助建立，邀請相關部門的主管參與，讓他們從參與中去瞭解、接受、部署、執行（李紹唐，2020）。

表7-8 嚴謹的接班流程

第一階段：股東進行討論和參與		
由企業主家族或董事會對接班做簡報，並分析可能的幾個情境	股東組成工作坊，針對未來擬定策略，並設計接班流程	根據策略目標、價值觀和希望具備的能力，來擬定理想接班人的條件
第二階段：挑人選		
在公司和家族內外尋找、評估適當人選，擬定一長串的名單	縮短名單，並收集入圍合適人選的相關資料	選出一、兩人最後人選，並與最後選定的接班人協商合約內容
第三階段：接班人的磨合和發展		
為接班最初六到十二個月擬定重要推行事項，並遴選最高管理團隊	十二個月後做全盤檢討，必要時擬定發展計畫，以便在大約兩年後，達成策略和業務目標	執行長合約到期時，討論和決定要不要續約

資料來源：克勞帝歐．佛南迪茲—亞勞茲（Claudio Fernández-Aráoz）、桑尼．伊克巴爾（Sonny Iqbal）、卓格．芮特（Jörg Ritter）（2015）。〈家族企業教你的領導課〉。《哈佛商業評論》，新版第104期，頁93。

個案7-6　家族企業找誰來接班？

國內豪華車龍頭汎德永業汽車公司總裁唐榮椿談到接班問題透露，早年他在加拿大擔任會計師，有著大好前途，但父親一聲令下，他還是回台接掌汎德；不過，到了下一代，多年前曾與兒子深談接班問題，卻是不一樣的結果。

唐榮椿說，他答應兒子有五年培訓期，更保證不會加班、薪水加倍，當時兒子僅說考慮。八個月後，再問兒子考慮結果：兒子說，他在臉書的工作很好，更說「錢對我來說一點都不重要」。

「當時我一聽，火都上來了，覺得自己是『末代皇帝』。」但轉念打拚多年就是為了下一代快樂，他氣消了，可是不願汎德就此不了了之，或將股權賣給外人出現經營權之爭，才規劃上市。

唐榮椿說，常聽到家族企業「富不過三代」，並不是第三代比較差，主要是因為家族成員增加意見也多，要永續經營只有上市一條路，吸引人才也更容易。

唐榮椿認為，所有行業成敗都在於管理，他提醒自己「莊敬自強、管理取勝」。但也憂心，想到1949年全家搭「倒數第二班船」，幾乎兩手空空來台，公司遇到問題都不怕，「我只怕打仗，一打仗什麼都毀了」。

小啟示：家族企業在評估高階主管人選時，他們最重視的就是人選是否符合公司的文化。同時，致力進行健全的決策和管理實務，是非常重要的，不論公司是股票公開上市，還是部分股權投資者（例如私募股權公司）擁有，或是完全由家族擁有，都是如此。

資料來源：林海（2020）。〈汎德10月掛牌上市 總裁透露：動念上市，因兒子拒接班〉。《聯合報》，2020年9月11日，A13財經要聞。

第四節　棋盤式生涯發展

心理學中有一個重要的概念，就是月暈效應（halo effect）。一個形象良好的個人，將為自己形成一個光環，別人透過這個光環，就會形成一個完美的形象，個人定位的標籤也就是一個上上籤了。21世紀個人成功的原則之一就是良好的個人形象，人們喜歡有魅力的人。

一、生涯規劃與發展

人有了謀生的技能，才能談生涯規劃（career planning）。個人生涯要用「腦」做科學的規劃，更要用「心」做哲學的調適。生涯規劃就像一盤棋，可以直著走、橫著走或斜著走。每個人都必須考慮清楚如何做好生涯規劃，因為一個人不可能永遠保持順利，碰到困難時，如《孟子・盡心篇》：「天將降大任於斯人也，必先苦其心志，勞其筋骨，餓其體膚，空乏其身，行拂亂其所為，所以動心忍性，增益其所不能。」這段話的含義便是一個成功之人從來不會順順利利地走上青雲之路，只有承受得了一路走來的磨難和艱險，才可能有扶搖直上的一天。這時怎麼克服逆境，就看這個人對自己生涯的願景及使命是否有堅持下去的信心及毅力。

生涯發展（career development）是個籠統的名詞，經歷、工作調派，以及驅使員工更上層樓的師徒關係，是指一個人職業的開始至結束。任何

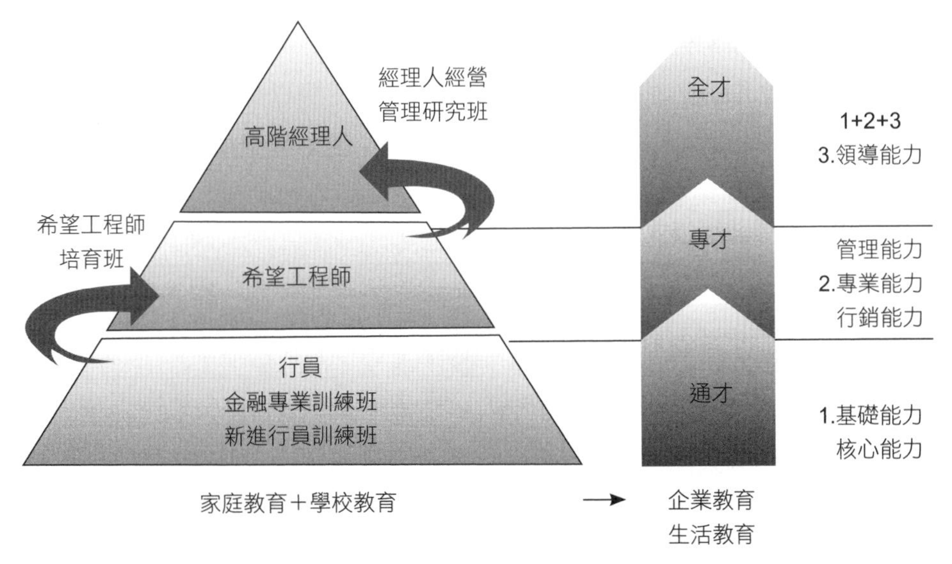

圖7-5 培育與發展

資料來源：玉山銀行；引自蔡士敏（2009）。〈玉山銀行——加速招募培育攀峰人才〉，《能力雜誌》，總號第639期，頁68。

一家企業若想留住最佳人才，或添補因員工退休、跳槽和內部擴充而虛懸的職位，就必須撥出資源用於員工生涯發展，培植一批陣容堅強的人才。

生涯概念萌芽於20世紀的前半葉，企業重視員工生涯發展晚至20世紀後半葉。初期單純地用於協助員工認識自己的興趣與特長，進而順利達成他們在企業內部的目標，後來才演變成顧及企業整體性需求，又尊重員工個別的意願，亦即生涯發展結合企業願景，共同發揮動能，達到勞資雙贏的理想。《論語．雍也第六》：「知之者不如好之者，好之者不如樂之者。」「樂之者」也就是真正享受學習的人才，是最可貴的人才。

二、生涯雙軌制

在棋盤式的生涯規劃中，從起點到終點，通常不一定是走直線，不妨多給自己一點機會，可以拐個彎，培養第二、第三專長。個人必須時時檢視現況找出落差，從中修正未來的生涯規劃。

雙梯晉升路徑（dual career ladder）係為解決專業技術人員的職業發展困境提供一個有效的方法。企業內為管理人員和專業技術人員設計一個

表7-9　職業興趣模式

類型	說明
實際型（realistic）	喜歡自己動手操作，思考的模式較具體。
探究型（investigative）	喜歡蒐集數字，探究觀點，打破砂鍋問到底。
傳統型（conventional）	遵守既定的規章，適合擔任公務人員，照章行事。
藝術型（artistic）	無中生有，依循創意的靈感。
企業型（enterprising）	喜歡影響別人，支配別人，推動新的觀念。
社交型（social）	不甘寂寞的人，喜歡與人群接觸，適合擔任公關人員，輔導人員。

資料來源：John Holland職業興趣模式；引自朱承平主講（2000）。《89年度企業人力資源管理系列演講專輯：員工生涯管理實務》，頁163。勞委會職業訓練局主辦。

平行的晉升體系，管理人員使用管理人員的晉升路徑，專業技術人員使用專業技術人員的晉升路線。在管理人員的晉升路徑上的提升，意味著員工有更多的制定決策的權力，同時要承擔更多的責任。在專業技術人員的晉升路徑上的提升，意味著員工具有更強的獨立性，同時擁有更多的從事專業活動的資源。IBM將經理人的生涯發展分為直線經理人、專業技術經理人、專案經理人三種，適合領導別人的就升為直線經理人，不適合的就發展專業，讓人才適得其所，自然沒有晉升堵塞的問題。

第五節　終身學習

就像工業革命帶來了自動化，取代了部分藍領階級的工作。就當前數位科技所帶來的人工智慧、移動技術、物聯網、機器人也正在取代部分白領階級（知識工作者）的工作。知識管理大師湯瑪斯·戴文波特（Thomas H. Davenport）認為，我們不應該問：「哪些工作會被機器取代」，而應正向的問：「當我們有了更善於思考的機器協助，可以做到什麼新成就？」也就是說，人與機器之間，不是互相取代，而是互相補強彼此的能力。在知識經濟管理的時代，如果不透過學習來提升一些技術或功力、提升價值，在未來職場上會遇到很多的挑戰。彼得·杜拉克一生出版三十九本書，其中的四分之三是在六十歲以後完成的，足見學習是一件終身投入的課題。

一、終身學習的概念

學習，並非只是培養一種求知的習慣，更應該是一種開闊的人生觀和生活態度的陶冶。除了充實職業所必需的技能外，更應能幫助個人成長，促進自我實現。學習型組織之父彼得·聖吉（Peter M. Senge）提出的學習型組織（learning organization）掀起了眾多企業對終身學習和組織永續經營的熱烈參與，以期望公司對教育訓練、人才培養的重視及能為員工謀福利，創造一個舒適的工作環境。由於人工智慧（AI）、認知科技和自動化發展速度逐漸加快，因此必須順應趨勢再造自身的學習能力。

終身教育就是一種歸零教育，每一個人都應虛心的從頭再來學習，能做到謙卑地進入他人世界，才能改善自己與群體之間的關係。終身學習定義是「一輩子的學習」，重點在於要學習什麼，它係指個體在一生中於各種生活環境所進行一切有意義的學習活動，包括正規、非正規學習，以及正式、非正式學習。學習的目的在於增進個人的知識、情意、技能與能力，進而提升個人生涯發展、生活適應以及創新應變的能力，並促進社會的進步與國家發展。

二、黃金定律（G.O.L.D）

威廉・莎士比亞（William Shakespeare）說，人生好比舞台，每一個人都是劇中的主角，扮演著不同的角色。越是能投入自己的角色將其表現

個案7-7　學習沒有選擇題

一架載著三人的小飛機突然故障，迫降在冰冷的阿拉斯加森林裡，一個月後，只有企業家一人脫險。這位企業家具備物理常識，用冰塊作為焦鏡對焦取火，還打破名貴的勞力士手錶，取出指針，磨擦指針產生磁性，放在浮於水面的葉子上，成了簡易的指北針。他還懂得天文學，觀星望斗辨別方位。他更知道灰熊的習性，並讓灰熊走進他設下的陷阱，使他得以割熊皮保暖，吃熊肉果腹。他甚至發揮驚人的心理分析能力洞悉人性，逃脫同伴的謀害。

小啟示：這位企業家能整合各領域的知識來脫離困境，以科學術語來說，就是具備了高階思考能力。

資料來源：邱燕琪執行編輯（2010）。《閃亮50科研路——50科學成就》（*Fifty Scientific Achievements*），頁252。行政院國家科學委員會出版。

出來，越能得到大家的欣賞與喝采。聯合國教科文組織（United Nations Educational, Scientific and Cultural Organization, UNESCO）出版的《學會生存》一書提到：「未來的文盲，不再是不識字的人，而是沒有學會怎樣學習的人。」

學習（learning）這個名詞，已經成為近年來企業發展的不二法門，智慧資產對於企業成功與否的重要性越來越高。學習不但有助於個人發展，更是攸關企業經營成功與否的重要關鍵。學習是要有計畫、有方向性的，學習不是被動接受資訊刺激的過程，而是主動構建知識意義的過程。

黃金定律（golden rule）可代表學習四大原則作為指標（標竿）。

(一)G：Goal（依目標）

要在自己能夠實現的範圍裡設定一個人生追求的目標，有了既定的目標才會有動力將其完成實現。

(二)O：Organize（有組織）

將所有的目標加以分類、整理、規劃，依其重要性排定優先順序及完成時間，有效管理目標。

(三)L：List（列出重點）

將所有的目標計畫依其順序列於表單當中，從日常生活到工作項目都列入計畫當中，如此便能有效率。每一個人都可以依其能力，需要規劃自己的目標。

(四)D：Do（執行）

執行的過程當中「知己」的功夫是相當重要的。知己，就是瞭解自己，認清自己的能力與需求，也要瞭解世界的趨勢與脈動，從而知道自己

個案7-8 絕對不可失去挑戰的心

蘋果電腦已故執行長史蒂夫·賈伯斯（Steve Jobs）在2005年6月史丹佛大學畢業典禮上的演講——「給畢業生的話」，道出他的人生觀是如何形成的，以及又想把什麼送給全世界的年輕人。

賈伯斯從他自己是非婚生子及兒少時期的弱勢條件開始談起，接著又告訴大家他是如何進入電腦的世界。在這場演講中，他做了赤裸裸的告白，把自己被一手創立的蘋果電腦解僱的事實、克服胰臟癌又重拾人生的經過全告訴大家。

他的一生就是這樣走過來的。最後他告訴全體畢業生——「絕對不可失去挑戰的心」。

小啟示：這場演講的結語是「求知若渴，虛懷若愚」（Stay Hungry, Stay Foolish）。

資料來源：大前研一（2010）。《低IQ時代》，頁406-407。商周出版。

要從事哪方面的工作與計畫，以分析瞭解自己的定位。

生涯規劃的贏家，最重要的就是肯定自己，目標達成的機率就相對的提高，再來就是要做計畫；才會有努力的方向。時間管理也是一項重點，將時間充分運用，使工作更有效率、更為充實。更重要的一點是：要有健康的身體，才能「心想事成」，而不會「為山九仞，功虧一簣」。問問自己，希望別人為你做什麼，然後主動出擊，直接替他們完成。我們對於他人的人生不是加分就是扣分，黃金法則幫助我們替他人加分。

三、教育的重要支柱

1996年聯合國教科文組織（UNESCO）出版的《學習：內在的財富》（*Learning: The Treasure Within*）指出，人類要能適應社會變遷的需要，必須進行四種基本的學習（學會認知、學會做事、學會共同生活、學會發展）的教育四個支柱，並在2003年的《開發寶藏：願景與策略2002-

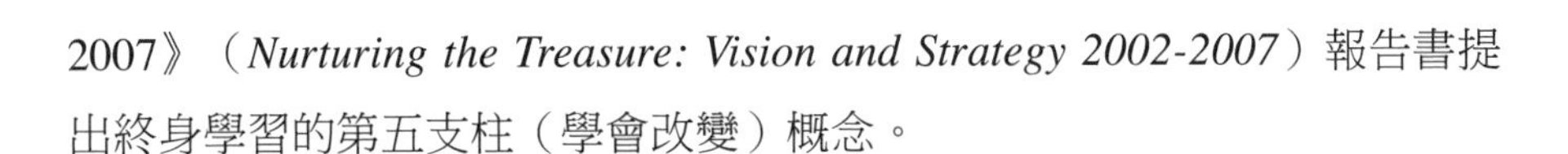

2007》（*Nurturing the Treasure: Vision and Strategy 2002-2007*）報告書提出終身學習的第五支柱（學會改變）概念。

(一)學會認知（learning to know）

為因應科技進步、經濟發展、社會遽變所帶來的變化，每個人必須具有廣博知識才能深入問題並謀求解決。杜拉克在《後資本主義社會》（*Post Capitalist Society*）指出，資本主義就是知識社會，知識無所不在也無所不有。生活即是學習，生活即是修練，是無法以時間、空間或主從來加以限制的。

表7-10　哪些是你的價值觀？

下列這份清單取材自新墨西哥州大學（University of New Mexico）米勒（W. R. Miller）、巴卡（J. C' de Baca）、麥修（D. B. Matthews）、威爾伯恩（P. L. Wilbourne）等四人發展出來的「個人價值觀類型卡」（Personal Values Card Sort, 2001）。 你可以運用這份清單，迅速找出自己抱持的價值觀，可能有助於你面對工作上具有挑戰性的情境。下一回當你做決定時，詢問自己的決定是否跟這些價值觀相符。			
正確	創意	謙遜	目的
成就	可靠	幽默	理性
探險	職責	正義	務實
權威	家庭	知識	責任
自主	原諒	閒暇	風險
關心	友誼	專精	安全
挑戰	樂趣	中庸	自知之明
改變	慷慨	不循常規	服務
舒適	真誠	開放	簡樸
憐憫	成長	秩序	安定
貢獻	健康	熱情	容忍
合作	有助益	受歡迎度	傳統
禮貌	誠實	權力	財富

資料來源：蘇珊・大衛（Susan David）（2013）。〈別被負面想法困住：作自我情緒的領導人〉。《哈佛商業評論》，新版第87期，頁135。

(二)學會做事（learning to do）

除了學會職業知能之外，還要學會具有應付各種情況，以及與人共同工作的能力，包括處理人際關係、社會行為、合作態度、解決問題的能力，以及創造革新、勇於冒險的精神等。

(三)學會共同生活（learning to live together）

地球村已然形成，人類相互依賴程度日深，彼此相互瞭解、和平交流以及和睦相處的需要日益迫切，故必須學習尊重多元。

(四)學會發展（learning to be）

21世紀要求人人都要有較強的自主能力和判斷能力，也要求每個人擔負較多的社會責任。因此要透過學習，讓每個人所有才能都能充分發揮出來，才能進一步自我發展。準此，人類對自己要有更深入的瞭解。

(五)學會改變（learning to change）

面對劇變的全球環境及多元化社會，唯一的不變就是變，然而有效面對環境快速改變的方法，就是主動接受改變、適應改變，進而才能管理及創造改變；個體應學會時時關心環境情勢，透過學習以發展因應改變與主導改變的能力，若個體的學習速度能夠比環境變遷的速度快，才能保有優勢競爭力，反之，若個體學習的速度慢於環境變遷速度，則個體就容易被淘汰。

《世界是平的：21世紀簡史》作者湯馬斯．佛里曼（Thomas L. Friedman）告誡他的孩子：「小時候我常聽爸媽說：『兒子啊！乖乖把飯吃完，因為中國跟印度的小孩沒飯吃。』現在我則說：『女兒啊！乖乖把書念完，因為中國跟印度的小孩正等著搶你的飯碗。』」個人的生涯規劃是否能順利發展成功，除了來自家庭、學校、企業組織所給予的影響或

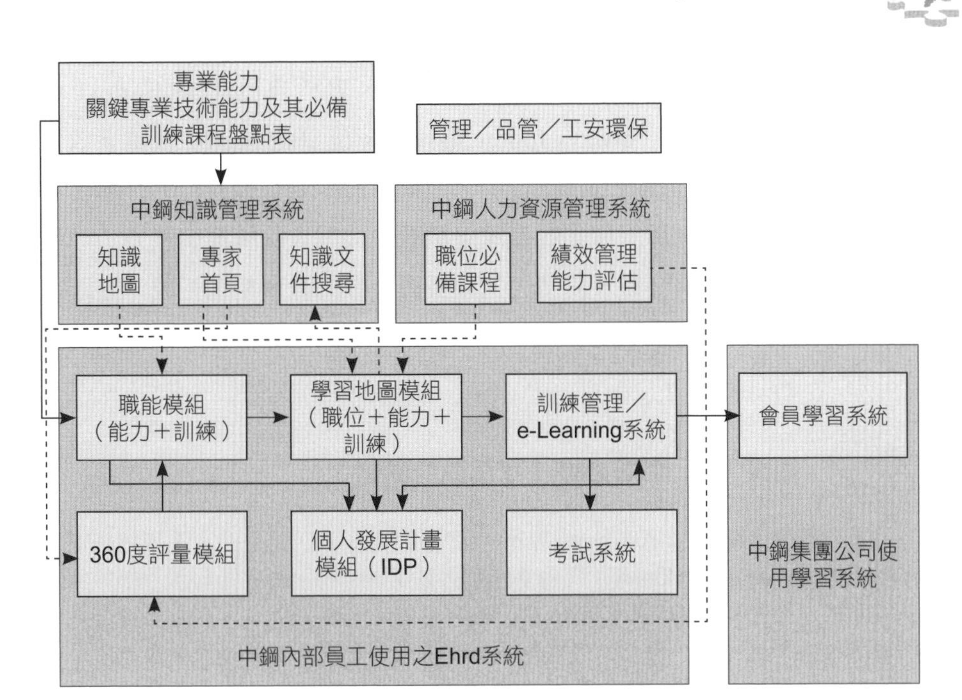

圖7-6　中鋼e-HRD整合架構

資料來源：中鋼；引自葉惟禎（2007）。〈中鋼知識管理填補階層〉。《管理雜誌》，第396期，頁87。

協助，最重要的還是在個人，要培養自己能思考未來生涯發展方向的能力，評估自己的興趣、能力、價值、長處及機會，擬定個人生涯發展路徑及目標，並據以執行及時檢視目標達成狀況。

結　語

美國第35任總統約翰．甘迺迪（John F. Kennedy）在白宮擺了一塊小匾額：「喔！上帝啊，祢的海洋真是浩瀚，我的小船真渺小。」如果連所謂自由世界的領袖都能認清自己在世界上的真實定位，那我們理應加以仿效。

人生的工作價值在於盡心盡力的奉獻，忠於自己（be honest to yourself），量力而為（always follow the paths of your heart），當下放下（take a deep breath to any problems），人未必一定要有職務上的升遷作為衡量是否有成就的基準。個人的生涯規劃要依據個人的興趣與能力，並配合企業的經營使命來發展，使個人的成長與企業的發展相輔相成，立即行動是生涯規劃心想事成的座右銘。

個案7-9　使命必達（致加西亞的信）

美西戰爭（Spanish-American War, 1889/04/21-08/13）爆發時，美國總統威廉·麥金萊（William Mckinley）急需要一位勇敢使者，把一封重要的信件送給在深山峻嶺的古巴將軍加西亞（Calixto Garcia Iñiguez, 1839-1898），但加西亞將軍的行蹤沒有人知道，當時也沒任何電報或有郵件可以送達他手中，而美國總統這時又急迫地想要和加西亞取得聯繫，並儘快地與他建立合作關係。很不幸的，面對這種沒有收件人地址，且必須深入古巴山區的艱苦送信工作，因此，根本沒有人敢接受此任務。

後來，美國總統在無計可施的情況下，主動到軍情局找適當人選，結果軍情局立刻向總統推薦了安德魯·羅文（Andrew Summers Rowan, 1857-1943）中尉。

羅文中尉接到命令沒有任何意見，立刻出發前往古巴。據說，當時美國總統只把一封信交給羅文，但並沒有告訴他加西亞將軍身在何處？但羅文中尉也沒有多問，立刻行動，坐了幾天的船，再徒步花了三個星期時間穿梭在古巴山區裡，最後，歷盡艱辛，終於把信交給了加西亞將軍。

此故事最感人之處，不在於羅文中尉的辛苦和找人功力，而是在於他的敬業態度，那種二話不說，立刻行動並且完成任務之偉大情操。

小啟示：美西戰爭期間，一位年輕上尉歷經險難，成功替總統送信給叢林將軍的傳奇。「送信」已成了一種具有象徵意義的事情。成為一種忠於職守，一種承諾，一種永不放棄，一種敬業、服從與榮譽的象徵，揭示當今個人生涯發展與企業成功雙贏真諦。

資料來源：龍靖譯（2005）。賴德·杜尼嵩（Larry Donnithorne）著。《西點鐵則：成功管理者必讀的22條軍規》，頁294-295。

Chapter 8

績效管理

一個績效表現優異的員工，如果無法認同企業價值觀，則還是應該請他離開。

——奇異（GE）前執行長傑克·威爾許（Jack Welch）

人資管理錦囊

幾年前，美國矽谷愛克塞事務所（Accel Partners）的合夥人兼營運長艾倫·奧斯丁（Alan Austin）趁週末去加州斯闊谷（Squaw Valley）滑雪，卻被像暴風雪的意外困住了兩天。奧斯丁回憶說：「那是十二月中旬的一天，天氣陰冷，山頂上下著雪。同去的人說他們累了，轉身回去。但我還有體力，決定再滑一趟。結果我竟然患上白盲症。那就像停電，只有白茫茫一片，什麼也看不到。我迷失了方向，不知不覺中，我滑到山脊的另一面，越界進入危險地帶。我愈來愈擔心，只覺得每一件事都不對勁。最後，我曉得今晚難脫險境，如果找不到遮風避雪的地方，必定凍死無疑。於是我在雪地裡挖了個洞，蜷縮在那裡，困住兩天。雪下了40吋厚，天氣終於稍微好轉，國民兵的直昇機找到我，把我帶到安全的處所。」

【小啟示】高爾夫球教練總是教導說，方向比距離更重要。因為打高爾夫球需要頭腦和全身器官的整體協調。每次擊球之前，選手都需要觀察和思考，需要靠手、臂、腰、腿、腳、眼睛等各部位的有效配合進行擊球，而擊球的關鍵則在於兩個「D」，即方向（Direction）和距離（Distance）。

資料來源：丁志達整理。

我們所處的年代是一個嚴苛要求績效、適者生存的競爭年代。創造高績效組織是許多企業致力的目標，也是面對快速激烈的商業競爭、邁向獲利雲端的關鍵之一。建立全方位的績效管理制度，正是創造高績效組織的不二法門。

彼得·杜拉克說，在20世紀結束時，所有的管理理論都將重新洗牌，所有舊的理論都將不再被重視，唯一僅存的是績效管理。績效管理工

表8-1　績效管理目標

類別	目標
策略性目標（組織面）	有效執行組織策略，將部屬的行動與組織的目標充分結合，達成組織的長、中、短期目標。
管理性目標（人事面）	作為調薪、升遷、留任、資遣、表揚的依據。最終實現組織整體工作方法和工作績效的提升。
發展性目標（績效面談）	協助表現良好的部屬繼續發展（開發潛能）。協助表現不理想的部屬改善績效。

資料來源：丁志達主講（2019/07）。「績效管理研習班」講義。行政院人事行政總處公務人力發展中心編印。

作中最重要的是透過績效考核，能夠使組織和個人不斷地改進業績，使每個員工懂得如何改善自己的績效。

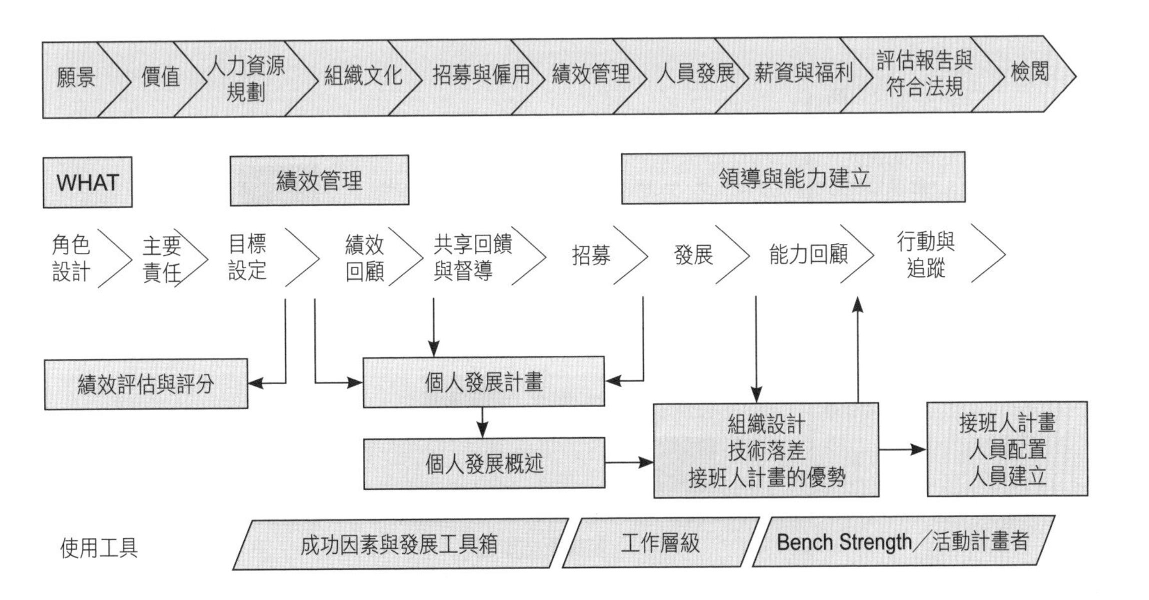

圖8-1　績效管理制度與其他計畫的配合

資料來源：張錦富（1999）。〈透過績效管理制度持續改善〉。《管理雜誌》，第305期，頁56。

第一節　績效管理概述

績效管理的目的即是為了讓企業能「永續經營」，讓員工的職能發揮在公司的經營目標上。透過績效管理流程，主管可以瞭解部屬的工作表現，據以提供員工發展所需的輔導，共同設定及達成工作目標。早年績效管理著重員工的生產力，一直到19世紀末才開始注意到組織的績效問題。時序進入21世紀，企業藉由績效評估的結果，直接連結調薪、培育、升遷、留任、資遣等管理上的決策。

績效管理的目標包括了策略性的協助員工達成組織的長、中、短期目標，管理性的作為調薪、獎金、晉升、獎懲的依據，以及發展性的開發員工潛能、增進組織整體績效。

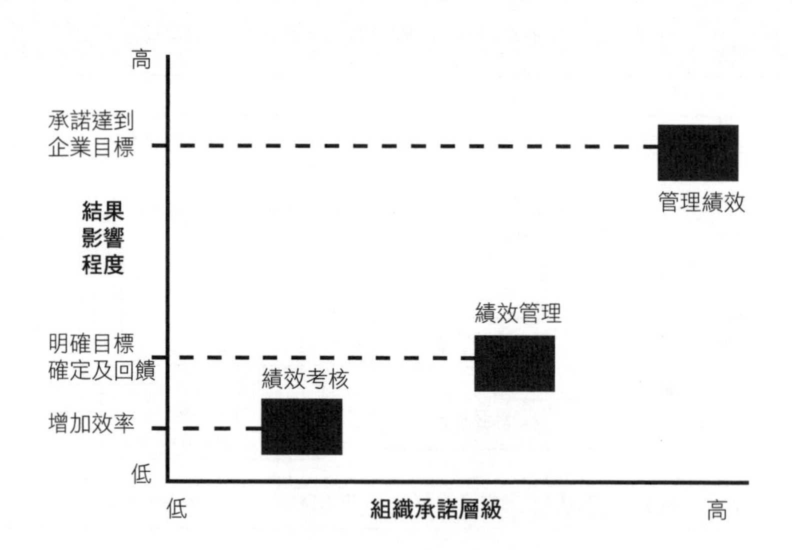

圖8-2　績效管理vs.管理績效

資料來源：林娟（2007）。〈績效管理還是管理績效？〉。《管理雜誌》，第391期，頁111。

一、組織績效評估

沒有一種評量制度是完美的，重點在於必須和公司追求的目標與價值一致。績效管理是循環性管理活動的過程，包括界定企業經營目標、設定員工工作績效標準、持續監督績效進展、執行績效評核與面談，以及績效評估結果資訊的運用，連結影響到目標的界定與工作內容。對員工而言，績效管理是檢討過去（消極性）、把握現在（積極性）與策劃未來（前瞻性）的工作，透過檢討、把握與策劃，促成組織內成員得以發揮潛能、創造價值，滿足客戶需求。良善的績效管理制度可以正確區分出不同員工在工作表現上的付出與貢獻，明確記錄下各員工的工作貢獻高低、工作量輕重、過失多少等。

管理理論的奠基人之一道格拉斯・麥格雷戈（Douglas McGregor）在《企業的人性面》（*The Human Side of Enterprise*）中闡述了正式的績效評估體系需要滿足的三重需求：

1.為加薪、晉升或者降職和解僱提供一個系統的評價依據。
2.告知一個員工的工作表現如何，更重要的是，建議他們在行為、態度、技術或工作常識方面該如何改進。
3.指導員工和給予勸誡引導，幫助其改進績效。

在績效管理上，工作說明書是一項有用的輔助工具，它幫助員工清楚其在公司的角色，要完成的工作範圍是什麼，每個人份內應負的責任，職務上的從屬關係。與之說明清楚，績效評核時雙方才有「定海神針」的指標可相互認證目標是否達成。

二、績效管理再進化

績效管理的重點是「績效」，而非只是「管理」。高績效組織的發

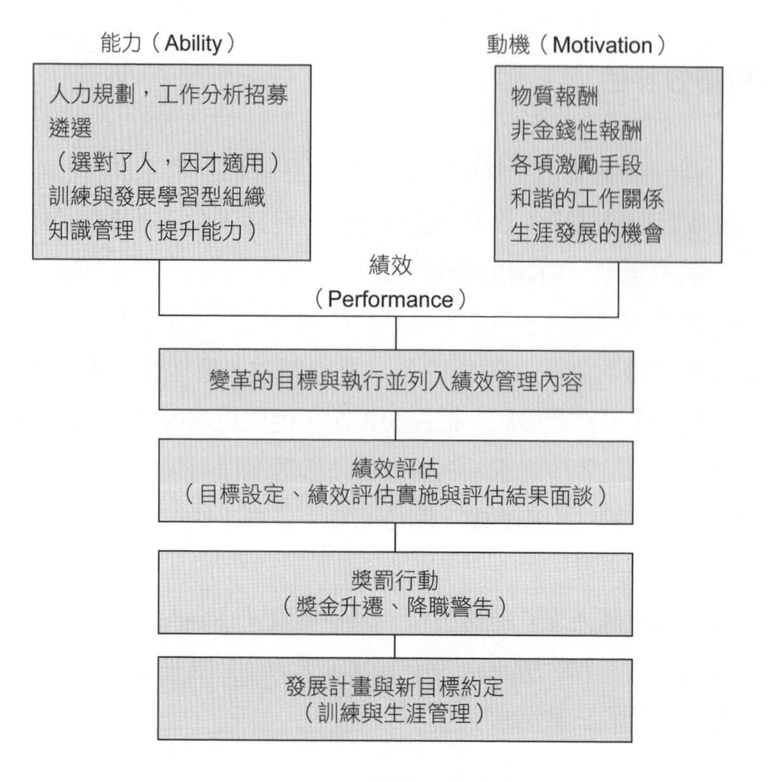

圖8-3　變革中績效管理的過程

資料來源：朱承平（2017）。《人才管理聖經——變革時人才管理撇步》，頁162。天下雜誌出版。

展，一切的規劃與人資的運用都必須以對組織的貢獻程度來考量。微軟（Microsoft）在2013年11月宣布放棄執行了二十多年的員工分級評等制度（forced ranking，績效等級強迫分配制），因為過度強調競爭及評鑑結果，最後激化了內部惡性競爭、妨礙成員與組織創新，反而限制了組織的整體效益。

不僅員工，連主管和人資部門都發現，一年一度將員工績效分為一至五級，並以此為獎勵標準會產生許多負面效應，也無法激勵績效。例如，德勤管理顧問公司（Deloitte）重新思考同儕回饋意見和年度評估，以設計促進員工發展的績效管理系統。

個案8-1　沒有人喜歡被打分數！

網路上有一則真人真事的笑話：某位同學修一門課，幾乎沒去上課。期末考試時也寫不出來，故在考卷上模仿第一名模志玲姐姐的廣告名言，寫下了「不要再給我打分數！」便交卷了。

一星期後考卷發回來，上面沒有寫分數，這位同學正在暗自高興該不會就這樣過關了吧！沒想到翻到考卷背面，發現老師也寫了一句志玲姐姐的廣告名言「才不會忘記你呢！明年重修吧！」

小啟示：這一令人莞爾的笑話，也反應了人們普遍的心理「沒有人喜歡被打分數！」

資料來源：陳冠浤（2011）。〈激勵員工6大績效評估工具〉。《能力雜誌》，總號第659期，頁44。

個案8-2　績效管理再進化

德勤管理顧問公司（Deloitte）重新設計績效管理系統，第一個目標是認可績效，特別是以薪酬不同來表示認可與讚賞。這和大多數現行制度一樣。要認可每位員工的績效，必須要先能清楚看到他們的表現，這是第二個目標，而第三個目標，就是促進績效。

每個專案完成時（較長期的專案每季一次），會要求團隊領導人，針對個別團隊成員，回答關於未來的四個問題，可清楚地凸顯個別員工的特色，並提供可靠的績效衡量。

1.根據我對這位員工的瞭解，如果是我的錢，我最多會給他多少加薪和紅利（衡量該員工的整體績效，以及對公司的特殊貢獻，在量表上勾選一到五分表示「強烈同意」到「強烈不同意」）。
2.根據我對該員工績效的瞭解，我希望他永遠留在我的團隊（衡量該員工和他人合作的能力，同樣在一到五分的量表上勾選）。
3.該員工的績效表現有下滑風險（回答是非題，以辨認可能有害於客戶或工作團隊的事項）。
4.該員工已做好準備，今天就可以升他職（回答是非題，以衡量員工潛力）。

資料來源：黃晶晶譯（2015）。馬可仕．白金漢（Marcus Buckingham）、艾希莉．古德（Ashley Goodall）。〈績效管理再進化〉。《哈佛商業評論》，新版第104期，頁38-47。

第二節　目標管理

目標管理（Management By Objectives, MBO）是凝聚團隊共識最佳的管理工具之一，常見的績效管理工具包括目標管理、關鍵績效指標（KPI）、目標與關鍵成果（OKR）、平衡計分卡（BSC）等。

目標管理是指由主管和部屬共同協商，根據公司大目標制定共同目標，進而確定彼此的成果，透過自我控制、評核，藉以激勵組織成員的責任和榮譽感，自動發揮工作潛能，達成整體目標的一種管理程序。

一、目標管理起源

績效考核的原始觀念來自杜拉克所提出的目標管理：「目標管理是利用上下級主管會議，自我設定重要工作目標，自我控制進度，及自我評核績效等技術，目的在激發員工之責任心及榮譽感，發揮工作潛能，增進企業經營績效，並給予員工工作完成後之滿足感的管理哲學及管理技術。」目標管理著重主管與部屬一起討論與同意目標，根據雙方所同意的目標來考核員工的表現，並根據員工表現予以獎勵或工作改善。

表8-2　目標設定的條件

‧設定特定的目標，像是「在接下來的六個月內，將銷售額提升5個百分點。」 ‧設定和個人工作相關且在他的控制範圍內的目標。 ‧設定具有挑戰性的目標，因此當目標被達成時，員工可以有自我實現的經驗。 ‧確定員工對於目標全力以赴。 ‧如果不讓員工參與目標的設定，則他們對目標的承諾會很低的話，就允許他們參與。 ‧提供與所設定的目標相關的回饋。

資料來源：朱靜女譯（2005）。史蒂芬‧麥克生（Steven L. McShane）、瑪莉安‧凡葛利諾（Mary Ann von Glinow）等著。《MBA名校的10堂課》，頁296。美商麥格羅‧希爾國際公司出版。

表8-3　目標管理制度的檢討做法

分類	檢討做法
個人目標	每月填寫檢討表，採書面方式向課長報告。
課目標	每月填寫檢討表，採會議綜合報告方式向經理報告，每年七月舉行期中檢討，每年元月舉辦上年度目標檢討。
部目標	第一季及第三季時由經理就推行情形採會議綜合報告方式向協理報告，協理則於會後五天內以書面向擔當副總經理及總經理面陳。期中與期末檢討，則統由事務局安排檢討會，由總經理主持，各擔當副總經理及協理列席，經理報告的方式進行檢討。

資料來源：和泰汽車公關課編製（1998）。《和泰汽車50年史》。

目標管理的特色在於自己參與設定目標、自主執行與改善，不只重視結果，也應重視產出結果的過程。惠普（HP）在1940年代開始實施的目標管理，搭配走動式管理與門戶開放，成為矽谷科技公司學習的對象。提出「Y理論」的道格拉斯．麥克葛瑞格在1957年提出績效評估可作為員工諮商與員工發展之用的工具，之後則有全面品質管理、價值鏈等觀念；1992年則由哈佛商學院的羅伯．卡普蘭（Robert S. Kaplan）與諾朗諾頓研究所（Nolan Norton Institute）所長大衛．諾頓（David P. Norton）提出了平衡計分卡的概念。

二、目標管理的分工層級

目標管理不是一種行為的衡量，而是一種員工對組織成功貢獻度的衡量，係由各單位主管與部屬針對部門運作或個人職責範圍內所要求負責的工作項目訂定績效目標。關鍵績效指標（Key Performance Indicator, KPI）是依據公司的使命、願景、策略、關鍵成功因素等逐級展開。

高階主管因為要對公司的策略規劃與執行承擔成敗責任，在其績效考核內容上便沒有所謂的MBO，而是由KPI占其績效項目的100%；中階主管因除了策略執行外，還要監督所屬部門的例行營運性工作，所以

個案8-3　沙漠英雄老駱駝的目標管理

一隻老駱駝又一次穿越了號稱「死亡之谷」的千里沙漠，凱旋歸來。馬和驢子去找這位「沙漠英雄」傳授求生技巧。

「其實沒有好說的」，老駱駝說：「認準目標，耐住性子，一步一步往前走，就達到了目的地」。

「就這些？沒有了？」馬和驢子問。「沒有了，就這些？」

「唉！」馬說：「我以為他能說出些驚人的話來，誰知道簡單三言兩語就完了」。

「一點也不精彩，令人失望！」驢子也深有同感。

小啟示：其實，真理都是很簡單的，就看你去不去做（目標管理）。世界零售巨人沃爾瑪百貨能有今天，關鍵是他們不只說「顧客就是上帝」，更重要的是堅持這麼做了，認真地在每個經營環節都有所體現。

資料來源：劉宏鈞（2002）。〈真理都很簡單〉。《環球市場》，頁63。

MBO和KPI各占績效內容的50%；基層主管由於肩負例行性工作為主，MBO會占績效指標的70%～80%，而KPI可能只占20%～30%；基層員工則會因其負責範圍與策略性指標工作項目關係的強弱或深淺程度不同，而有所差異，例如，研發人員就會有KPI的績效項目，一般事務性人員，通常是由員工根據自己的權責範圍與主管的指示訂定，大部分以例行性的MBO的績效項目為主（蘭堉生，2007）。

目標訂定時應考慮其具有可衡量的特性，例如業務單位常以營業額、人資單位常以流動率為其目標衡量的標準，其達成率又成為績效管理的一項指標。目標設定本身就是一種承諾，目標不是數字，而是一個誓言。一旦你許下承諾就一定要達成。如果沒有實現承諾，也必須說明原因，並提出改善的行動計畫。

管理的藝術總歸一句話：就是設定目標後，主管要對員工有信心，給員工足夠的空間，讓員工找出達到目標的最好方法，這時主管必須要有勇氣放手，別愈幫愈忙。

表8-4　依層級訂定績效目標

最高主管			
企業目標	**特定目標**	**策略目標**	**衡量目標**
發展具高市場價值的產品	·企業年度銷售總額增加5%	·強化目前品牌形象 ·研發新產品 ·擴展產品線與銷售點	·增加500萬台幣的總銷售 ·銷售點增加10%

高階處長			
企業目標	**特定目標**	**策略目標**	**衡量目標**
擴展產品線與銷售點到獲利點高的賣點	·增加500萬台幣的總銷售	·銷售點增加10% ·促銷方案與產品整合 ·增加大賣場／便利商店的賣點	·增加300萬銷售額（大賣場／便利商店的賣點） ·增加200萬銷售額（促銷方案與產品整合）

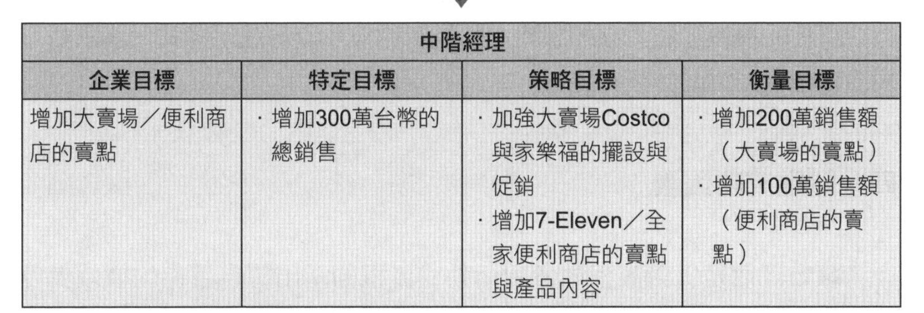

中階經理			
企業目標	**特定目標**	**策略目標**	**衡量目標**
增加大賣場／便利商店的賣點	·增加300萬台幣的總銷售	·加強大賣場Costco與家樂福的擺設與促銷 ·增加7-Eleven／全家便利商店的賣點與產品內容	·增加200萬銷售額（大賣場的賣點） ·增加100萬銷售額（便利商店的賣點）

資料來源：Brainard Strategy Consulting Firm；引自陳錦春（2011）。《能力雜誌》，總號第659期，頁53。

三、關鍵績效指標（KPI）

由於目標是抽象的，看不見的。目標管理的一大重點，是要把目標轉換成看得見的指標（indicator）。鑰匙（key）是用來開門，而且

表8-5　年度績效管理vs.持續性績效管理

年度績效管理	持續性績效管理
回饋是一年一度的	回饋是持續的
與薪酬掛鉤	與薪酬脫鉤
指揮式／專制	輔導式／民主
聚焦於結果	聚焦於過程
以弱點為基礎	以強項為基礎
易受偏見所影響	基於事實

資料來源：許瑞宋譯（2019）。約翰·杜爾（John Doerr）著。《OKR：做最重要的事》，頁210。天下文化出版。

要開對門。關鍵績效指標（KPI）是一種量化指標，可反映出組織的關鍵成功因素（Key Success Factor, KSF）。例如，2002年5月，日產汽車（NISSAN）發表新三年計畫「日產180」中，日產汽車的業績將增加「1」百萬輛，營業毛利為百分之「8」，汽車事業部負債為「0」。

在新的全球化競爭下，企業有必要調整傳統的KPI管理觀念，轉為進行持續性的績效管理、立即激勵，形成新的人才資源運用模式，講求並且提高每位人才可創造的利潤率。

四、關鍵成功因素

績效評估是針對流程內各項活動或流程的產出特定目標的績效表現予以量化，能夠量化才能去確實評估工作的效果。關鍵成功因素（KSF）反映了80/20法則（20%的因素決定了80%的成功）。雄獅釀酒公司（Lion Breweries）認為，在國際酒類產品事業的關鍵成功因素是全球品牌及配銷。一項針對世界著名公司所做的研究發現，在製造業的關鍵成功因素是「創新」。

在指標選擇方面，要注意KPI的分類，不只是財務指標，在顧客觀點（如滿意度）、內部流程（如專案完成度）、學習成長（如研發能力）各

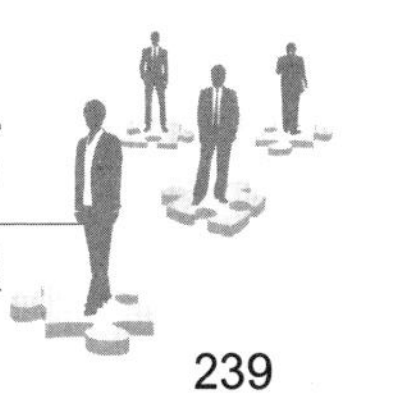

個案8-4　量化管理

中國著名科學家錢學森在與蔣英合寫的文章〈對發展音樂事業的一些意見〉提到，他們假設，一個人平均每四個星期聽一次音樂節目（歌劇、管弦樂、器樂或聲樂）絕不算多，假如每個演員每星期演出三次，每次演奏包括所有的演奏者在內平均二十人，每次演出聽眾平均二千人，我國城市裡的人口約為一億人。錢學森一拉算尺，算出來為了供給這一億人的音樂生活，需要有八萬三千位音樂演奏者。再估計每個演奏者的平均演出期間為三十五年，那麼每年音樂學校就必須畢業出二千三百八十六人來代替退休的老藝人。再把鄉村人口包括在內，每年至少得有五千名音樂學校的畢業生。如果學習的平均年限假定為六年，那麼在校的音樂學生就得有三萬人以上，假定一個音樂老師帶十個學生，就得有三千位音樂教師。

小啟示：做決策，量化管理的數據資料呈現才能說服人採納提案的可行性評估依據。

資料來源：金庸（2007）。〈錢學森夫婦的文章〉。《金庸散文》，頁63-64。遠流出版。

方面的指標都必須包括在KPI中，最後，要使企業中每一個員工的KPI都能引導到公司的KPI中。微軟公司的員工，KPI大約有60%是上承公司的策略，另外40%是自己創造的，它是員工自己生涯規劃的承諾，希望生涯的下一步往哪裡走、應該有哪些學習與成長的KPI，主管都會跟員工一起討論，讓員工更有發展的空間。

五、SMART原則

KPI摒棄了模糊管理，推行量化，適用各種組織和個人的業績管理，使目標更清晰。用數量、品質、成本、時間、特別屬性等將目標量化是最常見的方法。一般可以用SMART原則來判斷目標是否制定得好。亦即目標必須具體的（specific）、可衡量的（measurable）、可達成的（accountable）、現實的（realistic）、有完成期限的（timeline）等特

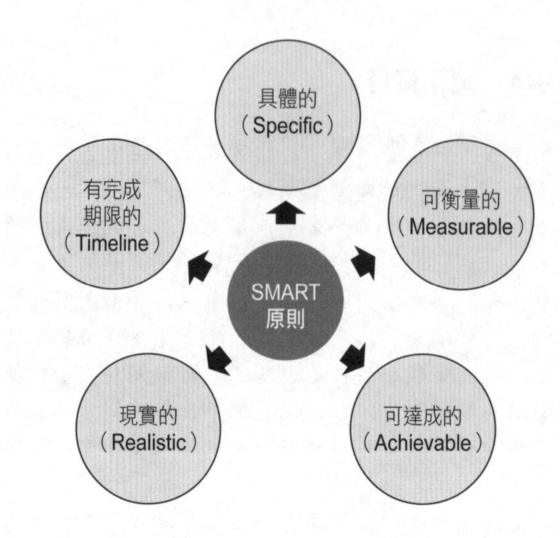

圖8-4　SMART原則

資料來源：王建和（2020）。《阿里巴巴人才管理聖經》，頁281。寶鼎出版。

性，只有符合SMART原則上下所制定的目標，將來進行績效考核時才能有所依據，以利後續進度追蹤，部屬也有所依循。

六、目標與關鍵成果法（OKR）

KPI著重最終的結果交付，強調事先訂任務，以達標為績效考核標準。從網際網路起家的Adobe軟體公司，取消以KPI為基準的年度績效考核，而改以目標與關鍵成果法（Objectives and Key Results, OKR）作為績效管理工具，注重過程，強調設定高挑戰性的目標，並根據目標訂定關鍵結果，考核無絕對標準，員工該做的就是縮小與目標的差距。

OKR是objective（目標）及key result（關鍵成果）兩個詞彙的首字縮寫，是組織、團隊、個人理想達成的一項溝通工具，是一流企業首選、重「質」又重「量」的目標管理法。「目標」是表示想要達成的模樣，也可說是「該往哪個方向走」，而為了更接近目標，便用量化的方式確認團

表8-6　目標管理（MBO）vs.目標與關鍵成果（OKR）

目標管理（MBO）	目標與關鍵成果（OKR）
「什麼」（what）	「什麼」和「如何」（how）
每年	每季或每月
不公開、各自為政	公開透明
由上而下	由下而上或橫向（50%）
與薪酬掛勾	多半與薪酬無關
厭惡風險	積極進取

資料來源：許瑞宋譯（2019）。約翰・杜爾（John Doerr）著。《OKR：做最重要的事》，頁41。天下文化出版。

隊是否朝目標前進，這就是關鍵成果（界定目標的標準，並且監控「如何」達成），幫助所有人瞭解最新目標是什麼，由團隊討論出一個週期內定向的大目標，用來告訴大家「我們現在要做什麼？」接著擬定二至四個定量的關鍵結果，輔助成員瞭解「如何達成目標的要求」。OKR是一套設定目標的守則，適用於公司、團隊和個人。例如，假設某網路公司在新的季度制定的目標是提升產品使用者體驗，那麼用KPI表達方式為：本季，用戶滿意度提升至90%以上；用OKR則為：目標（O），提升產品使用者體驗，KR1，每月推出兩個客戶線下體驗活動，KR2，用戶問題的處理時間縮短至一小時以內，KR3，對客戶進行兩次服務技術培訓（陳茜，2020）。

最廣泛採用OKR的是科技業，因為這一行業保持靈敏和團隊合作是當務之急。例如，英特爾（Intel）和谷歌（Google）都靠著這套管理制度，獲致巨大的成就。

企業透過OKR為組織成員建立高遠的目標與執行方式，再透過KPI來檢查事項有無確實完成。在公司的運作裡，OKR可以取代年度的績效考績，畢竟一年一次的整體印象回顧，絕對比不上每月或每季針對具體指標是否達成的評比，更能夠實際掌握各部門或員工的工作績效。

項目	目標與關鍵結果（OKR）	關鍵績效指標（KPI）
執行方式	傳達目標 → 思考做法 ← 上級訂目標，部屬想做法；強調互動與反饋。	指令 → 主管直接派指令給部屬；強調結果，不注重過程。
表現考核方式	本季成績 0 75% 100% 注重目標完成比例，大多採行季度評估，成績不牽涉獎金。	年度成績 ☑達標 ☐未達標 以「達標」評量表現，多採年度績效評估，成績牽涉獎金。
優點	員工思考想做的事；上下溝通密切，確保問題即時解決。	透過評分機制督促員工完成；強調做事效率與效果。
缺點	目標不連結績效評估體系，員工辦事可能缺乏動力。	執著於有無達標，可能導致員工辦事背離起初願景。

圖8-5　OKR與KPI的差異

資料來源：《目標與關鍵成果法》。機械工業出版社出版；引自《經理人月刊》（2019/09），頁73。

第三節　平衡計分卡

傳統的績效管理，在過去數十年間，幫助企業在管理員工上的確得到了很多效益，因為它強調了下列四個原則：

1.評估什麼，就得到什麼結果（you get what you measure）。

2.告知員工，公司重視什麼（what we emphasize）。

3.讓員工知道公司鼓勵何種行為（what behavior will be encouraged）

4.不再僅強調員工做哪些事（what they do），更強調要做到何種程度（how well they do）。

傳統的績效管理雖然立意甚佳，但似乎仍有些盲點無法突破，例如：

1.似乎與公司的競爭優勢無關。
2.似乎無法滿足客戶需求（營收來自客戶）。
3.似乎並未鼓勵員工學習與創新。
4.似乎都重視短期績效，忽略企業長期需要。
5.似乎只報告上期的事，無法告知管理者下期要如何改善。

羅伯．柯普朗與大衛．諾頓與美國知名企業，自1992年起集合來自製造業、服務業、重工業、高科技業等經理人，以實作方式開始發展嶄新的研究，稱為「未來企業的績效衡量方法」，開始將財務、顧客、內部運作流程、學習與成長等四個構面列入企業評量績效的指標，即為平衡計分卡（Balanced Scorecard, BSC）之發展起源，提供了一種考察價值創造的策略方法。

一、平衡計分卡系統的層面

平衡計分卡的強大功能之一是企業的策略轉化為可操作執行的語言，確保策略執行責任機制的落實，是一種策略管理工具，分為財務、顧客、內部運作流程、學習與成長四個層面，以均衡評估組織的績效，並連結目的、評量、目標及行動，以轉化成可執行的方案。

平衡計分卡結合公司策略、遠景、方向與績效評估的新管理會計技術，亦即為達成公司的願景及策略方向，須重視四方面之績效衡量因素，有助於組織從不同的角度（外部面有財務及顧客，內部面有內部運作流程及學習與成長）來思考企業整體的發展方向，使組織能於長期與短期目標間取得均衡，又可以兼顧過去結果與未來的績效平衡，其特色不是為組織過去的表現打成績，而是協助企業掌握未來的發展空間，讓企業能依

表8-7　平衡計分卡系統視角

視角		說明
財務（financial）	股東對績效的期望（投資者觀點：財務數字）	從股東角度來看，我們的財務營運表現如何？諸如企業增長、利潤率以及風險策略。
顧客（customer）	對於所創造價值的期望（客戶觀點：客戶滿意）	從顧客角度來看，客戶是如何看待我們公司？企業創造價值和差異化的策略。
內部運作流程（internal business process）	必須力求完善的流程（內部觀點：核心流程）	我們必須在哪些領域中有傑出專長？使各種業務流程滿足顧客和股東需求的優先策略。
學習與成長（learning and growth）	整合無形資產（長期觀點：成長學習與創新）	我們未來能夠維持優勢嗎？優先創造一種支援公司變化、革新和成長的氣候。

資料來源：丁志達主講（2019）。「績效管理研習班」講義。行政院人事行政總處公務人力發展中心編印。

據企業的策略與產業特性，設計出合理的績效衡量指標，使企業的策略意圖容易傳達至組織中每一個成員，取得策略目標的共識。

在知識經濟時代，技術決定企業的成敗，管理決定企業的盈虧，策略決定企業的存亡，平衡計分卡正可幫助企業在這競爭的商業中調整焦

表8-8　設計平衡計分卡需要考慮的要點

設計平衡計分卡需要考慮的要點
1.評量的事項以五到七種為限。
2.只評量能夠直接影響績效的事項。
3.清楚明確定義你的標準。
4.設定目標與里程碑的時間表。
5.所有的評量項目都是可以執行的作業。
6.刪除任何過時不適任的標準。
7.有耐心。
8.評量的標準要能與獲利率建立實質的關係。
9.平衡計分卡只是一項工具，不是管理的萬靈丹。
10.繼續學習未來如何更有效地使用計分卡。

資料來源：流程管理獨立顧問亞瑟·施內德曼（Arthur Schneiderman）；引自〈無師自通MBA〉。《大師輕鬆讀》，第91期（2004/08/19～2004/08/25），頁25。

距，擺脫無謂的干擾，讓願景變得更為清晰、更有意義；擬定行動時更能融入知識改進技術與經驗，然後全力以赴，將願景、行動、績效緊密結合，以整合成一股強而有力的力量。有效善用平衡計分卡（介在組織內部與外部間的平衡），是保證明天企業的成功。

二、策略地圖

策略地圖（strategy map）是平衡計分卡理論最大的貢獻之一，以具體可見的方式，呈現平衡計分卡中顯示的因果關係，把公司要執行的策略逐步展開，在每一個細節上都建立可量度的標準，再根據量化的數據來檢驗企業達成策略的實效。將整套管理邏輯整理成類似流程圖的圖形，由上到下鋪展開來的企業行動。從策略地圖可以看出，組織的有形與無形資產如何整合，為組織創造新的價值。

平衡計分卡是「策略管理制度」之一環，並非「績效評估制度」，不能取代組織日常使用的衡量系統；平衡計分卡所選擇的量度是用來指引

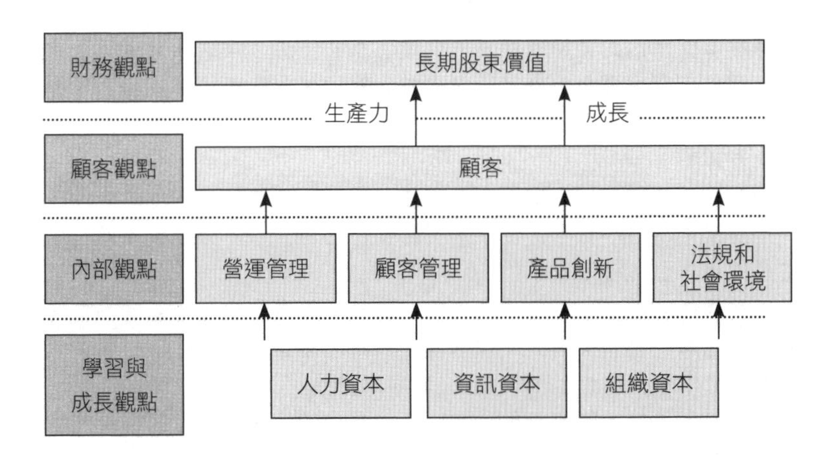

圖8-6　策略地圖

資料來源：羅伯・卡普蘭（Robert S. Kaplan）、大衛・諾頓（David Nortron）。王約譯（2009）。〈展現頂級執行力〉。《大師輕鬆讀》，第312期，頁24。

策略方向，促使管理階層和員工專注那些導致組織競爭勝利的因素。

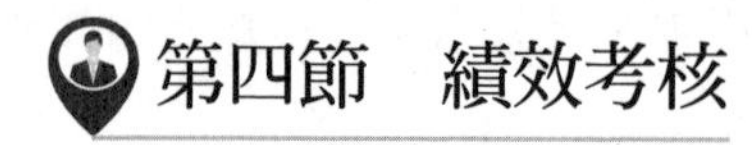

第四節　績效考核

績效考核（評估）是為了讓組織中的每個人都清楚自己在過去的工作表現，透過檢視執行的成果與當初所設定目標之間的差異，為自己來年的工作做好規劃。主管應該利用績效考核來瞭解員工的個人目標與動力，找出可以讓他們的工作更接近這些目標與動力的方法。

個案8-5　英特爾（Intel）績效考核追蹤

在向我報告的諸多經理中，有一位經理的部門表現十分傑出。所有用來評估產出的項目都非常令人滿意：銷售額激增、淨利提升、生產的產品運作合乎客戶要求……你幾乎只能給這個經理最高的評比。但我仍有些疑慮：他的部門的人員流動率高出以往許多，而且我不時聽到他的部屬怨聲載道。雖然還有其他諸如此類的跡象，但當那些表上的數字都閃閃發光的時候，實在很難在那些不太直接的項目上打轉。因此，這位經理當年拿到了極佳的評比。

隔年，他的部門的業績急轉直下，銷售成長停滯、淨利率衰退、產品研發進度落後，而且部門中更加地動盪不安。當我在評估他此年的績效時，我努力地想弄清楚他的部門到底出了什麼事。這個經理的績效真的這麼糟嗎？是不是有什麼狀況我尚未察覺？

最後我下了一個結論：事實上這個經理的績效較前一年好，即使所有的產出衡量結果看來都糟得不得了，主要的問題是出在他前一年的績效並不是那麼好，他的部門的產出指標所反應的並不是當年的成果。

這時間上的差異差不多正好是一年。雖然很難堪，我還是要硬著頭皮承認我前一年所給他的評比完全不對。如果當初我相信流程評估所反映的事實，我應該會給他較低的評比，而不會被那些產出數字所愚弄。

小啟示：考核的陷阱有多種，其中之一是近因效應（是指個體最近獲得的訊息），未考慮「前因」而造成評核的「誤差」。

資料來源：巫宗融譯（1997）。葛洛夫（Andrew S. Grove）著。《英代爾管理之道》（*High Output Management*）。遠流出版。

績效考核是一套衡量員工工作表現的程序，用來評估員工在特定期間內的表現。主管在做年度績效考核的時候，除了需要評估部屬過去十二個月（六個月）來的表現外，也要與部屬共同諮商在未來工作期間，在哪幾方面需要再加強改善或接受訓練。《管子．七法》說：「成器不課（指考核）不用，不試不藏。」即對於人才不經過考核不加任用，不經過試用，不作為人才儲備。在做績效考核時，必須考慮到企業文化、願景、策略與使命、經營方向、外在環境、員工需求等因素，才不會「各吹各的號、各唱各的調」，因缺乏共識而功虧一簣。

經營策略依組織生命週期、產品市場變動及競爭策略等有所不同，因此，對績效評估的涵意與做法也不同，其主要差異在評估的項目、效標與標準的衡量上。績效評估與經營策略相整合將可促使員工表現出經營策略所需的行為與績效，協助其他人資管理功能的推動，以及評估企業組織

圖8-7　連結企業策略績效考核

資料來源：陳錦春（2011）。〈4步驟打造績效評估診斷室〉。《能力雜誌》，總號第659期，頁52。

人力資源的優劣勢（李漢雄，2000：280）。

一、績效（考績）的意義

績效（performance）係指對員工工作成效或工作表現的評估，主要的用意是檢討員工過去的表現，瞭解優缺點所在，作為日後改進、培育的準則（檢討過去，策勵未來）。考績的結果常常是企業調整員工薪資、決定獎懲、調職升遷的重要依據。考績也是企業用來發掘員工潛能、激勵員工士氣、提高員工生產力與培訓的重要工具。

績效考核可以鼓勵主管去觀察個別部屬的行為，並對個別部屬的訓練與發展需求付予關心。績效考核必須建構在公平、公開的基礎上，以及平日考核的正確性。表現好的立刻給予鼓勵，業績落後者也給予加強輔導。

二、績效考核的公平性做法

績效考核（performance appraisal）是人為的，一般而言，很難達到理想評價境界，即使它已建立了一些標準、原理、原則與正確的考核方法，仍然無法完全掌握其準確性，因為不管任何人如何去提升其準則，只要管理者存在某些私心或偏見，都會破壞評價的公平性。是故，績效考核

表8-9　主管考核部屬的構面

- ☑ 從部屬工作的品質和工作時間，能夠按照預定的時間完成，從這一點來加以評價其工作的成果。
- ☑ 要看他的智識，瞭解部屬工作的內容，有沒有澈底達到工作的成效。
- ☑ 在執行工作任務時，部屬能不能與平行單位成員保持良好的人際互動關係，協助同仁解決問題的團隊合作精神。
- ☑ 部屬能不能適應新的工作或上司的要求。

資料來源：丁志達主講（2019）。「績效考核與目標管理訓練班」講義。台灣科學工業園區科學工業同業公會編印。

的公平與否，絕大部分仍掌握在主管手裡，只有管理者建立客觀的心理標準，培養豁達的胸襟，多觀察、多思考，避免主觀的知覺，才能使績效考核運用有效。

第五節　績效面談

糾正別人缺點時，要先肯定對方的優點，才能不讓他失去信心，並樂意虛心改善。在適當的時機，適當的地點，以提升員工對公司的貢獻與個人的成長，訂定良好可行的行動計畫為績效面談的目的。

績效面談是主管與部屬互動良好的不二法門，也是主管能提供正確協助員工提升工作績效的管道，讓部屬在一段時間知道自己的績效、表現良好及待改進之處。這一部分是可以透過訓練、諮詢或協助主管提升管理績效而加以克服的。

績效面談的陷阱

在績效面談（performance interview）的過程中，溝通是最重要的，主管與部屬應事前都做好面談前置作業（準備功課），才能確保面談的品質。在績效評估的過程中，主管同時扮演了兩種不同的角色。在評估的階段，主管的角色是裁判（judge）；在指導的階段，則轉換為諮詢者（counselor）的角色。美國心理學會創辦人維克特．布祖塔（Victor R. Buzzotta）說：「真正有效的評估，不在於表格設計有多完美，而在於人本身。」若主管心態無法保持客觀、公正，並以工作績效為基礎，以工作績效為依據，而用主觀感覺判斷，績效評估設計再完善亦是枉然。

心理學研究告訴我們，人的思維受著各種認知偏誤（cognitive bias）影響，使得績效評分結果不正確，造成更多的困擾，這也就是為什麼主管都將績效考核視為畏途的主要原因。常見的績效考核易犯的偏誤有：

(一)月暈效應（halo effect）

月暈效應（暈輪效應）係指主管在考核部屬時，只根據某些工作表現（好或壞）來類推作為全面評核的依據，而忽視其實際的能力。古諺：「恨和尚，連袈裟也恨」，使部分的印象影響到整體的評估。

(二)刻板印象（stereotype）

刻板印象係指個人對他人的看法往往受到他人所屬社會團體的影響。這些特點，包括性別、種族、地位、身分、宗教團體、肢體障礙等。

(三)趨中傾向（central tendency）

趨中傾向（分數侷限）係指有些主管可能不願意得罪部屬，也有可能由於管理的部屬太多，對部屬的工作表現好壞不是很清楚，因而給部屬的考評分數可能都集中在某一固定的範圍內變動（平均值），而沒有顯著的表現好壞之別。

個案8-6　我們本來「就是手足」

1987年，外交部對所有駐外人員例行性的逐一打年終考績，（蔣）孝武（按：蔣經國兒子，與蔣孝嚴是同父異母）也在名冊當中。我任常務次長，是外交部考績委員會副主委，當評審到新加坡代表處時，我注意到胡炘代表只給他81分，我便主動在會上發言為他爭取了8分，修正提升到89分，是甲等的最高分數，可以獲得兩個月薪水獎金。

那天下班回家，我只告訴美倫（按：蔣孝嚴配偶）：「很高興今天能夠以哥哥的身分在孝武不知情的情況下，幫了他一個忙，工作上給他鼓勵。」

資料來源：蔣孝嚴著（2006）。《蔣家門外的孩子》，頁121。天下文化出版。

(四)對比偏誤（contrast error）

主管在進行評估時，常常會相互比較不同員工之間的表現，判斷員工的表現是好是壞。或是在與員工的討論過程中，提及某人有不錯的表現，希望員工也能達到相同的標準。

(五)仁慈偏見（leniency error）

仁慈（過寬）偏見係指有些主管為免於和部屬起衝突，儘管員工的表現並不怎麼好，還是給予不錯的評價（正向偏誤），稱讚員工的表現。然而，過度的仁慈只是在掩飾問題，結果可能適得其反。員工以為自己的表現已經夠好了，也達到了主管的期望，沒有需要改進的地方，當然也就沒有必要做更多的努力。

相反的情況便是過於嚴苛（strictness）。員工表現得再好，主管給予的分數卻是偏低的。員工如果沒有得到應有的肯定，可能因此採取消極的怠工（得過且過），反正無論再怎麼努力，都得不到肯定，又何必白費力氣。

(六)年資或職位傾向（length of service or position tendency）

年資或職位傾向係指有些主管傾向給服務年資較久或是擔任之職務較高階者的高評分（評等）。出現這類年資或職位傾向的現象，主要係主管意識太強。克服之方法是訓練主管徹底揚棄對人不對事的錯誤觀念。

主管在打考績時，務必迴避上述績效考核的盲點，或避開不良的考核習慣，如此，績效考核才能夠發揮應有的功能與避免不必要的副作用。

個案8-7　員工表現差 必須讓他知道

每家公司都應訂定嚴格的考評制度，每個主管都應勇於落實。獎賞應視考評而定，最多的獎金與讚美要給最優秀的員工，表現最差的什麼都不給。這種制度對績效差的員工會迅速產生令人訝異的效果。

你很少需要開除他們。他們通常會自動離職。事實上，許多人會另外找更適才適所的工作，終能獲得肯定。對這些人和他們的新、舊雇主而言，這是最完美的結局。但很多主管自稱「仁慈」，不忍告知員工他們的處境，結果最後面對差勁的業績結果，高層就決定要削減成本。

最常見的狀況是，A部門主管決定裁減兩名員工，平時這位好好先生總是對員工說，他們的表現有多好，發獎金時一視同仁。等到壞年冬來臨，他立刻約談喬治與瑪麗告知這個消息。

兩人都問：「為什麼是我？」

主管咕噥地答：「因為你表現不理想。」

「可是這三十年來，你總是說我表現不錯啊！怎麼回事？」

小啟示：問得好，如果這位主管始終正確處理人事問題，喬治與瑪麗即時被解僱，也不會如此震驚，因為早知道自己的處境，或許早已離職。現在他們突然被迫在不景氣時另謀出路，就會讓員工「走投無路」，造成社會問題。

資料來源：傑克．威爾許；引自丁志達主講（2019）。「績效管理研習班」講義。行政院人事行政總處公務人力發展中心編印。

第六節　員工績效不彰的探討

員工績效不佳，推究原因不外知識不足、技能不熟或意願不高。如果是技術不熟，應該接受更多的訓練；如果是意願不高，可能是績效考核或獎勵升遷辦法不公平，無法彰顯優秀員工；也可能是組織老化，員工行動趨向保守，多一事不如少一事，少一事不如無事；也有可能整個組織無明確目標，大家一味應付了事，過一天算一天，將組織資源耗於無形。

個案8-8 發揮特長比改進缺點更重要

2008年6月15日這一天，旅美棒球投手王建民在客場出戰休士頓太空人隊（Houston Astros），挑戰本季第八勝。

六局下半，一人出局，一、二壘有跑者，王建民的犧牲觸擊失敗，造成二壘跑向三壘的波沙達出局，自已則站上一壘。之後，洋基隊的攻勢，王建民打算奔回本壘得分時，鮮少有機會跑壘的他，因為場地高低不平，造成右腳掌蹠跗韌帶（lisfranc ligament）裂傷，今年球季必須休養到9月，才可以再次出賽。

由於制度設計的關係，美國聯盟的投手，只有偶爾到國家聯盟的球場作客出賽時，才能上場打擊，因此美聯的投手鮮少練習打擊或跑壘。王建民的意外受傷，部分原因應該就是他對於犧牲觸擊或跑壘技巧的生疏所致。

面對這位連續兩個球季都拿到19勝的王牌投手受傷，洋基隊總教練吉拉迪（Joe Girardi）在賽後訪問中無奈地表示，讓投手在壘包之間跑步，對球隊教練而言，「簡直是最壞的夢魘」。

小啟示：在實際執行評估績效時，最重要的就是掌握客觀的原則。主管不要落入月暈效應（halo effect）的偏見，單憑員工在某方面表現優異，就認定他在所有方面都表現不錯。

資料來源：張文杰（2008）。〈讓員工發揮特長，比改進缺點更重要〉。《經理人月刊》，第45期，頁114。

《現在，發現你的優勢》（*Now, Discover Your Strengths*）作者馬克斯·巴金漢（Marcus Buckingham）和唐諾·克里夫頓（Donald O. Clifton）強調，沒有人是全能的，成功者只是比一般人更懂得加強自己的優點，並且管理自己的缺點。

面對員工績效不佳時，關鍵問題或許根本不在於如何改善缺點，而是如何依照員工不同的專長，將他們安置在適當的職位上，好讓每位員工的缺點可以互補，同時透過支援系統或工具，補強員工的缺點。不要花太多時間來改善員工的缺點，重點應該放在強化優點上。主管在討論部屬績效不佳的部分，千萬要記住一點，員工本身才是焦點所在，不要提及不相關的人或事。

人力再造之策略

美國聯邦政府人事管理局工作關係辦公室（Office of Workforce Relations, United States of Personnel Management）編印了一本《瞭解並解決績效不佳員工》（*Addressing and Resolving Poor Performance*）之指導手冊。指導手冊建議採用三個步驟輔導績效不佳之人員：

第一步驟：溝通期望與績效問題

1.將期望要求、績效標準明示，並與部屬溝通。
2.對於員工之工作表現應經常回饋。
3.對於良好的工作表現應給予肯定鼓勵。
4.對於新手應讓其在試用期間便跟上要求。
5.應與工作表現不良者，即不符合要求標準（數量、品質、時限、態度）之人員，進行諮商討論，使其瞭解工作的要求、績效考核的標準、工作方法等。

第二步驟：給予改進機會

1.確定績效表現不合格者。
2.通知限期改善。
3.提供改進機會並給予應有之工作設施條件。
4.確定是否已改進（正）、改善。

第三步驟：採取行動

1.已有改進並能符合要求者，鼓勵其保持良好績效表現。
2.未能在限期內改進者，應考慮調整工作指派。
3.必要時，應依規定降級，甚至去職。
4.允許員工對所受處分提出申訴或覆審之行政救濟。（邱華君，2002）

個案8-9　評估要簡單

我為一些公司擔任顧問時，要看的第一樣東西是員工考績評語。通常我會看到三頁含糊至極、言之無物的評語。作考評的人寫啊寫，卻幾乎什麼也沒說。考評應該只有半頁，說明上司對你的期望，你可以改進之處，以及你們雙方要如何進行。也就是說，考評應該簡單扼要，就像以下這個格式：

績效評量

姓名：喬伊．史威夫特	日期：2007年6月9日
主管的期望	**待改善之處**
有強烈企圖心	言詞反覆，前後不一
有團隊合作精神	輕率魯莽
自願帶頭行動	經常無法預作準備
有創新力	評量別人時，言語含糊不清
能達成承諾的目標	
關心別人的發展	
瞭解時事	
杜絕官僚作風	

評語

喬伊，很高興本部門有你貢獻才幹，但我們必須一起討論你未來的發展。所以等你考量過生涯規劃後，請在星期二與我碰面討論。

資料來源：賴利．包熙迪（Larry Bossidy）（2007）。〈上司與部屬互利共生——執行長的最佳執行者〉。《哈佛商業評論》，新版第8期，頁57。

結　語

管理是手段，績效才是目的。唐德宗宰相陸贄說：「夫求才貴廣，考課貴精。求廣在於各舉所知，長吏之薦擇是也；考精在於按名責實，宰臣之序進是也。」績效管理並不是一年一度的大戲，而是一年之中，主管與部屬之間持續不斷密切溝通的過程，讓員工充分發揮潛力和生產力，使得企業在激烈的競爭市場中占有一席之地。

《聖經》：「沒有異象，民就放肆。」如果領導人沒有一個具體的願景、目標，讓員工來追隨的話，大家對明天就沒有盼望。以一個可見的目標，來點燃員工的熱情。

Chapter 9

薪酬管理

沒有人能夠保障你的工作，唯有顧客才能保障你的工作。

——奇異電器（GE）前總裁傑克．威爾許（Jack Welch）

人資管理錦囊

1914年1月5日，當一名助理向三家底特律（Detroit）報社的記者朗讀一則新聞稿時，亨利．福特（Henry Ford）正平靜地待在辦公室裡，新聞稿的內容是：「福特汽車公司，同時也是全世界最偉大、最成功的汽車製造公司，將於1月12日正式啟動產業界有史以來，在員工薪資方面做最為震撼人心的一場革命。福特汽車不但要將工時由九小時縮減至八小時，還會將公司獲利分紅給所有員工。對於一名當時二十二歲以上的工人而言，等於每天最少可以多賺5美元。」

儘管那則新聞稿的措詞語氣有點沾沾自喜，但也的確是理所當然。因為就在三個月前，福特汽車工人的日薪才調升2.34美元，漲幅達13%；但如今，勞資雙方既未暴力相向，工會也未施加壓力，公司竟又主動將原本就已極具競爭優勢的薪資加倍。

由於福特認為該則新聞稿充其量只上得了報紙的地方版，因此只把消息放給當地報社的地方版。然而，這則調薪的新聞，在當時卻成了一條發自底特律的空前大新聞，福特一夕之間享譽全球。或許我們應該說，福特汽車的員工薪水之所以能有如此大的躍進，是基於一些業務上的理由。因為機械化日益精密，工廠工作日漸單調乏味，致使福特汽車的人事變動率在1913年遽增370%。所以，更為穩定且待遇更好的勞動力，應可獲致生產效率（事實上最後也證明的確如此）；還有一個理由是，福特只是覺得他想這麼做。誠如一家報社當時對於福特所做的描述：「他從不曾忘記工人與主管之間的差距很小。」

【小啟示】從這次福特汽車工人加薪的動作可以得知，福特汽車提供給工人的福利遠多過他所承諾的，也遠超乎員工的合理預期範圍。

資料來源：李察．泰德羅（Richard S. Tedlow）（2002）。〈向企業巨擘學習〉。《哈佛商業評論》，中文版第4期，頁67-68。

薪酬（compensation）與福利（benefit）是職場永恆的話題，美國的一項民意調查發現，薪酬和福利是影響員工行為的最重要因素，是歷年來被認為最困難、最敏感、政策性最強的工作。《哈佛商業評論》總編輯亞迪．伊格納西斯（Adi Ignatius）說：「如果企業不再凡事只看短期利益，而注重長期結果，世界會變得更好。但要改變商業界的行為是那麼的困難。顯然，許多企業裡的獎酬系統，是阻礙人們放眼長期的關鍵因素。」薪酬亦是提升企業競爭能力，執行企業策略任務的重要管理工具。

在企業來看，富有競爭力的薪酬制度與福利措施，不僅僅是作為鼓舞士氣的一個有效手段和孜孜追求的美好目標，更是一種必須落實的責任，是任何一家趨向「基業常青」的企業保持活力的生命線。在員工眼中，完善的薪酬制度，是個人價值的體現，是事業常青的保證，是長期願意付出努力和智慧的一種可能，更是提升生活品質的必備引擎。很多企業探索著最適合企業的「薪酬設計」之道，同時也在尋求正確的實施方案。

第一節　薪酬管理概論

薪酬管理（compensation management）是人資管理體系中最重要的核心功能之一。薪資（salary）係員工工作報酬之所得，為其生活費與提升個人生活品質之主要來源，從上班第一天起一直到離開職場，薪資多寡始終是工作者追求的重點之一；另一方面，薪酬支出列為企業的用人成本，人事成本關係著企業的收益，甚至影響其投資意願，同時，薪資亦是企業激勵員工努力工作的一大要素。無論以員工的所得收入或企業費用支出的觀點，勞資雙方在這個部分的「拔河」，凸顯了薪酬管理的重要性。

一、薪酬哲學

早在四十年前，彼得．杜拉克說：「成立企業的目的在於創造顧客——唯一的利潤中心，就是顧客。」員工的薪資來自於顧客而非雇

表9-1　建立薪酬制度的原則

公平性原則	說明
組織的公平性（organization equity）	係指要取得員工、主管與股東三者需求的平衡。薪資政策表現出組織的給付能力，更反應出企業高階主管的管理哲學。
內部的公平性（internal equity）	透過職位評價或技能檢定來評定員工在組織內所擔任之職位的重要性與需求性，再給付適當的薪資。
外部的公平性（external equity）	企業員工在組織中得到薪資給付的水準，和其他公司同樣工作職責者所得到的薪資給付相較之下應是公平的。
員工的公平性（employee equity）	考量工作績效、個人資質（知識、技術、經歷）、個人發展潛力（能力）而給付合理的報酬。

資料來源：丁志達主講（2021）。「薪資管理與設計實務講座班」講義。財團法人中華工商研究院編印。

主。良好的薪酬制度必須做到公平合理且有競爭力，並創造一個留才的企業環境。

「哲學」是兩千五百年前古希臘人創造的術語，哲學的英文philosophy原意是「愛智慧」，就是不斷地追問「為什麼」，然後不斷地思辨而已。在薪酬哲學確定之前，有必要確定它對經營和薪酬的目標與策略產生影響。

薪酬制度的目標具有提高員工工作效率、降低生產成本和遵守相關法令規定。每一位員工所得的報酬，必須要能同時滿足其物質及心理上的需求，也就是說，企業不必支付員工在同業間最高的薪資，當然也不能是最低的。然而，一旦員工所獲得的報酬是公平的，且令人滿意的，那麼，以報酬作為激勵的價值將大大降低。金錢或許可以吸引及留住員工，但唯有激勵才能讓員工有優越的表現。

企業決定薪酬哲學的因素有：

1.經營狀況：包括與利潤率、市場占有率等有關的短、中、長期目標和策略。

2.組織文化：包括管理風格、溝通風格、產品／服務的多樣化、決策中集權和分權的程度，以及合併、購併等重大組織變革。

3.員工因素：包括各類型的員工對薪酬的表現特徵和需求的評估。

4.薪酬體系所要激勵的具體行為表現：例如具備所要求的技術或達成績效要求，或成功地進行團隊運作。

5.勞動力市場因素：包括目標勞動力市場地理位置、員工所來自的行業／組織，以及招聘和保留對組織成功具有重要影響的員工的困難程度。

6.外部因素：包括對當前和未來經濟的預測，以及法律環境。

薪酬哲學溝通的主要目的，是使整個組織成員都瞭解薪酬支付的目的、原則和方法。由於薪酬哲學決定後續的薪資管理方案和程度的框架，員工對薪酬哲學的理解和信任程度，決定了他們對薪資管理和全部薪酬整體信任程度（胡宏峻主編，2004：33-34）。

二、薪酬公平理論

薪資即為在職務上或工作上所取得的各種收入，包括薪金、工資、津貼、獎金、紅利、各種補助費和其他的給予等，在台灣，又將其分成經常性薪資與非經常性薪資。依據《勞動基準法》的定義，雇主給付的各種津貼、加給、獎金是不是屬於工資，只有兩個認定關鍵，一是因為工作獲得的報酬，二是經常性給予，在這兩個原則下，不論雇主以何名義發給，原則上都屬工資（要申報個人所得稅）。

薪資的來源，通常是企業或雇主基於受僱者的工作表現、內容等，給予受僱者相對應的報酬。一般衡量企業的獲利能力時，是採用營業獲利率、資產總額獲利率、固定資產獲利率、資本獲利率以及淨值獲利率等五項指標（屈彥辰，2020）。

在自給自足的社會（擊壤以高歌，帝力又如何），金錢並非是一個必需品。當人們已經從自給自主過渡到商品經濟，需要用錢去應付人們的

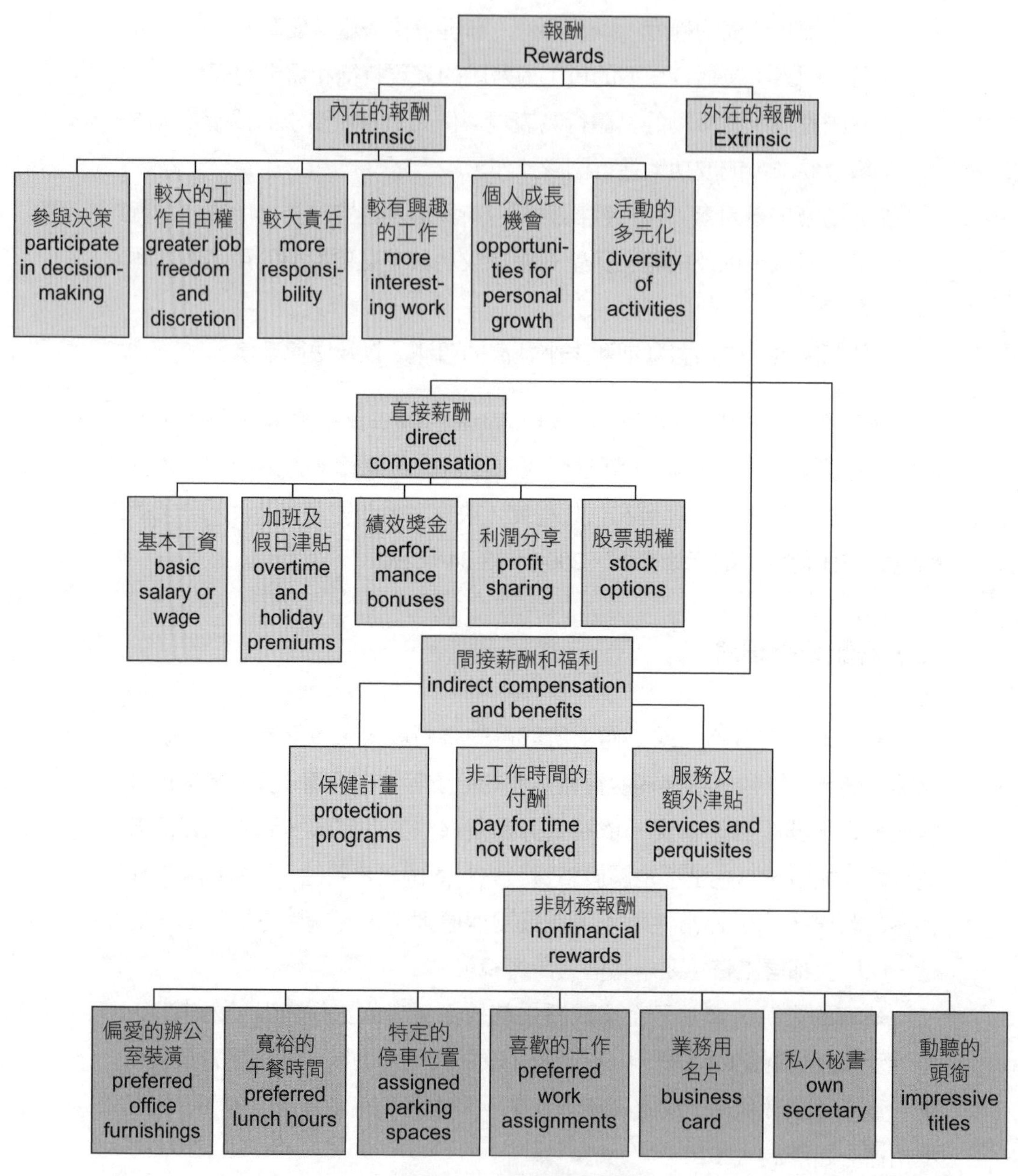

圖9-1　整體報酬結構

資料來源：張德主編（2001）。《人力資源開發與管理》（第二版），頁217。清華大學出版社出版。

日常生活開支，從個人過去的個人實用主義（購買有用的東西），轉變到現代的個人表現主義（購買能表達個人個性的品味，意味著這個人購買尊嚴、自尊和被別人的尊重）就等於成功，財富愈多意味著愈成功。因此，在工商業的社會，勞資爭議案件以「金錢」給付是否公平為最。

薪酬問題處理不當，不僅造成員工士氣低落，提高流動率、降低工作績效，甚至也可能影響產品品質，對企業形象造成不利。薪酬理論中，要達到報酬合理的境界，必須考慮三大公平：

1.外部公平：指公司員工的薪資水準需在外部勞動力市場中具有一定程度的競爭力（薪資調查）。
2.內部公平：指公司內部應有一套公正客觀以衡量薪資差異的準則（職位評價）。
3.個別公平：指員工個人的個別表現應反映在報酬（對價）上的對襯（績效考核）。

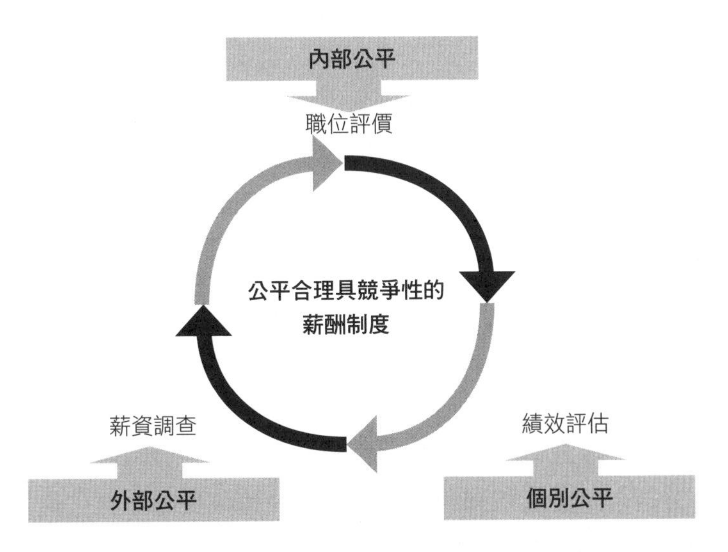

圖9-2　合理報酬必須考慮三個公平

資料來源：《管理雜誌》，第334期，頁24。

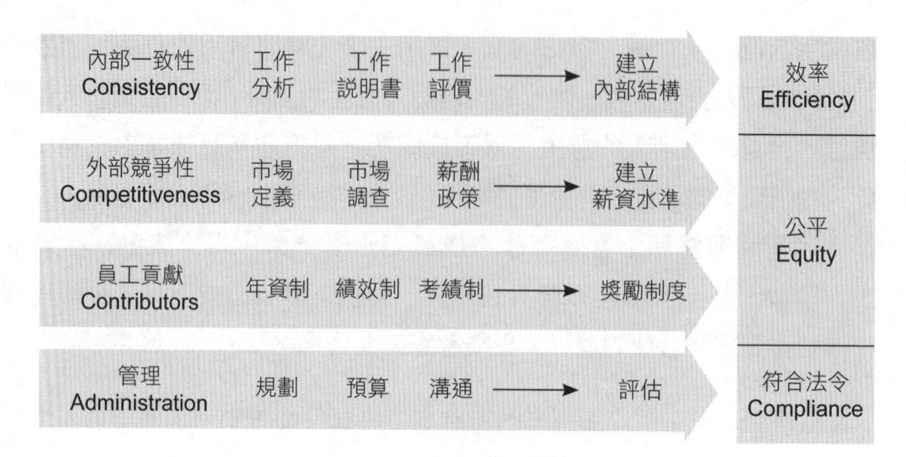

圖9-3　薪酬模式

資料來源：喬治·米爾科維奇（George T. Milkovich）、傑里·紐曼（Jerry M. Newman）著。《薪酬管理》；引自鄧孝純（2001）。〈共好的薪酬政策：兼具公平、競爭性、適法〉。《管理雜誌》，第329期，頁123。

三、給薪方案

「經常性薪資」係指每月給付員工之工作報酬，包括本薪與按月給付之固定津貼及獎金（如房租金貼、交通費、膳食費、水電費、按月發放之工作獎金及全勤獎金等）。依韜睿惠悅企管顧問公司（Towers Watson & Co.）的一項全球性調查研究，分析企業吸引人才的困難，其中最重要的前三項還是在於獎酬：不具競爭性的本薪與固定獎金、不具吸引力的福利及不具競爭性的變動獎金。因此，如何設計具競爭性的獎酬制度，成了企業的一大挑戰。

給薪問題並非孤立事件，其設計必須配合組織、職位體系及晉升辦法，三者完整結合，才能相輔相成。隨企業快速成長，年輕世代加入職場，固定薪酬的競爭力成為延攬與留任人才的重要指標。

(一)按職論薪

按職論薪是按照工作中可酬因素（compensable factor），包含比例分配，做出公正的薪酬排序，具有公正客觀性，不受個人情感的影響。正因為薪酬給付與職位掛鉤，晉升是唯一可多拿點錢（升等、升級加薪效應）的辦法。

(二)按人論薪

按人論薪方案，是將個人所掌握的技術和知識納入薪酬給付的考慮範疇。按知識論薪，充分考慮了員工的教育資歷；按技能論薪，鼓勵員工在工作中學習提高技能，因為這種方法能激勵員工提高他們各方面的知識和能力。

(三)按功論薪

以業績為依據，只注重結果，不看過程（即不關注員工所做的努力）。在此標準下，資歷和經歷都不相同的員工，只要他們的業績水平相同，就可獲得相同的薪酬，例如：佣金給薪。

表9-2　薪資給付方案比較

給付方案	屬人薪資	屬職薪資	屬能薪資
特色	衡量年資、學歷，給付薪水	不執行該職務，則不支薪（職務已標準化者較適用）	能力夠，不執行該職務，亦給付該職位之給薪
優點	‧重視前輩 ‧尊重經驗（組織與工作相關者較有利） ‧具保障性	‧具同工同酬（不同工作不同酬） ‧較具客觀性（可與工作配合）具某種程度保障	‧激勵真正有能力者 ‧能具加薪彈性（只要認定能力夠） ‧較具開放、專技導向
缺點	‧可能高薪低就 ‧薪資成本不斷增加 ‧較無法激勵年輕而能力強之員工	‧職級需先設定，較複雜 ‧易僵化 ‧以升等、升級為加薪依據（人事管道升遷阻塞時，較缺乏激勵性）	‧過度競爭，較不尊重前輩（傾向個人者主義） ‧能力評定較不易明確 ‧薪資管理不易

資料來源：吳秉恩（1999）。《分享式人力資源管理》，頁472。翰蘆圖書出版。

針對上述薪酬給付中的三個基本方案，普遍存在著一個共同的缺陷，即沒有哪一個方案效果特別顯著，令人滿意。雖然每一種方案在其特定的環境中都具有一定的優勢，但也受到自身的侷限。薪酬給付方案必須隨著環境的改變而同步進行調整。因此，必須將可變性、靈活性滲入到整個薪酬體系設計中。

第二節　薪資調查

薪資成本的控制常是企業人資部門最大的挑戰。如何利用有限的薪資預算達到留才、求才的「雙贏」目的，精確的薪資市場行情資料，是設計薪資制度的必備利器。所謂「沒有調查，就沒有發言權」，這是真理，才能說服人。

薪資調查的目的，在瞭解人力市場各職位一般給薪的行情，作為企業設計薪資制度的重要參考數據。企業之間因職稱不統一，欠缺一致的職

表9-3　薪資市場行情的來源管道

·定期蒐集報刊人事廣告上企業徵才所列的待遇及條件。
·非正式和其他企業人力資源主管交換意見。
·參考應徵者所提供的薪資資料。
·參考同類型職位在招聘廣告中所列的待遇及條件。
·參考政府機構或民間財團法人之薪資調查報告。
·向職業仲介機構查詢。
·向經常交易的供應商尋取他廠的薪資資訊。
·參觀就業博覽會取得資料。
·定期向專門做薪資調查的企管顧問公司購買其薪酬分析報告。
·委託企管顧問公司作薪資調查。
·參加人資管理人員組成的聯誼會取得資料。
·企業自行做年度薪資調查。
·在招募面談時，可以直接測試（比對）所蒐集的薪資資訊是否正確。

資料來源：丁志達主講（2021）。「薪資管理與設計實務講座班」講義。財團法人中華工商研究院編印。

級規範，雖職稱（職位）相同，但扮演的角色或重要性可能不同。例如「經理」頭銜，在不同的公司，因其工作性質與份量的不同，還有該職位所應具備的資格條件（教育、經歷背景）的差異，其給付「代價」（薪酬支出）便不同。在證明兩種工作任務相同，職責難易相當之前，兩者的薪資比較是毫無意義的，自不能相互比較，因此，必須透過薪資調查比對（就業市場行情），使具參考價值。

薪資調查的人選，必須熟悉明瞭企業內各職位的工作內容，薪資管理理論和實務、給付方法、獎金制度及福利措施等知識外，也必須具備與他人合作的能力（人際關係），工作上才能勝任愉快。

一、薪資調查前置作業

選擇薪資調查對象牽涉到兩個關鍵問題：選擇哪一類行業及應調查幾家公司比對。在選擇作薪資調查的對象時，應依以下原則：

1.具有互相競爭性、員工可互相流動的企業。

2.相似的勞動條件、組織規模、營運狀況、聲譽（口碑）與區域性的鄰近廠家。

3.調查的企業願意據實提供資料。

4.薪資制度上軌道而非雜亂無章的公司。

表9-4　薪資調查對象選擇的原則

· 與本公司營運特質為同一類型的企業。
· 人力結構類似，可構成競爭對象的企業。
· 產業結構相同，產品具替代性的企業。
· 工作環境、經營政策、薪資與信譽均合乎一般水準的企業。
· 其他行業中有相似工作的企業。
· 與本公司有地緣關係，在同一勞動力市場延攬同類人才的企業。
· 業務均持續成長的企業。

資料來源：丁志達主講（2019）。「108年度產業人才投資計畫課程：薪酬福利規劃與管理實務訓練班」講義。中部科學園區編印。

遴選被調查的企業家數，會受人力、財力、物力、交情和時間的限制，通常以十二到十五家企業為宜。如果調查廠家太少，蒐集的資料可信度不高；調查廠商太多，則類似的勞動條件與組織規模樣本不易蒐集。若選取對象發生偏差，則薪資調查結果便不可靠。

二、薪資調查的項目

工資（wage）通常是論件（時）計酬；薪資（salary）係以某一段期間為單位計酬（週薪、月薪、年薪）；獎金（bonus）與津貼（allowances）是為了鼓勵員工超過正常努力所給予的報酬，如紅利、佣金、利潤分享計畫等；福利（benefit）則只考慮是否為組織成員，而不考慮工作績效，人人都能享有，如團體保險、免費提供午／晚餐、上下班交通工具等。

有些企業給付的本薪（底薪）高，而另一些企業則福利多，故薪資調查時，不能僅僅比較本薪，還必須深入調查其他薪資給付名目。例如：

1.給付方法的種類。
2.薪資架構是採固定薪調整制或百分比幅度調薪制。
3.最近有無調薪計畫？已經或預備調薪預算如何。
4.除了《勞基法》、《勞工請假規則》、《性別工作平等法》規定的各類有薪假別與天數外，還有哪些帶薪假日？
5.加班津貼、輪班津貼、伙食津貼、交通津貼、危險工作津貼等項的金額。
6.年終（中）獎金、全勤獎金、紅利、股票認購權等。
7.工作環境與休閒設施等。

三、調查資料的回收與整理

薪資資料蒐集後彙整為「薪資調查報告表」，並分送被調查資料的

企業參考（受調查的企業名稱，以代號表示，以免洩露公司「個資」，以策安全）。

一般企業薪資率的調整，是要將公司的基本薪資率、平均收入薪資率、最高／最低薪資率、額外收入等項，與所調查企業提供之各項薪資率作比較，即可顯示本公司與他公司間薪資給付的差距，以作為是否需要調整現行「薪資結構表」的根據。

各企業薪資資料隨時在變，薪資調查是經常性的工作，調查的頻率或週期的長短，可依當地及同業薪資率改變的速度、勞動力市場供需的穩定性（指標是關鍵職位流動率）而決定（丁志達，1983：37-38）。

第三節　薪資市場定位

從人資的角度來看，薪資定位應該能夠確保足以招募、激勵和保留組織發展與成功所需的人才。就員工的結構而言，薪酬政策的目標是在鼓勵留住最佳人才、均衡中間部分員工流動率和鼓勵績效落後的員工自動離職他就。

一、企業薪酬政策

薪酬包括各種形式的物質（貨幣）與非物質（精神面）。前者指從組織中得到的各種形式的財務收益、服務與福利，其構成可分為基本薪資、補償薪資（津貼、補貼）、浮動（激勵）獎金以及福利項目。後者（精神面）主要包括工作保障、身分標誌、具有挑戰性的工作、晉升、肯定（公開表揚）、培訓機會、彈性工時和良好的辦公條件等。每家企業都必須有自己清晰的、連貫的包含企業薪酬理念的薪酬實施政策，該政策的基本準則必須符合用以書面文字表達、規範企業行為、規定不違法和具有明確的選擇性，獎勵出類拔萃的員工，並能淘汰不適任的員工。

薪酬政策是對薪酬構成、薪酬發放（調整）依據、方法和標準所做出的明文規定。一個公司的薪酬政策應該依據其經營策略，有什麼樣的發展策略，就應有與之相對應的薪酬政策。制定薪酬政策時，應採取更細膩的思考方式來建構公平、適法與具競爭力的獎酬模式，讓績效卓著的員工都能受到正向激勵並因此促使組織蓬勃發展。

一項好的薪酬政策，不但要兼具公平性、競爭性，同時還要涉及市場定位（領先／落後／領先、落後交互組合）、薪酬組合（固定工資與活工資的百分比）、工作價值的認定（完善職位評價）、獎勵重點（團隊與個人）、企業組織規模和經營哲學（一般性與靈活性），以及能提升員工對組織的貢獻與承諾，以提高企業的效率。

高薪酬政策要發揮作用，應配合嚴格的員工選拔、錄用和培訓制度，否則就會造成不合格的人員進入企業，降低企業的競爭力，最終導致高薪酬政策難以持續。此外，高薪酬的發放還需要以嚴格的績效考核為依據，否者就會有「搭車便」現象，降低高績效員工的士氣。

表9-5　薪資政策的制定準則

‧拉大表現優異員工與一般員工的待遇差距，以達強化企業競爭力的終極目標。 ‧個別員工薪資條件勢必保密，因為員工考績事實上很難做到絕對公平，即使工作內容相近，但工作環境不同，都會造成表現差距，影響績效的考核。因此，確保薪資內容不外洩露，方能讓人資部門有效整體管理。《財星》五百大企業，對於薪資議題亦相當敏感，任何意圖洩漏其內容的員工，均會面臨被立即解職的處置。 ‧薪資條件要居業界領導地位，以配合企業的願景，成為國際一流之企業，是為企業經營長期目標。因此需要一流的人才緊密搭配，包括：工程師、研發人員，甚至行政、總務等員工，都要以更優惠條件吸引到同業間最好的人才。 ‧管理階層責任分工，獎賞懲罰明確；高階主管擔綱營運成果，基層管理人員與一般員工為日常運作負責，薪資福利的制定自然有所分界。若員工與小團體已盡每日之責，亦做到份內的每一項工作，而公司營運仍然不佳時，仍有權保有員工績效、特別獎金等，但是高階主管則不該得到營運獎金。

資料來源：李誠主編（2001）。《高科技產業人力資源管理》。天下文化出版。

個案9-1　不調薪就走人

1961年，一群京瓷株式會社（KYOCERA corporation）剛滿一年、工作稍微熟練上手的員工，對著創業邁進第三年的稻盛和夫（いなもりかずお）要求調薪。當下，他覺得公司的經營狀況還稱不上穩定，雖然盡力往好的方面努力，但未來會怎麼樣，他實在沒有把握。如果輕易答應了員工加薪的要求留住他們，最後自己卻實現不了承諾，反而是騙了他們。「將來，我盡力以更優於各位現在提出的要求，報答大家。」稻盛和夫只能這樣說，因為他不想說謊。於是，他說服員工：「如果你們有勇氣辭職，為什麼沒有勇氣相信我？我賭上性命，為各位守住這個公司。如果我真的是為了滿足私利私欲而經營這家公司的話，殺了我也沒有關係！」他用三天三夜的時間說服員工，終於取得信任。

從那一天起，他開始思考：「員工將自己的一生託付給公司。我身為一名經營者，創業不僅是實踐自己的夢想，更要以滿足員工與他們家庭的幸福為目的，達成這個目的是我的命運。」

從此，稻盛和夫以「追求兼顧物質與心靈幸福、人類與社會進步發展」作為京瓷的經營理念。

資料來源：文及元（2007）。〈追究到每小時利潤的稻盛和夫經營學〉。《經理人月刊》，第27期，頁66。

二、薪資定位三類型

企業的經營策略和人資策略決定了組織在勞動力市場中的薪資定位。從經營的角度看，薪資定位應當與短期和長期經營目標和策略保持一致。從人資的角度看，薪資定位應當能夠確保足以招聘、激勵以及留才。為確保組織的薪資定位具有現實性和可行性，對組織而言如何將薪資定位換算成薪資支出是很重要的。薪酬哲學的一個關鍵作用，就是反映組織內部薪酬水平與勞動力市場薪酬水平的關係，即組織內部薪酬水平是低於、持平或高於勞動力市場的薪酬水平。

薪酬管理的良窳，是企業經營成敗的關鍵。企業要穩健經營、成長，就必須要有一套能吸引人才、留住人才的薪酬管理政策。美國Kepner Tregoe管理顧問公司共同創辦人奎恩．史賓瑟（Quinn Spitzer）說：「過去衡量企業的指標，是看員工創造多少經濟價值，以後會變成看企業如何對待員工，因為前者看的是過去，後者看的卻是未來。」

(一)領先／領先政策

這種薪資政策在一個薪酬年度的所有階段都領先於勞動力市場，這對招募和聘用優秀員工起到了有力的支撐。

(二)領先／落後（隨位）政策

這種薪資政策使組織的薪資水平在總體上與競爭對手的平均水平保持一致。但是在薪酬循環的起始階段它可能處於領先地位，在隨後的階段則可能處於市場跟隨者的地位。這種薪資政策使薪酬水平在一個薪酬年度中不論領先還是落後於市場，都與市場薪酬水平很接近，通常很容易維持具有競爭力的地位。

表9-6　薪酬策略的效果

薪酬政策	薪酬政策目標			
	吸引力	保持力	控制勞動成本	降低對薪資的不滿
主位政策	好	好	不明確	好
中位政策	中	中	中	中
隨位政策	差	不明確	好	差
說明	1.給薪水準屬於主位者（高於市場），基於企業獲利能力高或人力成本所占比例低，得以率先釐定及形象所需人力素質。 2.居於中位者（等於市場），可保有規則性之人力新陳代謝，儘管資深人力資源可能流向主位所在，但亦有新生人力資源隨時遞補而上，因此不慮人才之供需失調。 3.居於隨位者（低於市場），跟進勞動市場的薪給水準而不落後太遠，以保有維持營運的基本人力。			

資料來源：丁志達主講（2020）。「如何制定靈活多樣的薪酬體系實務班」講義。財團法人台中世界貿易中心編印。

(三)落後／落後政策

這種薪資政策在薪酬循環中自始至終都跟隨勞動力市場。它反映出組織可能無力達到勞動力市場薪酬的平均水平，或者可能反映出組織相對於基本薪酬而言更加關注獎金和其他類型的獎勵。

第四節　薪酬制度設計

為充分發揮薪酬的功能，企業應在薪酬體系設計中確立全面的薪酬觀。薪酬制度的設計要具有激勵員工的作用，可以引導員工行為。因此，薪酬制度設計應與經營策略相結合，可使員工表現出經營策略所要求的行為和績效，協助達成組織的策略性目標。例如惠普（Hewlett-Packard, HP）的薪資策略目標，可以清楚瞭解HP的企業經營策略，如領先市場、維持競爭優勢、績效導向管理、重視人才、建立開誠布公之勞資和諧關係。

薪資架構的設計應考量四項要素：保健性、職務性、績效性及技能性。保健性薪資可以透過薪資調查來完成；職務性薪資可透過建立職務評

個案9-2　惠普（HP）薪資策略目標

薪資策略目標	經營策略
幫助公司繼續吸引那些有助於公司成功的富有創造力和熱情的員工	重視人才
按照行業領導者的水平來支付薪資	領先市場
反映有依據單位部門和公司的相對貢獻	績效導向
公開、容易理解	開誠布公
保證公平對待	勞資和諧
不斷創新，提高競爭力和公平感	競爭優勢

資料來源：沈黎明主編（2001）。《經理人必備薪資管理》，頁286。煤炭工業出版社出版。

價系統為依據；績效性薪資應配合建立績效評估系統；技能性薪資應透過教育系統之建立來訂定。

綜合前述概念，薪酬制度之設計應注意下列原則：

1.薪酬必須能滿足所有員工的基礎生理、安全的需要。
2.薪酬制度具同業競爭力。
3.薪酬制度應符合公平原則。
4.薪酬必須反映成本效益。
5.薪酬制度至少需符合法律規定的最低標準。

薪酬制度的設計可以反應出不同企業之經營策略差異，舉凡薪酬的結構、組合、薪酬在勞動市場的競爭水準、薪酬調整的機制，以及薪酬管理型態等都有其策略性的考量。不同的事業經營策略或競爭策略，其所採取的薪酬策略也不相同，企業在擬訂薪酬策略與制度時，不宜忽視法律的規範與可能的變化。

好的企業薪酬策略考量應著重連結營運策略之薪酬管理制度，並專注於人才競爭之就業市場行情、激勵貢獻度（與績效掛勾）、未來價值及授權主管更多獎勵管理責任。在此趨勢下，許多企業更根據其企業目標與策略，利用績效獎酬作為達成此等目標與策略的手段。

表9-7　設計薪資系統考慮的因素

考量的因素	主要內容
內部公平性	同工同酬的精神
外部公平性	要能吸引適合人才並能夠留住人才
員工貢獻度	以績效薪酬來激勵員工潛能的發揮
薪資行政作業	薪資成本管控預算／財務負擔能力／具有吸引人才的市場競爭力薪資水準給付
技能相關因素	技術、知識、能力三者環環相扣
與企業其他需求相連結	個人成長、身心健康、生活品質與社會地位提升

資料來源：丁志達主講（2021）。「薪資管理與設計實務講座班」講義。中華工商研究院編印。

薪酬設計與員工的士氣、離職率、忠誠度、甚至企業的績效密切相連，合理的薪酬設計要能體現外部公平、內部公平、員工公平和團隊（組織）公平，才能提高企業的競爭能力。

在知識經濟競爭背景下，知識的載體就是人才，只有建立滿足人才多層次需求的薪酬體系，才能吸引、留住、培養、激勵人才，保持和提升企業的競爭能力。

一、整體薪酬回報

整體薪酬回報方案（total rewards）是對整體薪酬的展開，反映了公司怎樣才能得到公司發展所需要的員工表現，並且怎麼獎勵那些優異成績的員工。嚴謹控制人員數目比控制薪資水準更形重要。

整體薪酬回報方案由五大要素組成：

1.直接財務報酬：包括本薪、現金津貼、獎勵及公司股權等。

2.間接財務報酬：包括健康與福利提供、帶薪休假、退休計畫、額外補貼以及個人賞識。

3.工作內容：包括工作提供的多樣性、挑戰性、重要性及其意義。引伸開來，還包括員工工作表現的回饋和影響。

4.職業生涯價值：包括個人成長機會、能力機會、能力提高、組織團

表9-8　馬斯洛需求理論vs.整體薪酬回報方案

馬斯洛需求理論（從高到低排列）	整體薪酬回報方案
自我實現的需求	發展和進步的機會
尊重的需要	工作業績的回饋、肯定
歸屬與愛的需求	從屬關係和團隊協作
安全的需求	穩定的經濟收入、健康、福利
生理的需求	按勞計酬、基本工資

資料來源：翰威特諮詢公司（2004）。〈整體薪酬回報——並非「新瓶裝舊酒」〉。《富有競爭力的薪酬設計》，頁23。上海交通大學出版社出版。

隊進步以及僱傭關係的穩定安全。

5.從屬關係：它可以來自員工所服務的企業自身享有的良好聲譽，或企業所提供的員工與員工、員工與團隊之間的良好組織氣氛。

21世紀人人喜歡並追求一種自我風格，強調個性化和自主性（意味著一種個人價值觀），因而整體薪酬回報方案並沒有一個完美的模式可以拷貝，因為每個企業面對的內部因素和外部環境並不相同。高薪（金錢刺激）不是唯一留人的可行手段，其工作的重心應當放在工作設計、工作訂制（量體裁衣）、優化工作環境、組織氣候和加強社會關係等方面上。

二、薪資調整

舊有的薪資制度中，調薪的幅度有一定的限制，少有彈性；新的薪資制度中，調薪的憑藉是績效給薪（pay for performance），員工的績效高，薪水就高，有多少本事（貢獻度）就給予多少錢，把企業內部優秀的人才留住，並且也可以從外部聘請到更好的人才進來。

薪資調整考慮的因素有：

1.薪資政策：包括競爭廠商之薪資水準、市場上薪資水準、公司薪資水準等。

2.公司業績及獲利：包括財務能力、營收和利潤、成本降低、市場占有率、管理能力等。

3.個人工作績效表現：包括績效等第、績效強制分配、職能及潛力、出勤率等。

4.物價水準：包括通貨膨脹、國民生產毛額、經濟成長率、休閒活動等。

5.勞動市場供需因素：包括就業人口、求才率／謀職率、勞動率結構、升學率等。

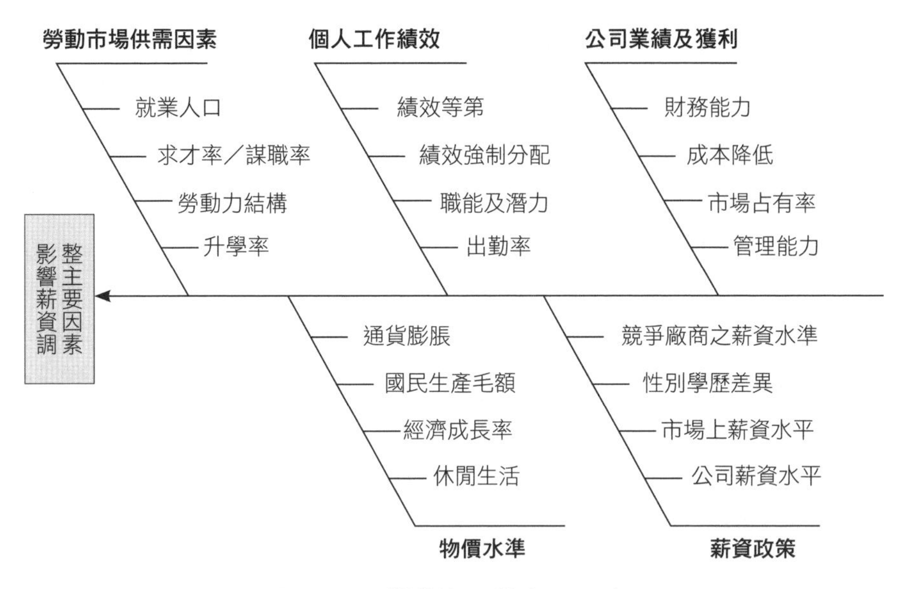

圖9-4　影響薪資調整主要因素

資料來源：陸幼麟（2000）。《89年度企業人力資源管理作業實務研討會實錄（進階）》，頁204。行政院勞委會職業訓練局編印。

第五節　薪酬管理新趨勢

企業在不同的時段要有不同的策略，才能符合時代變遷的需要，人資當然要跳出傳統的框架，適時地調整符合策略需要的薪資制度。IBM前總裁路．葛斯納（Lou Gerstner, Jr.）於《誰說大象不會跳舞》（*Who Says Elephants Can't Dance?: Inside IBM's Historic Turnaround*）一書中指出：「員工只會做公司檢核的部分，因此企業必須要透過獎酬制度以加強員工行為，而獎酬制度一定要和績效管理、營運策略產生連動，因為績效管理重視什麼，員工也會留意什麼。」企業都希望能擁有高績效，但大部分企業所採取的獎酬制度卻大都是年資導向，如此的做法很容易導致策略與績效不同步。企業必須讓獎酬和策略產生連結，並非以年資和職等薪級來建構薪酬制度，能力與職責才是主要核薪考量，員工的本薪結構必須和市場連動，同時依據員工的核心能力和未來價值來進行調薪與獎酬規劃。

企業未來的獎酬設計可歸納為六大方向：

趨勢一：獎酬差異化的擴大

重視的是目標績效的差異，而不是以平均績效來核給薪資多少的差異，過去表現優級與良級的獎酬差異可能只有1%～3%，但新的獎酬設計兩者將會相差很多，其差異將高達2～3倍。比爾．蓋茲說：「從微軟抽走二十個最重要的員工，微軟就會成為一個不重要的公司。」這些少數人對企業營運的影響實在太大，因此給予2～3倍以上的獎酬差異是應該的。

趨勢二：重視與市場的比較

傳統的獎酬設計是組織內部相互比較，而重視與標竿企業（十二至十五家同業公司）給薪行情比較是嶄新的思維。

趨勢三：重視未來價值

設計獎酬制度必須留意員工的未來價值（核心能力），是否有助於公司長期策略的落實，不會被競爭對手以「高薪」挖角。因此，企業必須思考員工的留置價值與市場可僱用性。

趨勢四：調薪歸零思考

當企業進行調薪時，歸零思考（zero base）是一個重要原則。薪資的重新調整要看未來性而不是單純地從過去的表現視之。過去的績效表現是反應在給予一次性給付獎金，調薪（調薪後金額在未來每個月都要支付

的）則是看員工未來的價值有多高，不依年資因素調薪。

趨勢五：寬幅薪資結構

薪資結構由傳統「窄軌職等薪資」（各職等的最低薪至最高薪差異約在40%～60%浮動）轉變為「寬幅職等薪資」（職等相對減少，最低薪至最高薪的薪距約為2～4倍），讓薪資設計和市場薪資行情產生連動。

趨勢六：變動獎金占年薪比率升高

變動獎金（活工資），諸如員工紅利、股票選擇權、業績獎金、績效獎金、年節獎金等，這些獎金是屬於一種恩惠性給予，而不是經常性給予，端視個人對組織的貢獻度、專業的「稀有性」，因人而異的不定期給付。

過去企業獎酬的設計，以學歷、年資、技術為主要考量，未來則是以職責、市場行情、留置價值、貢獻度、績效為依歸（廖志德，2003）。

結　語

薪酬是人力成本的一部分，真正的人力成本除了取得成本（薪資）外，尚包含維護成本（保險費、退休金、福利等）、發展成本（教育訓練、知識管理、生涯規劃等）、激勵成本（績效獎金、員工分紅、股票選擇權等）以及重置成本（員工流動率偏高的重新招聘、養成期的損耗成本等），這些成本跟人力資源（知識、技能與動機）息息相關。企業逐漸將組織內的人才從「成本」轉變為「資本」的趨勢已非常明顯，而人才要成為企業的資本並不在人數的多寡，也不是倚靠學經歷，而是「創意」。

個案9-3　為何你的薪資比我高這麼多？

台灣高鐵董事長的年薪約八百萬元，而台鐵局長的年薪則約一百五十萬元，二者相差甚大。高鐵只有一條西部幹線，所有的列車機組基本上屬同款性質，十二個車站在管理上差異不大，員工四千六百人；台鐵則有好幾條路線，列車機組有多種不同的類型，共有二百二十九個高度歧異的車站，以及員工一萬五千人。很顯然地，管理台鐵要比管理高鐵困難多了，那為什麼高鐵董事長的薪資比台鐵局長高這麼多呢？

一般而言，薪資所得由三個因素決定：一是市場供需因素，若人才供大於需，薪資自然比較低；二是工作難險度，比較困難或比較危險的工作，待遇當然比較高；三是在組織內的年資，資深的員工通常可獲得比較高的所得。就這三個因素來看，應該是台鐵局長的待遇比高鐵董事長的待遇高才對，可見除了市場、工作難險度與年資之外，還有其他因素會左右薪資高低。

台灣高鐵在成立之初，因台灣並無高鐵經驗，必須在國際市場上爭取人才，支付董事長或執行長千萬年薪可能是剛好而已。但當高鐵在馬政府任內解決了艱鉅的財務破產危機，進入平穩營運期後，為何董事長還支領這麼高的薪資？其關鍵在於制度的僵固性。

董事長年薪是昔日薪資規範延續下來的，也是各管理階層薪資結構的定錨，如果調整董事長的薪資，則其他管理階層薪資是否也要同步調整？同樣的道理也可以解釋台鐵局長的低薪，因為台鐵局屬於政府三級機關，如果調高台鐵局長的薪資，那是否也應該調高其他三級機關首長的薪資？

各組織的薪資制度在形成之初，會參考前述市場、工作難險度與年資等三大因素，所以高鐵董事長的薪資最初可高達千萬。但當制度形成後就會出現僵固性，逐漸與制度的合理性脫節，除非組織面臨嚴峻的環境或市場因素挑戰，否則制度通常不易改變。高鐵在財務改革後，泛官股持股占比遠超過百分之五十，按交通部內部規定，董事長年薪不應高於五百萬元，但實際上卻領超過八百萬元，可見其制度僵固性的頑強。

政府掌控的各事業，類似的薪資不合理現象比比皆是。如台銀是純國營事業，董座薪資不得高於部長，年薪約二百萬元出頭；華南銀行屬泛公股銀行，董座薪資可是部長的兩倍左右，年薪約八百萬元；規模相當的民營銀行董事長的年薪則可能高達三、五千萬。這又怎麼說呢？

總之，企業在訂定薪資以及其他制度時，要多考慮制度的僵固性，制度一旦執行一段時間，要改就非常困難。

資料來源：葉匡時（2020）。〈為何你的薪資比我高這麼多？〉。《聯合報》，2020年9月29日，A11財經要聞。

Chapter 10

激勵獎酬與員工福利

薪水可以買到及格水準的工作表現；不過，優秀的領導人能為屬下提供內在報酬（intrinsic rewards）的能力——所謂內在報酬，就是員工知道自己的長處，並將之發揮到極限的巨大鼓舞力量。

——哈佛商學院教授阿伯拉罕．索茲尼克（Abraham Zaleznik）

人資管理錦囊

當你造訪西瓜田的農夫，問問他最感興奮的事情是什麼？他說：「夏天的夜晚，不論繁星滿天，或是皓月高掛，萬籟俱寂的夜裡，聽到清脆的瓜裂聲，你就曉得西瓜正在成長，那種聲音，會讓你心中喜悅不已！」真的嗎？為什麼我們聽不見？

瓜農堅持地說：「你豎起耳朵，用心，就聽得到！」

【小啟示】美國文學家拉爾夫．愛默生（Ralph W. Emerson）說：「全心專注在你所期待的事物上，必有收穫。」

資料來源：洪良浩（2002）。《我們認為（三）》，頁20。哈佛管理出版。

薪酬管理本質是一種激勵管理。有激勵才會有動力，有動力才會有發展，激勵作為產生績效的動因，在其成功的企業中始終處於一種激發的狀態。

利用財務獎勵方式來鼓舞績效超過預定工作目標的員工，是弗雷德里克．泰勒（Frederick W. Taylor）在18世紀倡導後才逐漸流行的。如何運用薪資與績效連動起來的薪酬獎勵計畫去激勵員工，是當今企業主思考的課題。

第一節　激勵的意涵

激勵（motivation）係指激發人們主動認真努力的意願。激勵者針對被激勵者之需求，並以它作為其努力結果的報酬，使其確信只要努力即可有機會獲此一酬償，因而願意奮發努力之過程。激勵應具備的要件有：須有適當激勵工具與措施；須有明確之可行性目標；激勵作用須具時效性和公平性和正義性。

個案10-1　聯邦快遞的獎勵措施

獎勵類別	說明
BZ獎（Bravo Zulu Awards）	聯邦快遞《經理人手冊》說：「它具有具體表揚所有『超水準』的表現……在美國海軍，BZ旗號中含義就是『幹得好』。」這種激動的獎勵，包括現金、聚餐（上司不一定在場）、戲票等，只要是具有表揚性的方式都可以。例如：有一次，當一輛貨車在途中拋錨之後，紐約運務員卡門．蒙泰羅拚命遞送完大部分包裹，然後在他使出混身解數後，發現還有幾件早上十點半該送達的包裹可能趕不及，於是他把心一橫，在收費最貴的交通尖峰時刻招來一輛計程車，順利完成了不可能的任務而得獎。
發現新客戶獎（Finder's Keepers Award）	這項獎勵的對象，包括運務員、客戶服務代表，還有其他天天與顧客接觸的員工，藉以鼓勵他們拉近新客戶。
最佳表現獎（Best Practice Pays）	這項團體性質獎頒發對象為聯邦的領導小組。這些小組如果完成公司目標以上的貢獻與生產量就能領獎。這項獎大都用來獎勵運作上的革新。獎金最高可達平常薪水的一成。
金鷹獎（Golden Falcon Awards）	受獎人由顧客提名，以表揚這些運務員，或其他員工雪中送炭的精神。例如：1994年，美國喬治亞州鬧洪患時，營運部主管法蘭克．安瑟麥坦（Frank Anthamatten）負責將一批靜脈注射劑運送至災區，以拯救兩名少年性命。先前，公司每週固定將藥品送到病人府上，不幸當時大水阻絕了所有聯外道路。法蘭克不顧危險硬是開車上路，甚至與急流搏鬥了四小時，終於在凌晨三點完成任務。少年的雙親把此項事蹟提報到公司，公司馬上就把「金鷹獎」頒給法蘭克。
領導五星獎（Five Star Awards）	它用於表揚過去一年中表現傑出、且對公司整體目標做出有力貢獻的主管。譬如業務躍升至預估的兩倍，或提出並落實一項重要的新計畫。例如：詹姆士．波金斯設計出一套別出心裁的健康醫療計畫，不但能維持員工高水準的服務，還使公司及員工在醫療方面付出的成本顯著降低，於是他贏得了「領導五星獎」。
摘星暨超級巨星獎（Star/ Super Star Awards）	它用於褒揚公司內表現最出色的員工，受獎人可領到相當於年薪2%～3%的支票。

資料來源：張瑞林譯（2004）。詹姆斯．魏樂比（James C. Wetherbe）著。《聯邦快遞——準時快遞全球的頂尖服務》，頁60-62。智庫出版。

激勵取決於努力得到的成果價值（valence）×期望值（expectancy）。薪酬及獎勵制度的設計必須著眼於強化企業文化，激勵員工的行為表現符合公司的期待。在激勵員工方面，典範學習（model learning）是個不錯的選擇，即透過表揚那些表現良好的員工，並對其他員工產生激勵作用，亦即公司明確地釋放出訊息，表達有什麼表現的員工會得到鼓勵，引導他們朝企業要求的價值觀前進（廖勇凱編著，2017：117）。

工作動機的研究都會提到兩種形式的獎勵：內在與外在獎勵。個人從工作得到的收穫就是內在獎勵，員工可能會喜歡工作的任務、挑戰、學習新技能的契機、與有意義的同事合作的機會，或是工作的地點；外在獎勵是工作以外的事物，包括待遇、臨時津貼與其他的福利。

表10-1　創建一個靈活多樣的薪酬體系

種類	說明
基本工資	員工的本薪。
附加工資	從加班費、利益分享獎金、股票選擇權等一次性報酬。
福利工資	團體保險、自助式福利計畫。
工作用品補貼	員工不必自己在外購買而由企業本身提供的各種物質、諸如制服、手機和各種辦公用品（如電腦）等。（提供的工具）
額外津貼	生活福利，如購買本公司產品的價格優惠（起到槓桿作用，用於激勵員工潛力的薪酬）、享有俱樂部成員的特殊待遇、低息個人貸款、高息優惠存款（金融業）、停車場、員工協助方案。（確立了社會地位）
晉升機會	企業內的提拔機會。
發展機會	企業提供的所有與工作相關的培訓和深造機會。
心理收入	員工從工作本身和工作場所中得到的精神上的滿足（快樂感受）、讚美員工的成就、工作具有趣味性。
生活品質	平衡工作與生活（家庭）之間的關係，提供通勤交通工具、良好工作環境、彈性上班制等。
私人因素	需要憑想像力去滿足的員工個人需求，如可帶寵物上班、安排按摩治療等。

資料來源：劉吉、張國華譯（2002）。約翰・特魯普曼（John E. Tropman）著。《薪酬方案——如何制定員工激勵機制》，頁28。上海交通大學出版社出版。

一家能打造群英薈萃的企業，會讓員工喜愛，許多因素是超越優渥薪酬、舒適辦公空間等表象的條件，而是深層的管理功夫所造成，那是一種高績效、卻讓人員適才性的工作環境。倘若無金錢可供報酬，則無金錢報酬之激勵方法可採用認同個人差異、適才適所、使用目標（要讓成員認為目標是可達成的）、使用認同機制和關心成員等（蕭德賓，2020：38-39）。

激勵薪酬乃指員工在達到某個具體目標（業績水準）或創造某種營利後所增加的收入部分（如預算節省部分）。激勵薪酬的實施與生產力的提高有相當密切的關聯，激勵金額要與貢獻成比例。

第二節　激勵理論

根據一項調查，其中有92%的雇主同意，激勵員工這項任務變得愈來愈具有挑戰性，原因之一在於全球化戲劇性地改變了人們所從事的工作，並且導致大量的企業改造及縮編的型態。

一、需求層次理論

動機（motivation）指的是個人的力量，這些力量會影響自發性行為的方向、強度及持久性（內在趨力），分為成就感需求、權力需求、歸屬需求和自主需求。動機理論的鼻祖，人本主義心理學家亞伯拉罕．馬斯洛（Abraham H. Maslow）的需求層次理論（hierarchy of needs theory）。

薪資一定要能滿足金字塔型下方的三個要素，分別為生理需求、安全需求、歸屬與愛的需求（社會需求），例如政府規定的基本工資（時薪），即是政府為了要能保障每個從業人員的基本生理需求。

馬斯洛五大需求層級，依序從低階最原始的排列到最高階分別是：

表10-2　激勵理論簡速整理表

類別	學者	理論名稱	內容大綱	管理實例
內容理論	Maslow (1954)	需求層次理論	每個人都有生理、安全、社交、自尊及自我實現等五個層級的需求，在某一層級達到滿足後，才會追求更上層次的滿足	以滿足員工金錢、地位與成就需求來激勵部屬
	Herzberg (1959)	雙因子理論	影響員工工作態度的因素有兩種：激勵因素與保健因素	
	Alderfer (1969)	ERG理論	人類有三種同時存在的核心需求：生存需求、關係需求及成長需求	
	McClelland (1961)	三需求理論	在工作場合中，組織應瞭解員工有三項重要的需求：成就需求、權力需求與結盟需求	
過程理論	Lockel (1968)	目標設定論	個人為了目標而努力的企圖心，是激勵其工作的主要目標來源	由明瞭員工對員工工作的投入、績效、標準、投入與報酬的知覺來達到激勵
	Vroom (1964)	期望理論	一個人若是認知到某種行為會帶來某種吸引他的成果，那麼他就會致力於該行為	
	Adams (1962)	公平理論	當人們和他人比較工作成果的公平性而感到公平時，對於心理上是一種激勵	
強化理論	Skinners (1971)	強化理論	注意到能增加行為重複與減少非期望行為重複的可能因素	藉由激勵期望行為來激勵

資料來源：郭常銘、黃昱曈（1998）。〈員工對激勵因素偏好之研究——以國內航空業從業員工為例〉。《產業金融》，第101期，頁84；丁于真（2008）。《新舊世代成就動機對工作投入與工作滿足之影響》，頁25。國立中山大學人力資源管理研究所碩士論文。

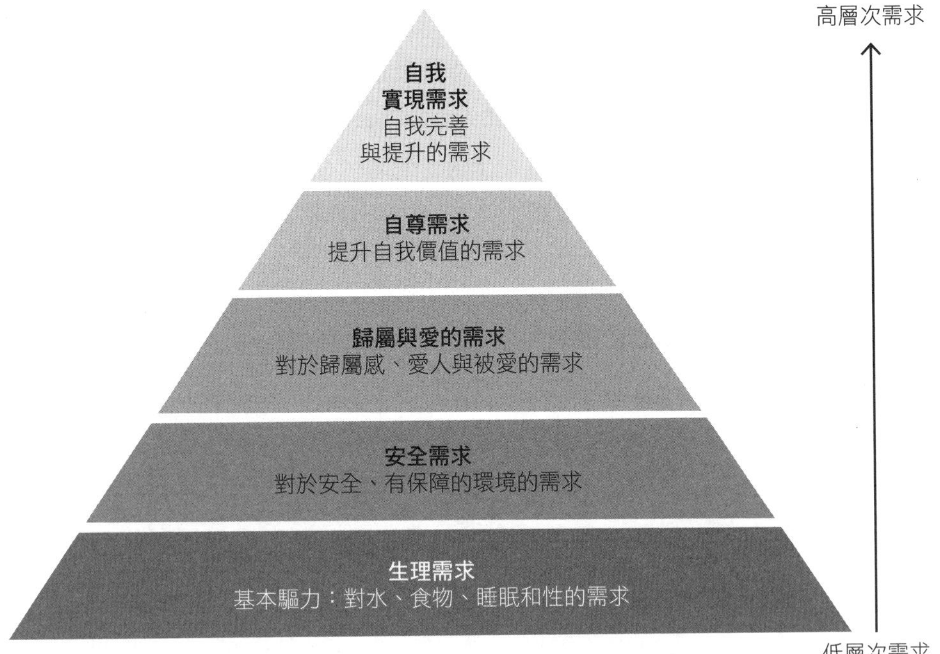

圖10-1　馬斯洛（Maslow）的需求層次理論

資料來源：Maslow, A. H. (1943)；引自賴惠德、趙惠雯著（2018）。《管理心理學》，頁125。雙葉書廊出版。

1.生理需求（physiological needs）：指的是人的身體需求，例如對空氣、水、食物、庇護處所、性愛、睡眠、健康與乾淨環境的需求。

2.安全需求（safety needs）：指的是人希望自己的人身能處於安全狀態，像對自身人體、環境、穩定、保護，以及免於恐懼、威脅、病痛、焦慮與混亂的需求。

3.歸屬與愛的需求（love and belonging needs）：人們期望歸屬於某些團體、想愛人、想被愛的需求，例如對夥伴關係、家庭、朋友、鄰居、社區、組織、家國的親密感與情感需求。

4.自尊需求（esteem needs）：人之所以追求名望與地位，就是出於這個需求。期望受人敬重、期望獲得他人注目的需求，例如重視自尊、自重，也尊重他人權力、成就、技能、獨立、名譽、威望、地位、名聲、主導權、肯定、尊嚴及被欣賞與瞭解等的需求。

5.自我實現需求（self-actualization needs）：人都想實現自己的希望或自我期許的需求，讓一個人的技能（skills）、天賦（talents）達到極大化，也就是能夠實踐，亦即對挑戰、成就個人能力與天賦以及表達的基本特質與價值上的需求。

當人們一步步攀上成就的金字塔時，他們的動機也不斷地演變。馬斯洛在1943年代提出這五項人類需求模式時認為，唯有滿足低一層的需求之後，才可能再繼續往上提升一級需求。一旦衣食住行、友誼、安全感都得到滿足後，這些因素就不再激發人們的經歷和活力了（衣食足則知榮辱）。最高層次的需求是自我實現，員工發展才可滿足這種高層次的需求。

1978年諾貝爾經濟學獎得主赫伯特．西蒙（Herbert A. Simon）說：「人是一種解決問題和運用技能的社會動物。一旦飢餓的問題得以滿足，有兩種經驗格外重要，一個深切的需要是運用自己的技能去挑戰事物，以獲取問題得以解決的喜悅；另一個需要是找到與他人溫暖而有意義的關係──愛人也被愛，尊重他人也受人尊重，分享經驗，為共同的事物而努力。」他言簡意賅詮釋了馬斯洛需求層次理論。

在一條生產線的同一份工作做的時間過長會使一個人麻木，不管他的工資有多少，例如近年來航空業的機師、空服員的「罷工」事件，因為現代人都想要「一步登天」，不按牌理出牌，勞資爭議不斷地發生，這時就要尋找激勵更高生產力的新動機了。

二、雙因子激勵理論

研究工作動機的著作已成為經典的社會科學家弗雷德里克．赫茲伯格（Frederick Herzberg）曾評論道：「伊甸園的麻煩，在於亞當夏娃的福

個案10-2 聯邦快遞金鷹獎

聯邦快遞（FedEx）金鷹獎（Golden Falcon Award）獎品是一根別針和一大筆獎金，受獎對象則是在顧客服務上有超水準表現的員工。金鷹獎得主之中，有一個是紐約州水牛城（Buffalo）的快遞員，名字叫喬．金德（Joe Kinder）。

某次，金德得把簽證送交一對即將前往俄國領養小男孩的夫婦。這對夫婦之所以必須立刻把簽證拿到手，是因為過幾天後，俄國政府將停止受理外國人領養俄國孩童的新申請案。這下可好，郵包地址寫錯，加上時間愈來愈緊迫，於是這位快遞員就自作主張，跑去追蹤郵包，把地址改正，然後又繞了很遠的路，親自把簽證送上門。

小啟示：聯邦快遞想要表彰、獎酬並強化的，就是這樣的努力。在聯邦快遞，我們會評量員工成就動機的高低，也會衡量員工在落實公司願景（遞送優質服務給顧客）這方面的表現如何。

資料來源：哈佛商業評論編輯部譯（2002）。〈領導人如何日理萬機？〉。《哈佛商業評論》，中文版第4期，頁57。

利豐厚，可惜他倆卻是無業遊民。」這兩個人所欠缺的不僅是分辨善惡的能力，他們也沒有工作來賦予他們的人生意義。赫茲伯格根據人類工作動機提出工作環境的衛生（保健）問題通常是造成不滿的主要因素，至於工作滿意度則和個人喜好、學習和專業成就有關（激勵）。

激勵包括了肯定、讚美、個人成長、挑戰、有意義的工作以及工作成就感。從赫茲伯格雙因子激勵理論（two-factor theory）可以看出，增加激勵因子就可以促使人們付出更多。對薪資影響最大的要素是工作的成就所帶給個人的價值感（非貨幣性薪酬）。保健因子（hygiene factor）的部分，指的是維持一項工作所需要的要素，沒有這些要素無法維持下去；而激勵的方式則是需要用到激勵因子（motivator），例如成就感、獲得讚賞則占了很重要的地位。在保健因子部分中，薪資所占只有14%，比例不高，公司政策與規章反而占了很重要的地位。可以看出薪資不是工作中的唯一因素，鼓勵效用不大，通常調薪後的三個月內效用即消失，員工即會視為理所當然。可見企業在留才的時候，薪資並不是唯一考量的因素。

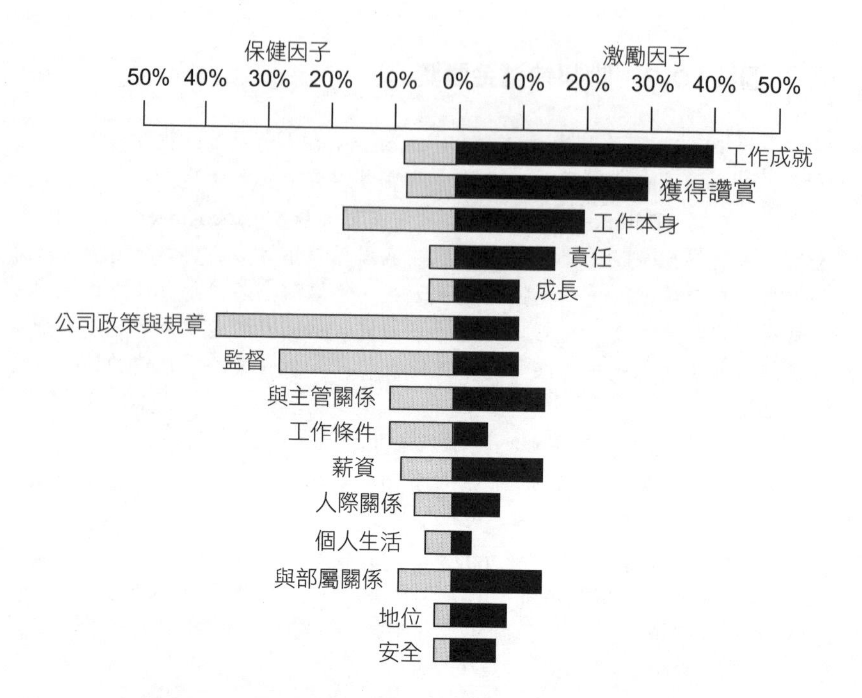

圖10-2 赫茲伯格（Herzberg）的雙因子激勵理論

資料來源：陸幼麟（2000）。《89年度企業人力資源管理作業實務研討會實錄（進階）》，頁203。行政院勞委會職業訓練局編印。

表10-3 學生進入職場最關心的事項

依重要性依序排列：
‧能做自己喜歡的工作。
‧在工作上能應用到自己的技能以及能力。
‧能有所成長。
‧覺得自己對公司而言很重要。
‧獲得優渥的福利。
‧工作表現良好並得到認同。
‧上班地點是自己喜歡的區域。
‧薪資十分優渥。
‧以團隊的方式工作。

資料來源：全美大學與雇主協會（National Association of Colleges and Employers）1996年調查；引自李紹廷譯（2006）。詹姆士．杭特（James C. Hunter）著。《僕人——修練與實踐》，頁231。商周出版。

管理者需能有效區分激勵因子與保健因子。要提升員工的工作滿意度，就要使用激勵因子；要降低員工的工作不滿意，就要使用保健因子。

三、X理論與Y理論

人群關係理論（human relations theory）學者道格拉斯．麥克葛瑞格（Douglas M. McGregor）所提出對人性的X理論（Theory X，性惡說）、Y理論（TheoryY，性善說）假設。

X理論認為員工缺乏職業道德，不願意工作，因此企業需要建立一個獎勵與懲罰機制，以確保員工能做好工作並成熟起來；Y理論則認為員工是願意工作的，態度很樂觀，有很強的職業道德，並期望自己做得出色，也能從工作中獲得滿足感。盡職、勤奮、工作認真、有工作動力，這些都可以用來描述具有職業道德素質的員工的特徵。

作為管理人員其職責不是去控制部屬，而是為部屬創造必要條件，幫助他們完成任務。員工喜歡的工作包含：工作有意義、工作有完整性（負責從頭到底的整個工作，而不是只擔任其中某一部分工作）及責任性。

表10-4　X理論vs.Y理論

X理論	Y理論
．人不喜歡工作，因此總是能避則避。 ．人天生不喜歡工作，所以要加以強迫、命令與懲罰。 ．一般人都缺乏企圖心，總是想辦法逃避責任，盡力追求安全穩定。 ．創意性強的人很罕見。	．人不可能天生就討厭工作，就像人不會討厭遊戲一樣，重點在於所做之事。 ．人會激勵自己去追求能認同並想盡力達成的目標。 ．一般人都是有責任並能完成工作的。 ．大多數人都具有創造力、智慧及想像力。

資料來源：蘇文淑譯（2011）。宮崎哲也著。《社會新鮮人的第一本「管理學」教科書》，頁48。商周出版。

表10-5　主管激勵員工時該注意哪些事情？

· 除了金錢還要提供學習機會等非實質激勵
· 透過溝通，瞭解哪些要素可以激勵員工
· 讚美可以隨時隨地，不用等到正式場合
· 部屬表現不好時，協助對方找出根因
· 提供回饋時，要先肯定、點出問題、再鼓勵
· 為部屬設計量身訂做的發展計畫
· 設定小目標，更能累積部屬信心

資料來源：蘇麗美主答，陳映汝採訪整理（2019）。〈績效評估後，如何激勵員工〉。《EMBA世界經理文摘》，第389期，頁133。

四、公平理論

公平是一個信念，是個體主觀上相信個人所受對待與他人所受對待是平等的。在做任何行動或決定以前，先想想他人從公平與否與客觀的角度會如何看待這件事，在事情完成的時候，要認可並肯定其功勞，在績效考核時要客觀而公平，在分配報酬時要注意員工對公平與否的主觀感受。

公平理論（equity theory）認為人會藉著跟他人比較，評估自己的表現與態度。此理論為美國心理學家約翰・亞當斯（John S. Adams）於1965年所提出，它假定人在評估公平性時，會考慮他們的成果與投入之比例，和另一個人的成果與投入之比例兩個因素。公平理論認為，如果員工不能得到公平對待可能會導致離職。

根據公平理論，員工經常與組織內同類員工做薪酬比較（internal equity），也會與組織以外其他同類工作比較（external equity），藉以衡量一下是否值得繼續為組織賣命。有關員工對於公平的知覺或認知，會影響其留任的決定，以及工作的績效。

每一位員工對自己的投入和獲得的結果都有一把尺（結果vs.投入比），他會先比較自己獲得的結果和投入是否平衡，然後再以這個「結

果vs.投入比」和其他的參考對象的「結果vs.投入比」做比較。所以，公平的薪酬和福利制度的確會嚴重影響員工行為（離職率、缺勤率、低效率）。管理者可作詳細的工作分析和薪資調查，檢視一下給付是否有不公平的存在。當他覺得參考對象的「結果vs.投入比」大於他的「結果vs.投入比」時，就會覺得不公平，心理就會感到氣餒，為了降低不公平的感覺，一般人最會採取的策略是怠工、偷懶，少數人甚至會選擇離開組織。

個案10-3　絕對報酬vs.相對報酬

一位棒球大聯盟的球員告訴他的隊友說他不想參加春季集訓，雖然有約在身，而且一季的收入大約七百五十萬美元。但是他卻無力參加今年的比賽，他希望重談合約，或是可以讓他賺更高的報酬。其實，他或他的經理人從不覺得七百五十萬美元的待遇不好，問題出在「相對報酬」：「許多不如我的球員（年資、贏球次數及打點）都賺得比我多。」

有許多的證據顯示員工看的不僅是「絕對的報酬」，他們也看「相對報酬」。他們比較瞭解對工作的投入並且衡量他們所獲得的酬勞（薪資、調薪幅度及受肯定的程度等）與周邊的對象比較，比較的對象可能是朋友、親戚、鄰居、同事或在其他單位的同事和先前的工作等等。最後，他再和別人的投入／產出比做比較，並且評估到底自己有沒有受到公平的對待。以這位棒球員為例，他看了自己的酬勞與打點，和同等的球員相互比較後，因為自認受到不公平的待遇而決定「抗議」。

小啟示：當人們做出薪酬比較時，通常會得到三種結論之一：自己受到公平對待、不平等待遇或是過度酬庸。公平待遇在激勵上具有很正面的效果，當員工覺得他們的付出是被同等合適地酬報時，會受到相當的鼓舞。

資料來源：李炳林、林思伶譯（2003）。史帝芬．羅賓斯（Stephen P. Robbins）著。《管理人的箴言》，頁81-82。培生教育出版。

第三節　整體薪酬方案

古人的生活：「日出而作，日入而息，鑿井而飲，耕田而食。」當工業革命來臨，工廠如雨後春筍般地設立，大批的人湧向工廠，於是人不分晝夜，不管晨昏，「三八制」的工作是鈴聲響起工作、鈴聲響了吃飯、鈴聲響了下工，人類由順乎自然規律的生活裡，跨入刻板的機械生活。

薪酬是由投資（提前獎勵）和獎勵（成果獎勵）兩部分組成的。投資是在員工做出業績之前支付的，能安心踏實地工作，其目的之一是為了提高員工的技術和工作熱情，之二是為了員工個人和整體企業的將來。獎勵一般是事後支付的，與員工的業績掛勾。當今，最具競爭力的做法，是透過前後薪酬的結合，將薪酬的作用發揮到極點。1992年杰依．舒斯特和帕德里夏．津海曼合著的《薪酬方法》中指出，舊的薪酬模式已經失效。該書的扉頁上描述說：「傳統薪酬雖然也自稱獎勵業績，但實際上是以職務、職位和內部均衡為標準的。新的薪酬方法與之形成鮮明對比，突出員工與公司業績之間的聯繫，員工所獲得獎勵的多少是與員工自己的努力奮鬥和公司業績的節節上升相關的。縱觀整體薪酬前景，新的薪酬體制將確保每個元素——基本工資、可變薪資（激勵工資）和間接薪水（福利）都起作用。」新的薪酬體制不僅僅是指經營盈利分享，工資以技能為基礎和員工的參與，而是透過薪酬和福利（即現金與非現金手段），幫助建立一種公司與員工之間的夥伴關係，將公司的經濟效益與員工直接掛鉤（劉吉、張國華譯，2002：26-27）。

績效與獎勵

據說，發明家湯瑪斯．愛迪生（Thomas A. Edison）去世後，人們從他的抽屜裡發現一張紙條，上面寫著：「我一定會成功。」他碰到研究工

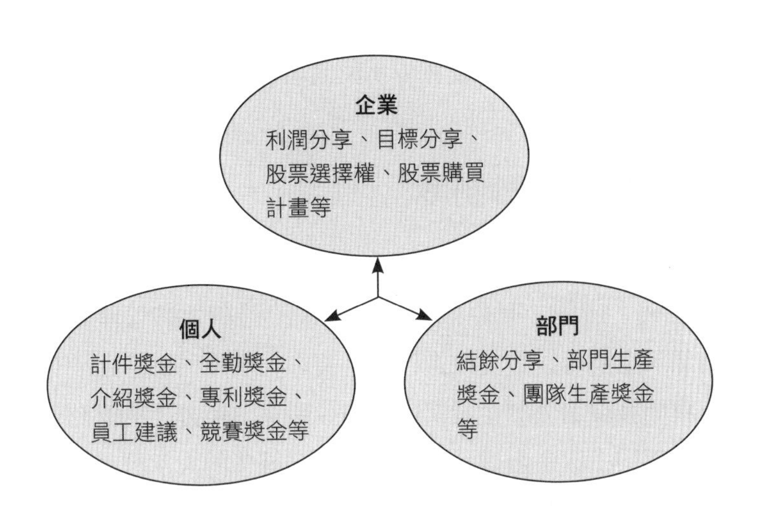

圖10-3　三種激勵薪酬的類別

資料來源：林文政等（2020）。《人力資源管理的12堂課》，頁136。天下文化出版。

作不能如願進行的困境時，是以自我暗示激勵自己而頑強堅持下去的。

激勵（motivation）一詞，源自拉丁文moveve，原意為採取行動（to move）之意。激勵可說是一種激發個人行動的因素，管理者針對員工的需求和目標，採取某些激勵措施，營造出一個適當的工作環境，使能激發員工的工作意願，進而求得組織和員工個人目標的實現。大部分員工在公司所展現出的個人能力往往不到五成，而「激勵」則是誘發員工潛力的極佳方式。「激勵」往往與「金錢」劃上等號，可是除了物質誘因外，個人內在需求也是非常重要的激勵因子。

人際關係是人與人之間透過思想、情感和行為表現的相互交流影響歷程所形成的一種互動關係。科技產品成為許多人的主人，控制了人們的時間與心靈，疏離了人際之間的關係，愛情、親情、友情等都受到科技的影響。人們透過產品更容易溝通了，但溝通的品質卻可能變差了。尊重別人表達意見的自由，對於增進彼此間的關係一定會有極大的助益。非洲叢林醫師阿爾伯特．史懷哲（Albert Schweitzer）說：「世界上有一樣東西，你分享出去以後，不但不會減少，反而增加，那就是快樂。」

第四節　績效獎酬制度

「獎勵」與「處罰」是組織中最常用來改善績效的管理策略，獎勵可以激勵士氣，處罰可以督促改進行為。將人力資本的概念，引伸到企業的經營上，我們發現過去的企業都以雇主（股東）所提供的財務資本為主體，企業的盈虧均由雇主全權負責，投入企業經營的大部分員工，獲取固定薪資為報酬。隨著企業經營管理的演進，員工因經營績效的提升，才能創新改善而獲得雇主於年終發放獎金為附加的報酬，這是功績報酬的開端（洪良浩，2007）。

在競爭日益激烈的商業環境中，企業均不斷地在追求提升經營績效的創新管理方式，若能有一套有效的績效獎酬制度，不但能激勵員工、符合成本，進而建立企業文化、吸引並留用優秀人才、提高士氣、誘導提高業績與管理效率。因此，績效付薪乃是企業成長和永續經營的基礎。管理大師邁克爾．韓默（Michael Hammer）指出，「績效考核與獎酬制度是形成企業文化的最關鍵因素」。

一、彈性報酬制

《薪給的挑戰與改變》作者歐尼爾說：「現行的趨勢是從支付固定薪資，轉向支付部分固定薪資外加若干彈性報酬。」舊有的薪給制度主要建立在年資、生活成本增加及許多備受爭議的標準上。根據新的薪給制度，員工的報酬決定於公司策略的達成程度，並且將紅利計畫與盈餘分享等熟悉的概念擴大實施到更多員工與更高比率的薪資上。

薪給扮演的角色逐漸從報酬員工轉為激勵他們達到特定的目標，風險溢酬（risk premiums）數額的多寡，和個人的工作以及工作對公司的影響程度息息相關。目前企業實施的薪資給付項目包括：

1.獲利分享：這是盈餘分享的延伸，並且擴及各個階層的員工。獲利分享與盈餘分享的主要差異在於頻率的不同，盈餘分享通常每年一次，獲利分享則可在每月或每季度行之。此外，盈餘分享僅和盈餘有關，獲利分享則可以和若干特定的財務目標相配合。
2.以團隊為基礎的報酬：即依據整個工作小組的績效作為給薪的標準。
3.一次給予的加薪方式：將加薪的總額一次給足，不再分數年支付。這種方式的好處是可以一次拿到大筆錢，美中不足的是基本薪資仍舊不變。
4.能力取向的給薪方式：不依據頭銜，而以員工的能力作為給薪的標準。

新的報酬結構設計的目標將使薪資給付與公司的策略達成更密切結合。

二、績效調薪

薪資管理的重點是創造公平、合理的工作環境，給予正面鼓勵，讓員工能夠勇於創新、負責。企業也應針對工作內容與員工生涯發展，乃至管理制度與企業文化妥善規劃，而不是把薪資當成「迷幻藥」，用錢來引誘員工。

以調薪的幅度來講，整體調薪預算是個有限的資源，應該充分激勵表現優異者。全面性調薪（全公司調薪）長期而言無法提高留職率。敘薪要符合市場水準，首先要有一個根據數據制訂的基準線（baseline），顯示當前人才市場上，每位員工的身價多少，這麼做要考慮到各個不同的薪酬要素，比方說：員工的個別經驗、教育、工作責任、所需的技能和證照，甚至他們受僱的工作地點。建立企業的具體的衡量指標時，要決定員工在公司裡，除了職位之外，想要獎勵和提供誘因給哪些項目，更要確保這項指標跟公司的目標和文化相連結，特別是針對公司裡最重要的職位。接下來，建立一個紅利架構，以反映這些指標在薪酬方面代表的相對價值。

公平，係指針對相同經驗、技能、訓練和其他工作需求，給付員工相同的薪酬。不過，公平也可以涵蓋根據績效和對於利潤的影響而給付的不平等薪酬。如果主管可以把某位員工的努力與更好的成果連結在一起，給付這位部屬高於同儕的薪酬就具有商業價值。薪資若不保密，很容易造成員工之間的心結產生，或是對公司產生不滿。

三、銷售獎金規劃

在經濟學家開始提出委託代理人問題之前的幾個世紀以來，銷售人員的酬勞就一直是以佣金的方式支付。企業會選擇這樣的方式，主要有三個理由：首先，如此一來，可輕易衡量銷售人員的短期績效，這一點與其他多數員工不同；其次，第一線銷售人員工作時間通常很少受到監督（如果有的話），而以佣金為基礎的薪資，讓主管掌握部分控制權，彌補他們無法確知銷售人員是在拜訪客戶，或是打高爾夫球的缺失：第三，根據人格類型的研究，銷售人員通常較其他員工更偏好風險，一個有調升空間的薪資計畫，對他們是有吸引力的。

研究發現，產業銷售週期的不確定性愈高，銷售人員的報酬中應有更多來自固定薪水；相反地，銷售週期的不確定性愈低，佣金占薪資的比率應該愈高。以波音公司（Boeing）為例，該公司銷售人員在航空公司真正下單購買新型787之前，可能已花了幾年時間與客戶接觸。所以，若這類公司主要以佣金支付銷售人員酬勞，恐將難以留住人才。而在那些交易快速而頻繁的產業，挨家挨戶的銷售人員，可能每小時都有營收進帳，或是那些營收與努力相關、不確定性低的產業，薪資如果不是全部，應該也是主要來自佣金。這項研究到目前為止，仍引導著企業看待薪水與佣金比重的方式（Chung, 2015）。

純粹佣金制獎金結構，業務員只注重數量，但卻容易鼓勵銷售人員努力賣那些容易賣出的產品，而忽略了其他種類的產品及開發長期的客戶。因此，在銷售獎金設計時，要能賣出多種產品組合時，才能獲得銷售獎金。

表10-6 如何制定銷售人員薪資計畫

步驟		說明		
步驟一	設定薪資水準	這個步驟對吸引與留住人才相當重要。		
步驟二	平衡薪水與獎金	收入來自薪水與獎金的比例，決定這個計畫的風險。適當比例隨產業而不同，通常會根據銷售人員的努力，對公司營收有多大程度的影響而定。		
步驟三	設計計畫	計畫基礎 大部分公司仍以毛營收計算銷售人員的佣金，而部分公司則以營收的利潤為支付依據。	計畫類型 許多公司在員工的績效超過銷售配額，或是達成其他目標時，會在薪水與佣金之外，再提供獎金。	支付曲線 報酬上限限制頂尖銷售人員的收入，並拉平支付曲線，或者，是讓曲線變成「回歸線」；而加倍計算或超出目標的獎金，會讓績效頂尖者收入倍增，形成「累進」的結構。
步驟四	選擇支付期限	公司可選擇以一星期到一整年，來訂定配額與獎金的計算時間。研究顯示，支付週期愈短，愈能激勵低績效的人，並讓他更加努力。		
步驟五	考量其他因素	許多企業也採取非金錢的獎勵方式，像是競賽或表揚計畫。		

資料來源：改寫自《銷售力分析》；引自《哈佛商業評論》，新版第104期（2015/04），頁61。

四、利潤分享制

利潤分享制（profit sharing）是指報酬基於組織績效（利潤）的程度來訂定，並非基本薪資的一部分。在利潤分享制下，可以鼓勵員工以企業所有者的角度思考，用更全面性的角度瞭解要讓組織運作更有效率所需執行的事項。因此，較不可能產生像個人獎金制度（或是功績制薪酬）這種會鼓勵員工狹隘自利行為的後果，「各人自掃門前雪，休管他人瓦上霜」的心態在做事。同時，在經濟不景氣或衰退時，勞動成本可自動降低，組織不需要依賴裁員來降低成本，而在經濟景氣時，財富可以共享。

第五節　員工福利

企業提供福利的目的是為了吸引人才。員工福利（employee benefits）又稱為邊緣福利（fringe benefits），是指在薪資（工資）以外對員工的報酬，它不同於工資（薪資）及獎金，福利通常與員工的績效無關（溫情主義），它是一種提升員工福祉，促進企業發展的管理策略。企業提供完善的福利措施，不但可以減少經營成本、降低流動率、維持勞動關係和諧（懷柔政策），更能提升企業形象，進而能提升在勞動市場上的競爭能力，在穩定人資的投資上會有相當大的助益。

員工福祉（employee well-being）係指員工生理面、心理面以及社交面的健康，而雇主若要打造健康的內部工作環境，可從硬體設備、獎酬與績效、高階主管領導效能、個人成長渴望、職能和掌控環境的能力，以及良性的工作關係著手。

表10-7 勞資共創「心」福利

評分標準	項目
放心 （提供員工安全、友善的工作環境）	·職業安全衛生管理措施 ·工作空間設計與舒適度 ·促進工作平等措施 ·職場性騷擾之防治 ·就業歧視之禁止
安心 （提供員工安定勞動條件與福利）	·工資、獎金給予或調整情形 ·員工訓練情形 ·工作時間與休假情形 ·提供員工福利
貼心 （建立勞工安心、雇主貼心的勞雇關係）	·促進工作家庭平衡 ·協助員工家庭措施 ·提供無障礙空間與職務再設計 ·勞資會議及其他溝通管道 ·員工諮詢與關懷措施

資料來源：新北市政府勞工局舉辦的「幸福心職場」徵選活動辦法（文宣）。

個案10-4 愛屋及烏 福利大放送

輝瑞大藥廠除了優於業界平均的薪資水準外，更重要的是能將友善的照顧福利，擴及員工的家人、親屬，包括規劃良好的「即時員工協助方案」，由公司聘請醫師、律師、藥師、護理師、會計師等專業諮詢人員，提供全天候及時諮詢，協助解決員工各種生活上的疑難雜症。

輝瑞重視員工健康，積極推動「健康小秘書APP」，幫助員工隨時透過手機APP（智慧型手機內的應用程式），系統管理個人及家人的體重、血脂、血壓，並有自我檢測疾病等功能，隨時隨地掌握健康狀況。對於懷孕生產、需要安胎的同仁，也給予在家上班的協助，透過網路進行會議，幫助員工更能彈性安排自己的工作與生活。

資料來源：新北市政府勞工局編輯（2013）。《102年度新北市幸福心職場得獎專刊》，頁8-11。新北市政府出版。

制定福利制度原則

企業慷慨為員工謀求各種福利，並非虛擲金錢，因為這些福利政策最終都會為企業帶來商業價值。賓州大學華頓商學院（Wharton School of the University of Pennsylvania）教授席格·巴薩德（Sigal Barsade）指出，福利政策要與公司價值、文化一致，才能產生最大效果，因為員工享受福利的同時，也會進一步深化、認同公司的價值觀。因而福利必須與人資的運用和發展建立關係，亦即福利必須建立在培植人資的組織文化。例如，1938年創立於美國西雅圖的REI公司，是一家專售戶外旅行用品（露營、自行車、滑雪用品等）的複合式商店，每年多給員工兩天帶薪假，條件是用於戶外活動。

個案10-5　關懷員工無微不至

星展（台灣）商業銀行以「人」為中心的價值觀：熱情與承諾（Passionate & Commitment）、珍視關係（Value Relationship）、自信與尊重（Integrity & Respect）、團隊合作（Dedicated to Teamwork）、追求卓越（Confidence to Excel），落實在對待星展的每位行員身上，從醫療健康、工作與生活平衡、個人成長、家庭支持等面向皆給予最貼心的關懷、讓行員充分感受企業的用心。

規劃「員工充電區」，設置平版電腦、飲水機、微波爐、販賣機等設備，提供免費咖啡無限暢飲；設有舒適安心的「哺乳空間」，哺乳室外並備有足夠的母乳儲存冰箱；為保障每位行員健康，成立「辦公室健康專區」，設置健身腳踏車、全身按摩椅等，推出一系列健康促進活動，如健檢、BMI（Body Mass Index，身體質量指數）身體質量管理競賽、醫師駐點諮詢、健康電子報以及瑜伽體驗。

每年舉辦家庭日，讓行員帶著家屬參與公司活動；彈性的工時制度，讓行員能更彈性調整工作時間；「5@5政策」，貼心地讓行員可以在每週五提早於5點下班，使行員能與家人度過愉快的週末假期。

資料來源：新北市政府勞工局編（2013）。《102年度新北市幸福心職場得獎專刊》，頁16-19。新北市政府出版。

制定企業福利制度的原則為：

1. 內部公平：建立客觀、公平的福利制度，落實「一分努力，一分收穫」，以達成福利與激勵員工的效果。
2. 外部競爭力：企業在規劃員工福利時，除了照顧員工需求外，企業還要考慮到公司人才在勞動力市場上的競爭性、公司的成長，以達永續經營的目的。
3. 對員工公開且公正：誠信原則是企業一貫的堅持，企業對顧客如此，對部屬亦然，一切作業公開、公平，並鼓勵員工勇於申訴。
4. 基於對企業的貢獻：規劃福利制度時，不要僅依年資考量，若加入工作績效對組織的貢獻，則福利制度將更能與組織的經營配合。

個案10-6　創造歡樂滿載的工作氣氛

乾杯公司（KANPAI CO., LTD.）為一家日式燒肉連鎖餐廳，希望員工能有機會澈底放下手邊工作，不論是去旅遊或進修都好。年資滿四年者，連續兩週休假，年資滿八年者，連續三週休假，年資滿十二年者，更可連續休假一個月；員工只要介紹朋友來上班，通過試用期，就可以領到相當於朋友月薪一半的獎金；公司每一至二年就會選出一位擅長日語及對日本企業的合資企劃有強烈學習意願的員工，派往日本進行培訓，成為未來事業推展接班人。

乾杯公司推出員工用餐6折優惠；每年從公司當中，選出三位最有貢獻的MVP（Most Valuable Player）風雲人物，提供精心規劃的日本深度旅遊行程，提供道地的日本文化；對懷孕者可隨時申請轉調單位，並優先調動；育嬰留職停薪期間前六個月除了發給育嬰津貼外，補助實際薪資30%，第六至十二個月補助實際薪資50%。

資料來源：新北市政府勞工局編（2013）。《102年度新北市幸福心職場得獎專刊》，頁20-19。新北市政府出版。

第六節　員工協助方案

員工協助方案（Employee Assistance Programs, EAPs）是企業透過系統化的專業服務、規劃方案與提供資源，以預防及解決可能導致員工工作生產力下降的組織士氣與個人議題（身心的困擾），使員工能以健康的身心投入工作，讓企業提升競爭力，塑造勞資雙贏。

一、EAPs發展與功能

EAPs源自1917年之美國「職業戒酒方案」（Occupational Alcoholism Program, OAPs），因早期美國勞工最主要之問題即「酗酒問題」，焦點

個案10-7　台積（TSMC）員工自助方案工具和主要方案

員工服務	健康中心	福委會
全天候供應美食街	門診服務	各類員工社團活動
住廠洗衣服務	健康促進網站	員工季刊
員工宿舍與保全服務	健康檢查	急難救助
員工交通車與廠區專車	健康促進活動	電影院與文藝節目
員工休閒活動中心	健康講座	家庭日
陽光藝廊	辦公室健康操	運動遊園會
網上商城	體能活動營	員工子女夏令營
員工休息室	婦女保健教室	托兒所
咖啡吧	哺乳室	特約廠商住廠服務
書店	心理諮詢	百貨公司特約禮券
便利商店	諮詢服務（法律、婚姻、家庭）	福委會網站

資料來源：陳基國。《用心做員工關係》；引自丁志達主講（2021）。「薪資管理與設計實務講座班」講義。財團法人中華工商研究院編印。

原本放在處理酒精濫用，之後逐漸擴大為更廣泛之員工個人問題，甚至擴充到提供組織成員全方位健康照護計畫，EAPs所扮演的是醫療保健守門員的角色，特別是在心理保健方面。

EAPs的發展可以分為三個時期：

第一個時期大約從1940年代到1960年代，以職業戒酒方案（OAPs）為名稱。主要由戒菸成功的員工，在公司裡推展戒酒會（alcoholics anonymous）開始的，由於它成功地替公司省錢，增加生產力，使酗酒員工恢復健康。因此，逐漸擴充其服務內容與對象，以及逐漸有諮商專業人員的加入。

第二個時期大約從1960年代開始，除了戒酒成功的員工擔任諮商師之外，不同的專業人員，如社會工作師、心理師、諮商師及醫師等也加入了這個領域。協助員工處理的問題，包括婚姻家庭問題、情緒心理問題、財務與法律問題，以及各種藥物濫用問題。

第三個時期大約從1980年代迄今，不再是為公司的生產力與利潤而存在，而是一種員工福利，強調壓力管理、全方位保健，以及以建立健康生活為目標的員工服務。

台灣的產業結構自1971年後，從農業社會逐步轉型為工商業社會，產業型態的改變，使得在都市工作生活的青年產生了社會適應的問題，政府因而借鏡美國推動EAPs的經驗，來照顧勞工的身心福祉。從早期1980年的勞工輔導制度，到1994年整合工業社會工作的概念，擴大了EAPs的服務內涵，到2000年政府透過各項輔導措施，積極支持企業推動EAPs。EAPs可以說是現代企業組織的必需品，而非裝飾品，EAPs不再停留在一個理想或概念的層次，而是一個廣為被接受的事實。

二、員工健康方案

一家幸福的企業必須兼顧員工的家庭與生活，其企業核心並非只有

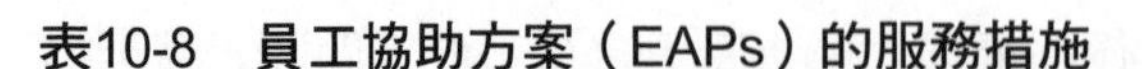

表10-8　員工協助方案（EAPs）的服務措施

議題面向	服務措施
工作	· 職場人際關係講座、溝通課程 · 主管管理諮詢／敏感度訓練 · 彈性工時 · 優於法令之休假 · 員工情緒假、放鬆假 · 部門士氣檢測 · 新進人員適應計畫mentor制度 · 復職復工協助計畫
生活	· 設置／特約幼兒園 · 哺（集）乳室、孕婦專屬車位 · 兩性交往、婚姻、親職教育講座及活動 · 家庭照顧假、安胎假 · 急難救助金或貸款 · 法律講座、諮詢 · 理財講座、諮詢 · 家庭日、眷屬活動 · 員工志工假
健康	· 壓力管理方案、壓力檢測機制 · 減重班、戒菸班、體適能訓練 · 年度健診之個案追蹤與管理 · 身心健康講座、諮詢 · 員工身心健康調查 · 重大傷病支持團體 · 健康操 · 抒壓按摩服務

資料來源：勞動部發行。《員工協助推動手冊》（2015/12），網址：https://wlb.mol.gov.tw/upl/105/EAPs%E6%8E%A8%E5%8B%95%E6%89%8B%E5%86%8A-0519.pdf

表面的價值與價錢而已，更重要的是企業內在的健康與快樂氛圍。「員工」絕對是企業最重要的資產，唯有幸福快樂的員工，才能創造優質、永續經營的企業。

員工健康計畫（employee wellness programs）的目的是希望透過提供計畫性的管理，結合相關部門，共同營造企業幸福的氣氛，創造樂活健康

與工作平衡的職場文化，讓員工在工作壓力之外，有抒壓、發展興趣的管道，達到身心靈平衡的幸福狀態。因此，讓員工家屬能夠間接體認企業對於員工及其家屬照顧的用心，進而支持、鼓勵家人在公司的工作表現。例如台灣應用材料公司（Applied Materials Taiwan）每年經由高階主管會議確立健康促進工作方向及相關部門編列預算，需求評估並確認優先順序後，確定各部門計畫內容細項，各計畫策略擬定多元化、廣度與深度、推廣策略、員工評價、執行成效評估與檢討改進。EAPs的未來趨勢，將走向全人（身心靈）為服務目標，以系統取向，處理人的心理、情緒與健康問題（勞動部「工作生活平衡網」，https://wlb.mol.gov.tw/Page/Content.aspx?id=504）。

成功的EAPs不僅是協助當事人分析問題、處理情緒困擾，更重要的是要提供解決問題的資源，透過連結與使用外部資源解決使員工績效不彰的個人問題，將問題帶離企業，協助企業及員工提升生產力（林國勳，2020）。

個案10-8　企業實施心理健康諮商服務範圍與輔導方式

企業名稱	辦理單位	服務範圍	輔導方式
台灣積體電路製造公司	人力資源處／健康促進課委託新竹市生命線協會／員工協助服務中心提供員工協助方案。	1.提供生涯工作、人際關係、兩性關係、家庭關係、人生觀、自我探索等個別輔導。每位同仁每年提供五次，每次一小時之免費諮商。 2.提供相關測驗量表。 3.每二至三個月舉辦兩性關係、家庭或壓力調適、抒壓與睡眠等工作坊課程。 4.不定期協助部門辦理壓力調適等相關講座。	專業心理諮商老師，採預約方式。有同仁預約則可於公司內外部諮商（服務時間為週一至週五09:00～21:00） 備註： 1.使用諮商線上預約系統。 2.每季報表統計分析。 3.諮商內容絕對機密。

企業名稱	辦理單位	服務範圍	輔導方式
台灣應用材料公司	人力資源部門委託： 1.香港EAPs機構提供員工協助方案。 2.專聘心理諮商師（已在本公司服務五年）提供一對一諮商。	涵蓋全方位之EAPs協助： 1.生涯規劃、人際關係、兩性關係等個別輔導。 2.協助抒解壓力，進行身心調適。 3.協助處理婚姻問題及家庭親子關係。 4.提供各項測驗、協助員工瞭解自我成長。 5.員工工作調遷及文化適應，職業生涯與工作表現困惑。 6.法律與個人的財務意見。	1.外聘專業心理諮商老師定期（每月一次）進駐廠區協助。 2.提供二十四小時免費熱線與緊急服務。 3.提供專業網路個人諮詢服務。
台北捷運公司	人力部發展課設置協談室／設置2位專任諮商師、2位兼任諮商師。	1.員工心理測驗：員工招募進用時使用。 2.個別輔導：員工情緒管理處理、心理疾病，轉介相關醫療機構。 3.辦理心理衛生課程講座及團體輔導。 4.心理測驗施測與解釋。 5.心理相關書籍借閱。 6.緊急事故處理。	採預約制度，由員工提出申請及安排晤談協助。一次晤談以六十分鐘為限，一週以一次為原則。

資料來源：行政院人事行政局編印（2004）。《行政院所屬機關學校推動員工心理健康實施計畫參考手冊》，頁27-28。

結　語

獎金是獎勵過去的表現，薪水則是反映對員工的未來期望。績效面談結束後，便可以決定上一年度該發多少獎金，而下一年度薪水的漲幅又是多少。調薪溝通要遵守的開宗明義準則便是：過程「透明化」，但結果要「保密」。

企業應把握長期激勵的目標，讓員工認識到傳統的薪資結構應該逐漸轉為具有風險性的長期獎酬。職位愈高，責任愈大，激勵報酬也愈多，但是相對風險性也愈高。在薪資結構設計上，一般來說，長期風險性報酬（浮動工資）占整體薪酬的比例愈來愈高，是薪酬結構設計上的趨勢。

工作壓力的增加，企業開始重視EAPs的規劃，為了避免員工「過勞死」，健康休閒設施的添購，也成為企業重視員工福利項目的一項重要指標。

個案10-9　營造快樂競爭力

俄羅斯諺語：「一個老是在笑的人，如果不是傻子，就是美國人了。」的確，麥當勞（McDonald's）在1990年進軍俄羅斯市場時，首要任務之一就是訓練員工，讓他們看起來歡欣鼓舞一些。一位歷史學家注意到，在18世紀時，變得更為進步的牙科醫學，讓人們更願意在笑的時候露出牙齒，他甚至認為，蒙娜麗莎（Mona Lisa）之所以露出神祕的微笑，是因為不好意思露出蛀牙。

快樂是令人感覺最舒暢的情緒。迪士尼公司（Walt Disney Company）的座右銘是「讓人們快樂」，期許員工要讓顧客在來到迪士尼世界時，自然而然就會感到快樂。如果員工的心情好，就比較會想去做事，對顧客也比較有笑臉；心情不好的話，客人上門，擺出一副「晚娘面孔」，會把客人嚇走。員工心情好壞，會影響公司的營運績效。企業的經營要盡量想辦法讓員工心情好，才不會得罪顧客。

小啟示：小喬治．巴頓將軍（George S. Patton , Jr.）說過，他從來不告訴士兵要怎麼做，只告訴大家他的目標是什麼，只要什麼人能用最快的方式達成目標，就是最好的。

資料來源：陳佳穎譯（2012）。彼得．史登（Peter N. Stearns）。〈幸福發展史〉。《哈佛商業評論》，新版第65期，頁64-71。

Chapter 11

勞資關係與勞動權益

最成功的企業管理者並不是緊盯著部屬，不斷地下達大大小小指令的人，而是只給部屬概括性的方針，培養部屬的信心，幫助他們圓滿完成工作的領導者。

——索尼（Sony）共同創辦人盛田昭夫

人資管理錦囊

聽說蔣經國當政時，曾與新加坡總理李光耀輕車簡從，微服出訪日月潭。在潭邊談論時，李光耀突然脫隊演出，他走向附近賣零食小攤，用閩南話與小販親切交談。蔣經國看到這一幕後，有了很大的震撼，他的「子民」用的語言他聽不懂，他們的生活他也不知情。這些感動促成了蔣經國隨後的許多民間之旅，交了民間友人，乃至積極培養與啟用台灣本土人才（「吹台青」政策）。

【小啟示】透過走動式管理（management walking around）方式，高階主管利用時間經常抽空前往各個工作場所（現場）走動，以獲得更豐富、更直接的員工工作問題與心聲，並及時瞭解所屬員工工作困境的一種策略。

資料來源：張文隆（2014）。《賦能》（*Enablement & Engagement*），頁180。商周出版。

1720年，科學家艾薩克．牛頓爵士（Sir Isaac Newton）在炒股巨虧之後，曾經感嘆：「我可以計算天體的運行，卻無法計算人性的瘋狂。」自2016年開始的《勞動基準法》一例一休（週休二日）的修訂，到2020年施行的《勞動事件法》，不斷更新的勞動相關法規正衝擊著勞資關係。

勞資關係有如常山之蛇，要有良好的經營理念和嚴謹的紀律，尤其是在遇到危機時，更要上下皆能發揮同舟共濟的精神，打組織戰，密切配合，有機動性，上下同心協力，發揮整體力量，企業方能興旺發展。否則，各個袖手旁觀，自生自滅，組織只好解體，各作鳥獸散了！

「管理」基本上有三個層面，最簡單的是管理技術，例如如何做好現金流量管理、員工考勤制度等；再上一層的是管理知識，例如行銷管理、生產管理等知識；最上一層的是管理邏輯，就是企業最高的經營理念、文化、價值，足以指導企業所有決策的標準。高標竿的管理邏輯是以文化、價值作為管理信念，低標竿的管理邏輯是以壓榨員工，只會用錢買人為獲利的本錢（湯明哲，2004：5）。

第一節　勞資關係

自18世紀工業革命與資本主義發生後，工廠制度興起，產品大量製造成為常態，更凸顯勞工階級的弱勢。為求平衡，讓勞工權益有所保障與伸張，或出於勞動階級本身的自決與抗爭，加上有識之士的聲援，勞工運動因此產生。

一、勞動五權

近年來，勞工運動「重新」躍入了台灣社會事件矚目焦點之一。2013年2月5日關廠工人臥軌台北車站；2015年到2018年反對《勞動基準法》兩度修改的工時鬥爭；2016年6月24日凌晨0時起華航空服員開始發動罷工行動；2019年2月8日早上6點開始的華航機師罷工，以及2019年6月20日起長榮空服員罷工。勞動者之爭議權（罷工權）是屬於勞動五權之一，而勞資爭議制度的建構，則以「爭議權」為理論基礎。

就勞動者權利的角度而言，勞動五權為：

1.生存權：勞動者的基本經濟生活與就業安全條件，以及法定保險應該得到適度保障，進而要求勞動者的人格應該受到尊重。
2.工作權：勞動者受僱為企業員工後，其職位應受到法律保障，不得任意非法解僱，而其工作所得的資歷（如勞保年資、專業執照）也

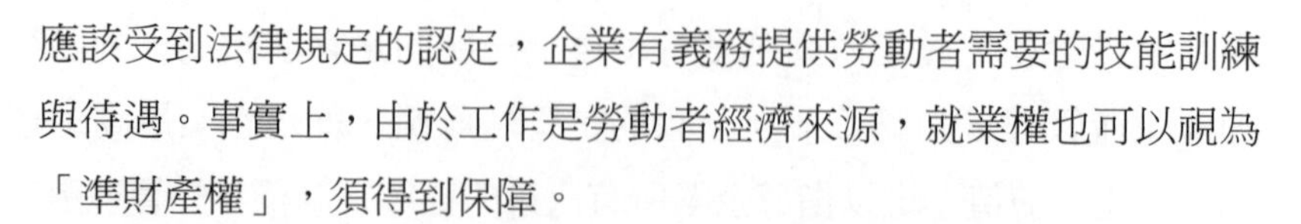

應該受到法律規定的認定，企業有義務提供勞動者需要的技能訓練與待遇。事實上，由於工作是勞動者經濟來源，就業權也可以視為「準財產權」，須得到保障。

3.團結權：勞動者為了自身權益，希望以集體力量來維持或改善工作條件，進而達成與雇主進行集體協商之目的，而擁有組織或加入工會的權利。

4.協商權（締約權）：工會成立後，工會得依法與企業進行協商談判勞動條件與相關事項，並要求簽訂團體協約（collective bargaining agreement）。

5.爭議權：勞動者（工會）在爭取權利與權益時，可以依法進行抗爭行為。（朱承平，2017）

二、友善職場

哈佛商學院教授大衛．麥斯特（David H. Maister）在《企業文化獲利報告》中指出，員工滿意度每提高1分，就能讓品質與客戶關係增加0.4分，而財務績效指數更能增大42分。只有員工幸福了，才能為企業帶來更高的產值。

友善職場環境是近年來企業重視的項目之一。和諧的員工關係對於企業來講就像潤滑劑對機器一樣，平時可能感覺不到在起潤滑作用，一旦缺乏，企業龐大的機器（體制）就無法正常運作。和諧員工關係的建立是一個系統工程，但只要企業真正把員工理解為資產，願意投入足夠的資源去進行管理，一定能夠得到員工對企業的認可、忠誠和奉獻，使得企業和員工共同發展，實現雙贏。

第二節　心理契約

企業與員工之間是契約關係是企業支付員工一定的報酬、福利，換取員工的勞力與腦力。這個契約可能是厚厚一疊白紙黑字的文件，也可能是沒有文字紀錄的「閒話一句」。不管契約的書面紀錄是詳實或簡約，勞資雙方總有一些寫不清楚、講不明白的期待或承諾，這就是美國管理心理學家埃德加·施恩（Edgar H. Schein）正式提出的心理契約（psychological contract）的概念，它是存在於員工與企業之間的隱性契約，其核心價值是員工滿意度。

一、心理契約的意涵

心理契約的意涵就是透過人資管理實現員工的工作滿意度，並進而實現員工對組織的強烈歸屬感和對工作的高度投入。就員工而言，心理契約最重要的部分，就是企業在薪資之外所應該提供的福利、機會、工作環境等；就企業而言，心理契約包括員工對公司的忠誠度、工作承諾、工作績效等。假定企業與員工之間的心理契約不能相容，在人事運作上自然會產生扞格不入的情況。

二、心理契約的內涵

心理契約的主體是員工在企業中的心理狀態，而用於衡量員工在企業中心理狀態的三個基本概念是工作滿意度、工作參與和組織承諾。一般而言，心理契約包含良好的工作環境、任務與職業取向的吻合、安全與歸屬感、報酬、價值認同、晉升、培訓與發展的機會等七個方面的期望。有效的人資管理應該以增強員工的滿意度為核心，並且對影響員工滿意度的因素進行了系統研究。

三、員工工作滿意度的因素

影響員工工作滿意度（job satisfaction）的因素有：工作環境、工作類型／工作量、工作混淆／衝突、人際關係（同事／上司）、薪酬制度、職涯發展／公司前景、價值觀等。如果能夠增強員工對工作和組織的滿意度，員工會表現出高組織認同、高組織忠誠度、高工作績效、高團隊凝聚力、低離職率、低缺勤率和低管理成本。

四、員工滿意度調查

員工滿意度調查（Employee Satisfaction Survey, ESS）係指企業為了瞭解員工滿意度狀況而進行調查、分析和評價的過程，是企業改進勞資關係的重要工具。實施員工滿意度調查的目的有：診斷企業潛在的問題、找出本階段出現的主要問題的原因、評估組織變化和企業政策對員工的影響、促進企業與員工之間的溝通、交流和增強企業凝聚力。

根據分析結果，撰寫員工滿意度調查報告。報告內容主要包括：本次調查過程總體說明、調查統計結果、現存問題及原因分析、改善員工滿意度的重要性、迫切性模型分析（管理者所從事的工作從重要程度和時間迫切可以分為四種類型：緊急重要型、緊急非重要型、重要非緊急型和非緊急非重要型）及具體改進措施建議。

五、員工申訴制度

員工申訴制度係指企業內一種勞資自行解決勞資爭議的制度，藉此制度之實施，可以讓受僱的員工將工作場所中的不滿、不平或爭議問題迅速解除，並促進企業內勞資和諧。

在一個多元化民主和開放的變遷社會中，對於複雜而多面向的勞資問題，除了考慮實質性問題，諸如法令、標準、數量、福利等內容外，也應該注意處理程序性問題，例如處理過程是否注意、顧及到溝通與參與，即使法令訂得如何周全，辦法訂得如何完備，所有該設想的都想到了，可是如果忽略了程序上的問題，事前不宣導、事中不溝通、事後不疏導，其事倍功半和阻力重重是可想而知的。

第三節　勞資會議

勞工參與（worker participation）係指勞工以勞工地位直接或間接地行使企業經營之職權，減少勞資的隔閡，並防止資方難免疏忽勞工立場的利益。落實勞工參與的最好管道是定期召開勞資會議。

勞資會議規定於《勞動基準法》（以下簡稱《勞基法》）第83條，其目的為協調勞資關係，促進勞資合作，提高工作效率。其基本精神，在於鼓勵勞資間自願性的諮商與合作，藉以增進企業內勞資雙方的溝通，減少對立衝突，使雙方凝聚共識，進而匯集眾人的智慧與潛能，藉由勞資雙方同數代表組成並訂期舉辦之，會中以報告或提案討論的方式，經多數代表同意後做成決議，再交由勞資雙方共同執行以達到改善勞動條件與增進生產的目的，創造出勞資互利雙贏的願景而努力。

應舉辦勞資會議的事業單位

依據《勞基法》第83條及《勞資會議實施辦法》之規定，應舉辦勞資會議之事業單位包括：適用《勞基法》之事業單位及事業單位之事業場所，勞工人數在30人以上者。上開事業單位中，如有下述需求，須檢附勞資會議紀錄等文件：

表11-1　勞資會議的功效

功效	說明
知的功能	藉由勞資會議，勞方可以瞭解資方的經營政策、計畫、方針及目標等，資方可以獲得勞方的建議，彼此皆可瞭解對方的意願與期望，在不需做成決議，對雙方都不形成壓力的情況下，開誠布公的討論，正是勞資雙方最佳的良性互動模式。
提升勞工參與感	勞工可於勞資會議中對事業單位的政策、計畫、方針及目標等，提出意見，從中激發勞工對事業單位的向心力與參與感，以達成勞雇同心，共存雙贏的目標。
增進和諧的基礎	事業單位在勞資會議中的報告事項，可使員工確實瞭解公司未來的方向及發展，提早形成共識，朝既定的目標邁進。
勞工期望的達成	因勞工具有建議權，在充分的意見表達下，只要觀念正確、符合勞資雙方利益者，皆有可能實現，而公司在經濟條件允許之情況下，亦會全力增進員工之福利，使勞工的期望儘快達成。
資方期望的達成	因勞工多方之建議，加上在勞資會議有效疏通勞資雙方分歧之意見，並對公司未來計畫的充分宣導及準備下，員工亦可配合公司之發展，企業得以有效成長。
共同解決問題	透過勞資會議，不論是經由報告、討論、建議，都使勞資雙方共同學習以平等的地位討論與解決問題，有助於強化企業組織處理問題之能力，讓企業經營不再侷限於單向指揮命令式之管理方法，而轉變為另一種具雙向回應交流之組織模式，同時更可訓練勞方之思考能力，使之成為企業寶貴之資源。

資料來源：勞動部編製。《勞資會議說明手冊》（2017/04）。

1.事業單位申請移工（外勞），應檢附前一年（至少四次）勞資會議紀錄。

2.初次申請股票上市（櫃）審查應檢附勞資會議文件，於向證交所或櫃買中心送件申請前，應先檢具勞資會議紀錄影本（含開會通知及出席簽到）、當屆勞資會議代表名冊 （含備查函）文件送勞動部。

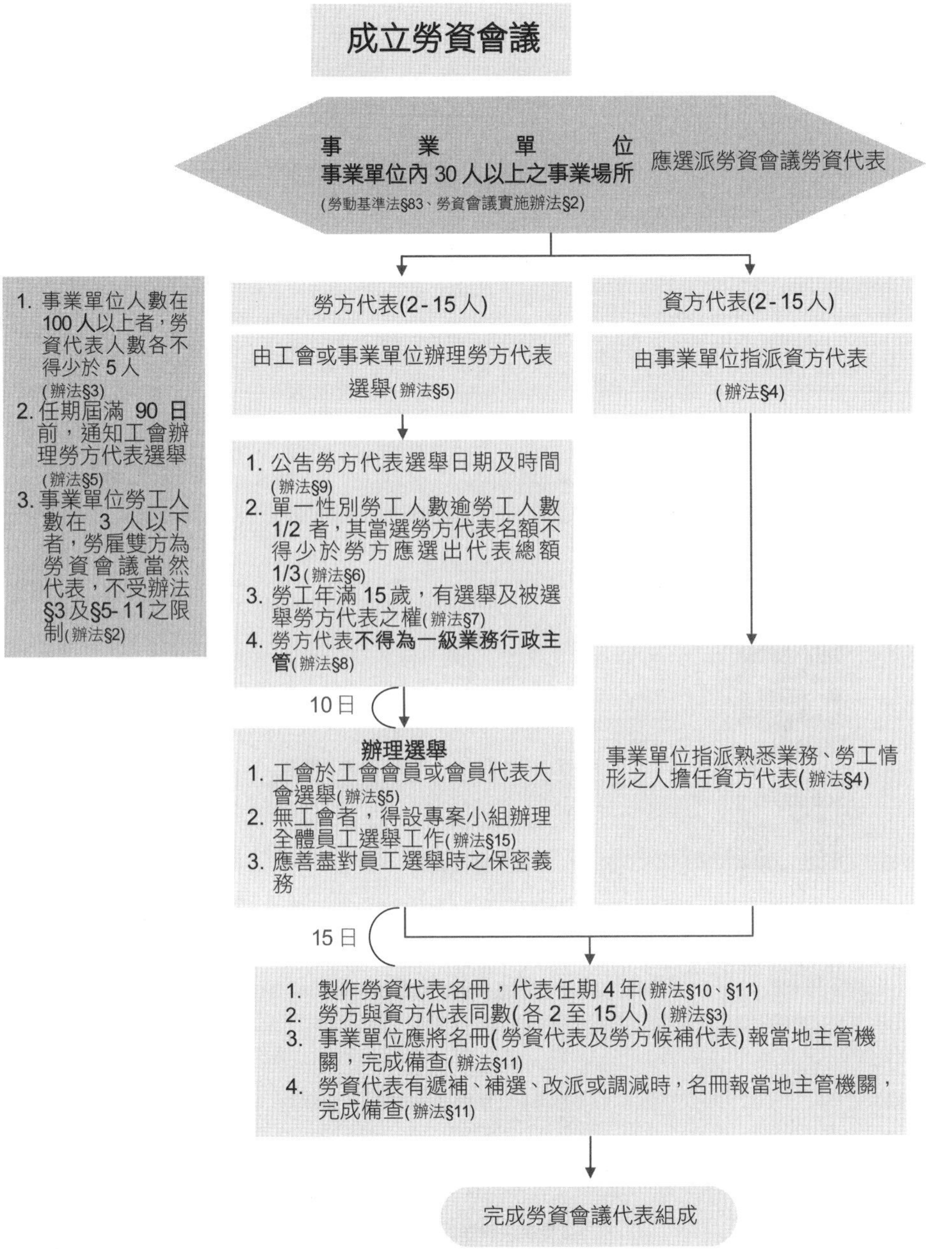

成立勞資會議

事　業　單　位　應選派勞資會議勞資代表
事業單位內 30 人以上之事業場所
(勞動基準法§83、勞資會議實施辦法§2)

1. 事業單位人數在100人以上者，勞資代表人數各不得少於5人(辦法§3)
2. 任期屆滿 90 日前，通知工會辦理勞方代表選舉(辦法§5)
3. 事業單位勞工人數在 3 人以下者，勞雇雙方為勞資會議當然代表，不受辦法§3及§5-11之限制(辦法§2)

勞方代表(2-15人)

由工會或事業單位辦理勞方代表選舉(辦法§5)

1. 公告勞方代表選舉日期及時間(辦法§9)
2. 單一性別勞工人數逾勞工人數1/2者，其當選勞方代表名額不得少於勞方應選出代表總額1/3(辦法§6)
3. 勞工年滿15歲，有選舉及被選舉勞方代表之權(辦法§7)
4. 勞方代表**不得為一級業務行政主管**(辦法§8)

10日

辦理選舉
1. 工會於工會會員或會員代表大會選舉(辦法§5)
2. 無工會者，得設專案小組辦理全體員工選舉工作(辦法§15)
3. 應善盡對員工選舉時之保密義務

資方代表(2-15人)

由事業單位指派資方代表(辦法§4)

事業單位指派熟悉業務、勞工情形之人擔任資方代表(辦法§4)

15日

1. 製作勞資代表名冊，代表任期4年(辦法§10、§11)
2. 勞方與資方代表同數(各2至15人)(辦法§3)
3. 事業單位應將名冊(勞資代表及勞方候補代表)報當地主管機關，完成備查(辦法§11)
4. 勞資代表有遞補、補選、改派或調減時，名冊報當地主管機關，完成備查(辦法§11)

完成勞資會議代表組成

圖11-1　成立勞資會議流程圖

資料來源：勞動部網址，https://www.mol.gov.tw/topic/34467/34487/

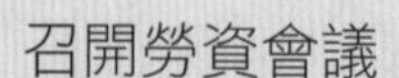

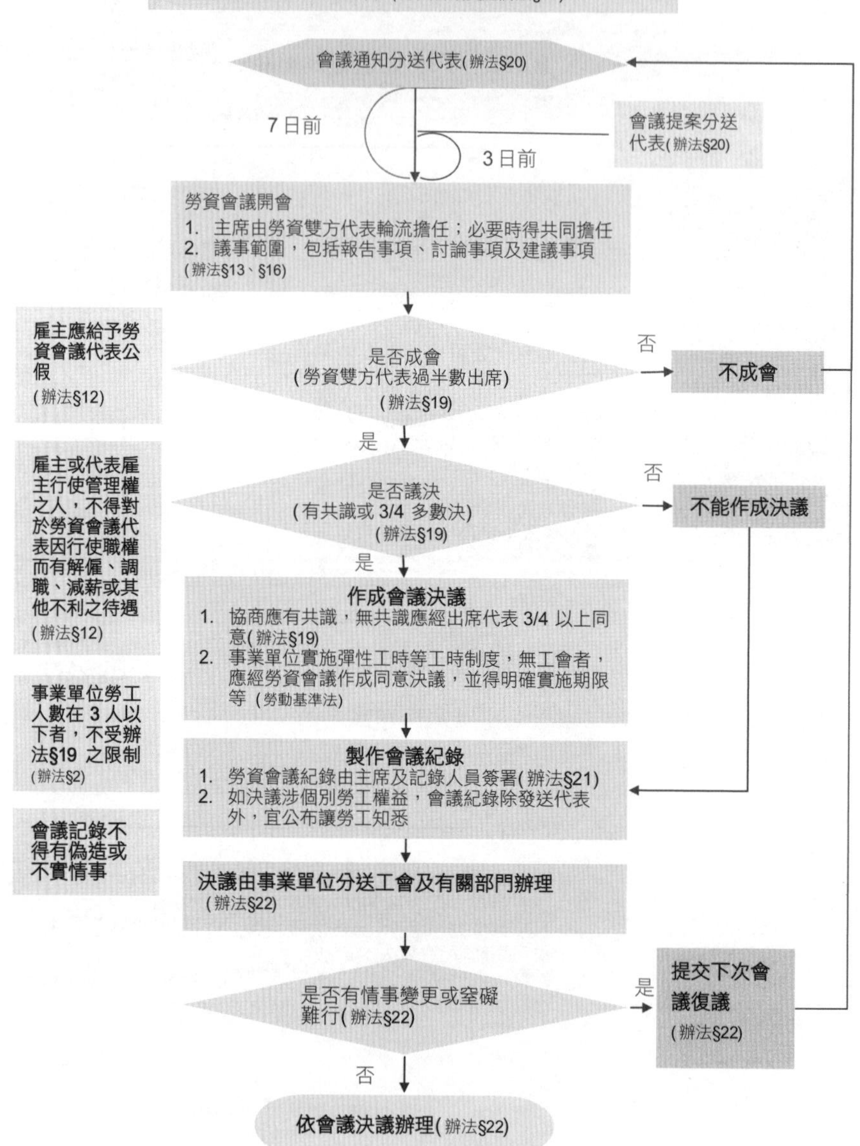

圖11-2　召開勞資會議流程圖

資料來源：勞動部網址，https://www.mol.gov.tw/topic/34467/34487/

第四節　平等就業機會

平等就業機會指政府為促進國民就業，保障國民就業機會平等，雇主對求職人或所僱用員工，不得以種族、階級、語言、思想、宗教、黨派、籍貫、出生地、性別、性傾向、年齡、婚姻、容貌、五官、身心障礙、星座、血型或以往工會會員身分為由，予以歧視，都能擁有平等的工作機會（《就業服務法》第5條第一項規定）。例如，許多家教的徵人廣告限女性，是明顯違法的行為。

一、性別工作平等法

《性別工作平等法》立法宗旨在消弭性別職場之不平等、排除受僱者就業障礙，在消弭性別職場不平等的部分，包括禁止性別歧視，排除受僱者就業障礙的部分，包括性騷擾之防治及促進工作平等措施兩部分。

表11-2　《性別工作平等法》相關假別規定

假別	給假原則	依據
生理假	女性受僱者因生理日致工作有困難時，每個月可以請生理假一日，全年請假日數如果沒有超過三日，不併入病假計算，其餘日數併入病假計算。 前項併入及不併入病假的生理假薪資，減半發給。	《性別工作平等法》第14條
產假	一、分娩前後，給予產假八週； 二、妊娠三個月以上流產者，產假四週； 三、妊娠二個月以上未滿三個月流產者，產假一週； 四、妊娠未滿二個月流產者，產假五日。 ＊產假期間薪資依《勞動基準法》第50條規定辦理（受僱工作在六個月以上者，產假工資照給；未滿六個月者減半發給。另	《性別工作平等法》第15條 《勞動基準法》第50條

（續）表11-2　《性別工作平等法》相關假別規定

假別	給假原則	依據
產假	《勞動基準法》未定一週及五日產假，故一週及五日之產假得不給薪）。 ＊例假日不扣除（依曆連續計算）	
產檢假	受僱者妊娠期間，雇主應給予產檢假七日。	《性別工作平等法》第15條
陪產檢及陪產假	受僱者陪伴其配偶妊娠產檢或其配偶分娩時，雇主應給予陪產檢及陪產假七日。請假期間薪資照。	《性別工作平等法》第15條
育嬰留職停薪	受僱者任職滿六個月後，於每一個子女滿三歲前，可申請育嬰留職停薪，期間至該子女滿三歲為止，但不得超過二年。同時撫育子女二人以上者，其育嬰留職停薪期間應合併計算，最長以最幼子女受撫育二年為限。 ＊《就業保險法》：以前六個月平均月投保薪資百分之六十計算，按月發給津貼，每一子女最長發六個月。	《性別工作平等法》第16條
哺(集)乳時間	子女未滿二歲須受僱者親自哺（集）乳者，雇主應每日另給哺（集）乳時間六十分鐘。受僱者於每日正常工作時間以外之延長工作時間達一小時以上者，雇主應給予哺（集）乳時間三十分鐘。前二項哺（集）乳時間，視為工作時間。	《性別工作平等法》第18條
減少或調整工作時間	受僱於僱用三十人以上雇主之受僱者，撫育未滿三歲子女，可以向雇主請求每天減少工作時間一小時（無薪）或調整工作時間。	《性別工作平等法》第19條
家庭照顧假	受僱者於其家庭成員預防接種、發生嚴重之疾病或其他重大事故須親自照顧時，得請家庭照顧假；其請假日數併入事假計算，全年以七日為限。家庭照顧假薪資之計算，依各該事假規定辦理。 ＊適用《勞動基準法》之勞工，依《勞工請假規則》第7條規定，勞工因有事故必須親自處理者，得請事假，1年內合計不得超過14日。事假期間不給工資。	《性別工作平等法》第20條 《勞工請假規則》第7條

資料來源：勞動條件及就業平等司《性別工作平等法》相關假別規定，及民國111年01月12日修正《性別工作平等法》條文。

二、就業歧視

就業歧視指雇主以「執行特定工作無關之特質」來決定是否僱用求職人或受僱人的勞動條件，且雇主對於該項決定因素通常為不平等、不合理的要求。《反敗為勝：汽車巨人艾科卡自傳》（*Iacocca: An Autobiography*）作者李・艾科卡（Lee Iacocca）是義大利裔美國人，在白種人社會常把義大利人和黑手黨（Mafia）、教父（the godfather）這種黑社會聯想在一起。他在四十五歲當上福特汽車公司（Ford Motor Company）的第二把交椅（總裁）後，創辦人亨利・福特（Henry Ford）還是花了兩百萬美元，派人調查他有沒有和黑社會掛鉤，這就是「種族歧視」。

《就業服務法》並未針對就業年齡歧視禁止之保障對象有任何限制，所有人都受保障，除非《勞基法》第45條第一項規定，雇主不得僱用未滿十五歲之人從事工作，違反者處六個月以下有期徒刑、拘役或科或併科新台幣三十萬元以下罰金。例如，英國推理小說家阿嘉莎・克莉絲蒂（Agatha Christie）大部分時間都住在伊拉克首都巴格達（Baghdad），陪伴她的考古學家丈夫，生活在又乾燥又熱的沙漠中。許多人都為她跟著這種丈夫過苦日子惋惜，她卻說：「考古學家才是每個女子都該希望獲得的丈夫，因為女人的年紀越老，考古學家對她越有深厚的興趣。」人才是企業成敗的關鍵，唯有順其自然，不能憑自己的好惡用人，容忍與自己個性不合的人，並盡量發揮其優點，才能造就人才。

三、職場性騷擾

今日美國社會的「員工訴願」是爆炸性的話題，包括辦公室的騷擾事件、誹謗、攻訐、情緒壓抑的蓄意迫害、歧視，以及不人道且惡劣的工作環境等。1998年初被曝光的時任美國總統威廉・克林頓（William

表11-3　「就業歧視」的類別與說明

類別	說明
種族歧視	一個人對除本身所屬的族群外的人種或民族，採取一種蔑視、討厭及排斥的態度，並且在言論行為上表現出來。
階級歧視	求職人或受僱人因貧富、身分、財產、知識水準高低、職位區隔等因素而在就業上受到歧視。
語言歧視	如果有雇主因自己的意識形態，不喜歡使用國語溝通，在招募員工時，要求求職人必須「台語流利」，而台語是否流利又跟執行的工作沒有關係，雇主此種行為就是「語言歧視」。
思想歧視	「思想」是始於「思維」，是人腦對現實事物間接的、概括的加工形式，以內隱或外隱的語言或動作表現出來。思想歧視多與雇主的「意識形態」有關。
宗教歧視	雇主因為對特定宗教的偏好或偏見，而在就業上給予求職人或受僱人不同的待遇。
黨派歧視	雇主因為對特定政黨的偏好或偏見，而在就業上給予求職人或受僱人不同的待遇。
籍貫歧視	雇主因為對特定籍貫的偏好或偏見，而在就業上給予求職人或受僱人不同的待遇。
出生地歧視	雇主因為對於特定出生地的偏好或偏見，而在就業上給予求職人或受僱人不同的待遇。
性別歧視	雇主因為對特定性別的偏好或偏見，而在就業上給予求職人或受僱人不同的待遇。
性傾向	雇主因為對特定性傾向的偏好或偏見，而在就業上給予求職人或受僱人不同的待遇。
年齡歧視	雇主在招募、甄試、勞動條件、升遷、調職、獎懲、訓練、福利或解僱等方面，因為求職人或受僱人的年齡而直接或間接地給予不同的待遇。
婚姻歧視	禁止雇主因求職人或受僱人的婚姻狀態而給予其差別待遇。
容貌歧視	雇主因求職人或受僱人的臉型相貌美醜、端正、體格身高與殘缺等外在條件，而給予其不同的待遇。
五官歧視	雇主因求職人或受僱人眼、鼻、嘴、耳及眉毛的長相，而給予不同的待遇。
身心障礙歧視	雇主因求職者或受僱者肢體上或心理上的損傷或功能障礙，而在就業上給予不同的待遇。
星座歧視	例如，小陳應徵外場服務人員，面試時老闆說：「因為你是巨蟹座而我是水瓶座，我們相剋，所以沒辦法錄用你。」
血型歧視	A型君認真、溫柔但糾結，B型君獨特奔放而大膽，O型君情調浪漫卻易怒，AB型君取A、B型的精華但難以捉摸。因你是O型情調浪漫卻易怒，所以沒辦法錄用你。
以往工會會員身分歧視	應以就業歧視事件審（認）定時點加以判斷，就業歧視事件之發生時點，應在該事件審（認）定前，因此就業歧視事件發生當時或之前，求職人或所僱用員工具有依法組織工會之會員身分者，就符合「以往工會會員身分」之構成要件。

資料來源：丁志達整理。

表11-4　職場性騷擾類別

類別	說明
敵意工作環境性騷擾	受僱者於執行職務時，任何人以性要求、具有性意味或性別歧視之言詞或行為，對其造成敵意性、脅迫性或冒犯性之工作環境，致侵犯或干擾其人格尊嚴、人身自由或影響其工作表現。
交換式性騷擾	雇主對受僱者或求職者為明示或暗示之性要求、具有性意味或性別歧視之言詞或行為，作為勞務契約成立、存續、變更或分發、配置、報酬、考績、升遷、降調、獎懲等之交換條件。
說明	前項性騷擾之認定，應就個案審酌事件發生之背景、工作環境、當事人之關係、行為人之言詞、行為及相對人之認知等具體事實為之。

資料來源：勞動部廣告（2020）。

Jefferson Clinton）與白宮女實習生莫妮卡．萊溫斯基（Monica Samille Lewinsky）之間的性醜聞，引起社會大眾廣泛注意性騷擾的問題。

性騷擾（sexual harassment）係指以帶性暗示的言語或動作針對被騷

個案11-1　麥當勞執行長的粉紅風暴

麥當勞執行長史蒂夫．伊斯布克（Steve Easterbrook）因為和一名部屬談戀愛，違反公司政策，在2019年11月3日遭公司董事會解僱，接替他的是麥當勞美國公司總裁坎普斯基（Chris Kempczinski）。

該公司聲明稿中指出，董事會認為，伊斯布克的這個違規行為「展現了糟糕的判斷力」。伊斯布克則是寫了一封電子郵件給員工，承認他違反公司政策：「這是個錯誤，基於公司價值觀，我同意董事會的決定……。」

2018年5月，麥當勞的一些女性員工向聯邦平等就業委員會投訴，宣稱麥當勞一些加盟店的性騷擾問題猖狂。九月時，麥當勞女性員工在美國十個城市罷工，抗議職場性騷擾。在這個節骨眼，伊斯布克的上司部屬戀情，雖屬兩情相悅，但因為位階權力的落差，仍有可能引發外界質疑是否涉及濫權脅迫，無怪乎董事會認為他展現了糟糕的判斷力，因此做出解僱的嚴厲處分。

資料來源：EMBA世界經理文摘編輯部（2019）。〈麥當勞執行長的粉紅風暴〉。《EMBA世界經理文摘》，第400期，頁14。

擾對象，強迫受害者配合，使對方感到不悅。任何性別都有可能是性騷擾的受害者。界定性騷擾的最重要因素是被害人的感覺與意願，因此同樣一種行為發生在不同人的身上可能就是「性騷擾」與「不是性騷擾」的區別。我國性騷擾防治法制，針對不同場合與情境，建立了不同法律和專門處理機制，先有《性別工作平等法》處理職場性騷擾，《性別平等教育法》處理校園性騷擾，《性騷擾防治法》主要處理職場與校園以外的其他性騷擾案。企業僱用受僱者達三十人以上者，應訂定《事業單位工作場所性騷擾防治措施申訴及懲戒辦法》，並在工作場所公開揭示，於知悉性騷擾情事或受僱者提出申訴後，應依所定辦法處理。

四、高齡化就業問題

依《勞基法》第54條規定，雇主「得」強制年滿六十五歲的員工退休，但因非強制規定，雇主仍可繼續僱用年滿六十五歲的勞工並無違法之慮。「就業年齡歧視」指求職者或受僱者在招聘過程或僱用上，

表11-5　高齡勞工就業五大權益

項目	權益
勞健保及職災保險	‧已領老年給付不能再保勞保，但雇主可另保職災保險 ‧雇主要加保健保
勞退	‧受僱於適用《勞基法》事業單位，雇主要按月提撥薪資6%退休金
資遣費	‧65歲以下原則上是不定期契約僱用，資遣要給付資遣費 ‧65歲以上高齡者，雇主可以定期契約僱用，期滿不僱用不必支付資遣費
失業給付	‧已領老年給付，再就業不能再保就業保險，非自願離職無法領取失業給付 ‧超過65歲無論是否領取老年給付，再就業都不能保就業保險，無失業給付
國保	‧已領老年給付並按用領年金，不能再加國保（國民年金保險） ‧老年給付領一次金，保險年資在15年以下，或老年給付金額50萬元以下者，仍列入國保加保對象

資料來源：陳素玲製表（2020）。〈高齡勞工就業五大權益〉。《聯合報》，2020年12月14日，A11財經要聞。

因「年齡」因素受到雇主不公平或不合理的差別待遇。電影《高年級實習生》（*The Intern*）旁白：「經驗永遠不會過時。」（Experience never gets old）德國聯邦最高學術機構馬克斯·普朗克研究院（Max-Planck Institutes）發現，智慧的巔峰在六十五歲；美國印第安那州普渡大學（Purdue University）也發現，在控制健康、婚姻狀態和收入後，六十五歲是生命滿意的最高點；哈佛大學研究更發現，五十六歲是做財務決策最好的年齡，因為他們能立刻掌握複雜的金融訊息，不受情緒的影響，做出最好的決策。六十五歲在現在看起來是國家寶貴的人力資源和商界無限的商機（洪蘭，2020）。

《中高齡者及高齡者就業促進法》共9章45條，最大亮點在開放雇主可以「定期契約」聘僱六十五歲以上高齡勞工，另一個重點則是從進用、升遷、薪資到考績等，都禁止年齡歧視，雇主若被申訴對中高齡、高齡者有職場差別待遇，由雇主負舉證責任。

表11-6　《中高齡者及高齡者就業促進法》主要內容

內容	說明
禁止年齡歧視	規範雇主不得以年齡為差別待遇；雇主對非年齡因素的差別待遇，負舉證責任；對申訴員工不得為不利處分，並負賠償責任。
協助在職者穩定就業	提供職務再設計，排除工作障礙；辦理在職訓練，協助提升職能；獎勵雇主繼續僱用，推動世代合作。
促進失業者就業	辦理職前訓練，獎勵進用失業者；提供職涯諮詢與就業媒合；創業輔導與貸款利息補貼，鼓勵青銀共同創業。
開發就業機會	跨部會開發工作機會；表揚獎勵績優進用單位；提供雇主人力運用指引。
推動銀髮人才服務	中央及地方設置銀髮服務單位；政府自辦或委辦，廣納民間參與；倡議銀髮人力再運用，開發適合銀髮族工作機會。
支持退休者再就業	放寬雇主以定期契約僱用高齡者；建置退休人才資料庫；鼓勵經驗傳承，補助進用退休高齡者。

資料來源：勞動部文宣（2020）。

第五節　勞動權益

台灣的勞工抗爭史最早可溯及自1988年2月14日桃園客運公司為衝撞舊《勞資爭議處理法》所發起的罷工事件（抗議公司不合理的年終獎金、加班費、強迫加班與改善休假制度），爾後勞資爭議與衝突頻傳，雙方爭執的內容也從基本的請求積欠工資，演變為各種勞動條件調整，公司治理參與等面向。

2011年實施的勞動三法《工會法》、《團體協約法》、《勞資爭議處理法》，為我國勞動三權：「團結權」、「團體協商權」與「爭議權」之基本規範。

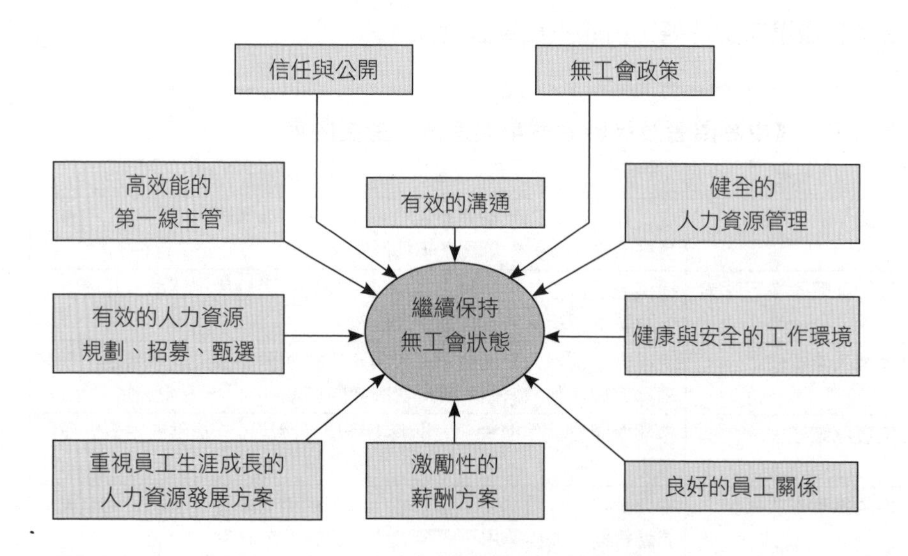

圖11-3　無工會政策的形成因素

資料來源：許書揚主筆（2017）。《人才管理聖經：五百大學習最佳實務》，頁45。天下雜誌出版。

一、工會法（團結權）

團結權（right to organize）乃保障勞動者得結合而組成工會，並保障工會團體之獨立存在及活動自由的權利，亦稱為「組織權」，為勞動者集體基本權之基礎。工會組織的建構即以此「團結權」為理論基礎。凡不透過團結權則無以行使團體交涉權與爭議權。

二、工會組織類型

《工會法》有保障勞工組織工會的權利。《工會法》第6條規定：「工會組織類型如下，但教師僅得組織及加入第二款及第三款之工會：

一、企業工會：結合同一廠場、同一事業單位、依公司法所定具有控制與從屬關係之企業，或依金融控股公司法所定金融控股公司與子公司內之勞工，所組織之工會。

二、產業工會：結合相關產業內之勞工，所組織之工會。

三、職業工會：結合相關職業技能之勞工，所組織之工會。

前項第三款組織之職業工會，應以同一直轄市或縣（市）為組織區域。」

民國100年勞動三法修正之後，只要該企業內超過二分之一的勞工加入企業外的產／職業工會，該產／職業工會就可以取得代表勞工與該企業雇主進行團體協約的協商地位，也等於由第三方來代表勞工與雇主協商。

三、不當勞動行為

《工會法》第35條的雇主不當勞動行為禁止的規定為：「雇主或代表雇主行使管理權之人，不得有下列行為：

一、對於勞工組織工會、加入工會、參加工會活動或擔任工會職務，而拒絕僱用、解僱、降調、減薪或為其他不利之待遇。

二、對於勞工或求職者以不加入工會或擔任工會職務為僱用條件。

三、對於勞工提出團體協商之要求或參與團體協商相關事務，而拒絕僱用、解僱、降調、減薪或為其他不利之待遇。

四、對於勞工參與或支持爭議行為，而解僱、降調、減薪或為其他不利之待遇。

五、不當影響、妨礙或限制工會之成立、組織或活動。

雇主或代表雇主行使管理權之人，為前項規定所為之解僱、降調或減薪者，無效。」

又，《工會法》第45條明訂雇主違反第35條的罰則：

「雇主或代表雇主行使管理權之人違反第三十五條第一項規定，經依勞資爭議處理法裁決決定者，由中央主管機關處雇主新台幣三萬元以上十五萬元以下罰鍰。

個案11-2　怕機器人籌組工會

幾年前，國內製藥界曾組團到英國去考察製藥工廠自動化情形。有一天，他們被安排前往一家以人性化管理著稱，生產線全部使用機器人來生產的工廠參觀。團員到了該廠區時，看到四周的工作環境非常舒適。

負責人帶他們到廠內參觀時，全廠生產流程均使用機器人操作，每台機器人的前端都掛著阿拉伯數字序列牌。因為在參觀工廠前的說明會上，該公司解說員特別提到該廠以人性化來管理工廠事務。因此，有一位團員在參觀後，問負責人說：「剛剛你們的解說員說貴廠強調人性化管理，為什麼不將每一台機器人用名字命名，像John、Mary、Candy等，如此不是更有人性化嗎？」負責人很幽默的口吻回答道：「我們也曾經想過這個問題，但怕機器人有了名字後就會籌組工會。」

小啟示：工會設立的最主要目的為了維護與提升勞工的勞動條件及經濟條件。

資料來源：丁志達整理。

雇主或代表雇主行使管理權之人違反第三十五條第一項第一款、第三款或第四款規定，未依前項裁決決定書所定期限為一定之行為或不行為者，由中央主管機關處雇主新台幣六萬元以上三十萬元以下罰鍰。

雇主或代表雇主行使管理權之人違反第三十五條第一項第二款或第五款規定，未依第一項裁決決定書所定期限為一定之行為或不行為者，由中央主管機關處雇主新台幣六萬元以上三十萬元以下罰鍰，並得令其限期改正；屆期未改正者，得按次連續處罰。」

為配合《工會法》的不當勞動行為之爭議，《勞資爭議處理法》也在調解和仲裁之外新創了一個「裁決」的爭議處理機制，專門處理不當勞動行為的勞資爭議。

四、團體協約法（協商權）

協商權（right to bargain collectively）係指工會以雇主或雇主團體為協商對象，得就勞動條件或其他勞工權益，與之集體交涉訂定團體協約之權利。協商權含有兩個過程的權利保障，即集體交涉權與團體協約權為其內容。團體協商權（又稱團體交涉權）乃勞動三權之中心。

團體協約制度的建構，即以此「協商權」為理論基礎。集體協商（collective bargaining）是工會與雇主團體互動的一個過程，而團體協約（collective agreement）則是集體協商的結果，勞資雙方達成協議後所簽訂的一紙書面契約。

五、誠信協商的義務

《團體協約法》有保障工會與雇主協商的權利與義務。該法第6條第一項載明：「勞資雙方應本誠實信用原則，進行團體協約之協商；對於他方所提團體協約之協商，無正當理由者，不得拒絕。」此一誠信原則進行團體協約之協商可簡稱為誠信協商（duty to bargain in good faith）。

勞資任何一方如果違反了某些行為或不去採取某些行為，就是所謂的不誠信協商（bad-faith bargaining），也構成不當勞動行為的一種，根據《團體協約法》第32條可處以十萬元至五十萬元的罰鍰，必要時還可以連續處罰，它具有一定的嚇阻效果。

六、團體協約約定事項

英國學者麥可．所羅門（Michael Salamon）將集體協商界定為：「透過勞資雙方代表談判和協議的過程決定僱用條件與環境，並規範僱用關係的一種方法。」另，美國學者羅勃．索爾（Robert Sauer）和凱斯．沃克（Keith Voelker）對有關集體協商的定義是：「一個勞資雙方共同決策的過程，藉此過程雙方本著誠信，談判出有關工資、工時、工作條件和勞資關係的協約，然後執行此一協約。」

從這些定義來看，集體協商有三個主要精神：集體協商是一個過

表11-7　團體協約得約定的事項

團體協約得約定下列事項：
1.工資、工時、津貼、獎金、調動、資遣、退休、職業災害補償、撫卹等勞動條件。
2.企業內勞動組織之設立與利用、就業服務機構之利用、勞資爭議調解、仲裁機構之設立及利用。
3.團體協約之協商程序、協商資料之提供、團體協約之適用範圍、有效期間及和諧履行協約義務。
4.工會之組織、運作、活動及企業設施之利用。
5.參與企業經營與勞資合作組織之設置及利用。
6.申訴制度、促進勞資合作、升遷、獎懲、教育訓練、安全衛生、企業福利及其他關於勞資共同遵守之事項。
7.其他當事人間合意之事項。
學徒關係與技術生、養成工、見習生、建教合作班之學生及其他與技術生性質相類之人，其前項各款事項，亦得於團體協約中約定。

資料來源：《團體協約法》第12條規定。

程、集體協商必須本諸誠信原則、集體協商主要是議定僱用條件。

七、「禁搭便車」條款

「禁搭便車」條款意為工會爭取到的勞動條件成果，僅限工會成員適用，也就是不讓沒有付出努力的勞工坐享其成，以保障勞工團結權，並提高工會的談判能力（王一芝，2019）。

為使雇主在事業單位場所的勞動條件得以統一，也使非會員勞工有機會享有團體協約之勞動條件，因此團體協約中也見有「搭便車條款」，亦即非會員勞工繳交一定費用予工會後，即可享有團體協約同樣的勞動條件。《團體協約法》第13條規定：「團體協約得約定，受該團體協約拘束之雇主，非有正當理由，不得對所屬非該團體協約關係人之勞工，就該團體協約所約定之勞動條件，進行調整。但團體協約另有約定，非該團體協約關係人之勞工，支付一定之費用予工會者，不在此限。」

八、勞資爭議處理法（爭議權）

爭議權（right to dispute）係指工會為貫徹團體協商之達成，得採取阻礙企業正常營運手段之權利，即工會得要求勞動者集體的完全不為勞務之提供（罷工），或集體不為完全之勞務提供（怠工）形成對於雇主之壓力，且不受雇主懲罰之權利。

九、勞資爭議類別

《勞資爭議處理法》有禁止雇主的不當勞動行為，保障勞工加入工會不被打壓與工會不被支配介入、工會的集體行動權（包含最後的手段

——罷工）等。

《勞資爭議處理法》規定之勞資爭議，分為權利事項和調整事項勞資爭議。權利事項之勞資爭議，指勞資雙方當事人基於法令、團體協約、勞動契約之規定所為權利義務之爭議；調整事項之勞資爭議指勞資雙方當事人對於勞動條件主張繼續維持或變更之爭議。《勞基法》上的工資、資遣費、加班費和退休金等各項權益的請求期限，基本上都是五年之內必須提出請求，而《勞基法》的職災補償，雇主補償責任的請求權是兩年為限。

《勞資爭議處理法》第53條第一項：「勞資爭議，非經調解不成立，不得為爭議行為；權利事項之勞資爭議，不得罷工。」

十、簡化罷工程序

《勞資爭議處理法》第54條第一項規定：「工會非經會員以直接、無記名投票且經全體過半數同意，不得宣告罷工及設置糾察線。」此項規定簡化了工會罷工的程序，不以召開會員大會為必要，以此罷工投票只要經會員以「直接、無記名投票過半數即可。」

《工會法》、《團體協約法》與《勞資爭議處理法》是為保障勞工團結權、協商權與爭議權之具體法規，而團結權、協商權、爭議權與生存權、工作權（合稱勞動五權），互有手段與目的之不同功能。勞動者生存權與工作保障權之保障是為勞動三權行使之目的。勞動三法既視為手段、方法之性質，故勞資間誠信互動管道之建立，是為該等法規之目的，也是該等法規主要的內容，確切瞭解勞動三法所規範之勞資間行為，對勞資關係之良性互動起了莫大作用（吳慎宜，2011）。

第六節　勞動事件法

2019年2月華航機師罷工，同年6月長榮空服員罷工，兩者皆透過職業工會，用激烈的手段爭取員工的權益。2020年1月1日起施行的《勞動事件法》，賦予了員工在勞資爭議時更多依法取得的權益。

司法院說明制定《勞動事件法》的主要目的，是有鑒於勞工多為經濟上弱勢，為迅速解決勞資爭議事件，使勞動事件的處理更符合專業性與實質公平，迅速與妥適地解決勞資糾紛，因此制定《勞動事件法》，為現行《民事訴訟法》與《強制執行法》的特別法，意味著企業的勞資關係與勞資爭議處理邁入新的里程碑。

《勞動事件法》所指勞動事件，包含勞動關係所生民事爭議、建教生與建教合作機構間基於建教訓練，合作關係所生民事爭議、因性別工作平等之違反、就業歧視、職業災害、工會活動與爭議行為、競業禁止及其他因勞動關係所生之侵權行為爭議，與勞動事件相牽連之民事事件，得與勞動事件合併起訴。

表11-8　《勞動事件法》賦予勞工的權益

·如果勞工簽署了一份不利自己且顯失公平的僱傭契約，勞工可不受此契約約束。 ·雇主須提供爭議相關的工資清冊、出勤紀錄、加班及不休假獎金計算方式等文件，勞工無須辛苦蒐證。 ·勞工可尋求工會派出輔佐人員無償協助。 ·勞工可爭取減徵或暫免訴訟裁判費及執行費。 ·勞工可爭取如上述不上班但公司繼續付薪水的「定暫時狀態處分」。 ·勞工可爭取「工資推定」，即所有公司付給員工的錢，無論是工資或獎金，都可能被算成工資，即用加高後的工資為基礎來計算加班費、不休假獎金、資遣費等。 ·勞工可爭取「工時推定」，即所有出勤的時段，包括午休、正常下班後待在公司的時段，都可能被算成上班工時而要求公司支付加班費。

資料來源：龔汝沁（2020）。〈勞資爭議如果不能好聚好散，員工、主管該如何自保？〉。《經理人月刊》，第182期，頁28-29。

《勞動事件法》重點

針對常見工資認定的爭議，《勞動事件法》第37條規定：「勞工與雇主間關於工資之爭執，經證明勞工本於勞動關係自雇主所受領之給付，推定為勞工因工作而獲得之報酬。」所有勞動事件，只要工資金額計算有爭執者，均適用本條規定。

由於《勞基法》之工資牽涉至廣，包括：基本工資、平均工資、特休工資、休息日工資、原領工資、預告工資、產假工資、退休金、資遣費及職災補償金等，皆以工資內涵作為依據。此外，勞保就保投保薪資、健保投保金額及勞退新制6%月提繳工資等，亦皆以工資內涵作為依據。因而，事業單位乃應規劃設計，屬於公司行號專屬之各項非工資發放辦法，以為因應。至於工作時間牽涉加班費之發給，以及是否有超時加班的認定，事業單位亦必須建立有效之加班管理制度，以為因應（徐卿廉，2019）。

表11-9 《勞動事件法》七大重點

重點	說明
專業的審理	勞動專業法庭的設立
擴大勞動事件的範圍	納入建教生與建教合作機構間 、求職者與招募者間等所產生之爭議
組成勞動調解委員會	由一位法官，兩位勞資專家調解委員共同進行調解
減少勞工的訴訟障礙	勞工可在勞務提供地法院起訴，減輕勞工繳納費用之負擔及舉證之責任
迅速的程序	勞動調解於三次內終結，訴訟以一次辯論終結為原則
強化紛爭統一解決的功能	本於同一原因事實有共同利益之勞工，可以併案請求，紛爭一起解決
即時有效的權利保護	減輕勞工申請保全處分的釋明義務與提供擔保的責任

資料來源：司法院文宣資料。

結　語

勞資關係是工業社會的產物，沒有工業革命的發生，便沒有勞資關係的存在，而勞資關係在觀念上和本質上，又隨著經濟發展的不同階段而演變，企業與勞工分界會愈來愈模糊，這也形成了勞資關係成為人資管理上最重要的一環。

處理勞資關係的問題，應從人性面入手，也就是如何加強勞資之間的關係，以提高企業經營的效能，維持勞資和諧，以達永續經營的目的。奧美集團（Ogilvy Group）創辦人大衛．奧格威（David M. Ogilvy）說：「叫人到你的辦公室只會嚇怕他們，走到他們的辦公室看看吧，你將更瞭解公司的狀況。」

Chapter 12

離職與留才管理

永遠不要在背後批評別人，尤其不能批評你的老闆無知、刻薄和無能。

——微軟共同創辦人比爾．蓋茲（Bill Gates）

人資管理錦囊

大陸電商龍頭阿里巴巴集團創辦人馬雲有一次對八百多名新員工上公開課時，就給個下馬威說：「最討厭那些天天說公司不好，還留在公司裡的人。」

澎湃新聞報導，馬雲（2016）3月8日對阿里巴巴集團新員工說，「我們希望的第一大產品不是淘寶、天貓、支付寶，而是我們的員工，我們喜歡的是提意見、有建設性意見，並且有行動的人。」馬雲表示，每個人都恨KPI（績效考核），但如果沒有結果導向、沒有效率意識、沒有組織意識，就會變成一個夢想者，理想成為空話。他還提到：「最討厭那些天天說公司不好，還留在公司裡的人。」就像老公說老婆不好，老婆說老公不好，又不願意離婚。集團的門是打開的，願意聽建議、批評，但是要有行動。

馬雲要阿里人記住：「利益一定是自己打下來的，沒有人的獎金、沒有人的收入是別人給你的，而是憑自己的努力。如果你有結果，we pay（我們買單）。如果你很努力，沒有結果，我們鼓鼓掌，也很好。」

馬雲說，新員工若不願意加入這樣的公司，沒有關係，聽完演講以後，可以辭職，「阿里巴巴的門應該永遠要打開，很容易出去，但是很難進來。如果說容易進來，很難出去，那是監獄。」

【小啟示】宏碁在2011年第一季底，以十二億元天價「請」走前執行長蔣凡可．蘭奇（Gianfranco Lanci），董事長王振堂當時形容：「就像動了一場腦部手術。」王振堂雖從蘭奇手上拿回執行長大權，但歷經兩年多，依舊走不出困局；2013年11月5日他也宣布將下台一鞠躬，扛起責任。

資料來源：林庭瑤（2016）。〈馬雲：最討厭說公司不好的人 還留下的人〉。《聯合報》，2016年3月13日。

以一個企業而言，適度的人員流動率，可以幫助企業組織促進新陳代謝，避免組織老化，就像人的身體必須有健康的新陳代謝一樣，健康的

離職率是維持組織創新的重要機制，有助於企業經營效率之提升，但流動率過高，亦會對企業造成有經驗員工的流失、招募訓練的費用支出、其他員工的士氣低落，甚至會造成人力不足的現象。

傳統上以一家企業的人員流動率的高低來判斷一家企業的經營能力績效指標，其實這並不是一個恰當的績效衡量指標，因為真正會影響績效的主軸是關鍵人才的保留率而不是人員流動率。關鍵人才，不單指一位員工是否具有良好的學歷、技能或背景，更重要的是他是否具有向心力（忠誠度），這也是為何有許多企業寧願多付一些薪資給予具有向心力的員工，正因為他們的核心價值與核心技能往往最能和企業相契合之故。

表12-1　員工最想要的五樣東西

項目	對策
在乎員工的主管	·認識每位直屬員工。 ·知道哪位員工有好的表現，並且給予獎勵。 ·賦予員工做好職責的權力。 ·安排員工在能夠成功的位子。 ·善於鼓勵他人。 ·心胸開闊且寬宏大量。
具有意義的工作內容	·主管應該告訴員工公司的願景，以及每個職位可以如何對此願景有所貢獻 。 ·公司需要把對的人放到對的職務上，員工的才能與熱情必須適合職務的要求。
恰當的報酬	·在薪資上苛刻的公司很難吸引與留住最好的人才。 ·不捨得跟員工分享利潤的公司，將難以贏得他們的信任與忠誠。
提供成長機會的工作環境	·主管應該定期與員工會面，討論該以什麼方法，幫助員工達到成長的目標。 ·提供員工成長的主要方法包括：在公司內輪調、升遷或參與訓練課程。
擁有作夢的機會	·公司應該給予員工圓夢的可能。例如員工文筆不錯，一直以來都抱有作家夢，公司可請他負責撰寫公司部落格的內容。 ·有員工是攝影愛好者，公司某個專案全程請他跟拍，最後正式的紀錄都使用他的照片，都會讓員工很有成就感。

資料來源：EMBA世界經理文摘編輯部（2016）。〈員工最想要的五樣東西〉。《EMBA世界經理文摘》，第360期，頁26-27。

第一節　離職管理論述

離職管理係指讓想要離職的員工，因為安排轉換工作、換部門或開發員工的潛能以達到為企業挽留人才的目的。現代職場工作者，工作的價值觀已經與以往有很大的不同，不再為五斗米折腰，為了一份薪水可以忍氣吞聲受氣，或是虛度光陰，等待每月月初（月底）領薪，往往個人效力的不是為主管或公司，而是個人的專業與興趣。公司要非常重視離職面談，原因是它可以幫助改善公司的現況，降低流動率，提高生產力。

一、離職類別

在勞資關係中，雇主有照顧勞工義務，而勞工則有附隨的忠誠義務，因此勞工決定要離職時，必須事先向雇主預告，交接工作與公司財產等事項，讓企業提早因應尋找替代人力，避免企業運作臨時中斷。離職

表12-2　企業為什麼留不住人才？

· 主管不清楚這個職位需要什麼樣的人。
· 面談時未能正確看待工作內容說明的重要性。
· 待遇吸引力不夠，應徵者乃騎驢找馬。
· 報到後，同儕對新人的不友善。
· 受不了主管的領導作風。
· 看不到自己的職涯發展機會。
· 面談時主事者「秀過頭」，讓新人的高期望落空。
· 新人訓練未落實。
· 未落實離職面談，找不到高流動率的原因而下錯藥。
· 未將面談合格的應徵者帶到工作場所瞭解工作環境。
· 未做第二次複試，釐清僱用條件與各項疑點，因而造成僱用承諾與報到後的實際給付條件產生落差。
· 晉升機會也能導致離職率的降低，工作滿意度的提高以及更佳的工作表現。

資料來源：丁志達主講（2020）。「招募面談、任用常見盲點與問題解析班」講義。台灣科學工業園區科學工業同業公會編印。

個案12-1　一命賠一命

工廠操作員胡〇武不滿恐嚇紀姓課長「一命換一命」後被免職，心生怨恨拿四公升強鹼溶液朝紀氏的頭淋下去，害紀氏雙眼幾乎全瞎，胡氏辯稱只想給紀氏「小小教訓」。一、二審依重傷害罪判刑八年，最高法院駁回上訴定讞。一審同時判賠胡氏應賠償紀氏一千八百六十三萬餘元。

胡氏（六十一歲）去（2018）年在某纖維工業公司擔任操作員，同年9月被紀姓主管質疑沒完成工作，兩人大吵一架，他用雙手掐住紀氏的脖子，嗆聲「我單身一個人，沒有家室牽掛，一命賠一命」等語，最後被廠長開除。

胡氏被開除後心有不甘，隔天清晨六時許到公司用水桶裝三瓢氫氧化鈉溶液，躲在二樓倉庫，待紀氏彎腰穿雨鞋時，把整桶強鹼溶液朝紀氏頭部潑灑，紀氏大叫呼救，送醫雙眼遭腐蝕幾乎失明。

胡氏到案坦承裝四公升強鹼朝紀潑灑，辯稱「只想給他一個小小的教訓，沒想讓他失明」，也否認曾講一命賠一命等語，表示當時說「自己年紀大工作不好找，請他留一碗飯給我吃」，但工廠監視器拍下，紀氏的妹妹詢問時，胡氏坦承恐嚇，其他同事也指證歷歷。醫院診斷，紀氏視力僅能看到手指晃動，雙眼球萎縮，傷勢極不樂觀，最終會完全失明。

一、二審均認為，紀氏多次接受手術，身心痛苦不可言喻，胡氏至今未和紀氏和解，依重傷害罪判八年徒刑。最高法院駁回胡氏的上訴，全案定讞。

資料來源：林孟潔（2019）。〈強鹼潑瞎主管 判8年賠上千萬元〉。《聯合報》，2019年11月19日，A8社會版。

（resignation）自然由勞工本人先提出要與資方終止勞動契約，如果是由資方先提出要求勞工不要來上班了，那就是解僱（lay off ）。

員工離職的原因很多，就個人而言，可分為自願離職，例如被重金「挖角」（禮聘）、工作條件較好，或是因領導風格的問題、配偶的調職外地、生涯中期的轉變、需在家照顧長輩或小孩，以及懷孕等原因而離職；其次是非自願離職，例如遭到解僱、屆齡退休、嚴重疾病、死亡等原因而離職。

員工離職的影響主要取決於個人在組織中的工作表現，亦即表現佳

個案12-2　中華電信如何因應退休潮

類別	因應對策
全面盤點人力現況	把未來五年人力的需求及供給狀態全面清查，掌握目前擁有及未來所需人力。
調整退休模式	集中辦理退休（每年1月1日和7月1日），藉此延後員工退休，加強傳承。
運用外包人力	將非核心業務外包，像是公司總機、門市店員，甚至是例行性查修線路。
更有效率地運用人力	運用大數據分析全國的機房及設備，用人工智慧即時偵測機台問題，整合出勤人力。減少保養維修人員出勤的次數，從而減少人力的需求。
持續補充新血	每年招募新人、進入校園徵才。
加強在職訓練	根據員工的專長資料庫，在本職之外，列出每個人需要強化的技能，安排相關的課程。

資料來源：張彥文（2019）。〈科技＋管理，中華電信迎戰退休潮〉。《哈佛商業評論》，頁64-66。

者的離職，對組織是項損失，因而值得探討其離職原因；工作表現差的員工離職，對組織不但無損，甚至可說是有利的。根據調查指出，員工離職原因，待遇因素並非占重要之比例，員工出走泰半導因於對公司管理制度、對主管不滿，或因晉升管道受阻所致。

二、員工流動率

員工流動率本身不具有任何好或壞的意義，它就像人的體溫的指標一樣，應該維持在某一適度水準，一旦體溫偏高或偏低就顯示潛在的病態（病灶）。過高或過低的員工流動率，均可能造成企業有形或無形的損失。

高員工流動率對企業造成的損失，除了技術不能生根、影響員工士

個案12-3 調薪不公 掛冠求去

傑克．威爾許（Jack Welch）在1960年於伊利諾大學取得化工博士學位以後，他同時獲得了三份工作，而在這些工作當中，他選擇了奇異（GE）公司。

在奇異公司，雖然他創造了一種非常快速的流程，可是在他工作第一年的年終時，奇異公司卻只為他加了一千美元的薪水，原因何在？因為無論表現得好與壞，每個人都獲得了相同的加薪。於是相當憤慨的威爾許便毅然決然地辭去了工作，接受了位於芝加哥的國際礦物化學（International Minerals & Chemicals）公司提供的職位，準備跳槽。然而就在他預備動身的那一天，奇異公司的副總裁魯賓．古特夫（Ruben Gutoff）便以更高的職位與薪水誘使他重新回到奇異公司來上班。

資料來源：劉欽彥譯（1998）。珍娜．羅渥（Janet C. Lowe）著。《經營大師開講——奇異總裁威爾許的成功智慧與傳奇》。商周出版。

氣外，企業也必須花更多的時間、金錢與人力去徵才、面談及訓練，這些有形、無形的人力成本浪費是相當驚人的。例如，導致企業招募和訓練成本的增加、機器損壞的頻率加大、意外不幸事件較易發生、生產力降低等現象。高頻率的員工流動現象，破壞了公司的士氣及形象，一名員工離職，公司需要付出的代價，可能遠比公司想像大得多。低員工流動率，容易使員工變得墨守成規、因循苟且、妨礙新觀念的產生。少量的員工流動，其實能增進公司的體質，注入新能量和新觀念到各個階層。但流失了有價值的員工則很花錢、妨害公司的正常運作，而且不利於顧客滿意度（賴俊達譯，2005：2）。

企業應積極地留住對組織未來發展具有關鍵技術或能力的員工，而不是一視同仁大家都挽留，以致分散了焦點。在快速變遷的時代，低的員工流動率對公司而言未必是一件好事。

表12-3　診斷員工離職原因背後的真相

- 工作缺乏成長？
- 工作績效未達成目標？
- 員工關係溝通不良？
- 家庭因素？
- 個人能力問題？
- 組織內部氣候不佳？
- 認為工作量與收入不成比例，或是無法從工作中得到成就感？
- 陷入工作低潮，認為所做的工作缺乏挑戰性？
- 與該公司所持的理念不合？
- 覺得公司沒有前途？
- 對於公司內部的官僚作風感到心灰意冷？
- 感覺工作像是在黑暗中摸索，缺乏支援？
- 失去從事工作的樂趣？
- 無法忍受其他公司的高薪誘惑？

資料來源：丁志達主講（2020）。「員工留才計畫與離汰作業」。台灣科學工業園區科學工業同業公會編印。

第二節　人力重置成本

根據美國蓋洛普（Gallup）機構的研究結論指出，有三分之二的離職原因，在於公司裡充斥著沒有效率或沒有能力的管理人員。換言之，大多數的離職者並不是真的想離開公司，而是想放棄他們的主管（李紹廷譯，2006：3-4）。

重置成本（replacement cost ）係指重置現有人力資源所需負擔的費用，亦即若重新徵募、選任、僱用、訓練及發展新員工，並使其達到與現有員工同等工作效率水準所需支付之成本。彼得・杜拉克在《管理在21世紀的挑戰》提到，「21世紀多數的知識工作者都會活得比組織壽命來得長，因此在漫長數十年的工作生涯中，轉換工作、轉換跑道將是常態。」但人才流動會造成重大損失，這是企業必須留住員工的理由。

員工流動而付出的代價可分為三類：

1.直接開銷：包括徵聘、面試和訓練遞補員工所花的錢。

2.間接成本：影響到工作量、士氣和顧客滿意度。其他員工是否會考慮離職？顧客是否會隨離職員工掉頭而去？

3.機會成本：包括流失了知識以及工作未能完成。

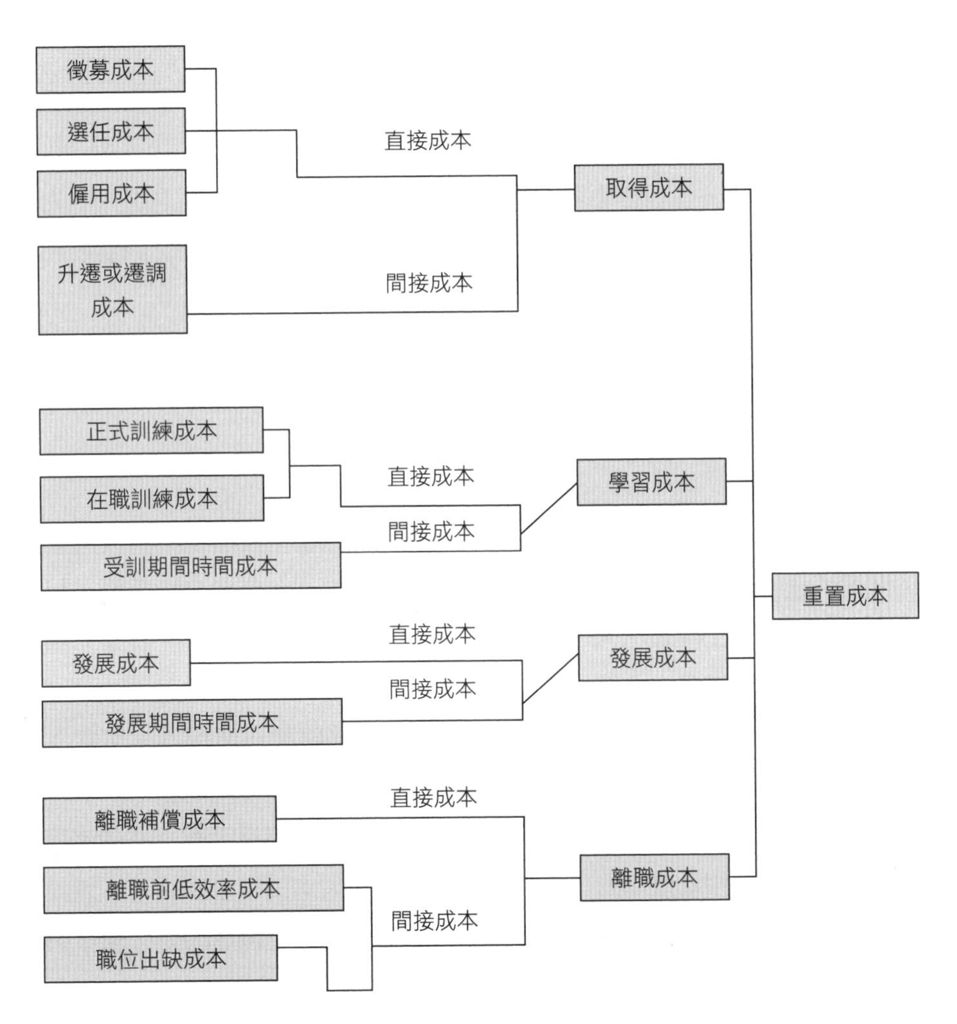

圖12-1　人力資源重置成本法

資料來源：郭章芳、何以振主講，陳麗玲整理（1990）。「人力資源會計」講義。

重置成本的產生乃因員工離職而來，它包含三項成本因素：

1.離職補償成本：指預告工資、資遣費、訴訟費等支出。
2.離職前低效率成本：員工離職前均有效率減低趨勢，此種低效率即為成本。
3.離職懸缺成本：在尋求新員工填補已出缺之職位前所發生績效降低之成本。

企業人員流動是正常現象，代表企業體質是健康的。企業如果完全沒有流動率，就如同一灘死水，人人安逸，彷彿溫水煮青蛙的狀況，一旦碰到突發巨變時，往往會應變不及。適當的流動率代表有新觀念導入，對企業的長久發展反而有利，關鍵是企業要掌握主動權，透過硬性的制度和軟性的企業文化盡量避免員工危害企業的行為發生。

第三節　離職面談

由於人力資源為企業最重要資產，尊重人、關心人是企業用人成功的關鍵。企業界對於員工的離職面談（exit interview）亦愈來愈重視，以期能藉由瞭解員工離職原因，採取適當改正措施，以亡羊補牢，也是一項強而有力的管理工具。

當員工一旦確定要離開組織，除了標準化的離職作業程式，包括：填寫離職單、離職面談、核准離職申請、業務交接、辦公用品移交、監督交接、人員退保、發離職證明書、資料存檔到整合離職原因的一系列流程中，離職面談是相當重要的一環。本田汽車創始人本田宗一郎說：「無論何時你想離開公司，請不要客氣，但請讓我們知道你不滿意的是什麼？更好的機會是什麼？」

個案12-4　台積總經理布魯克離職

張忠謀如往常七時起床。搭上前往台南的飛機，查看台積電新廠動土典禮準備事宜，中午返回台北。下午兩點，他的舊屬，前任總經理布魯克要求約訪，張忠謀沒有想到，布魯克此來，是為了證實傳聞已久的流言，即將投效聯電。

曾經是三十年舊識，二十年朋友，曾經是悉心提拔的部屬，一夕之間兩人轉為最大的勁敵，張忠謀百感交集，很難釋懷。兩人不多言語，互祝順利後道別。

經驗豐富的前台積電總經理布魯克幾經聯電董事長曹興誠遊說，終於投效聯電。當時張忠謀面臨近年來最大的挑戰，六十六歲重新接任總經理，重塑企業文化，組織重整，人事調配，親上第一線。

資料來源：楊艾俐（1998）。《IC教父：張忠謀的策略傳奇》。天下雜誌出版。

一、離職面談目的

員工在被錄用前，要經過面試，離職時，更應該要安排離職面談，主管才能知道員工「進」、「出」之間真正擋路的「絆腳石」是哪一類。縱使留人不成，以後再「補人」時，也可以避免「重蹈覆轍」，以減少「迎新送舊」的「尷尬」場面出現的頻率。同時，讓離職者瞭解，他離職後對組織之若干商業秘密仍有保密的道義責任，才不致於做出損害公司利益的舉動。

針對員工離職原因的真相探討來改善工作，以防止流失更多員工，就是離職面談的主要目的。瞭解離職員工所在團隊、部門發生了什麼事？減輕員工離職對員工本人、在職員工帶來的負面心理及企業形象的影響；確保離職手續流程的順利執行。

根據經驗，一位員工提出離職而能被挽留者，成功機率不會太高，但是，利用離職面談卻能談出離職原因背後隱藏的問題，諸如組織氣候、公司的制度與管理、主管的領導統御等問題。況且，人將離職，其言也真，當離職員工把利（討好上司）、害（批評上司）擱置一邊，其建言

表12-4　主管主持離職面談注意事項

‧細心準備（離職者的面談資料整理） ‧選擇時機（提出離職簽呈後一、二天的下班前） ‧隱私權的維護（面談場所的選擇） ‧運用技巧，以積極的傾聽（虛懷若谷）來表達你的真誠（如果讓離職員工感覺到這次面談是一種例行公事，你就不會得到有價值的回饋） ‧離職面談切忌談論同仁間的隱私（揭人傷疤）或做人身攻擊（批判員工的不忠）或過於重視離職者所揭發聳人聽聞的事務（不要進一步去探詢） ‧離職面談避免拖泥帶水（面談時間的控制） ‧提出開放性的問題讓員工暢所欲言（例如：請問你認為公司在銷售方面還有哪些地方可以做得更完善一些？） ‧保持完整的離職面談紀錄（評鑑蒐集到的資訊以供參考）

資料來源：丁志達主講（2020）。「員工留才計畫與離汰作業」。台灣科學工業園區科學工業同業公會編印。

對主管而言，是一種「最有效」、「最有用」的對公司（部門）滿意度表達，比對在職員工的抽樣面談更能瞭解員工心中對公司（部門）管理制度的期望或不滿。阿迪森集團（Addison Group）執行長湯瑪士‧莫藍（Thomas Moran）指出，X世代離職的最大原因是，覺得留在公司沒有往上發展的機會，他們不喜歡事業生涯不斷地在原地踏步。

二、離職面談技巧

離職面談是減少離職員工對企業造成的負面影響的主要手段。離職面談的過程，一定要確認是安全的、保密性的，並藉由聆聽離職員工離職的原因，鼓勵離職員工說出真正的心聲，幫助公司改善管理制度。

離職面談應該由客觀第三者，例如人力資源人員來參與面談，因為直屬主管領導風格往往正是員工離職原因的導火線，如果委由主管全權負責離職面談，公司永遠不知道離職員工真正的離職原因在哪裡。為了讓整個談話不會太負面，不妨先問一些正面的問題，例如，你對這個工作最喜歡的部分是什麼？接著再問，你比較不喜歡的工作是哪些？問開放式的問

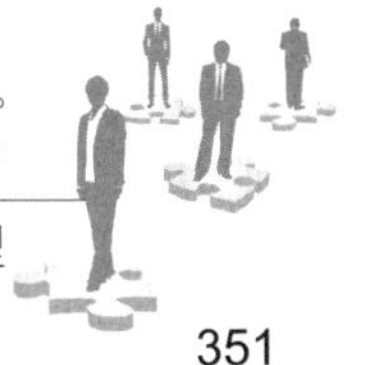

個案12-5　冷漠的離職面談

佛金是發明矽閘技術的人，這是英特爾（Intel）記憶體的研發基礎。1974年，他成為一個八十人部門的經理，裡面大部分是工程師和技術人員。

當佛金表示要離職時，公司內第一個反應是什麼條件才能將他留下。佛金說，他對那些補救措施沒什麼興趣。他可以在通知後三個月才離職，但是他不會回頭了。

在離職前不久，他被執行長葛洛夫（Andrew S. Grove）找去做了一次「離職面談」。許多員工把這件事比擬作人們離開鐵幕之前，共產國家對他們做的最後一次警告，之後才發給他們「離國簽證」。實際上，面談並沒有那樣邪惡的想法，葛洛夫只是認為一個優秀的工程師要離開的話，或許可以從中瞭解原因而學習到一些教訓。離職問題是英特爾經營上最重大的危機，希望從中避免重蹈覆轍是一個合理的想法。

對佛金而言，沒什麼好說的。葛洛夫完全瞭解他和瓦德茲之間的衝突、他對葛洛夫式管理的不滿，以及葛洛夫不注重他的發明所造成的傷害。佛金只說他要和安格曼一起工作，計畫要從事微處理器。過去幾個月，他十分忙碌以致於完全沒有機會好好想想要做哪一方面的工作。

葛洛夫的反應十分冷漠，已經不可能將佛金留在英特爾了，他一路邊談邊送佛金到停車場。葛洛夫說道：「你離開英特爾能做什麼？你不會留下什麼遺產給你的小孩，你的名字會被遺忘。你會失敗，你做什麼都會失敗！」

佛金被這樣殘忍的字句嚇住了，自己去開車。葛洛夫是在摧毀他的自信心，打算在這位未來的競爭者心中留下自我懷疑的想法。但是佛金不是那麼容易被馴服的，他對自己說：「我會成功的，我不會被人遺忘。」

資料來源：陳建成、陳信達譯（1999）。堤姆．傑克遜（Tim Jackson）著。《Inside Intel：英特爾三十年風雲》，頁119-124。新新聞文化事業出版。

題，再根據員工的談話，進一步問比較細節的問題。這樣主管會漸漸瞭解離職者離職的全貌。

離職面談的主角是離職員工，面談主持人應以傾聽、觀察、引導、回應為主，鼓勵員工暢所欲言。同時，還應站在對方立場上（同理心），情感上的共鳴，既能贏得即將離職員工的信任，也讓面談變得更佳人性化。主管應向離職員工強調（表現優異的員工），將來若有機會，公司仍敞開大門歡迎他歸隊，為公司及員工創造雙贏的結果。

離職面談後，要將離職員工所填寫的各項紀錄拿出來做研究、分析，找出潛在的重要離職原因，即早做出對策，這對組織才有正面的意義，否則，照章行事，浪費人力、時間，徒留一堆廢紙。同時，處理離職面談時，也要注意處理的技巧，以保障離職人員不受傷害（身心靈）。

離職時，離職員工的業務必須交代清楚，並以書面或口頭提醒離職者的保密義務，尤其對因違反公司規定遭受解聘而心生不滿的離職人員，應盡量縮短其離職所需的時間，防止其藉機蒐集或帶走公司機密資訊。

三、簽訂競業禁止要件

《勞動基準法》第9-1條明訂了四項離職後競業禁止的要件：

「一、雇主有應受保護之正當營業利益。

二、勞工擔任之職位或職務，能接觸或使用雇主之營業秘密。

三、競業禁止之期間、區域、職業活動之範圍及就業對象，未逾合理範疇。

四、雇主對勞工因不從事競業行為所受損失有合理補償。

前項第四款所定合理補償，不包括勞工於工作期間所受領之給付。

違反第一項各款規定之一者，其約定無效。

離職後競業禁止之期間，最長不得逾二年。逾二年者，縮短為二年。」

四、僱用離職員工

創新工場執行長李開復在《做21世紀的人才》有一段記載：「在加入微軟的第二天，我意外接到了蘋果電腦總裁史帝夫·賈伯斯（Steve

表12-5　離職面談問題表

受訪者＿＿＿＿＿＿　部門＿＿＿＿＿＿　日期＿＿＿＿＿＿　訪問者＿＿＿＿＿＿

類別	面談話題
工作方面	□你喜歡你目前的工作內容？ □你覺得工作有成長學習性？ □你覺得考績制度很公平？ □你覺得直屬老闆很支持你？ □直屬老闆讓你在工作上有參與感？ □直屬老闆對你的工作經常提出建設性的回饋？ □你的同事能互相幫忙與共同解決問題？ □你的同事願意分享新知識與技能？ □你滿意過去在公司的升遷？ □你覺得在公司將來再升遷的機會很高？ □你覺得公司有提供足夠的訓練與學習機會？ □企業整體文化與福利感覺如何？ □你看好公司將來的發展性？ □你喜歡公司的企業文化？ □你滿意公司的高階管理團隊？ □你滿意目前的薪資紅利？ □你滿意目前公司的福利？ □你滿意休假制度與天數？ □你滿意公司整體的福利？ □你提出離職的最主要因素是……？ □如果公司可以改變一件事，能讓你不想離開公司的話，那會是什麼？
組織方面	□你對目前工作的喜歡與不喜歡的地方是什麼？ □對目前你的工作安排請提出一個改善建議？ □請你描述你直屬老闆的管理模式？ □你和你直屬老闆的溝通與合作模式如何？ □如果有一個建議，給你的直屬老闆，那會怎麼處理？ □對你部門最高決策主管的觀察與建議是？ □你給公司整體的高階經營團隊的建言是？ □你給你工作接班人的經驗分享與上手秘訣是什麼？
個人方面	□你家人（例如：父母、配偶、子女）對你離職的看法是？ □有沒有其他個人因素導致你離職的決定（例如：身體狀態或心理潛伏因素）？ □你認為目前的工作壓力狀態？你對自己壓力管理的想法？ □你的下一個工作是否已有安排？ □如果已經有新工作，那新工作對你更有吸引力的地方在哪裡？ □如果將來公司再有適合你的職缺，你願意回來上班？願意與不願意原因是什麼？ □歡迎其他任何想說的，想表達的想法，請直說無妨。

資料來源：陳錦春（2011）。〈離職管理的關鍵30天〉。《能力雜誌》，總號第660期，頁60。

Jobs）的越洋電話。他在中國找到我，告訴我，自從1996年我離開蘋果電腦之後，他曾多次找我回蘋果電腦，他對我換工作卻沒有去找他感到十分失望。他希望能說服我重回蘋果電腦。當然他沒有說服我，但我對他的器重非常感激，他愛才、惜才的態度也值得我欽佩與學習。」（李開復，2006：78）

員工離職後的經歷，對這些離職員工而言是一段寶貴的財富。不同的環境和工作內容，進一步鍛鍊了他們的能力，閱歷也隨之增加。回任後對企業忠誠度更值得信賴。企業僱用一位已熟悉本職工作的舊員工，與招聘一位新手的成本相比要低得多，可節省上任前的培訓費，以及快速融入企業文化、建立團隊默契之中。重視優秀的離職員工，把他們看做是將來可能重新聘僱的人，往往會帶回更豐富的經驗和新技術，有利於公司的未來發展。

第四節　裁員風暴

「You are fired！」（你被開除了），這是幾年前電視實境節目《誰是接班人》（*Apprentice*）中，美國紐約地產大王唐納德．川普（Donald J. Trump）對職場生存遊戲的淘汰者所下的最後一道命令。在寬敞的辦公室中，大老闆的背影嚴峻無情，這樣的畫面，對某些人來說，記憶猶新。

裁員是一把「雙刃劍」，在企業不景氣時最後的「殺手鐧」。裁員給企業帶來短期成本縮減的同時，更多的是各種裁員成本的損耗和長遠利益的損失。學者羅伯特．艾倫（Robert G. Allen）認為，幾乎沒有什麼商業事件比裁員更可怕，你可能會因此失去人員、士氣，甚至整個組織。

個案12-6 被炒魷魚並沒那麼糟

麗茲．史密斯（Liz Smith）就將她的專欄作家生涯歸功於被炒魷魚（被裁員）的情況，她是當今影劇專欄的第一把交椅，也是電視圈的要角：「我今天能成為一名成功的專欄作家，要歸因於艾森豪總統時代的不景氣。也就是說，因為有在國家廣播公司（NBC）做了五年製作人，然後被炒魷魚的情況，才讓我展開另一條道路。當時我只想在娛樂圈做事，但又亟需一份工作。我的朋友沙菲爾（Gloria Safier）因此將我引薦給卡西尼（Igor Cassini），他那時在紐約派學會（Cholly Knickerbocker，美國19世紀上半葉活躍於紐約的一個作家協會）為赫斯特（Hearst）報紙寫專欄，正需要一位助手。於是我就去替卡西尼工作，從頭開始學習寫專欄。五年後，我成為一名成功的自由作家。

1974年《紐約日報》（*New York Daily News*）的歐尼爾（Mike O'Neill）力邀我去工作，為他寫專欄，如此往返了兩年，1976年我終於加入日報，其餘的就是歷史了。如果沒有五〇年代的不景氣，這些事都不會發生。」

小啟示：當門關起來時，不要慌；不急不徐地，澈底想通你的處境，伺機以動。如果你不讓它擊倒，最終必定開好花結好果。所以，門關上了又怎麼？

資料來源：蕭富元譯（1996）。亞瑟．派恩（Arthur Pine）著。《開啟希望之門》，頁3-5。天下文化出版。

個案12-7 執行長被董事會更換了

捷藍航空（JetBlue）在成長了將近十年之後，2007年初面臨困境。情人節時，冰風暴襲擊紐約甘迺迪國際機場，造成數百名乘客滯留在飛機跑道上好幾個小時，同時也揭露了捷藍航空營運系統的明顯缺點。董事會在深思熟慮之後得到結論，認為捷藍航空傑出的創辦人及最大股東大衛．尼爾曼（David Neeleman），已不再適合領導這家公司。我們需要新的執行長。

當時擔任首席董事的我，負責向大衛傳達這項消息。我和另一位董事一起去他的辦公室，直接清楚表示我們決定更換他，並簡要說明原因。為了減緩衝擊，我們請他繼續擔任董事長。大衛很不高興，他說我們這麼做不對。我們聆聽他的說法，但態度堅定。等他說完之後，我們討論接下來要做的事，包括公開宣布要更換領導人。

十多年過後，大衛還是認為我們當時做了錯誤的決定。但他和我依舊維持長期友好的專業關係。我依然認為他是有史以來最優秀的商用航空公司創業家，而

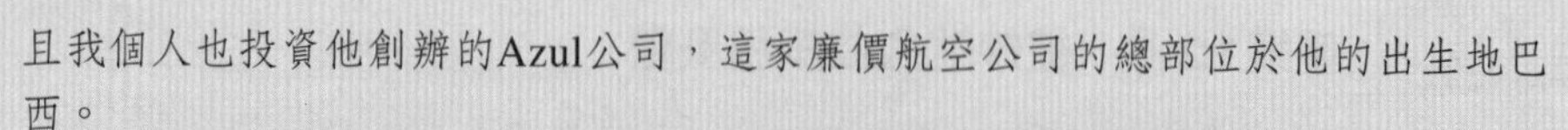
且我個人也投資他創辦的Azul公司，這家廉價航空公司的總部位於他的出生地巴西。

小啟示：董事會之前給他表現傑出的評估結果，而且沒有充分警告說我們正考慮替換他，所以我們這麼做時，他會感到震驚。不要犯相同的錯誤。

資料來源：蘇偉信譯（2020）。喬爾．彼得森（Joel Peterson）。〈解僱兼顧同理心：十件企業該做與不該做的事〉。《哈佛商業評論》，新版第164期，頁112。

一、權衡裁員利弊得失

在裁員之前，企業必須仔細權衡裁員的利弊得失。一方面要重新審視策略發展目標，進一步明確前進的方向，並據此制定詳盡的人資規劃，即從策略的高度來權衡企業所處的情況，確定企業是否必須裁員。另一方面，必須精確計算人力成本，合理評估裁員是否可以確實幫助企業縮減成本。如果確定企業的經營困難只是短時性的，裁員帶來的人力成本節省又不多，那就應該考慮停止增聘人手（凍結人事）、降薪、輪調、縮短工時、彈性工作制、減少加班等作為裁員的替代方式，可最大限度地避免裁員，保證企業在度過暫時性的難關之後，仍然有充足的人力來完成工作任務。如果確定企業較長時間內都將面臨嚴峻的經營困境，且企業的冗員確實較多，而裁員會使人力成本大大降低，那麼企業就必須透過裁員手段來度過經營危機的難關。

企業在做出了必須裁員的決策之後，應該努力尋求避免產生勞資爭議的裁員方式，以及避免企業元氣過度受損的裁員策略來減少不必要的損耗，因而必須制定一份完備的裁員計畫（劉紅霞，2010）。

《提升組織力：別再扼殺員工和利潤》（*Up the Organization*）作者羅伯特．湯森（Robert Townsend）說，請人走路的時候，不必做得太冷酷。找出一個合理且能使他維持自尊的理由。譬如說：「他的專長能力，公司現在都不需要了；或者公司在進行職務調整，他的工作已轉到別的職務去了等等，這些理由通常是合理的。如果你不傷害他的自尊，他就

個案12-8　再困難　一個也不可以解僱

1929年10月29日美國股市崩盤，全球經濟嚴重蕭條，當時美國通用汽車公司裁員一半，達九萬名員工。全美有數千家企業破產，數百萬人失業。日本經濟也陷入嚴重不景氣。企業不是縮小經營範圍，就是倒閉、減薪或裁員。到了1929年12月，松下電器的銷售減少一半以上，倉庫開始堆滿滯銷的產品，財務危機迫在眉睫。企業十二年來的努力可能就此毀於一旦。

松下電器的管理階層於是擬訂「生產減半，員工也減半」的方案，向松下提出建議。結果松下做了「一個也不可以解僱」的決定，「從現在起將產量減少一半，但是不要解僱任何員工，我們減產的方法不是裁員，而是讓他們只要工作半天。我們會照他們現有的工資水準繼續付薪水，不過我們要取消所有的休假，請所有人盡全力試著銷售庫存」。

數百個工人變成銷售員，每個人都盡心去推銷庫存，結果兩個月內就把倉庫內原本堆得滿滿的貨品推銷得一乾二淨，工廠也恢復全天候的工作，一切難關終於度過了。

小啟示：松下電器成為不景氣中的異數，當別的企業減產或關門，該公司的業務仍然蒸蒸日上。

資料來源：丁志達整理。

個案12-9　人性化的裁員之道

2020年，在新冠肺炎疫情（COVID-19）期間，許多旅遊業撐不了寒冬，住宿網站愛彼迎（Airbnb）同樣也必須做出痛苦的決定，裁員25%，約一千九百名員工。但是創辦人兼執行長布萊恩．切斯基（Brian Chesky）的一封信，卻讓被裁撤的員工沒有任何怨憤，甚至還覺得暖心，這是一件非比尋常且不容易的事。

切斯基在信中清楚、透明地表達公司遇到的困境，沒有任何隱瞞，甚至公開財務和股權。對於被裁撤的人員，他做好配套措施，包括提供資遣費、連續十二個月的健康保險，以及求職的協助。最溫暖的是，他允許離職員工保留手上的筆電，因為他認為筆電是員工找工作的必備工具。最後，他在信上感性地說：「你們永遠是Airbnb故事的一部分，是你們成就了Airbnb。」

小啟示：相較於其他公司「冷酷型」地裁員，把員工當做用完即丟的工具，Airbnb的做法人性許多。可見在艱困時期，最能反映一家企業的價值觀。

資料來源：丁菱娟（2020）。〈好的企業文化，把人才黏緊緊〉。《震旦月刊》，第591期，頁25。

個案12-10　曾國藩淘汰劣兵的御人術

自雍正至乾隆四十五年以前，綠營兵數雖名為六十四萬，而其實缺額常六七萬。至四十六年增兵之議起……一舉而添兵六萬有奇，於是費銀每年二百餘萬。

仁宗睹帑藏之大絀，思阿桂之遠慮，慨增兵之仍無實效，特詔裁汰。於是各省次第裁兵一萬四千有奇。宣宗即位又詔抽裁冗兵，於是又裁二千有奇。乾隆之增兵一舉而加六萬五千；嘉慶、道光之減兵兩次僅一萬六千。國家經費耗之如彼，其多且易也；節之如此，其少且難也！

臣今冒昧之見：欲請汰兵五萬，仍復乾隆四十六年以前之舊。驟而裁之，或恐生變。惟缺出而不募補，則可徐徐行之而萬無一失。醫者之治瘡疤甚者，必剜其腐肉而生其新肉。今日之劣弁羸兵，蓋亦當量為簡汰，以剜其腐者。痛加訓練，以生其新者。不循此二道，則武備之弛殆，不知所底止。

自古開國之初恆兵少，而國強其後；兵愈多則力愈弱。餉愈多而國愈貧。北宋中葉兵常百二十五萬，南渡以後，養兵百六十萬，而軍益不競。明代養兵至百三十萬，末年又加練兵十八萬，而孱弱日甚。

小啟示：當醫生治療病人背脊上的毒瘡，碰到病情嚴重的，一定要挖掉長瘡的爛肉，讓他生長出新肉。所以品差、身體弱的兵卒也應當淘汰，就像挖掉爛肉一樣；對留下來的應當嚴格加以訓練，就像讓新肉長出來一樣。不按這兩種辦法去做，那麼戰備工作就會鬆弛下來，不知要壞到什麼地步。曾國藩的這一觀點，在今日企業確保組織活化依然有其重要的意義。

資料來源：清．曾國藩《議汰兵疏》。

可以很快離開到別家公司去，不帶創傷。」

二、企業裁員的策略

有一年，負責奇異（GE）塑膠事業的傑佛瑞．伊梅特（Jeffrey Immelt）因表現很差，當時奇異執行長傑克．威爾許（Jack Welch）曾把他拉到一旁，低聲的說著：「我愛你，你知道我有多崇拜你。但現在是公司表現最糟糕的時期了，如果你不能解決當前的問題，我會把你開除。」對企業而言，裁員可以在短時間內降低企業的人事費用和經營成本，幫助企業度過難關，贏得重生提供機會。同時，裁員也可以促使企業生產經營的結構調整，實現企業流程再造，使人員與職位達到更好的匹配，淘汰人浮於事、低效率的員工，以提高內部競爭程度，讓員工產生壓力和緊迫感。

企業在不裁員的前提下，可採用的策略有：

1.與員工商議全員降薪而不裁員的共識。
2.適當回收外包業務。
3.全體員工推向銷售第一線。
4.培訓多職能工的技能，推行一人多職制。
5.安排輪休制度（放無薪假）。

當企業決定裁員時，可採用的策略有：

1.企業在做出裁員決定後，應提前一定時間通知被裁對象，讓員工在心理上有一個適應過程和緩衝時間。
2.應幫助被裁減人員做一些就業指導，對其未來工作方向提出建議，或推薦到所屬衛星工廠工作，以體現對被裁減人員的責任。
3.企業亦可以與被裁減人員保持不間斷地聯絡，等到景氣復甦，顧客回籠後，表達重新吸納這些被裁減人員再回廠服務。（董文海，2009）

自動化作業不應該作為裁員的藉口，在保存現有人力的情況下，如何予以在職訓練已變成燃眉之急的管理挑戰。一般來說，訓練的內容應該包括特殊的與共同的技巧知識。

企業解僱任何人之前，一定要先真正瞭解單位經濟效益。按照解決方案、市場或顧客區隔出來評估，以解決在目前需求下，必須停止、暫停或放慢哪些經營活動，並按照這些決策來決定是否有必要組織縮編。如果確實需要裁員，請儘早進行，並一次完成，同時必須要能安撫留下的員

表12-6　裁員心理支持系統的主要工作項目

時間階段	服務人員	服務對象	服務項目	功能目標
裁員準備期	·內部專業管理人員 ·外部專業心理諮詢機構 ·專業人員	裁員將涉及到的所有人員	調查研究	·瞭解裁員將涉及的對象及其總體心理特徵 ·預見和分析可能會發生的心理與行為問題
		裁員工作的管理決策層	相關政策和規劃制定的諮商	·在相關政策制定和工作規劃過程中，從專業人員角度提供諮詢和建議，使相關人員的負面心理影響降到最低程度
		裁員工作的一線實施人員和二線支援人員	相關的各類培訓	·向人資和相關直線經理提供裁員中的溝通談話技巧、職業生涯發展暨諮詢、處理情緒反應以及應對危機事件等方面的技巧 ·培訓人資和相關直線經理如何更好地激勵倖存者，並管理好他們的職業生涯發展
裁員實施日	·外部專業心理諮詢機構 ·專業人員	·一線執行人員 ·被裁減人員	裁員實施日的現場支持	·向一線執行人員提供現場心理支持 ·向被裁減人員提供現場心理輔導服務
裁減後續期	·外部專業心理諮商機構 ·專業人員	被裁減人員	裁減後期對被裁減人員的跟蹤服務	·提供職業轉換期的心理輔導服務和情感支持 ·提供職業轉換期的職業發展評估、輔導與諮詢 ·提供必要的輔導再就業支持，如職業信息資訊服務、求職與面試技巧培訓等
裁員實施日和之後三至六個月	·內部管理人員 ·外部專業心理諮詢機構 ·專業人員	留下來的「倖存者」	裁員後期對「倖存者」的跟蹤服務	·提供裁員事件帶來的心理危機反應的諮詢與輔導 ·提供更有效的職業生涯發展諮詢與管理
裁員的全過程	·外部專業心理諮詢機構 ·專業人員	所有相關人員	心理危機事件服務	·提供由於裁員帶來的各種可能的心理危機事件的預防和干預服務

資料來源：朱曉平（2006）。〈心理援助支持裁員成功〉。《人力資源》，第10期，頁63。

表12-7 解僱員工十誡

1.別等「必須解僱的過錯」出現才解僱。
2.務必願意解僱朋友或家人。
3.別讓員工覺得意外。
4.務必預先做好準備和練習。
5.別交由他人去做這項艱難的工作。
6.務必立即清楚傳達訊息。
7.別過度解釋解僱決定。
8.務必展現人性。
9.別推卸責任。
10.務必慷慨大方。

資料來源：蘇偉信譯（2020）。喬爾・彼得森（Joel Peterson）。〈解僱兼顧同理心：十件企業該做與不該做的事〉。《哈佛商業評論》，新版第164期，頁112-117。

個案12-11 精簡人力溝通注意事項

一、針對本次組織瘦身，在與員工溝通過程中，主管是否已經做好萬全準備
·是否全然瞭解本次組織瘦身的政策內容？ ·對於部門內員工申請優退的狀況，是否全盤瞭解？ ·對於想留住的員工，是否事先做過非正式的訊息傳達？ ·對你想讓他離職的員工，是否事先想好應如何溝通？相關資料是否齊全？ ·對於相關的勞動法令，是否已經準備充足？ ·時間場地等的安排已經確定了嗎？有沒有明確的告知員工？
二、在與各類員工溝通過程中，應注意的事項
狀況一：申請優退的員工屬於預計名單內的人選時，應注意事項： ·於溝通開始時，應友善詢問申請原因。 ·員工敘述時，應點頭表示認同該原因。 ·對於員工的主動申請，表示感謝之意。 ·對於員工所提的問題，主動表示協助之意 ·對於員工未來的生涯規劃，表示最大祝福。 ·鼓勵員工繼續參加後續課程，並協助報名。 應避免： ·一開始就急於與員工確認核准申請的態度。 ·對申請員工表現不友善、不屑的態度。 ·溝通過程中打斷員工說話。

· 用批判的言語批判員工表現。 · 急於結束話題。 · 在員工陳述時，與員工一起抱怨公司。 · 在溝通過程中接手機、暫時離開。
狀況二：申請優退的員工是屬於公司預計想留任的人選時，應注意事項： · 友善詢問申請原因。 · 明確告知公司希望該員工留任的立場。 · 鼓勵員工繼續留任，共同努力打拚。 · 站在員工立場，傾聽員工心聲。 · 態度誠懇、立場堅定。 · 員工堅持離開，應先報備總經理後再第二次約談。 應避免： · 對想留任的員工表示不明確的訊息。 · 強迫員工留下來的態度。 · 對員工有過度無法實現的承諾。 · 當場與員工就勞動條件部分展開談判。 · 在溝通過程中接手機、暫時離開。
狀況三：公司想讓他離職的員工未申請優退時，應注意事項： · 友善的說明約談原因。 · 說明公司的立場及針對該員工績效問題，進行遊說。 · 分析將來資遣與優退之間的差異。 · 強調若不申請優退，下一波資遣名單還會有該員工，建議申請優退。 · 員工若堅持不申請，請尊重其意願。 應避免： · 以威脅語氣要求員工申請優退。 · 用不友善的口吻進行溝通。 · 對員工非工作表現的個人特質，進行言語或非語言的攻擊。 · 若員工堅持不申請，與之衝突。 · 在溝通過程中接手機、暫時離開。

資料來源：美商甲骨文公司台灣分公司；引自〈顧問區：精簡人力〉。《EMBA世界經理文摘》，第268期，頁132-133。

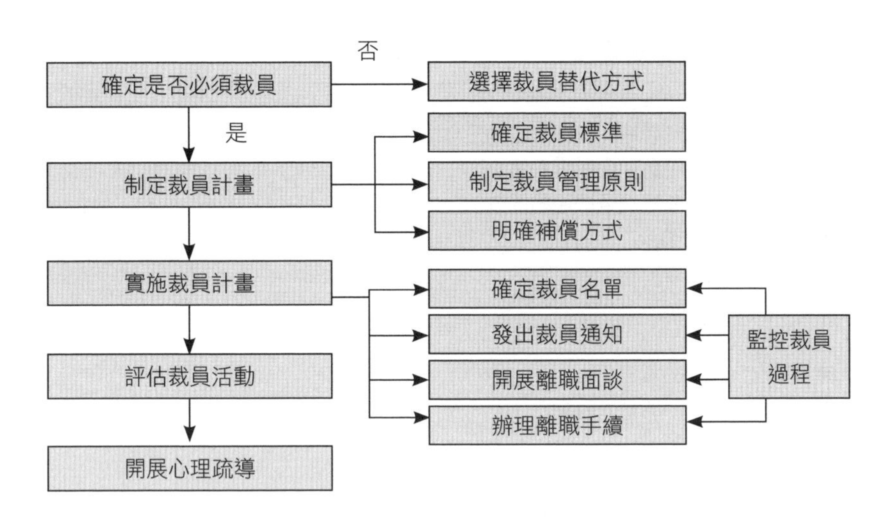

圖12-2　裁員管理體系圖

資料來源：劉紅霞（2010）。〈裁員管理〉。《企業管理雜誌》，總第352期，頁74。

工，向他們保證這是企業目前預計的唯一一次裁員。在一家多次裁員的公司工作會令士氣低落，也很痛苦，而且只會流失企業想留任的員工（游樂融譯，2020）。

第五節　留住最佳人才

有效的聘僱和留住人才，是企業未來福祉的兩大基礎。當員工變得高度多元化時，留才就會格外棘手。雖然企業皆挖空心思，設法留住所需要的人才，但是事實上仍常面臨人才流失的窘境。人力資產等式的一邊是聘僱決策，另一邊則是留才。兩者彼此互補，若確實做到兩者的平衡，就能帶來每家公司渴求的第一流人才（賴俊達譯，2005：68）。

智慧資本（intellectual capital）係指員工擁有的獨特知識和技能。今日的企業想要成功，需要靠創新的觀念、一流的產品和服務，這一切都

表12-8　員工為什麼要留下？

- 事業有成長性、學習與發展機會。
- 令人振奮的工作和挑戰（具挑戰性的工作）。
- 有意義的工作、可以做出改變和貢獻。
- 相處的人很好（有默契且聰明的同僚）。
- 成為團隊的一份子。
- 好的上司（領導者）。
- 工作傑出受到肯定。
- 工作中的娛樂。
- 自治、自我工作的掌控。
- 彈性，例如工作時間與衣著規定。
- 優渥的薪水與福利。
- 振奮人心的領導（很棒的主管）。
- 以公司、使命和產品品質為傲。
- 良好的工作環境。
- 工作地點。
- 工作保障性。
- 家人般的友善。
- 居領先地位的技術。

資料來源：比弗莉．卡雅著。《跳槽攻防戰略》；引自丁志達主講（2020）。「招募面談、任用常見盲點與問題解析班」講義。台灣科學工業園區科學工業同業公會編印。

源自員工的知識和技能，但留才目前特別棘手，主要原因是勞動人口高齡化、合格人員供需失衡、員工對工作／生活平衡的期望不同於以往等。所以，留才十分重要，因為員工流失後就得花大筆錢去找人遞補，這也會造成顧客的滿意度、忠誠度下滑，營收會縮水。

薪資與事業生涯發展機會是影響員工留職的兩個關鍵原因，而且這個現象全球通用。根據馬斯洛需求理論，人類需求分為五個不同的層次（生理、安全、社交、自尊、自我實現），因此，要解決留才的困難問題，必須從根本的需求來解決。生活（事業、工作、職業、家庭）平衡是決定員工滿意度、忠誠和生產力的三大因素，設法協助員工盡到家庭和公司的職責，將可避免許多因留才造成的問題。

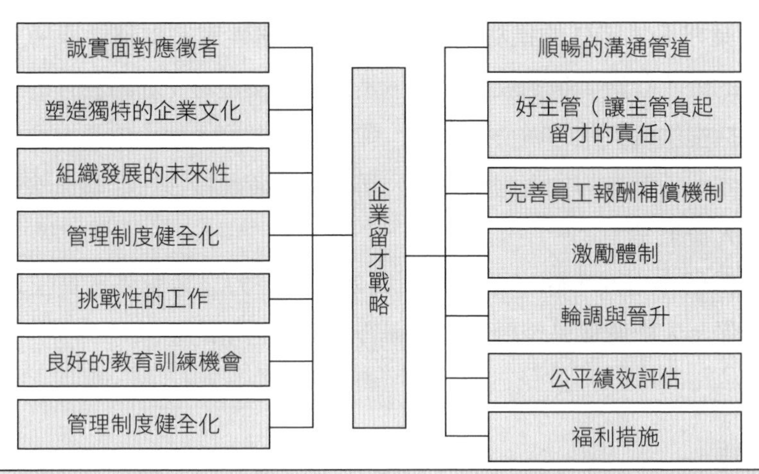

圖12-3　企業留才策略

資料來源：丁志達主講（2020）。「招募面談、任用常見盲點與問題解析班」講義。台灣科學工業園區科學工業同業公會編印。

一、留才為何重要

現在組織的人資管理的重點是如何去吸引好的知識工作者留在企業裡。勤業眾信公司（Deloitte & Touche）在2014年全球人力資本趨勢報告指出：「企業領袖最重視的問題中，留才和員工敬業度已經攀升至第二位，僅次於建立全球領導地位這個難題。」人才是企業成功之本，留不住人才的企業，根本不會成長。企業的崛起與殞落，決定於能否培育或留任優秀的人才為其效命。擁有最優秀員工的企業，才是最可能達到永續基業並獲致成功的公司。

人才留任係指企業透過各種措施，以維護與保留人才的管理手段，一旦企業聘用合適的人才，要善待他們。最佳的長期留才策略是，指導員工擔任有意義的角色，它比任何薪酬與職銜等外在獎勵都來得重要，能推動並培養人才，以發揮其全部潛能。

企業在人才留任的措施上，通常包括財務性與非財務性兩種方法。財務性的留才計畫，包括就任津貼、長期留任獎金等；非財務性的留才計畫，包括提供個人化的辦公室空間、彈性上班制度、個人成長機會等。為提高人才留任計畫的投資報酬等，公司必須將資源投注在離職風險較大的職位或人員上。

員工留才方面，除了薪資福利與外界競爭力之考量外，員工之間的互動關係及人際關係是否融洽，也影響到員工去留的意願。

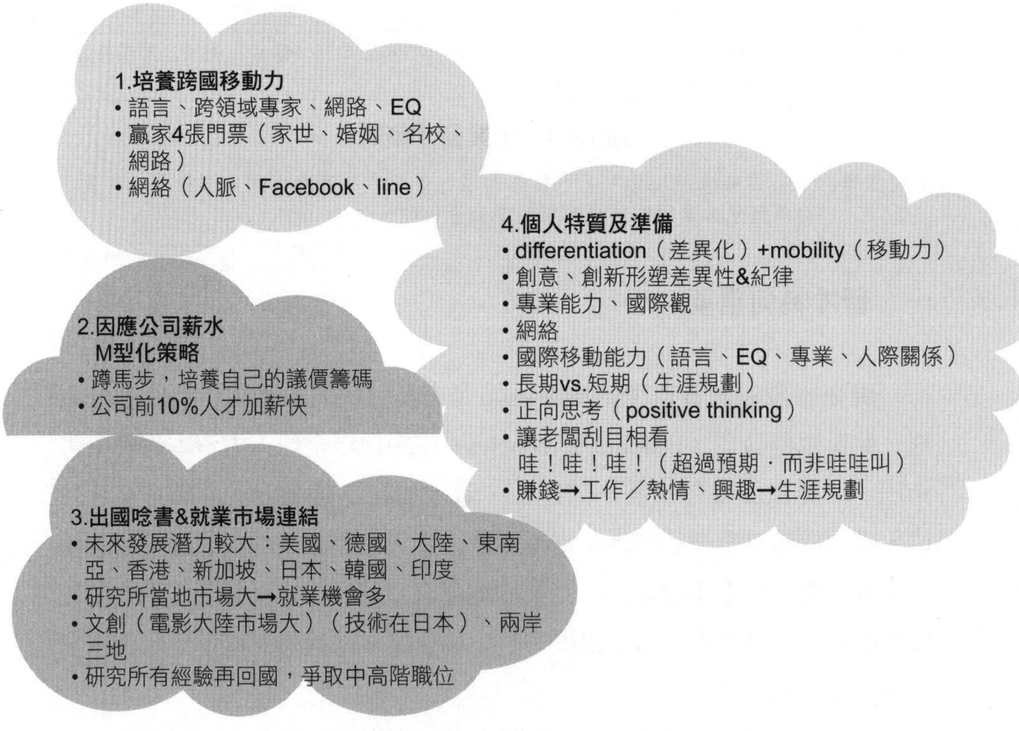

1.培養跨國移動力
- 語言、跨領域專家、網路、EQ
- 贏家4張門票（家世、婚姻、名校、網路）
- 網絡（人脈、Facebook、line）

2.因應公司薪水M型化策略
- 蹲馬步，培養自己的議價籌碼
- 公司前10%人才加薪快

3.出國唸書&就業市場連結
- 未來發展潛力較大：美國、德國、大陸、東南亞、香港、新加坡、日本、韓國、印度
- 研究所當地市場大→就業機會多
- 文創（電影大陸市場大）（技術在日本）、兩岸三地
- 研究所有經驗再回國，爭取中高階職位

4.個人特質及準備
- differentiation（差異化）+mobility（移動力）
- 創意、創新形塑差異性&紀律
- 專業能力、國際觀
- 網絡
- 國際移動能力（語言、EQ、專業、人際關係）
- 長期vs.短期（生涯規劃）
- 正向思考（positive thinking）
- 讓老闆刮目相看
  哇！哇！哇！（超過預期．而非哇哇叫）
- 賺錢→工作／熱情、興趣→生涯規劃

圖12-4　個人因應新時代的就業方向發展

資料來源：王健全，〈由美中科技戰／新冠肺炎探討勞動力發展趨勢〉。《就業安全半年刊》12月號（Dec. 2021），頁25。

二、尊重與信任的價值

在馬斯洛需求理論中，人類存在著生理、安全、愛（社交）、自尊及自我實現的需求。有些企業雖然提供優渥的薪資、福利及教育訓練，但工作環境卻存在很大的問題，忽略員工的需求，尤其是自尊與自我實現的需求，讓員工感覺他們不夠優秀，甚至沒有價值。員工如果無法感覺被需要與被尊重，就不可能對公司產生信任感，一旦缺乏信任感，人才是無法長留的（張寶誠，2015）。

如何有效降低員工的流動率？公司應把目標放在培養員工上，協助

表12-9　企業3G留才做法

<table>
<tr><th>3G留才</th><th colspan="2">做法</th></tr>
<tr><td>Good Pay</td><td colspan="2">．具有吸引力的起薪。
．提高分紅制度的提撥率，依考核等第給予不同的紅利（論功行賞）。
．依每年公司的業績成長幅度，給予彈性的員工年終獎金。</td></tr>
<tr><td>Good Life</td><td colspan="2">．鼓勵部門參與屬下員工之婚、喪、住院之祝賀、弔唁、慰問，以實際行動關懷員工及其眷屬。
．補助各部門活動經費，作為部門內員工之聯誼，達成「我們是一家人」的共識。
．定期邀請眷屬（配偶和子女）來廠參觀或聚會（家庭日），使眷屬認同「企業」與「家庭」是一體的兩面，休戚與共。
．強迫員工休假，以舒緩工作壓力及工作倦怠感。</td></tr>
<tr><td rowspan="3">Good Job</td><td>職業生涯的規劃</td><td>．建立內部輪調制度。
．讓員工參與經管業務的決策過程。</td></tr>
<tr><td>訓練計畫</td><td>．規劃及執行每一職位應接受的課程。
．加強職前訓練。
．加強人文教育，提高競業精神。</td></tr>
<tr><td colspan="2">．每季表揚全公司各部門的優秀員工。
．規劃每完成一項重要的專案給予獎勵金。
．定期宣導公司未來發展的遠景，凝聚員工向心力。
．輔導新進員工適應新環境、新工作。</td></tr>
</table>

資料來源：丁志達主講（2020）。「招募面談、任用常見盲點與問題解析班」講義。台灣科學工業園區科學工業同業公會編印。

他們建立滿意的事業生涯，並且根據他們的表現給予獎勵。打從員工上任之初，就要嘗試留住他們，才能有效降低離職率，留住員工。

結　語

離職者未來可能成為公司的客戶、競爭對手，甚至將來會再重返公司就職。讓離職者留下美好的印象，應是百利無一害。彼得・杜拉克說：「薪資再也買不到員工的忠誠了，未來的組織必須向知識員工證明，組織能夠提供他們最好的發揮機會。」在新經濟時代，員工離開員工而後回任是很普遍的，而這些人被稱為回力鏢（boomerangs）。而在尋找人才的戰爭中，留人的最佳方式就是致力於留住每個有價值的員工，因為任何表面上看起來可能獲勝的地方，也有輸掉的可能（周瑛琪、顏如妙編譯，2011：293-294）。

Chapter 13

人資創新．企業起飛

這是最好的時代，也是最壞的時代；
這是智慧的時代，也是愚蠢的時代；
這是信仰的時代，也是懷疑的時代；
這是光明的季節，也是黑暗的季節；
這是充滿希望的春天，也是令人絕望的冬天；
我們的前途擁有一切，我們的前途一無所有；
我們正走向天堂，我們也走向地獄。

——英國作家查爾斯．狄更斯《雙城記》（*A Tale of Two Cities*）

人資管理錦囊

1928年9月，蘇格蘭科學家亞歷山大．弗萊明（Alexander Fleming）在倫敦聖瑪麗醫院擔任研究員的他，正透過顯微鏡研究細菌，但是，他卻碰上一個難題，樣本上出現一種奇怪黴菌，干擾了他的實驗，接著，弗萊明碰巧注意到某件有趣的現象：細菌在靠近神秘黴菌時，便不會再成長了。

弗萊明締造了歷史上偉大的醫學創舉之一，他發現了盤尼西林（Penicillin，青黴素），這些青黴素具有殺菌、溶菌的功效，世界上第一種抗生素就此問世，這完全是個意外的發現。

【小啟示】一項偉大的創新並非發生於公司專注領域的中心，反而是發生在其周邊。

資料來源：網路資料。

他山之石，可以攻錯。管理典範就是其最佳的管理實務，足以成為其他企業仿效的標的。向企業典範取經，作為企業經營的目標是一個極為實際的方法，別人的榜樣可作為自己的借鏡。成功法則不斷地改變，現在我們常用「典範」來表示一個成功法則，IBM過去的成功法則是什麼——大就是美，如今的成功法則被蘋果公司（Apple Inc.）打破——小才是美。因此，不斷地改變、創新，才是創造成功的必要關鍵。

21世紀是個強調快速回應的時代，也是個創新的時代，跨國界的全球競爭，資訊科技的進步以及產業經濟結構的改變，促使各國無不亟思創新與改變之道。人資是企業的資產，更是真正的競爭力所在，它已取代了農業社會的土地，工業社會的原料與機器，成為資訊知識時代提升競爭力的致勝關鍵資源。

第一節　綠色人力資源管理

面對資源有限和生態環境破壞，企業組織密切關注自身環保行為，意識到在綠色發展浪潮下要獲得競爭優勢，必須積極採取具有前瞻性的綠色發展戰略。在此背景下，綠色人力資源管理（green human resources management）成為企業落實環境管理策略或綠色管理的主動性行為。綠色人資管理是一種支持和配合企業綠色戰略（環境戰略）的實施，為企業贏得綠色競爭優勢的人資管理。它要求管理者在員工的招募配置、激勵、開發考核、處理員工關係等各個環節都能遵循綠色理念，關心員工的需求、成長與發展、工作滿意度及組織承諾的影響。要做到這一點，企業必須樹立新的價值要求。

聯合國列出綠色能源、綠色建築、綠色交通與綠色農業四大行業，為最大、最先進的綠化行業，使用綠領工人最多的行業。其實綠化不限於此四大行業，其他製造業、服務業、金融業、旅遊業也是可以綠化的行業。隨著愈來愈多企業變成綠化行業，綠色工作者愈來愈多，因此有了綠色人資管理的問題。

隨著環保意識興起，「綠色」已被廣泛的定義為與環境保護、節能減碳及永續發展相關概念之代稱，經濟發展也從知識經濟轉變成綠色經濟。綠色人資管理離不開原有人資管理基本的原則，只是增加提升企業單位的人力資本，人力資源的有效運用，提升企業對社會的責任，加上環保的措施，包括綠色招募、綠色訓練、綠色工作、綠色報酬、綠色職家平衡等項目。綠色工作者或綠領工作者，是指環境保護企業所任用的人員，包括執行環境保護各種政策、設計、省電、省油、減少廢棄垃圾的員工（李誠主編，2020：21）。

人資部門在企業內負責溝通協調，也是許多管理制度的催生及推動者，如何推動綠色人資工作，進而影響所有員工，就成為極富挑戰的任務。人資部門推動綠色人力資源工作時，能得到公司高層主管的充分授權，結合公司整體永續經營政策，善用內部行銷做法，對內部顧客有效溝通、提升內部雇主品牌、強化員工對公司的認同度，同時也節省營運費用，提升公司競爭力（周明凱、黃仁宏，https://ir.nctu.edu.tw/handle/11536/46183）。

第二節　創新無所不在

創新（innovation）是在原有的東西上發現機會和價值，運用創意孕育新產品、新服務、新技術、新流程、新事業的價值創造過程，是每家企業都期盼實現的夢想。彼得．杜拉克說：「有系統地看出事業上已經出現的東西，包括人口、價值觀、科技或科學的變化，然後把這些變化當成機會。除此之外，你還得拋棄昨日，而不是拚命地護著昨天，而這點是最難做到的。」面對複雜變化的行業環境與激烈的市場競爭，對企業要獲得並保持競爭優勢是嚴峻的挑戰，企業競爭優勢的獲取，很大程度上依賴於對人才的競爭優勢的獲取。如何構築人資管理體系，是企業獲取競爭優勢的關鍵所在。活化人力資本，持續不斷地創新，接受新觀念、新思維，是組織創造優質產品或服務必走之路。

全錄公司（Xerox）前總裁大衛．科恩斯（David T. Kearns）曾一再提醒全錄員工：「每當我們有進步時，競爭者同樣也會進步，而每當

個案13-1　創新無所不在

3M公司的一位化學工程師，業餘時間喜歡在教會唱詩班唱歌。他有一本厚厚的歌本，為了便於尋找經常演唱的曲目，他習慣在歌本裡夾張小紙條做記號。這個辦法簡單有效，但是小紙條經常不知不覺掉出來。

有一次，他用小紙條做標記時突然想到，如果把紙條黏在書頁裡，它就不會掉了。但是紙條不用時要扯下怎麼辦？很可能會把書弄壞。要是有種很容易黏住、又很容易扯下來的紙條，那就方便多了！

這就是「便利貼」的發明故事，一開始沒有人知道那是什麼，人們從未聽說過「可重複黏貼的紙」，也無法想像這種東西，因此也沒人相信它有市場，一個正式研究說潛在的市場價值約只七十五萬美元，還好3M沒有將計畫廢棄。

小啟示：管理學大師彼得．杜拉克說企業只有兩個任務——行銷和創新，但是沒有創新就很難行銷，創新才是企業永續的基礎！

資料來源：張瑞雄（2020）。〈創新是企業永續的基礎〉。《聯合報》，2020年10月9日，A12民意論壇。

我們表現好時，顧客的期望也會跟著提高。所以，不管我們有多好，我們都必須更好！」自從全錄於1970年代末期開始倡導競爭性標竿學習（competitive benchmarking）這個概念和方法後，標竿（benchmarking）便成為優良典範的同義詞。

政府為獎勵推行人才發展績效、樹立標竿學習楷模，提升國家整體人才發展水準及強化人資發展，進而帶動人才投資風潮與學習風範，行政院勞委會（「勞動部」前身）自2015年起開辦國家人才發展獎（National Talent Development Awards, NTDA），整合「國家人力創新獎」與「國家訓練品質獎」的人才創新發展與訓練品質提升精神，並與國際人資獎項評審指標接軌，以達成擴散人資發展領域卓越觀點及創新方法之外溢效果。

企業的人才發展策略為組織創造競爭力的核心關鍵，如何隨著變化的時勢，配合組織資源策略，設計相應的機制與規劃完善的做法，成為企業所面臨的重要挑戰。外部比較（external comparisons）是美國國家品質獎（Malcolm Baldrige National Quality Award, MBNQA）所提出的一個觀念。本章節選自歷屆得獎企業的人資創新事蹟，值得有志於提升人力素質的機構導入，以為借鏡。

第三節　台灣積體電路製造公司

21世紀的競爭是高科技與服務導向的競爭，而半導體產業更是高科技產業的核心。台灣積體電路製造股份有限公司（Taiwan Semiconductor Manufacturing Company Limited, TSMC，簡稱「台積」）成立於1987年，率先開創了專業積體電路製造服務之商業模式，並一直是全球最大的專業積體電路製造服務公司，其企業總部位於台灣新竹。

台積的人資哲學始於「志同道合」的選擇。「志同」是指認同公司的願景，對半導體產業有信心且有興趣；「道合」則是奉行台積的經營理念：正直誠信（integrity）、客戶夥伴關係（customer partnership）、創新（innovation）與全心全力投入工作承諾（commitment）等四項核心價值觀，塑造出理念一致的「台積人」，使競爭者無法模仿的競爭優勢。

台積以實際行動推行的TTQS（Taiwan TrainQuali System，訓練品質系統），藉由導入系統來「體檢」台積目前的制度與運作，以找到持續改善機會。導入之後，從PDDRO（計畫、設計、執行、查核、成果評估）的縝密流程與標準中，重新檢視現行制度設計與實務運作，讓台積目標、人員培訓、訓練成效與成果更緊密結合。

台積榮獲第二屆（2012）國家訓練品質獎的做法如下：

1.導入TTQS後，台積積極串連功能組織效能診斷，蒐集組織訓練需求，及時規劃訓練方案，從而對組織做出更多貢獻。
2.除了確認執行核心訓練、厚植人員素質外，與各級組織密切合作，運用PDDRO的觀念，規劃並執行客製化訓練，協助組織達成年度發展重點。

個案13-2　台積「志同道合」的理念

理念		說明
志	台積讓你有「志」可伸	人生旅途中，你會有多少次機會，可以激盪青春，可以豪情萬丈。台積電，完整的職涯發展計畫，幫助你，在巨人的肩膀上看到了遼闊。
同	台積英雄所見略「同」	信念相通、見解相同，就能造就無限動能。一群志同道合的優秀精英，蓄積能量，台積電，協助你打造核心能耐，傾力撼動全球科技。
道	奈米之「道」就在台積	每位優質夥伴的心血結晶，我們一一珍視禮遇。台積電，引領全球先進半導體尖端技術，邀你體驗，高科技殿堂的浩瀚無涯。
合	台積與你天作之「合」	我們的思考頻率與你相近，信念磁場吻合，這世界沒有什麼能阻止你加入台積電，因為真心執著，此生的非凡成就，就從此刻開始。

資料來源：2018台大校園徵才博覽會台積文宣；製表：丁志達。

3.透過訓練需求調查，歸納出提升人員效能的四大主題，主動建構多元學習資源，以呼應公司對提升人員效能的期待。

4.重新審視訓練品質管理文件，確保所有作業流程皆有明文規範。透過認證確保所有訓練業務員工熟悉相關辦法與作業流程，俾能提供專業、高品質的訓練與服務。

5.各功能組織均有專屬知識管理平台，以體現TTQS所強調的知識分享與擴散概念。除了針對共同主題，建構階層，職能別訓練藍圖外，更推廣「學習，無所不在」的學習文化，透過整合專業平台、追蹤課後行動計畫、舉辦課後應用競賽及研討會等方式，促動學習移轉。

台積獲頒TTQS評核金牌後，仍然持續精進教育訓練實務做法，以支持公司實現願景、使命以及持續成長（行政院勞工委員會，2012：20-23）。

第四節　台虹科技公司

台虹科技股份有限公司（以下簡稱「台虹」）主要提供軟性銅箔基層板（FCCL）、保護膠片及太陽能模組背板的製造供應服務。台虹以熱情、負責、誠信、創新、執行五大核心價值的精神，在配方研發、精密塗佈、貼合技術及檢測方法四大核心技術上的精益求精，並跨足太陽能產業及光電領域，提供材料給客戶。

台虹認知到專業的培訓不只是讓員工自身成長，更因人才的培育而降低離職率及增加人時產值，進而提高顧客滿意度、降低成本。每年編列薪資支出的3%作為教育訓練經費，視為公司對員工教育訓練的承諾，希望培育出更多優秀的人才，提升競爭力。

台虹獲得第二屆（2012）國家訓練品質獎的做法如下：

1.經由模擬工廠的設置，指導新人機台模擬操作，縮短員工訓練時間，提升良率，並針對在職員工實施多能工訓練，適當的安排人員做跨機台的支援。
2.成立QCC品管圈（Quality Control Circle），各圈學員的參與度及榮譽感等指標有明顯的正面成長，並加速圈員組織自主學習的機會。
3.推行提案改善制度，經由激勵辦法的制定及線上系統化，透過內部行銷的宣傳手法，提案數成長達到240%。
4.訓練單位利用各種管道或制度來深耕公司的核心價值，讓員工隨時都能內化核心價值的意義。
5.透過接班人培育計畫，讓內部優秀員工有機會能晉升至主管職，藉此制度凝聚員工內部的向心力。

台虹成功導入人才發展品質管理系統（TTQS），清楚掌握TTQS的PDDRO架構及核心精神，依據5W2H的計畫執行，與公司的願景、使命、策略及目標充分連結，做出明確的決策，並投入訓練經費後，擴散組織學習的氣氛，落實人資管理，促使專利數及產品良率逐年成長，提升公司形象，使歷年來營收持續成長（行政院勞工委員會，2012：16-19）。

第五節　緯創資通公司

人力資源的功能不只是在尋求人才的來源上需要系統性的做法，更重要的是如何將現有人力提升到最高水準，更進一步激發潛能。讓企業可以永續經營的「信念」，更需要人資持之有恆的培養，方能令企業之基因深植為長久的卓越。

緯創資通股份有限公司（以下簡稱「緯創資通」）獲得第四屆人力創新獎事業單位團體獎，將其數位學習推廣到資訊產業上、下游供應鏈，提升供應商來料品質、強化公司競爭力，並開創互動式數位課程，銷售給其他公司使用的案例，其得獎做法如下：

1.結合外部顧問公司，將公司各高階主管與接班人等進行人才發展，以建立公司的領導梯隊。
2.設立人力評鑑會議，定期考核人才發展的成果。
3.將現有人力提升，終極目標乃將人之優質美德「誠心、虛心」潛移默化而成為每一個人之行為準則。
4.建立完善的知識管理系統，令企業之基因深植為長久的卓越。
5.導入六個標準差（6σ），透過外部教師與內部種子學員的配合，全力動員推行6σ，流程效率大增。
6.設計課程前後行為評量（behavior assessment）模式，整合教室與數位課程，並運用問卷來評量課後行為變化，強化課後的落實與應用，並持續執行。

緯創資通人資單位在設計各種課程時，首先考慮的是如何與公司策略結合，這些課程有助於員工在公司表現，自然人人都對參與興趣提高不少，加上高層大力支持，成績斐然（行政院勞工委員會，2008：57-64）。

第六節　和泰汽車公司

和泰汽車股份有限公司（以下簡稱「和泰汽車」）秉持TOYOTA WAY（豐田文化）中持續改善、人性尊重的精神，不斷投入大量資源在人才培育，以促使和泰員工、經銷商員工、汽車業的技術人員都能夠不斷精進，與和泰汽車共同成長而榮獲第四屆（2008）人力創新獎，其人資創新的實績值得業界借鏡。

1.和泰汽車人力資源策略規劃係以企業願景為出發點，分別透過與外部環境分析，擬訂出合適的策略及目標，積極在「選」、「育」、「用」及「留」等各項人才培育做法上力求創新與改善。在「培育全方位人才」作為中長期人力資源目標，首先是改變以往新進人員訓練就在公司內部埋頭苦幹的做法，改為安排新進人員到經銷商實習，透過與客戶互動的過程，實地掌握台灣汽車市場的趨勢。

2.規劃公司全體員工接受問題分析與解決（TOYOTA Business Practice）訓練，強化全員問題解決的意識，以持續改善工作流程。

3.導入績效發展系統，以確認每位員工的績效表現，瞭解訓練的成果。同時主管也可以透過此系統掌握部屬工作的質和量，適時給予協助與建議。

4.提供員工外派其他國家機會，培育具備國際觀的人才。

5.導入職能發展中心，透過分析演講等各種活動的設計與執行，觀察具有升遷資格的候選人是否具備公司所要求的職能，也可作為留才的參考依據。

6.2000年和泰打破行之有年的「年資薪點制」，調整為「職位薪資制」，摒除以往「做的愈久，領的愈多」的傳統觀念，將職位分為十三級，各職位依其市場價值及公司的薪資，設定每個職位薪資的中間值及上下限，同時結合績效發展制度，讓整個薪資結構合理化，打造同工同酬、能力主義及發揮激勵作用的薪資制度，員工升遷及調薪均以能力取勝，自然能吸引更多心血效力。

7.配合集團化發展政策，陸續將養成的人才派任至關係企業，協助經營管理。

8.建立集團人才培育體系，持續推廣TTQS（人才發展品質管理系統）至各關係企業。

和泰汽車的全方位人才發展策略，除了是一套完整的人才培育機制外，更重要的是使公司、主管及員工都能確切瞭解自己在人才發展上的權利義務關係，並據此建構完整的職能體系，讓每一個人都能構築自己的未來發展藍圖。如此一來，公司的每一位員工才能發自內心地配合公司的人才發展政策，自主積極地參與公司規劃的課程及訓練，讓自己提升，達到公司與員工雙贏的效果（行政院勞工委員會，2008）。

第七節　特力屋公司

台灣最大的DIY（Do It Yourself，自己動手做）連鎖大賣場特力屋股份有限公司（以下簡稱「特力屋」）曾榮獲第五屆（2009）人力創新獎，其人資創新的實績值得業界借鏡。

1.創辦特力屋大學，嚴選高潛力學員及組織發展所需之訓練主題，培

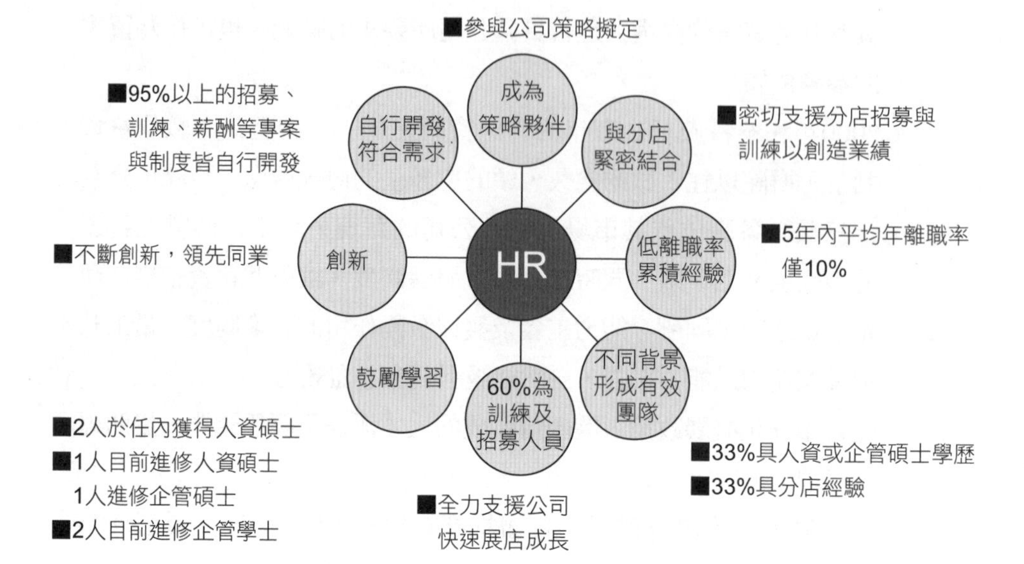

圖13-1　特力屋人力資源部的特色

資料來源：行政院勞委會職業訓練局編輯小組編（2009）。《第五屆人力創新獎案例專刊》，頁28。行政院勞委會出版。

養關鍵人才，逐步建立人才庫。

2.自行舉辦多場大型戶外管理人員領導體驗學習營，有效啟發管理人員領導思維，顛覆傳統領導訓練模式。

3.依照公司需求，發展分店店長、副店長與課長評估中心（assessment center），發展具潛力之員工成為分店管理人才。

4.建立十大（工具、衛浴、廚具、地材、健康、空間、燈飾、休閒、色彩與防水）專業俱樂部，透過各店專業菁英知識交流，創造知識分享平台。

5.自製多元化教學DVD（Digital Versatile Disc，數位多功能影音光碟），提供員工具時間彈性與內容的學習工具。

6.建立導師制（mentor）認證制度，培養資深員工成為mentor，教導賣場員工基本知識、銷售與服務技巧，確保高品質之工作教導、經驗與文化傳承。

7.創新新人訓練模式，結合高度系統化的學習步驟，自我學習手冊、訓練員制度與集中式體驗學習及測驗，協助新人有效學習賣場知識，並快速融入企業文化。

8.建立內部講師制度，除了一般性內部講師培訓外，亦大量培訓各店DIY（自己動手做）課程講師，對顧客推廣DIY精神。

9.規劃分店人員雙軌晉升路徑，根據年資、績效與學習三項標準，提供員工適才適性的職涯發展選擇。

特力屋分店之人資管理包含分店人員之招募（基層人員）、基本訓練、薪資、考勤等，皆根據人資部門（總部）所定之制度、規範與流程進行。為了確保這一些制度、規範與流程能被分店有效執行，人資部門建立HR KPI（Human Resources Key Performance Indicators，人力資源關鍵績效指標）來控制其實施品質（行政院勞工委員會職業訓練局編輯小組，2009：25-34）。

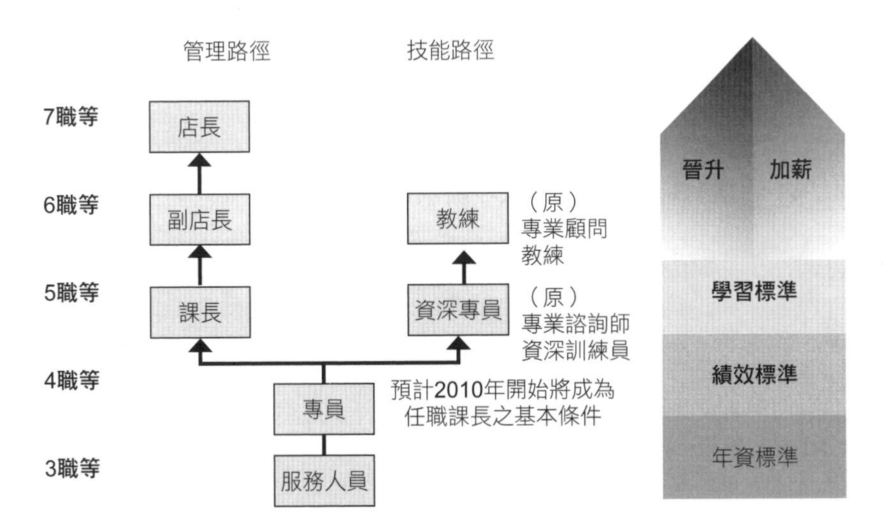

圖13-2　特力屋分店員工職涯發展路徑

資料來源：行政院勞委會職業訓練局編輯小組編（2009）。《第五屆人力創新獎案例專刊》，頁30。行政院勞委會出版。

第八節　金百利克拉克台灣分公司

身為全球衛生紙品及個人護理用品領導企業金百利克拉克台灣分公司(以下簡稱「金百利」)的人才發展願景為「激發人才潛能」,並據此發展出以激發人才潛能為核心的全方位人才發展策略。從吸引人才加入開始,竭盡所能協助人才,在金百利大家庭裡追逐夢想、鼓勵人才大膽嘗試創新做法、以當責(accountability)態度追求個人成就並幫助公司成功、優渥薪酬獎勵激發人才高績效的表現、協助人才取得工作與生活的最佳平衡,最終帶領人才回饋社會。

在激發人才潛能的每個環節導入「3E學習理念」,亦即針對不同人才發展需求,打造Experience(在職訓練)、Exposure(能見度歷練)、Education(課堂培訓)三合一學習資源組合,引領員工追求職涯發展。

2018年金百利榮獲國家人才發展獎,其人才發展擴散效益方面值得業界借鏡。

1.每年參與由第三方人資顧問機構所進行的整體薪酬調查,透過標竿

個案13-3　金百利人才發展成功的關鍵

1.將人才發展納入公司核心價值,由上而下展現承諾,長期投入資源並追蹤成效。
2.全球化人才發展策略融合在地化人才培育作為,打造符合在地人才需求的持續學習情境。
3.強化帶人主管培訓職能,以引導員工發展符合所需的自主學習計畫,強化學習型組織氛圍。
4.透過國家級人才發展品質管理系統(TTQS)進行標竿評比,以系統化方式檢視人才培育環節,持續推動改善、強化人才發展成效。

資料來源:《2018國家人才發展獎案例專輯》,行政院勞委會職業訓練局出版。

評比確認公司整體敘薪福利在快速消費品市場上具有競爭力。此外，年度績效優異在全公司前10%的同仁，加薪幅度最高可達市場平均值2～3倍多。

2.重視員工持續學習，導入全球獨特的3E學習文化，提供涵蓋課堂培訓（Education）、在職訓練（Experience）和能見度歷練（Exposure）的學習資源組合，其中占比達20%的能見度歷練，透過指派同仁參與跨部門或跨國性專案的體驗學習，成功將本地人才打造成國際菁英。

3.推廣金百利線上大學（MyKCU），打造自主學習風潮，鼓勵員工依個人成長與組織發展需求，可從線上十一大類別、數百堂課程中選擇自我進修領域，透過線上平台不受時間與空間限制自主學習。

4.成功培養國際人才與內部接班菁英團隊，量身訂做加速發展計畫，包括「海外MBA名校短期領導力進修」、「高效經理人的七個習慣」主題培訓與「英文簡報影響力強化課程」等計畫。

金百利秉持「在生活必需品領域引領世界邁向更美好明天」的願景，在全球四大核心事業策略中，將「激發人才潛能」目標列於首位，因為金百利深信人才是組織永續發展的基石。（2018國家人才發展獎案例專刊大型企業獎）

第九節　英業達公司

「人才為本」是英業達股份有限公司（以下簡稱「英業達」）永續經營的基礎，結合公司核心價值與策略目標，規劃完善的人才發展計畫。首要留才，從人才庫建立、教育訓練、績效評核、激勵措施到儲備具潛力的關鍵人才，進而制定系統化的人才發展計畫，策略規劃關鍵人才職涯發展，透過輪調、任務指派，從實務中學習承擔並培養未來人才能力，以確保公司人力資源永續發展。

2019年英業達榮獲國家人才發展獎，其人才發展擴散效益方面值得業界借鏡。

1.結合公司AI（Artificial Intelligence，人工智能）研究中心發展方向，規劃AI應用人才與員工不同需求程度之AI訓練，並運用AI技術以專案來解決問題及營運升級。
2.培育高潛力人員，促進組織傳承與學習分享，提升講師數位教材製作能力，協助優化講師與組織訓練發展品質。
3.人才中心與AI研究中心合作，透過相關數據分析，預測三個月內離職高風險員工，讓人資部門與單位主管能針對整體人才布署發展規劃，搶先預作準備。
4.鼓勵內部講師團隊以數位學習平台（e-learning）教材傳承專業外，善用線上平台的便利性，提倡員工自我學習、擴散組織學習之效。
5.完善員工照護及關懷體系，作為「留心」的重要一環，推動多元的員工福利方案，以工作生活平衡與健康促進共構員工福利，打造健康幸福的職場。

英業達的「十大信念」，以「人才為本」為第一優先，「社會責任」為最終承諾，厚植長期競爭優勢，培育關鍵人才。（2019國家人才發展獎案例專刊大型企業獎）

第十節　彰化基督教醫院

1896年由英國籍宣教師蘭大衛醫師（David Landsborough, M.D.）創設彰化醫館（彰化基督教醫院前身，以下簡稱「彰基」），醫院宗旨為「以耶穌基督救世博愛的精神，宣揚福音，服務世人」。並以「無私奉

個案13-4　彰化基督教醫院願景

類別	願景
醫療願景	建立堅強、完整、安全的健康照護體系
傳道願景	成為全人關懷的醫療宣教中心
服務願景	提供病人為中心的服務，並關懷社區與弱勢族群
教育願景	成為醫療從業人員教育訓練的標竿醫院
研究願景	成為先進醫療之醫學研究中心

資料來源：財團法人彰化基督教醫院；引自行政院勞委會（2012）。《第二屆國家訓練品質獎案例專刊》，頁29。行政院勞委會職業訓練局出版。

獻、謙卑服務」為價值觀，期勉員工體恤病人感受與期待，發揮醫療專業和惻隱之心，「以病人為中心」提供完善醫療服務，追求卓越的醫療品質，而獲得第二屆國家訓練品質獎。

「教育」是彰基五大願景之一，提升員工能力與發展一直是努力的目標。導入TTQS後，提升辦訓品質，建立更完善的訓練體系，讓訓練規劃能符合組織的需求，培育各類專業人才，達成醫院的經營目標，實現「成為醫療從業人員教育訓練的標竿醫院」之教育願景（行政院勞工委員會，2012：28-31）。

隨著世界潮流的改變，醫療資訊及智慧醫療是目前、更是未來的趨勢。彰基醫療及管理除落實在本國外，更看到他國人民的需要，對外輸出，從西進到南向，也跳脫了台灣內部的醫療競爭。彰基向外擴張的同時，更需要專業人才的參與，因此需不斷地創新及不間斷地人才培育，才能與世界接軌，2019年榮獲國家人才發展獎，其得獎事蹟如下：

1.運用管理職能模型（competency model）於接班人計畫，作為儲備主管之遴選及教育訓練的工具，發展出以職能為導向的人力資源管理模式。每年由主管根據「人才績效潛力矩陣」瞭解員工過去的績效表現及未來潛力的高低，進行人才區隔，用以評估員工職涯移動的可能性，並透過mentor制度（導師制）全面性的關照其發展。

2.依照醫院整體發展目標訂定員工教育訓練計畫，並依據各職類人員特性及需求訂定職涯發展計畫，透過職涯發展流程圖確認員工具備該職務之資格與能力。

3.發展精準醫療及導入智慧醫院服務，引進「新進員工」，如：手術機器人、病房服務機器人、運送機器人，協助環境導覽、衛教、器械搬運等作業，解決人力不足、搬重物導致職業傷害等問題。

彰基重視人才的發展與培育，結合彰基文化推展人才發展策略，鼓勵員工主動持續學習，建構學習型組織氛圍，更成立師資培育中心，培養內部講師，提供人才更寬廣的發展舞台，促使人才持續發展茁壯，鞏固各職級人員能力，以追求更卓越的醫療服務。（2019國家人才發展獎案例專刊大型企業獎）

第十一節　雲朗觀光集團

雲朗觀光集團（以下簡稱「雲朗觀光」）主要從事旅館事業的經營開發、客房住宿及餐飲服務。以LDC三個字母為品牌logo，L代表的是Luxury（奢華）、D是Dream（夢想）、C是Culture（文化）。對內致力培育員工，除了提供工作技能的專業學習外，也讓員工在工作場域中體驗東西文化藝術、品味生活，打造一個能讓員工實現餐旅夢想的國際品牌，雲朗觀光堅持「做值得的事」。

雲朗觀光在2019年榮獲國家人才發展獎，其人才發展擴散效益值得業界借鏡。

1.員工福利計畫包含提供員工免費集團酒店住宿、親屬住宿優惠、婚宴或餐飲優惠、員工進修補助、工作生活平衡補助、社團補助、旅遊補助、歡樂點數發放、員工認股、員工二八儲蓄及久任獎勵等計畫，提升員工認同感與向心力。

2.導入職涯教練關懷輔導計畫，提升新人三個月內留任率至80%以上；雲老師諮詢系統，協助輔導員工心理抒壓及營造關懷氛圍，留住優秀的人才；推動工作與生活平衡補助計畫，例如舉辦員工家庭日、運動日、抒壓課程、社團獎助與友善家庭措施之彈性工時等計畫，確保員工身心健康與安全，建立友善職場之就業環境。

3.以企業社會責任（Corporate Social Responsibility, CSR）的思維規劃人才發展策略，找到人才在企業的新價值，透過企業社會責任方案，推廣環保節能、愛地球理念、捐助弱勢團體、修復古蹟、刊物出版、驚喜圓夢計畫、路跑與泳渡淨潭活動等方案，期望員工與賓客在透過活動參與中，認同公司在堅持文化、藝術創新與善盡企業責任之用心，員工及賓客一起攜手「做值得的事」。

人才的發展是企業持續成長的動力，相信做值得的事，會讓一切與眾不同，積極營造員工「被看見」、「被重視」的舞台與發展空間，是雲朗觀光堅信的育才理念與前進方向。（2019國家人才發展獎案例專刊中小企業獎）

優質的勞動力的優良與否，關係著企業的競爭力與永續經營的關鍵，唯有提升勞動力素質，方能因應接踵而來的挑戰。奠定紮實的人力資本，強化勞動力的提升，開發與運用，創造最佳人才投資效益，見賢思齊，以標竿企業為學習對象，將訓練與組織文化之間的連結，以展現營運績效。

結　語

基業長春（長壽）的企業不會只將目標放在短期獲利性最高的商品，也能考量到其他具有成長潛力的創新項目，並且在組織上有高度的凝聚力，能協助成員加速學習多方面的能力。

美國陸軍有一句口訣：「身行、瞭解、行動」（be、know、do）。在二次大戰期間，艾森豪將軍（Dwight David Eisenhower）領導諾曼第登陸，1944年6月6日當天，天氣不佳，但是他說我再不登陸的話，我這個計畫就永遠不會實行，因此，他冒這個風險登陸了，成功了。這就是說，做任何事情都有風險，但是要用你的智慧，要果斷地下決定。

詞彙表

6個標準差（six sigma, 6σ）
一種「精準」追求「最小差異」的邏輯理念及改善手法，而目前正被廣泛應用於企業經營管理的新思維。

能力（ability）
涵義較廣的技能，概括先天、後天培養、個性或實質上的技能統稱。

當責（accountability）
一種工作的態度或觀念，完成工作並達致成果。

逆境商數（adversity quotient）
明確地描繪出一個人的挫折忍受力。

津貼（allowances）
對勞動者在特殊條件下的額外勞動消耗，或額外費用支出給予補償的一種工資形式。

評價（appraisal）
為了符合目標並達成成果而持續監控進展的過程。

學徒制（apprenticeship）
一種師徒相承的技藝傳授方式。

人工智慧（artificial intelligence, AI）
使用電腦程式教導機器，讓機器做一些輔助人類的事務，例如學習圍棋、駕駛車輛、辨識人臉、語言翻譯、疾病診斷，以及工廠的品質檢測等。

評鑑中心（assessment center）
多位評分者評估員工練習的績效表現之過程。

態度（attitude）
個人所持有，對某一特定社會對象或社會情境的一套信念、情感好惡及訊息。

職權（authority）
制定決策，指揮他人工作及下達命令的權力。

不誠信協商（bad-faith bargaining, BSC）
勞資任何一方如果違反了某些行為或不去採取某些行為，就構成不當勞動行為的一種。

平衡計分卡（balanced scorecard）
主要以「平衡」為訴求，尋找企業內外部績效間、過去與未來績效驅動、客觀與主觀衡量，以及短期與長期目標構面間之平衡狀態來檢視公司績效的指標。

基準線（baseline）

一個專案或計畫開始的狀態作為未來績效持續評估的基礎，比較計畫開始的時程和成本估計等。

行為評量（behavior assessment）

以客觀的方法，蒐集個人不良適應行為學習過程的相關資料，並評量、鑑定其原因，以作為選擇適當的治療方法的參考。

行為面試法（behavioral interview）

一個人過去的行為表現可以預測這個人將來的行為表現。

標竿學習（benchmarking）

從生產成本、週期時間、管銷成本、零售價格等領域中找出一些明確的衡量標準或項目的表現，以提高其組織績效，然後與主要競爭對手進行排名比較。

福利（benefit）

員工在薪酬之外的額外給付。

大數據（big data）

無法在一定時間內用常規軟體工具對其內容進行抓取、管理和處理的數據集合。

獎金（bonus）

公司依據不同原因（貢獻）支付的額外薪資獎勵。

迴力鏢（boomerang）

一種擲出後可以利用空氣動力學原理飛回來的打獵用具。

預算（budget）

為了推動計畫所需投入的資源（指某項特定工作計畫的財務需求）。

企業診斷（business diagnosis）

針對企業經營系統的全部或局部，進行客觀性的檢視、分析、評估，找出問題點，並據以研擬改進方案或建議，以提升企業經營績效，並增加獲利及降低成本之機會。

企業流程再造（business process reengineering）

重新思考及澈底地重新設計企業流程，以達成用現代標準所衡量的績效目標（如成本、品質、服務及速度）的顯著改善。

生涯（career）

人的一生當中其工作相關經驗的型態。

生涯發展（career development）

人的一生中連續不斷的歷程，以發展個人對自我及生涯的認同，並且增進生涯的規劃與生涯成熟度，屬於終生的行為過程與影響，導引出個人的工作價值、職業選擇、生涯型態、角色整合、教育水準和相關現象等。

生涯路徑（career path）

組織為內部員工設計的自我認知、成長和晉升的管理方案。

生涯規劃（career planning）
「生涯」強調個人生命歷程中所經歷一系列職業和生活角色的總合；而「規劃」強調目標明確、計劃執行與成效評估，依序進行。

集權式組織（centralized organization）
企業的高層管理人員擁有最重要決策權力的組織結構。

雲端（cloud）
比喻以單一生態系統形式運作的遠端伺服器全球網路，通常與網際網路相關。

教練（coaching）
一種訓練或發展的技術。教練者被稱為「coach」，協助學習者達成特殊的個人或專業目標。

認知偏誤（cognitive bias）
當我們思考問題或做決策時，大腦會有一些固定的思維傾向，主要是由於人們以根據主觀感受而非客觀資訊建立起主觀以為的社會現實所致。

冷戰（cold war）
美國和蘇聯及他們的盟友在1945年至1991年間在政治和外交上的對抗、衝突和競爭。冷戰的衝突是一種價值的衝突，主義的衝突，你相信共產主義，他相信資本主義。冷戰結束後，資本主義獲得最終勝利，共產主義破產。

團體協約（collective bargaining agreement）
雇主或有法人資格之雇主團體，與依《工會法》成立之工會，以約定勞動關係及相關事項為目的所簽訂之書面契約。

社群（community）
通過血緣、鄰里和朋友關係建立起來的人群組合。

報酬因素（compensable factor）
用來認定有價值的工作特徵，來確定某一職位的工資水準。

薪酬（ compensation）
組織對員工所提供的服務或貢獻所給予的酬賞，是薪資（salary）與工資（wage）的通稱。

薪酬管理（ compensation management）
組織在綜合考慮各種內外部因素的情況下，根據組織的策略和發展規劃，結合員工提供的服務，來確定他們應得的薪酬總額、薪酬結構以及薪酬形式的過程。

能力評鑑法（competence at work）
不同行業與職務高低的差異，所需具備的職能是有區別的。當組織在選用育留人才時，對於下層潛在特徵者可列為甄選上的門檻，而容易被培養與評估的外顯行為則可設計為訓練課程。

職能（competency）
一種以能力為基礎的管理模式，主要目的在於找出並確認哪些是導致工作上卓越績效所需的能力和行為表現，以協助組織或個人了解如何提升其工作績效。

管理職能模型（competency model）
用來描述在執行某項特定工作時所需具備的關鍵能力。

競爭力（competitiveness）
組織在產業中維持增加市場占有率的能力。

競爭性標竿學習（competitive benchmarking）
一種以跟自己屬性相同之競爭對手相互比較之超越學習。由於競爭天性，因此通常較難取得競爭對象之標竿值，但若能建立此類標竿，領導者強勢推展，則成效可觀。

核心競爭力（core competence）
在相同條件下，公司比其他同業可以取得更好的成績，或者更高竿一點，公司累積了同業競爭者所沒有的能力，成為一種競爭優勢。

核心價值觀（core values）
企業在經營過程中堅持不懈，努力使全體員工都必需信奉的信條。

企業文化（corporate culture）
一個組織由其共有的價值觀、儀式、符號、處事方式和信念等內化認同表現出其特有的行為模式。

公司治理（corporate governance）
公司管理與監控的方法。1997年亞洲金融危機發生後，「強化公司治理機制」被認為是企業對抗危機的良方。

經營理念（corporate philosophy）
一個企業為其經營活動或方式所確立的價值觀、態度、信念和行為準則，是對企業全部行為的一種根本指導。

企業重整（corporate reorganization）
在公司處於財務困難或競爭不利的狀況下，對公司進行的重組或更新行為，以期調整公司現有利益。

企業社會責任（corporate social responsibility ,CSR）
泛指企業營運應負其於環境（environment）、社會（social）及治理（governance）之責任，亦即企業在創造利潤、對股東利益負責的同時，還要承擔對員工、對社會和環境的社會責任，包括遵守商業道德、生產安全、職業健康、保護勞動者的合法權益、節約資源等。

企業價值觀（corporate values）
企業決策者對企業性質、目標、經營方式的取向所做出的選擇，是為員工所接受的共同觀念。

嚴重特殊傳染性肺炎（covid-19）
冠狀病毒（coronavirus[ ]為具外套膜（envelope）的病毒，在電子顯微鏡下可看到類似皇冠的突起因此得名。

諮詢者（counselor）

諮詢（consultation）是兩個人的互動歷程，一是諮詢者（專家），另一是需求諮詢者，尋求專家協助以解決工作或生活、感情上所面臨的非其能力所能克服的問題或困難。

文化（culture）

文化是一個複合體，其中包括知識、信仰、藝術、法律、道德、風俗，以及人作為社會成員而獲得的任何其他能力和習慣。

顧客（customers）

為了讓組織達成成果，滿意的那一群人。

分權式組織（decentralized organization）

組織為發揮低層組織的主動性和創造性，而把生產管理決策權授權給下屬組織，最高領導層只集中少數關係全局利益和重大問題的決策權。

發展（development）

獲得知識、專業、技術和行為，以改善員工的能力，來面對各式各樣現存或未來的工作挑戰。

紀律（discipline）

維護集體利益並保證工作進行而要求組織成員必須遵守的規章、條文。

事業制結構（divisional structure）

以自給自足的單位組合而成的組織設計。

瘦身（downsizing）

為了增進組織效能，而有計畫地裁減大量人力。

雙重職業生涯路徑（dual career paths）

為了給組織中的專業技術人員提供與管理人員平等的地位、報酬和更多的職業發展機會而設計的一種職業生涯路徑系統和激勵機制。

職責（duties）

相關任務的群集。一份工作通常包含6～12項職責。

誠信協商（duty to bargain in good faith）

集體協商當事人願意參與協商和交換協約草案內容，同時願意為拒絕某一草案內容提出解釋，但是，誠信協商也並非是強迫任何一方必須同意協約的內容和作出讓步。

教育（education）

一種有關培植人才，訓練技能的教導培育。

效果（effectiveness）

產出到目標的距離，把欲達成的目標完成。凡事講求效果，作正確的服務，才能滿足顧客需求。而效果比效率重要。

效率（efficiency）

投入與產出之比，以最小的投入成本，營造出最大的產出，亦指生產力及成本效益分析。對組織內的作業程序、流程等應講效率性，使投入大於產出，為公司創造利潤。

數位學習（e-learning）

泛指透過數位工具，如網際網路（internet）、內／外部網路（intranet/ extranet; LAN/ WAN）、錄音帶或錄影帶、衛星廣播、互動電視、光碟等媒體科技，以傳遞內容的教學應用與學習歷程。

數位化人力資源管理（electronics-human resources, e-HR）

基於先進的信息和網際網路技術的全新人資管理模式，它可以達到降低成本、提高效率、改進員工服務模式的目的。

情緒智商（emotional intelligence）

一個人自我情緒管理，以及管理他人情緒的能力指數。

員工協助方案（employee assistance programs）

透過公司內部管理人員及外部專業人員，發現、追蹤及協助員工解決其可能影響工作表現的個人問題，一般包含社會、心理、經濟與健康等方面的問題。

員工承諾（employee commitment）

員工對於追求公司或單位的使命，表達出高度的認同感。

員工引導（employee orientation）

提供新進員工基本的背景資訊，例如有關公司的規定，使他們得以順利的完成工作。

員工滿意度調查（employee satisfaction survey）

一種科學的管理工具，通常以調查問卷等形式，蒐集員工對企業各個方面的滿意程度。

員工福祉（employee well-being）

透過彈性福利來提高員工滿意度和敬業度。

賦能（empowering）

給予員工責任和權力作決策。

公平理論（equity theory）

亞當斯（John S. Adams）提出，主張人們受激勵的動因來自人與人間的相互比較。

企業變革（enterprise change）

企業的人員（通常是管理者）主動對企業原有的狀態進行改變，以適應企業內外環境的變化，並以某一目標或某一願景為取向的一系列活動。

企業資源計畫（enterprise resource planning, ERP）

快速因應市場的需求，能及時整合與規劃企業一切的資源，做最佳化配置的資訊系統。

同工同酬（equal pay for equal work）

相同的工作量所得的報酬相同。

人因工程（ergonomics）
個體的生理特性與實體工作環境之間的介面。

執行力（execute）
是種不凡、獨到的能力，代表一個人懂得如何化決策為行動，往前推進，直到完成。

離職面談（exit interviews）
員工主動提出離職或企業為通告員工被解僱，主管與員工進行的談話。

回饋（feedback）
當員工執行工作期間所接收到有關其如何達成目標的資訊。

第一印象（first impression）
根據與一個人見面的前幾秒鐘所得到的印象，快速對他作出判斷。

扁平化組織（flat organization）
在基層人員和決策層間，盡量精簡中間管理階層的組織形式，通常適用於較小型的公司。

預測（forecasting）
設法確認各類別的人資供需狀況，以預測組織內的領域，未來是否有人力短缺或人力過剩的情況。

分級評等制度（forced ranking）
主管須針對部屬進行績效評比，在強制性常態分配的要求之下，大多數人的評比為中等，頭尾兩端者則較少。

遺忘曲線（forgetting curve）
艾賓浩斯（Hermann Ebbinghaus）最著名的發現是遺忘曲線。遺忘在學習之後立即開始，而且遺忘的進程並不是均勻的，最初遺忘速度很快，以後逐漸緩慢。

框架（framework）
一個人的思考或概念的潛意識準則與行動方案。

邊緣福利（fringe benefits）
薪酬以外的附帶福利，取其邊緣的意思。

功能式組織（functional structure）
最傳統的組織結構（軍隊式組織），將相同專業的工作集中在一個單位或部門，是一種專精化或強調分工的組織結構。

目標（goals）
組織在某段期間（有時效性）所希望達成的某些事項。

綠色人力資源管理（green human resources management）
將「綠色」理念應用到人資管理領域所形成的新的管理理念和管理模式。

月暈效應（halo effect）
一種影響人際知覺的因素，指在人際知覺中所形成的「以偏概全」的主觀印象。

需求層次理論（hierarchy of needs theory）
馬斯洛（Maslow）認為人類所有行為均由需求所引起。他把人類的需求依其高低層次排列為五個，每一較低層次的需求獲得滿足後，才能生出較高一層的需求，如果低層次需求存在，較高層次的需求就不會出現於意識。

水平式組織（horizontal organization）
以核心流程與團隊為基礎，將人和工作結合起來。一個核心流程可能橫跨好幾個功能，員工比較能體會顧客的需求，而不是著重部門的考量。

人力資本（human capital）
能為企業創造利益的重要智慧資產，由員工所擁有的知識、技能、才能、經驗、態度及行為、管理能力組成。

人力資本管理（human capital management）
將人資部門的傳統管理職能，包括招聘、培訓、薪資核算、薪酬和績效管理等，轉化為提高敬業度、生產力和業務價值的機會。

人力資源（human resources）
員工具備的知識、技術與工作意願（動機）。

人力資源部門（human resources department）
以積極主動的角色，推動企業的領先性指標，協助企業策略性的規劃，讓企業具備獨一無二的競爭力。

人力資源發展（human resource development）
由企業針對員工有計劃性的規劃，讓員工透過各種培訓與發展的活動，使員工獲得工作所需的知識與技能、觀念與態度，並透過定期的考核，確保人員符合企業對其發展之期望，並達成企業的各項目標。

人力資源資訊系統（human resource information system, HRIS）
用以取得、儲存、操作、分析、擷取及分配組織人力資源資訊的一種系統。

人力資源管理（human resource management）
如何吸引、發展、應用和維護有效勞動力的一連串活動，以保證使員工的才能充分有效地用於實現企業的各項目標。

人力資源規劃（human resource planning）
依據組織成長與發展的需要，在不同時點依所需的各類人才，事先規劃並採取具體有效的行動，適時提供適當的人選，確保組織內人力供應的充足與配合，並完成組織欲達成的目標。

人力資源外包（human resources outsourcing）
將人資管理的一些職能對外承包給專業機構操作的管理策略。

人力資源政策（human resource policy）
組織所意圖採取的人資方案、過程或技術，以做為人資相關事務的指導綱領，例如績效給薪政策、內部晉升優先政策等。

人力資源策略（human resource strategy）

根據總公司策略或事業策略，所導引出的人資政策與手段，經由選才、育才、用才、留才的整合運作系統，提升策略性人力和組織資本。

人群關係理論（human relations theory）

人群關係理論是梅奧（George E. Mayo）基於霍桑實驗提出了重視人本理念的管理理論，也稱人際關係理論，是研究企業內部員工之間存在的非正式團體的一種學說。

保健因子（hygiene factor）

員工並不會因為這些因素而受到激勵，但當這些因素不足時，則會引起員工之不滿足。例如組織的政策與管理、視導技巧、薪資、人際關係、工作環境等即屬此類。

冰山理論（iceberg theory）

薩提爾（Virginia Satir）提出的冰山理論，實際上是一個隱喻，它指一個人的「自我」就像一座冰山一樣，我們能看到的只是表面很少的一部分——行為，而更大一部分的內在世界卻藏在更深層次，不為人所見，恰如冰山。.

創新（innovation）

將已發明（invention）的事物發展為社會系統，可以接受具商業價值之活動。例如：新產品、新製程、新市場行為、新材料、新組織型態。

無形資產（intangible assets）

公司資產的一種類型，包括人力資本、顧客資本、社會資本及智慧資本。

人品正直（integrity）

指一個人的誠實性和信用程度，它既體現於一個人的個性、價值取向之中，又與企業的顧客商譽價值緊密相關。

智慧資本（intellectual capital）

無法在傳統資產負債表中揭示其價值的資產，可藉由掌握關鍵知識、實務經驗、科技、顧客關係及專業技能而提供組織競爭優勢，舉凡商譽、商標、專利、口碑、顧客關係及專業技術等無形資產皆包含在內。

聰明才智（intelligence）

擁有強烈的求知慾，知識廣度夠，能在當前複雜的世界中和其他聰明人共事，或者領導其他聰明人。

智能商數（intelligence quotient）

用智力測試測量人在其年齡段的認知能力（智力）的得分。

面試（interview）

測驗和評價人員能力素質的一種考試活動。

內在報酬（intrinsic reward）

員工由工作本身而獲得的精神滿足感，是精神形態的報酬。

工作分析（job analysis）

以「事」為主的分析，於實務中，企業確立組織體制後及人事措施實行前，必須將各項工作或執掌之任務、責任、性質以及工作人員之條件等予以分析研究做成書面記錄。

職能評鑑法（job competence assessment）

一套評估人員才能高低的模式，應用在各種企業組織、政府單位、軍隊、健診中心、教育以及宗教團體等，評分範圍涵蓋創業家發展、技術、專業、銷售、服務、及管理等工作。

工作說明書（job description）

明列工作中包含的任務、義務及責任的清單。

工作設計（job design）

根據組織並兼顧個人的需要，規定每個職位的任務、責任、權力以及組織中與其他職位關係的過程（工作流程）。

工作擴大化（job enlargement）

在同一層面增加工作的任務數目及種類，讓工作變得更為豐富。

工作豐富化（job enrichment）

為垂直增加工作的內容，使原先工作的內容能夠更加完整性，從規劃到執行，並能夠擁有較多的自主權力。

職位評價（job evaluation）

根據各職位對組織目標的貢獻，透過專門的技術和程式對組織中的各個職位的價值進行綜合比較，確定組織中各個職位的相對價值差異。

工作輪調（job rotation）

在一定的期間內，系統化地將員工原來職務調派到另一種職務的流程。它是解決工作重複性過高導致員工的工作厭倦感的一個方法。

工作規範（job specification）

現職人員必須具有的相關知識、技術、能力及其他特徵的清單。

工作滿意度（job satisfaction）

個人對工作角色及工作經驗所抱持的情感取向；而這種情感取向具有正向與負向之兩種向度，正向代表愉快、滿足，負向則代表不愉快、不滿足。

周哈里窗（Johari window）

由魯夫特（Joseph Luft）與英格漢（Harry Ingram）在1995年所提出。它是一種可運用於同事間、或上司下屬間，透過瞭解以及改善自我知覺和他人知覺之間的差異，據以改善彼此在工作職場上互動關係的一種簡易模型。

關鍵績效指標（key performance indicators, KPI）

組織目標達成的重要績效指標，一般關鍵績效指標會由組織策略展開。

知識（knowledge）
能有效解決問題的一套有系統的規則、原則或法則。

知識管理（knowledge management）
組織透過所見、所聞和擷取資訊的過程來瞭解事物，並將內外部資訊轉化為知識的一個過程。

知識工作者（knowledge workers）
擁有生產產品或服務所需智能的員工。

裁員（layoff ）
企業或雇主基於業務上的考量，暫時或永久中止僱用個人或集體員工的行為。

領導（leadership）
個人或是組織帶領其他個人、團隊或是整個組織的能力，是社會學中的一個研究領域，也是實務技能。

學習曲線（learning curve）
表示經驗與效率之間的關係，越是經常地執行一項任務，每次所需的時間就越少。

領先指標（leading indicator）
可以精確預測未來人力需求的客觀數量。

學習（learning）
經由訓練或練習，使個體在行為上產生持久改變或行為潛勢改變的歷程。

學習型組織（learning organization）
透過「組織學習」，實現員工知識更新和保持企業創新能力理論和實踐。

學習智商（learning quotient）
代表個人學習的品質、速度及動力。

終身學習者（lifelong learning）
一輩子的學習，活到老，學到老，學海無涯，學無止境。

黑手黨（Mafia）
一種很龐大的有組織犯罪集團，其主要活動是勒索保護費、對犯罪分子之間的爭執進行仲裁，以及組織和監管非法協議和交易。

目標管理（management by objectives, MBO）
由員工與主管共同參與訂定具體又能客觀衡量實施成效的目標方法。

走動式管理（management walking around）
主管經常抽空前往各個辦公室走動，以獲得更豐富、更直接的員工工作問題，並及早提出預防性措施。

人力盤點（manpower check）
針對現有企業的人力資源數量、質量、結構進行調查分析，作為推估未來企業所需人才數量與類型的基礎。

人格成熟（maturity）

人們對自己的行為承擔責任的能力和願望的大小，尊重別人的情緒，充滿自信，卻非傲慢自大。

矩陣式結構（matrix structure）

適用於專案，並不能作為全面性地組織結構。

導師（mentor）

被指定一位有經驗的老師來指導學習者或資淺者之學習，並協助其各項生活適應，使他們能夠在學習過程中有效學習與成長，達成學習目標與提升人才培育效果。

師徒制（mentorship）

老師（師父，mentor）與學生（徒弟，protégé）雙方建立專業學習的師生關係。

使命（mission）

企業在社會經濟發展中所應擔當的角色和責任，目標是讓管理階層與員工聚焦。

使命宣言（mission statement）

陳述我們是怎麼的公司。

典範學習（model learning）

透過對典範人物的認識、覺察與感受，體悟其價值所顯現的生命意義，進而學習之，是生命教育在人與人的範疇裡，很好的學習途徑。

動時研究（motion and time study）

起源於科學管理鼻祖泰勒（Frederick W. Taylor）的時間研究及吉爾伯斯（Frank B. Gilbreth）的動作研究，其目的都為改善工作方法，減少時間浪費等。

動機（motivation）

在心理學上一般被認為涉及行為的發端、方向、強度和持續性。

激勵（motivation）

激勵是一種心理學上的概念，含有激發和鼓勵。激發是發現一個人的需求，並加以刺激，驅使他去追求需要的滿足；鼓勵則加強一個人的信心，支持其達成目的。

激勵因子（motivator）

影響工作滿意的因素，包括有成就感、受賞識感、工作本身、責任感、事業成長和升遷發展等。

國家人才發展獎（National Talent Development Awards, NTDA）

勞委會（勞動部前身）在2015年起每年舉辦「國家人才發展獎」。此一獎項為國家人資界最高榮耀的獎項，以重視全方位人才發展角度出發，並與國際人資獎項評審指標接軌，藉由得獎單位成功經驗的擴散與分享，帶動國內人力資本投資之風氣，為國家競爭力奠定穩固根基。

目標（objective）

含義是有計劃、有步驟地透過努力去實現的一種可以量化的目標。

目標與關鍵成果法（objectives and key results, OKR）
透過每一組目標，搭配2～4個關鍵成果，讓團隊瞭解「要做什麼」及「如何做」。

職外訓練（off the job training, Off JT）
在職場之外的地方，進行進修或開討論會之類的訓練。

在職訓練（on the Job training, OJT）
在工作現場，主管對部屬進行教育培訓。

組織（organization）
一群志同道合的人結合在一起，相互依存，整合協調，群策群力共同達成目標或任務的社會體系。

組織分析（organizational analysis）
決定組織訓練的適當性之過程。

組織氣候（organizational climate）
一個組織中的成員對其生存的環境所進行的主觀認知及察覺。

組織設計（organization designing）
管理者將組織內各要素進行合理組合，建立和實施一種特定組織結構的過程。

組織發展（organizational development）
一種對有計畫的組織變革所採取的整合性途徑，隨著內外部環境的變化而變化的過程。

組織診斷（organizational diagnosis）
對組織的文化、結構以及環境等的綜合考核與評估的基礎上，確定是否需要變革的活動。

外包（outsourcing）
依據服務協議，將某項服務的持續管理責任轉嫁第三者執行。

績效給薪（pay for performance）
依照績效提供獎勵的制度。

帕金森定律（Parkinson's Law）
一項工作排定的完成期限愈長，重要性和複雜性提升的幅度就愈大， 直到所有可用時間都被填充為止。

薪等（pay grades）
為了給付薪資而將價值或內容相似的工作分為一組。

薪資水準（pay level）
組織內的平均薪資，包括：時薪、月薪及紅利，會影響員工的工作滿意度。

工資政策線（pay policy line）
描述工作薪資與其工作評分間關係的數學式。

薪資結構（pay structure）
不同工作的相對薪資（工作結構）及給付金額（薪資水準）。

績效（performance）
執行、履行、表現、成果是可衡量的個人表現，包括完成工作任務、工作結果、產出，也包括「行為（過程）。

績效考核（performance appraisal）
由組織選定人選（上司、部屬、同事、顧客）來評定員工專業領域表現資訊的程序。

績效回饋（performance feedback）
一個提供員工績效效率相關資訊的程序。

績效面談（performance interview）
透過面談的方式，由主管與部屬共同總結一段時間內的個人工作表現，找出不足，並與員工共同確立下期績效目標的過程。

績效管理（performance management）
管理者用來確定員工的活動和結果是否符合組織目標的方法。

個人分析（person analysis）
釐清員工是否需要接受訓練、誰需要接受訓練及員工是否已準備好訓練的過程。

個性（personality）
這個字是源自於拉丁字persona，是指古希臘劇場裡表演的演員，臉上所穿載的面具，同時也是劇中各個不同角色的表徵。

人格特質（personality trait）
持久而極少變化的個性特徵。

人事管理（personnel management）
企業對人力的獲取、培育、激勵、運用及發展的管理過程與活動。

彼得原理（Peter Principle）
在層級組織裡，每位員工都將晉升到自己不能勝任的階層。

計畫（plan）
為了達成組織的目的、目標與行動步驟而擬定的方法。

利潤分享（profit sharing）
報酬是基於組織績效（利潤）的程度來訂定，並非本薪的一部分。

升遷（promotion）
將員工晉升到比先前的工作更具挑戰性、責任及職權皆更大的職位。

心理契約（psychological contract）
存在於員工與企業之間的隱性契約，其核心是員工滿意度。

品管圈（quality control circle）
以基層主管為核心，把工作性質類似或在一起工作的作業人員（3～15人）組成一圈，並自動自發的進行品質管制活動。

薪距（range spread）
在薪等中，最高薪與最低薪間的薪資差異比。

資源基礎論（resource-based theory）
認為企業獲利需依靠優越的「資源」，並且需要卓越的「獨特能力」，以善用這些資源。

招募（recruitment）
起初是軍事用語，用在招募新血入伍，後來泛指招募或僱用新成員，如公司徵才、學校招募學生等等。

紅圈的員工（red-circled employee）
表示將會凍結這些員工的調薪，直到整體薪資系統向上調整時，或是將這些員工放置到合適的薪等時再調薪。

協商權（right to bargain collectively）
資方與勞方代表對等的商討基本薪資、福利及工作條件的協商權利。

風險報酬（risk premiums）
因承擔風險所多出來的報酬。

信度（reliability）
測驗的穩定性與一致性，在不同時間對某人施行同一份測量，其結果差距不能太大。

重置成本（replacement cost）
按照當前市場條件，重新取得同樣一項資產所需支付的現金或現金等價物金額。

成果（results）
組織的最終盈虧。

投資報酬率（return of investment）
為投資獲利相對投入資金的比例。

薪資（salary）
企業從就業市場上為爭取合意人選同意付給的價碼。

甄選（selection）
經由科學化的流程與工具來蒐集、辨別應徵者，為協助公司達成目標所需具備的知識、專業技術、能力和其他特質的程序。

自我啟發（self -development）
它是一種開發自我潛能，激起生命能量，培養智慧與行動力的活動歷程。

性騷擾（sexual harassment）
違背當事人的意願，以任何語言、行為、圖畫或其他可供人瞭解之意思表示，表現出來涉及性或性別的暗示、挑逗、貶抑，讓當事人有不受尊重或受到屈辱的感覺。

酢漿草組織（shamrock organization）
組織就像三葉瓣構成的酢漿草一樣，葉雖三瓣，仍屬一葉，來說明企業人力彈性的運用。

穀倉效應（silo effect）
企業內部因缺少溝通，部門間各自為政，只有垂直的指揮系統，沒有水平的協同機制，就像一個個的穀倉，各自擁有獨立的進出系統，但缺少了穀倉與穀倉之間的溝通和互動。

情境式面談（situational interview）
一種面試程序，應徵者需針對工作中可能遭遇之議題或問題加以因應。

技能（skill）
泛指有別於天賦，必須耗費時間經由學習、訓練或工作經驗，才能獲得的能力。

控制幅度（span of control）
一個主管所能直接指揮監督部屬的數目。

利害關係人（stakeholders）
與組織利益相關的人，如政府、顧客、社區、公（工）會、員工、投資人、供應商、消費者、媒體、股東等，這些人都會影響企業的利益關係。

股票選擇權（stock options）
給予員工在某一固定價格下購買股票的機會。

策略性人力資源管理（strategic human resource management）
藉由連結人資管理與策略性目標，可改善企業績效與發展出具創新和彈性的組織文化。

策略（strategy）
選擇與競爭對手不同的活動。策略的精髓是找出那些不該做的事。

策略地圖（strategy map）
策略是擬定整合資源的方法以達成設定的目標；地圖呈現方向、路徑與彼此之間關係。策略與地圖的本質就是聚焦與連結。

罷工（strike）
罷工屬於爭議行為之一種，即為勞工所為暫時拒絕提供勞務之行為。

接班人計畫（succession planning）
組織內的關鍵職位出缺時，馬上有人可以遞補的計畫。

SWOT分析
英文首字母縮寫，主要用於分析企業自身的優勢（Strengths）與劣勢（Weaknesses），以及企業身處競爭對手環伺之下所面臨的機會（Opportunities）與威脅（Threats）。

人才（talent）
具有一定的專業知識或專門技能，進行創造性勞動並對社會作出貢獻的人，是人資中能力和素質較高的勞動者。

人才管理（talent management）
對影響人才發揮作用的內在和外在因素進行計劃、組織、協調和控制的一系列活動。

任務（task）
特定有意義的，且在職責範圍內的工作。一項職責通常包含6～12個任務；一份工作通常包含75～125個任務。

任務分析（task analysis）
用來瞭解在訓練過程中，應特別對員工進行補強的重要任務、知識、技能與行為的過程。

團隊（team）
一起「共同行動」，以創造「個人所難以獨力完成的成果」，且會「共享成果」的一群人。

電傳勞動（telework）
運用電子通訊技術與雇主或同仁聯繫，藉以溝通與傳輸工作成果之勞動方式，而其工作位置通常在雇主之主要營業場所之外或與委託人所在地點分離。

整體薪酬回報方案（total rewards）
反映了公司如何才能吸引、激勵留用人才，如何才能得到公司發展所需要的員工表現，並且怎麼獎勵那些取得優異成績的員工的人資管理模式。

全面品質管理（total quality management, TQM）
它是一種全員、全過程、全企業的品質經營，持續改善品質及生產力的整合性方法。

訓練（training）
經由有計畫、步驟的指導，並實地操作練習，使受訓者具有某種特長或技能。

培訓轉移（transfer of training）
在訓練時學得的經驗、技能和行為，由訓練情境轉移到實際工作情境時，能表現良好的現象。

雙因素理論（two-factor theory）
赫茨伯格（Frederick Herzberg）提出讓員工感覺工作滿足或不滿足的因素是不相同的，他進一步將工作中的相關因素區分為「激勵因素」與「保健因素」兩類。

效度（validity）
甄選時的測驗分數應與將來績效表現有正相關（正確性）。

效標（validity criterion）
一種衡量測驗有效性的參照標準。

願景（vision）
組織渴望的未來圖像（遠景）。

願景宣言（vision statement）
陳述組織希望在未來幾年之後變成什麼樣子。

虛擬式組織（virtual organization）
打破傳統組織的疆界，將顧客、供應商以其他相關的事業夥伴，透過各種關係網絡緊密的結合在一起，形成一個虛擬的組織，共享資訊和資源，快速的回應顧客與市場的需求。

虛擬團隊（virtual teams）

團隊因時間、地理距離、文化或組織疆界因素而分隔，使團隊成員特別依賴科技進行成員之間的互動。

工資（wage）

根據僱用合約，雇主週期性給付給勞工的報酬，是員工勞動的代價，通常是以現金形式給付，屬於員工薪酬的主要部分。

勞工參與（worker participation）

讓勞工以受僱者的身分參與企業決策制定。

X理論（Theory X）

X理論的提出者麥克葛瑞格（Douglas McGregor）認為人性為負面的假設，亦即認為員工都是厭惡工作、懶惰並推卸責任，必須施行高壓統治才能使其工作的一種管理哲學。

Y理論（Theory Y）

Y理論的提出者麥克葛瑞格（Douglas McGregor）認為人性為正面的假設，亦即認為員工熱愛工作、富創造力、能主動要求承擔職責並自我監督的一種管理哲學。

歸零思考（zero base）

調薪要看未來性，而不是單純地從過去的表現來看，因為加薪加的是未來一年的薪水。

參考書目

Chung, Doug J.（2015）。〈請你這樣激勵他〉。《哈佛商業評論》，新版第104期，頁54-63。

EMBA世界經理文摘編輯部（1997）。〈如何引導新員工入門〉。《世界經理文摘》，第126期，頁113-114。

EMBA世界經理文摘編輯部（2019）。〈現代主管該懂的管理概念〉。《EMBA世界經理文摘》，第400期，頁18。

Hsia, Gary（2017）。〈企業應如何有效成功培育出產品經理——師徒制〉。《專案經理雜誌》，第8期，頁90。

MBA核心課程編譯組編譯（2004）。《人力資源管理》。讀品文化事業出版。

Tjan, Anthony K.（2016）。〈組織文化：壯大文化的六個法則〉。《哈佛商業評論》，新版第113期，頁43。

丁志達（1983）。〈企業界如何做薪資調查〉。《現代管理月刊》，1983年4月號，頁37-38。

丁志達（2001）。《裁員風暴——企業與員工的保命聖經》。生智文化事業出版。

丁志達（2002）。《職場兵法》。廣州南方日報出版社。

丁志達（2004）。《績效管理》（*Performance Management*）。揚智文化事業出版。

丁志達（2009）。《培訓管理》。揚智文化事業出版。

丁志達（2011）。《勞資關係》。揚智文化事業出版。

丁志達（2012）。《人力資源管理診斷》。揚智文化事業出版。

丁志達（2012）。《大陸台商人力資源管理》。揚智文化事業出版。

丁志達（2012）。《學會管理的36堂必修課》。揚智文化事業出版。

丁志達（2013）。《企業倫理》。揚智文化事業出版。

丁志達（2014）。《職場倫理》。揚智文化事業出版。

丁志達（2015）。《人力資源規劃》。揚智文化事業出版。

丁志達（2015）。《招聘管理》。揚智文化事業出版。

丁志達（2016）。《組織行為》。揚智文化事業出版。

丁志達（2020）。《實用管理學》。滄海書局出版。

丁志達編著（2003）。《績效管理》。揚智文化事業出版。
丁志達編著（2005）。《人力資源管理》。揚智文化事業出版。
丁志達編著（2006）。《薪酬管理》。揚智文化事業出版。
丁菱娟（2020）。〈好的企業文化，把人才黏緊緊〉。《震旦月刊》，第591期，頁22。
工商時報主編（2001）。《人力資源管理》。工商財經數位公司發行。
方翊倫（2015）。《初心——找回工作熱情與動能》。遠流出版。
王一芝（2019）。〈勞資協商僵持6大原因 解析為何工會不得不讓步〉。《天下雜誌》，第676期，頁38。
王寶玲主編（2004）。《紫牛學管理：卓越不凡的管理》。創見文化出版。
甘泉譯（2004）。佛洛倫斯．斯通（Florence Stone）著。《績效與獎勵管理》（*Performance and Reward Management*）。華夏出版社出版。
申向陽（2005）。《人力資源e化：引領HR角色轉變》。上海交通大學出版社出版。
任維廉（2005）。〈彼得原理：只要有人事升遷問題，你就用得上它〉。《經理人月刊》，創刊3號，頁65。
后東升主編（2006）。《36家跨國公司的人才戰略》。中國水利水電出版社出版。
朱承平（2017）。《人才管理聖經——勞資關係是反向的兩方嗎？》。天下雜誌出版。
朱靜女譯（2005）。彼得．納華洛（Peter Navarro）編著。《MBA名校的10堂課》。美商麥格羅．希爾國際公司台灣分公司出版。
江宗翰譯（2016）。強．楊格（Jon Younger）、諾姆．史默梧（Norm Smallwood）著。《敏捷人才管理》。高寶國際公司台灣分公司出版。
行政院勞工委員會（2008）。《人資創新．擁抱全球》。勞動部勞動力發展署出版。
行政院勞工委員會（2012）。《第二屆國家訓練品質獎案例專刊》。行政院勞委會職業訓練局出版。
行政院勞委會主辦（2011）。「勞委會100年度專案計畫：推動建構企業內勞資爭議處理機制培訓班」講義。中華民國勞資關係協進會編印。
行政院勞工委員會職業訓練局（2012）。《TTQS訓練品質系統指引手冊——企業機構版》，頁6。

行政院勞工委員會職業訓練局編輯小組（2009）。《人資創新 企業起飛》，勞動部勞動力發展署出版。

吳慎宜（2011）。〈勞動三法之修正施行對事業單位勞資關係發展之影響與因應〉。中華民國勞資關係協進會編印。

李炳林、林思伶譯（2003）。史帝芬・羅賓斯（Stephen P. Robbins）著。《管理人的箴言》（*The Truth About Managing People...and Nothing But the Truth*）。培生教育出版。

李紹廷譯（2006）。詹姆士・杭特（James C. Hunter）著。《僕人——修練與實踐》。商周出版。

李紹唐（2020）。〈未來十年台灣競爭力危機接班〉。《聯合報》，2020年10月9日，A11財經要聞。李開復（2006）。《做21世紀的人才》。聯經出版。

李誠主編（2020）。《人力資源管理的12堂課》。天下文化出版。

李漢雄（2000）。《89年度企業人力資源管理系列演講專輯：企業人力資源競爭力提升與發展策略》。勞委會職業訓練局主辦。

周明凱、黃仁宏。〈企業推動綠色人力資源管理內部行銷做法研究：以Y公司為例〉。網址：https://ir.nctu.edu.tw/handle/11536/46183。

周瑛琪、顏如妙編譯（2011）。雷蒙德・諾依（Raymond A. Noe）、約翰・霍倫貝克（John R. Hollenbeck）、巴里・哈格特（Barry Gerhart）、派翠克・賴特（Patrick M. Wright ）著。《人力資源管理》（第七版）。美商麥格羅・希爾國際公司出版。

屈彥辰（2020）。〈台灣「低薪變奏曲」誰之過？〉。《多維TW月刊》，第53期（2020/04/01）。

林步昇譯（2020）。約翰・麥斯威爾（John C. Maxwell）著。《精準成長》。商業周刊出版。

林佳和（2020）。〈勞動4.0與數位時代：結構變遷與新興發展〉。《台灣勞工季刊》，第62期，頁9。

林國勳（2020）。〈胡蘿蔔與鞭子的另一種選擇：員工協助方案（EAP）〉。《張老師月刊》，第512期，頁105。

林聰明發行人（2000）。《89年度企業人力資源作業實務研討會實錄》。勞委會職業訓練局編印。

邰啟揚、張衛峰主編（2003）。《人力資源管理教程》。社會科學文獻出版社出版。

邱華君（2002）。〈人力資源再造之策略〉。《研習論壇》，第16期，頁21-28。
侯英豪（2017）。《人才管理聖經：工作評價的常見誤解》。天下雜誌出版。
姚怡平譯（2019）。保羅．尼文（Paul R. Niven）、班．拉莫（Ben Lamorte）著。《執行OKR帶出強團隊》（*Objectives and Key Results: Driving Focus, Alignment, and Engagement with OKRs*）。采實文化事業出版。
姚若松、苗群鷹主編（2003）。《工作崗位分析》。中國紡織出版社出版。
洪良浩（2007）。〈人也是資本〉。《管理雜誌》，第396期，頁4。
洪蘭（2020）。〈高齡化的銀髮商機〉。《聯合報》，2020年8月8日，A15民意論壇。
胡宏峻主編（2004）。《富有競爭力的薪酬設計》。上海交通大學出版社發行。
英特內軟體公司網址，http://www.interinfo.com.tw/new/ehr/about.htm。
徐卿廉（2019）。〈勞工、企業不可不知的「勞動事件法」7大重點〉。《今周刊》，網址：https://www.businesstoday.com.tw/article/category/80392/post/201912170013。
高子梅譯（2003）。麥可．摩里斯（Michael Morris）著。《第一次當經理人的9堂課》。臉譜出版。
常昭鳴（2005）。《PHD人資基礎工程：創新與變革時代的職位說明書與職位評價》。博頡策略顧問公司。
張一弛（1999）。《人力資源管理教程》。北京大學出版社出版。
張美惠譯（1997）。丹尼爾．高曼（Daniel Goleman）著。《EQ》。時報文化出版。
張烽益（2019）。《勞動權益疑難雜症速查手冊》。台灣新社會智庫出版。
張嘉芬譯（2000）。彼優特．吉瓦奇（Piotr Feliks Grzywacz）著。《33張圖秒懂OKR》（成長企業はなぜ、OKRを使うのか?）。采實文化事業出版。
張德主編（2001）。《人力資源開發管理》（第二版）。清華大學出版社出版。
張寶誠（2015）。〈打造跨國經營人才〉。《能力雜誌》，第716期，頁11。
許仲毅（2019）。〈做中學精髓反思與能力學習〉。《石油通訊雜誌》，第817期，頁15。
許書揚主筆（2017）。《人才管理聖經：向財星五百大學習最佳實務》。天下雜誌出版。
許瑞宋譯（2019）。約翰．杜爾（John Doerr）著。《OKR：做最重要的事》（*Measure What Matters: How Google, Bono, and the Gates Foundation Rock the*

World with OKRs）。遠見天下文化出版。

郭憲誌（2000）。《總經理解密主管學——全方位主管職場實戰》。商周出版。

陳京民、韓松編著（2006）。《人力資源規劃》。上海交通大學出版社。

陳俊魁主講（2020）。「TTQS三類專業人員回流訓練課程——職能應用與發展班」講義。中華民國職業訓練研究發展中心編印。

陳茜（2020）。〈從KPI到OKR，開創保險業新策略〉。《Advisers財務顧問雜誌》，第375期，頁53。

陳業鑫（2020）。《懂一點法律　勞資不對立　管理不犯錯》。天下雜誌出版。

陳筱宛譯（2009）。彼得．杜拉克（Peter F. Drucker）著。《生存力：彼得．杜拉克帶領五位大師與你探索UP的5個力量》。臉譜出版。

傅亞和主編（2005）。《工作分析》。復旦大學書版社出版。

勞動部「工作生活平衡網」，網址：https://wlb.mol.gov.tw/Page/Content.aspx?id=504。

彭一勃譯（2005）。謝利．利恩（Shelly Leanne）著。《面試中的陷阱》（*How to Interview Like a Top MBA: Job-Winning Strategies from Headhunters, Fortune100 Recruiters, and Career Counselors*）。機械工業出版社發行。

游樂融譯（2020）。瑞貝卡．霍克斯（Rebecca Homkes）。〈人事超前部署　四大關鍵〉。《哈佛商業評論》，新版166期，頁112。

湯明哲（2004）。〈推薦序〉。《豐田模式——經時標竿企業的14大管理原則》。美商麥格羅．希爾國際公司出版。

黃崑巖（2006）。《給青年學生的十封信》。聯經出版。

新北市政府勞工局編輯（2013）。《102年度新北市幸福心職場得獎專刊》。新北市政府出版。

經理人月刊編輯部（2006）。〈向韓第學新工作觀〉。《經理人月刊》（2006/12）。

經濟日報（2020）。〈推廣電傳勞動　防疫添助力〉。《經濟日報》，2020年2月29日，社論。

董文海（2009）。〈裁員潮中的企業策略〉。《企業管理雜誌》，總第332期，頁40-43。

廖志德（2003）。〈邁向A+的績效管理與獎酬設計〉。《能力雜誌》，總號第565期（2003年3月號），頁20-28。

廖勇凱編著（2017）。《企業倫理學——全球化與本土化》。智勝文化企業出版。

劉吉、張國華譯（2002）。約翰・特魯普曼（John E. Tropman）著。《薪酬方案——如何制定員工激勵機制》。上海交通大學出版社出版。

劉紅霞（2010）。〈裁員管理〉。《企業管理雜誌》，總第352期，頁73。

劉茂財（2001）。〈繼承與創新：企業文化建設的幾個問題〉。《歷史月刊》（2001/09），頁32。

潘煥昆、崔寶瑛譯（1971）。西里爾・金森（Cyril N. Parkinson）著。《帕金森定律——組織病態之研究》。中華企業業管理發展中心發行。

蔡宗憲口述，陳昌陽撰文（2005）。〈工作輪調培養人才〉。《經理人月刊》，創刊3號，頁16。

鄧嘉玲（2016）。〈領導人的格局〉。《哈佛商業評論》，新版第114期，頁12。

盧娜譯（2001）。查爾斯・蓋伊（Charles L. Gay）、詹姆斯・艾辛格（James Essinger）著。《企業外包模式：如何利用外部資源提升競爭力》（*Inside Outsourcing: The Insider's Guide to Managing Strategic Sourcing*）。商周出版。

蕭富峰（2020）。〈企業必懂的五大疫後策略〉。《震旦月刊》，第593期，頁11。

蕭德賓（2020）。「TTQS三類專業人員回流訓練：服務與溝通班」講義。中華民國職業訓練研究發展中心編印。

賴俊達譯（2005）。李察・盧克（Richard Luecke）編著。《掌握最佳人力資源》（*Hiring and Keeping the Best People*）。天下文化出版。

賴惠德、楊惠雯（2018）。《管理心理學》（*Management Psychology*）。雙葉書廊出版。

鍾佩君（2017）。〈初探新版柯氏學習評估模式〉。《評鑑雙月刊》，第68期。

羅倫斯・班頓（Lawrence Benton）、保羅・法蘭克（Paul Frank）著。吳天常譯（2004）。《晉升配方——誰說你一定升得了官？》（*Promotion Recipe*）。彩舍國際通路出版。

羅耀宗譯（2005）。傑克・威爾許（Jack Welch）、蘇西・威爾許（Suzy Welch）著。《致勝：威爾許給經理人的二十個建言》。天下文化出版。

黨軍譯（2004）。托尼・米勒（Tony Miller）著。《人力資源的重新設計：人力資源部門如何貢獻可衡量價值》。世紀出版集團上海人民出版社出版。

蘭堉生（2007）。〈KPI與目標管理〉。《經理人月刊》。第34期，頁144。